仿生织构与微纳颗粒协同的材料耐磨调控技术

Wear Resistance Control via Synergy of Biomimetic Textures and Micro-nano Particles

钟雯 / 著

化学工业出版社

·北京·

内容简介

本书系统阐述了面向工程应用的仿生织构与微纳颗粒协同耐磨调控技术。针对高端装备制造、能源开发等领域对材料表面耐磨性能的迫切需求，基于仿生学原理和纳米技术，构建了多尺度协同的表面功能化设计理论体系。研究揭示了仿生织构通过优化应力分布、改善润滑介质输运等机制提升耐磨性能的规律，阐明了微纳颗粒填充产生的尺寸效应和界面增强效应。重点探讨了不同材料的微纳协同改性技术，开发了具有抗老化特性的耐磨复合材料；建立了仿生织构与纳米颗粒复合的疏水耐磨表面设计方法；提出了金属基仿生复合表面的摩擦适配性优化策略；研制了适用于复杂工况的微纳组装颗粒润滑体系。通过系统的试验研究和理论分析，验证了仿生织构与微纳颗粒协同作用对材料耐磨性能的显著提升效果，为解决国家重大工程中的关键摩擦学问题提供了创新性解决方案。

本书可作为高等院校材料科学与工程、机械工程、表面科学与工程及相关专业本科生、研究生的教材，也可供相关领域教师及科研工作者在教学与研究中参考使用。

图书在版编目（CIP）数据

仿生织构与微纳颗粒协同的材料耐磨调控技术 / 钟雯著. -- 北京：化学工业出版社，2025. 11. -- ISBN 978-7-122-49135-0

Ⅰ. TB39

中国国家版本馆 CIP 数据核字第 20252WR370 号

责任编辑：王帅菲　张海丽　　文字编辑：史亚琪
责任校对：宋　夏　　装帧设计：刘丽华

出版发行：化学工业出版社
(北京市东城区青年湖南街 13 号　邮政编码 100011)
印　　装：北京云浩印刷有限责任公司
710mm×1000mm　1/16　印张 14¼　字数 274 千字
2026 年 1 月北京第 1 版第 1 次印刷

购书咨询：010-64518888　　售后服务：010-64518899
网　　址：http://www.cip.com.cn
凡购买本书，如有缺损质量问题，本社销售中心负责调换。

定　　价：108.00 元　

· 前言 ·

材料表面耐磨性能的调控技术是高端装备制造、能源开发、交通运输等国家战略领域的关键共性技术。随着我国制造业向高端化、智能化、绿色化方向快速发展，传统材料表面改性技术已难以满足极端工况下装备长寿命、高可靠性的迫切需求。在此背景下，仿生学与纳米技术的交叉融合为材料表面耐磨性能的突破性提升提供了全新思路。本书系统阐述仿生织构与微纳颗粒协同的材料耐磨调控技术，旨在建立一套完整的表面功能化设计理论体系和技术路线，为解决国家重大工程中的关键摩擦学问题提供科学依据和技术支撑。

当前，我国正处于制造强国建设的关键时期。《中国制造 2025》将高性能材料列为重点发展领域，明确提出要突破材料服役性能调控等关键技术。在“碳达峰、碳中和”战略目标下，装备能效提升和寿命延长对节能减排具有重要意义。然而，我国在高端装备关键部件领域仍面临“卡脖子”问题，其中材料表面耐磨性能不足导致的过早失效是制约装备可靠性的主要瓶颈之一。以特种设备、钻探装备、食品工业装备等为例，其服役环境往往伴随着极端载荷、复杂介质和温度交变等苛刻条件，传统表面改性技术难以实现长效耐磨。因此，发展新型表面耐磨调控技术具有重要的战略意义和应用价值。

仿生织构化表面技术为解决上述问题提供了创新途径。自然界经过亿万年进化形成的生物表面（如鲨鱼皮肤、荷叶表面、贝壳表面等）展现出优异的减阻、耐磨和自清洁特性。本书第 1 章系统阐述了从生物原型到工程织构的演化历程，揭示了多尺度织构的摩擦学行为调控机制；第 2 章重点研究了微纳颗粒协同调控超高分子量聚乙烯（UHMWPE）抗老化耐磨行为的新方法；第 3 章创新性地提出了仿生织构与纳米颗粒复合的疏水耐磨表面设计方法，通过系统研究织构形貌参数与纳米颗粒种类的协同效应，实现了表面疏水性能与耐磨性能的协同优化；第 4 章系统研究了铸铁表面不同仿生织构与微纳润滑体系的协同机制；第 5 章重点研究了复杂工况下仿生织构与微纳颗粒协同增强耐磨技术。

本书的研究工作获得了多项科研项目的资助，具体包括：四川省自然科学基金项目“织构协同纳米颗粒改性钛合金摩擦学性能研究（2023NSFSC0871）”、四川省市场监督管理局科技计划项目“纳米颗粒改性电梯曳引轮失效延缓技术研究（SCSJZ-2024-013）”、泸州市重点研发计划项目“酿酒自动化生产线传送机构自清洁材料研究（2020-GYF-1）”、泸州老窖集团有限责任公司产学研合作项目“材料表面摩擦学改性技术研究”，以及宜宾市双城市校协议产教融合专项、西华大学 2025 年校级教育教学改革项目（产教融合专项 2025-86-3）。上述项目的专项资金支持为书中研究工作的顺利开展提供了重要保障。

本书的研究工作得到了西华大学机械工程学院、西华大学宜宾研究院、泸州老窖集团有限责任公司、成都市特种设备检验检测研究院、宜宾普邦精密制造有限公司、宜宾普什联动科技有限公司、泸州老窖集团有限责任公司博士后工作站的大力支持。在此特别感谢西安交通大学董光能教授、西南交通大学刘启跃教授和蔡振兵教授、西华大学张均富教授、中北大学仝哲老师在理论研究方面给予的专业指导，泸州老窖集团有限责任公司张良董事长、成都市特种设备检验检测研究院机电二部陈永贤部长、泸州先研院唐永清副院长和泸州老窖集团有限责任公司博士后工作站刘璇、航空工业成都飞机工业（集团）有限责任公司胡家杰教授级高级工程师、宜宾普邦精密制造有限公司钟明刚总经理等企业专家在工程应用方面提供的宝贵建议。同时，本书的完成得益于许多研究生的积极参与。在这里我要特别感谢我指导的研究生陈思强、蒋岳杨、宋龙、董家志、聂旭扬、杨鑫豪、叶海洋、向超等同学，他们在资料收集、章节起草、内容组织、试验完成和图表制作等方面做了很多工作。

当前，全球新一轮科技革命和产业变革深入发展，材料表面工程领域正面临前所未有的机遇与挑战。希望本书的出版能够为从事材料科学、机械工程、摩擦学研究的科技工作者提供有益参考，为推动我国表面工程技术进步、服务国家重大战略需求贡献绵薄之力。由于著者水平有限，书中难免存在不足之处，恳请广大读者批评指正。

著者
2025 年 5 月

本书彩图

· 目录 ·

第1章 仿生织构与微纳颗粒协同耐磨技术概述

1.1 仿生织构化表面技术 …… 001
 1.1.1 从生物原型到工程织构的演化历程 …… 002
 1.1.2 多尺度织构的摩擦学调控机制 …… 007
1.2 微纳颗粒增强技术 …… 008
 1.2.1 纳米润滑材料的发展历程 …… 009
 1.2.2 微米-纳米协同增强效应 …… 010
参考文献 …… 012

第2章 微纳颗粒协同调控高分子材料的抗老化耐磨行为

2.1 试验设计 …… 014
 2.1.1 UHMWPE 的微纳颗粒填充工艺 …… 014
 2.1.2 耐磨与抗老化耦合试验 …… 015
2.2 纳米颗粒对 UHMWPE 摩擦学性能的影响 …… 020
 2.2.1 TiO_2 纳米颗粒填充的摩擦学性能 …… 020
 2.2.2 ZnO 纳米颗粒填充的摩擦学性能 …… 025
2.3 纳米颗粒改性聚乙烯的抗老化磨损性能影响 …… 030
 2.3.1 UHMWPE 基体的老化摩擦学行为 …… 030
 2.3.2 TiO_2 纳米颗粒改性的抗老化摩擦性能 …… 035
 2.3.3 ZnO 纳米颗粒改性的抗老化摩擦性能 …… 045
本章小结 …… 054
参考文献 …… 055

第3章 仿生织构与纳米颗粒复合疏水耐磨表面的设计

3.1 试验设计与协同改性方法 …… 058
 3.1.1 仿生织构的制备与优化 …… 058

3.1.2 微纳颗粒的复合填充方案 …… 060
3.2 改性表面疏水性能 …… 061
3.2.1 织构的疏水特性 …… 061
3.2.2 纳米颗粒的疏水特性 …… 064
3.2.3 织构/ZnO 协同疏水效应 …… 066
3.2.4 织构/TiO_2 协同疏水效应 …… 068
3.2.5 织构/SiO_2 协同疏水效应 …… 070
3.3 改性表面的摩擦学性能 …… 073
3.3.1 织构化表面的摩擦学行为 …… 073
3.3.2 织构/ZnO 协同的摩擦学性能 …… 078
3.3.3 织构/TiO_2 协同摩擦学性能 …… 089
3.3.4 织构/SiO_2 协同摩擦学性能 …… 100
本章小结 …… 111
参考文献 …… 111

第4章 金属基仿生复合表面的摩擦适配性设计

4.1 试验设计与协同改性方法 …… 113
4.1.1 铸铁表面仿生织构化处理 …… 113
4.1.2 微纳颗粒润滑体系的构建 …… 114
4.2 单一织构的摩擦磨损特性 …… 115
4.2.1 凹坑织构的耐磨特性 …… 115
4.2.2 沟槽织构的耐磨特性 …… 119
4.2.3 波浪纹织构的耐磨特性 …… 123
4.2.4 仿生贝壳纹织构的耐磨特性 …… 126
4.3 织构与 PU＋PTFE＋MoS_2 的协同效应 …… 130
4.3.1 凹坑织构复合 PU＋PTFE＋MoS_2 的性能 …… 130
4.3.2 沟槽织构复合 PU＋PTFE＋MoS_2 的性能 …… 135
4.3.3 波浪纹织构复合 PU＋PTFE＋MoS_2 的性能 …… 140
4.3.4 仿生贝壳纹织构复合 PU＋PTFE＋MoS_2 的性能 …… 144
4.4 织构与 PU＋PTFE＋BN 纳米颗粒的协同效应 …… 149
4.4.1 凹坑织构复合 PU＋PTFE＋BN 的性能 …… 149
4.4.2 沟槽织构复合 PU＋PTFE＋BN 的性能 …… 154

4.4.3 波浪纹织构复合 PU+PTFE+BN 的性能 …………………… 159
4.4.4 仿生贝壳纹织构复合 PU+PTFE+BN 的性能 ………………… 163
本章小结………………………………………………………………… 168
参考文献………………………………………………………………… 169

第5章 复杂工况仿生织构与微纳颗粒协同增强耐磨技术

5.1 试验设计与协同改性方法 ………………………………………… 171
5.1.1 改性钻井液配制方法 ………………………………………… 171
5.1.2 摩擦学测试方案 …………………………………………… 172
5.2 单一纳米颗粒改性钻井液的性能 ………………………………… 172
5.2.1 BN 改性润滑液的摩擦学行为 ……………………………… 172
5.2.2 MoS_2 改性钻井液的润滑特性 ……………………………… 178
5.2.3 C_3N_4 改性钻井液的减摩机制………………………………… 182
5.3 微纳组装颗粒改性润滑液的性能 ………………………………… 186
5.3.1 BN@MoS_2 复合颗粒的协同效应 ……………………………… 186
5.3.2 C_3N_4@MoS_2 复合颗粒的协同效应 …………………………… 190
5.4 织构协同纳米颗粒的摩擦学优化 ………………………………… 194
5.4.1 TC4 钛合金表面织构的独立影响 …………………………… 194
5.4.2 织构/MoS_2-钻井液复合体系的性能 ………………………… 200
5.4.3 织构/BN@MoS_2-润滑液复合体系的性能 …………………… 206
5.4.4 织构/C_3N_4@MoS_2-润滑液复合体系的性能………………… 211
本章小结………………………………………………………………… 217
参考文献………………………………………………………………… 218

第1章

仿生织构与微纳颗粒协同耐磨技术概述

1.1 仿生织构化表面技术

织构化表面技术是指通过特定加工方法在材料表面形成规则或非规则的三维形貌，如微凹坑、微沟槽、网格等结构。通过调控材料表面的织构参数，可以显著改善其摩擦学性能。研究表明，表面织构通过储存润滑剂、捕获磨屑、优化应力分布等机制，能够有效降低摩擦系数，提高耐磨性及承载能力，使材料具备更好的减摩和抗磨特性。例如，在硬质合金表面加工微坑阵列，可在低速高载或高速中载条件下减少30%～50%的磨损量，显著延长设备使用寿命。此外，表面织构改性还能调控材料润湿性，实现从亲水性到疏水性的转变。

表面织构的制备方法主要包括激光加工技术、物理加工技术和模板法三类。其中，激光加工技术因其高精度、高效率、热影响区小等优势，成为目前应用最广泛的方法。常用的激光器包括飞秒激光器、光纤激光器和掺钕钇铝石榴石（Nd∶YAG）激光器。通过精确控制能量密度和扫描参数（如脉冲次数、光斑速度），可以制备出不同深度和形状的织构。例如，飞秒激光器可在不锈钢表面加工出深度精确可控的微凹坑，显著改善润滑膜的形成效果。物理加工技术主要包括离子束加工、电火花加工和磨削加工。离子束加工适用于高精度需求场景（如微米级沟槽加工），但成本较高；电火花加工特别适合于导电材料的复杂结构加工。模板法通过模板设计进行压印或转印，适用于大规模生产，但精度相对较低。

织构设计融合了仿生学（如仿生表面结构优化）和纳米技术（如纳米级织构调控）等跨学科手段，可显著提升材料在极端工况下的性能。大量研究表明，仿生表面微织构能有效改善材料表面性能，典型实例包括鲨鱼皮、芭蕉叶、猪笼草和动物鳞片等天然结构。特别值得注意的是，海洋贝类（如珍珠贝、鲍鱼）在长期泥沙磨蚀环境中进化出了独特的耐磨表面结构。这些贝类外壳表面分布着错综复杂的生长纹与微米级脊-谷交替图案，如扇贝壳的放射状沟槽与鲍鱼壳的螺旋波纹等。这些天然几何织构通过动态调控摩擦接触行为实现高效抗磨损，其表面微结构沿贝壳底部向外缘呈 15°～30°偏转延伸，形成独特的扇形图案。这种结构能有效抑制材料剥落，为船舶螺旋桨、钻井工具等高磨损工况下的机械部件提供了“自然-工程”跨尺度耐磨解决方案。

1.1.1 从生物原型到工程织构的演化历程

1960 年，美国生物学家杰克·斯蒂尔（Jack E. Steele）在俄亥俄州召开的首届仿生学研讨会上首次提出“仿生学”概念，并将其定义为“将生物系统的结构与功能应用于工程技术设计的科学”。仿生学的蓬勃发展，不仅为科学技术进步提供了新的原理、思维路径和理论框架，而且在表面织构这一特定领域获得了广泛应用。

研究表明，自然界中许多生物在长期外界刺激作用下，其体表已进化出凸包、凹坑、刚毛、沟槽等形态各异的微观非光滑表面结构。这些天然结构展现出优异的减阻、脱附和耐磨性能，为工程表面织构设计提供了丰富的仿生原型。

（1）鲨鱼皮仿生研究

1916 年，英国学者 Radcliffe 首次通过光学显微镜观察到鲨鱼皮肤的齿状结构（盾鳞），但受限于设备分辨率，仅能描述其二维平面特征。1932 年，德国学者 H. Schmidt 通过光学显微镜描述了鲨鱼皮肤表面的微小齿状结构，但受限于技术，无法解析其三维形态。

对鲨鱼皮肤特殊结构的科学认识可以追溯到 20 世纪中叶。20 世纪 50 年代，海洋生物学家发现鲨鱼的游动效率远超理论预测，推测其皮肤结构可能具有特殊的流体力学特性。1964 年，美国学者 J. A. Moy-Thomas 在《鱼类学》期刊上提出鲨鱼肤齿可能具有减阻功能，但缺乏试验验证。20 世纪 70 年代，德国波恩大学的鱼类学家 Wolfgang Nachtigall 首次通过电子显微镜系统观察了鲨鱼皮肤的微观结构，发现其表面并非光滑，而是覆盖着数百万微小的齿状凸起——肤齿(dermal denticles)。

随着显微技术的发展，研究人员在 20 世纪 80～90 年代逐步揭示了鲨鱼肤齿的三维形态和排列规律。如图 1.1 所示，这些微米级的凸起通常呈菱形或盾形，长 0.2～0.5mm，表面具有精细的纳米级沟槽结构。更重要的是，这些肤齿并非随机排列，而是沿着身体轴向呈现特定的取向和梯度分布，在鲨鱼身体不同部位的形状和密度也有所不同。

美国宇航局兰利研究中心的流体物理学家 Frank Fish 和 George Lauder 在 20 世纪 90 年代末至 21 世纪初对鲨鱼皮减阻机制进行了系统研究。他们发现这些微观结构能有效破坏边界层的涡流形成，减少流体分离，从而降低表面摩擦阻力。试验数据显示，仿鲨鱼皮表面可比光滑表面减少高达 8%的摩擦阻力，这一发现引发了工程界的广泛关注。

图 1.1　鲨鱼肤齿的三维形态

最早的仿鲨鱼皮应用尝试集中在游泳装备领域。2000 年，Speedo 公司推出的“Fastskin”泳衣模仿鲨鱼肤齿结构，在悉尼奥运会上帮助运动员创造了多项世界纪录。这一成功案例证明了仿鲨鱼皮结构在实际应用中的潜力，激励了更广泛的工程应用研究。Becher 等参考鲨鱼表皮微沟槽结构，设计了一种交错肋骨构架，同时将其加工在风洞实验板上。试验结果表明，该 V 形沟槽设计的最大减阻效率可达 8.2%。除了作为减阻表面应用外，超疏水表面技术也已被广泛应用于多个高科技领域。

随着微制造技术的进步，研究人员开始探索不同形状、尺寸和排列方式的仿鲨鱼皮织构对摩擦性能的影响。德国波恩大学的研究团队开发了激光微加工技术，能够在金属表面精确复制鲨鱼肤齿的微观特征。试验表明，合理的织构设计可使边界层保持层流状态更长时间，减少湍流摩擦，同时，表面的凹槽结构能有效捕获润滑剂，增强润滑效果。

(2) 蜻蜓翅膀仿生研究

蜻蜓翅膀的独特结构很早就引起了生物学家的注意。早期研究主要关注其宏观形态，如翅脉的分布和膜质结构的力学特性。20 世纪中期，随着显微镜技术的发展，科学家发现蜻蜓翅膀表面并非光滑，而是覆盖着纳米级的凸起和沟槽结构。20 世纪 90 年代，扫描电子显微镜（SEM）和原子力显微镜（AFM）的广泛应用使研究者能够更清晰地观察蜻蜓翅膀的微观结构。研究发现，蜻蜓翅膀表面分布着高度为 200～500nm 的微小柱状凸起，呈周期性排列。部分蜻蜓翅膀表面具有平行排列的微米级沟槽，可影响流体流动。这些结构使翅膀具有超疏水性（接触角＞150°），水滴难以附着，并能带走污染物。2000 年后，科学家开始研究这些微观结构如何影响翅膀的摩擦、磨损和抗疲劳性能。研究发现，纳米柱状结构可减少表面接触面积，降低摩擦系数；翅脉的优化分布和表面织构增强了抗磨损能力；翅膀的柔性膜质结构可承受高频振动而不破裂。

最早的仿蜻蜓翅膀织构应用在防污涂层和微流体设备中。例如，模仿翅膀的纳米柱状结构，制造超疏水表面，用于建筑玻璃、太阳能电池板等；在微型管道内壁制造类似蜻蜓翅膀的沟槽结构，降低流体阻力。2010 年后，研究人员开始将蜻蜓翅膀织构应用于机械工程领域，以减少摩擦和磨损。例如，在金属或陶瓷表面激光加工出仿蜻蜓翅膀的纳米织构，减少摩擦磨损；飞机机翼和发动机部件采用仿生织构，提高空气动力学效率并减少摩擦热；人工关节表面采用仿蜻蜓翅膀的微结构，降低摩擦并减少磨损颗粒的产生。

（3）壁虎脚掌仿生研究

壁虎能够在垂直表面甚至天花板上自由爬行，这种惊人的能力源于其脚掌独特的微观结构，如图 1.2 所示。自 20 世纪末以来，科学家逐步揭示了壁虎脚掌的黏附机制，并由此发展出一系列仿生织构，在减摩、耐磨、可控黏附等领域展现出重要应用价值。

图 1.2　壁虎脚掌刚毛微结构

早在 19 世纪，科学家就注意到壁虎的攀爬能力远超一般动物。早期研究认为，其脚掌可能通过吸盘、黏液或静电吸附发挥作用。直到 20 世纪 60 年代，电子显微镜的运用才首次揭示壁虎脚掌表面布满密集的刚毛，推翻了传统认知。

2000 年，美国加州大学伯克利分校的 Robert Full 团队和 Lewis & Clark 学院的 Kellar Autumn 团队通过高分辨率显微镜和纳米力学测试取得关键发现。壁虎脚掌表面每平方毫米分布着约 14000 根的微米级刚毛，每根刚毛末端又分叉成 100～1000 个纳米级铲状结构（spatulae）。试验证明，壁虎黏附主要依靠分子间范德华力，而非传统认为的吸力或黏液。刚毛沿特定方向倾斜排列，使壁虎能轻松控制黏附与脱附。2003 年，Giem 利用 AFM 刻蚀技术在 500pm 厚的聚酰亚胺薄膜上仿制了壁虎脚掌的刚毛结构，制造了一个聚酰亚胺纤维阵列，其纤维长度为 2μm，直径为 500pm，纤维之间的间距为 1.6μm。通过这一试验，他们验证了壁虎脚掌刚毛结构的超强吸附能力。2006 年，斯坦福大学开发出首个使用仿生刚毛的垂直爬行机器人 Stickybot。2010—2020 年，通过调整刚毛角度和密度，实现了摩擦系数的主动调控（0.2～2.0 可调）；在碳纤维复合材料表面构建仿生刚毛，使磨损率降低 40%；采用聚氨酯/碳纳米管复合刚毛，使使用寿命延长 5 倍。

（4）荷叶仿生研究

荷叶表面因其独特的超疏水性和自清洁特性而闻名，这种现象被称为“荷叶效应”。中国传统文化中很早就注意到荷叶“出淤泥而不染”的特性，但科学解释直到20世纪才出现。

1936年，Wenzel首次提出表面粗糙度对润湿性的影响理论，为后续研究奠定了基础。1977年，Cassie等进一步建立了复合接触理论，但这些研究尚未与荷叶表面特性直接关联。20世纪90年代，科学家对荷叶表面微观结构的深入研究，不仅揭示了其超疏水性的物理机制，更为工程领域的减摩耐磨技术提供了全新的仿生学思路。1997年，德国波恩大学的Barthlott和Neinhuis团队首次使用扫描电子显微镜（SEM）系统观察了荷叶表面的微观结构，并取得了关键发现。

如图1.3所示，荷叶表面分布着直径为5～15μm的规则乳突结构，高度为10～20μm。每个乳突表面覆盖着直径约100nm的蜡质纳米结构，这种微纳米分级结构是其超疏水性的关键。

图1.3　荷叶表面电镜图

2002年，江雷团队提出“荷叶效应”的定量描述，测得荷叶表面水接触角可达161°，滚动角小于2°。研究发现，微纳结构截留空气，形成气-液复合接触界面。水滴滚动可带走表面污染物，其极低的表面能减少了液固相互作用。

2004年，首款商业化的荷叶效应涂料问世；2006年，船舶防污涂料中引入仿荷叶微结构；2008年，基于荷叶效应的微通道减阻设计成为研究热点之一。

2008年，尉霞等受到荷叶结构启发，设计了一种具有一定乳突结构的织物。他们使用超细海岛型纤维将乳突直径控制在5～9μm，并通过在织物绉组织和纱线中掺入高收缩涤纶丝模拟乳突高度。使用SFZ-H型沾水试验仪进行测试与分析，发现荷叶乳突结构具有超疏水特性。

近年来，大量研究表明仿荷叶织构可显著改善摩擦性能：微纳结构形成稳定润滑膜，使摩擦系数降低30%～50%；乳突结构可减少真实接触面积。2015年，激光加工仿荷叶表面的耐磨寿命延长3倍。2018年，石墨烯增强仿生涂层的磨损率降低60%。

（5）猪笼草仿生研究

从图1.4可以看出，猪笼草滑移区表面分布着月牙形微结构。研究人员对猪笼草的独特结构进行了深入探究，发现它具有较低的表面黏附力，可以减少摩擦力，甚至可以自我清洁。

早期研究逐步揭示了猪笼草蜡质区“结构-功能”耦合的摩擦学机制，为后续仿生减阻材料与抗黏附表面的设计提供了重要理论支撑。猪笼草捕虫笼的滑虫

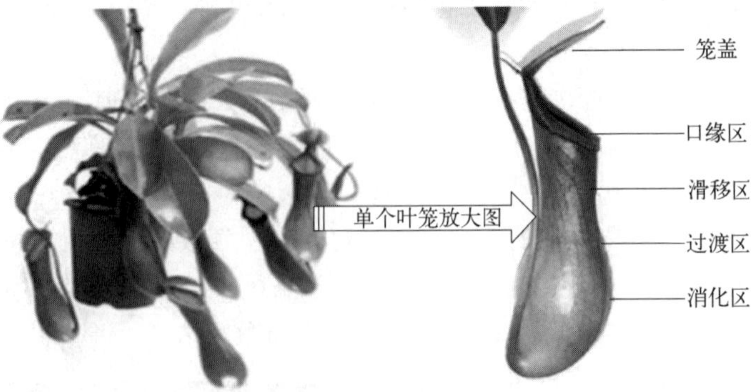

图 1.4 月牙形微结构不同放大比例形貌图

机制研究可追溯至 19 世纪末。1893 年，牛津大学学者 J. M. Macfarlane 首次发现其蜡质区具有使昆虫滑倒的特殊功能，揭开了该领域的研究序幕。1966 年，B. E. Juniper 团队采用碳膜复制技术结合透射电子显微镜（TEM），对蜡质区微观结构展开系统分析，发现其蜡质层由两层重叠的表皮蜡质晶体构成，上层晶体呈平行排列并相互交叠，形成规则的片层结构；下层晶体则以网络状交叉排列，构建起支撑性骨架。

进入 21 世纪后，2002 年法国科学研究中心 L. Gaume 等通过试验研究了猪笼草表面微观结构，发现猪笼草表面蜡质区由扁平的六边形细胞表皮组成，该表皮散布着气孔，形成向下的月状细胞。当昆虫在内表面爬行时，蜡质晶体因机械应力作用易发生脱落，导致昆虫足垫与表面的黏附失效，从而无法维持爬行姿态。2011 年，德国基尔大学 E. V. Gorb 团队进一步发现，覆盖着蜡晶体的完整表面会阻碍昆虫的运动，昆虫足垫附着在猪笼草表面时，具有各向异性的摩擦特性。

针对蜡质层表面对昆虫黏附力的影响，德国霍恩海姆大学团队开展了定量研究。他们通过力传感器测量昆虫在水平测试基底上移动时产生的力，利用力-时间曲线估算昆虫足垫与表面的最大摩擦力。试验表明，具有完整蜡质层的表面摩擦力显著低于玻璃表面，而经氯仿去除蜡质层的表面，摩擦力反而高于玻璃表面。研究者提出了两种可能机制：一是上层蜡质晶体污染了昆虫足垫，降低了接触效率；二是下层蜡质结构减少了足垫与植物表面的真实接触面积。

为验证“污染假说”，德国亚琛工业大学团队综合运用扫描电镜（SEM）与原子力显微镜（AFM），对蜡质区表面形貌进行多尺度表征。离心试验显示，从蜡质区滑落的昆虫体表未检测到蜡质晶体残留，同时 AFM 力学测试证实小片状蜡质晶体具有良好的机械稳定性，从而否定了晶体污染导致黏附力下降的假设。进一步研究发现，蜡质层的表面轮廓参数与低粒度抛光纸高度相似，人造粗糙表面的摩擦力测试表明，特定范围的微观粗糙度可有效减少昆虫足垫的黏附，其机制在于表面纹理对足垫接触形态的物理抑制。

1.1.2 多尺度织构的摩擦学调控机制

多尺度织构对性能的影响主要体现在几何形状、几何参数、分布特征、加工方式等多个方面。几何形状方面，不同形状的织构对润滑效果影响显著，例如在高载荷下正弦形沟槽比直线形沟槽表现出更优的减摩性能，而网格型织构在钛合金表面可降低摩擦系数并提升稳定性；几何参数方面，长宽、直径、深度是关键因素；分布特征主要体现在织构间距、面密度等方面。

仿照栉孔扇贝表面的棱纹形结构，张金波等设计出宽 5mm、高 1.3mm 的肋条，并将这些肋条以特定的间隔平行地加工在试样的表面。经过磨损试验后，分析结果表明，与平板型试样相比，带有肋条的 65Mn 和 T10 试样的磨损量分别减少了 17%～30%和 13%～24%。

杜宏益等参照穿山甲鳞片的纹理设计了一种矩形微结构，并将这种微结构集成到刀具上。这些微结构的截面宽度为 20μm，深度为 20μm，彼此之间的平均间距为 40μm。结果表明，这种微结构设计能显著减少切削过程中的力和刀具的温度升高，从而展现出优异的耐磨性能。

齐烨等研究了表面织构的深度对润滑油膜承载能力的影响，在一定工况下，表面织构的凹坑深度在 4μm 左右时油膜承载能力最强，织构密度过高可能导致表面粗糙度增加，反而加剧磨损。分布特征方面，织构的排列方向需与摩擦运动轨迹匹配，例如刀具表面的微沟槽若垂直于切屑流向，可更有效降低切削力和减小磨损。

朱敏研究仿生微织构与固体润滑剂，发现微织构表面均具有一定程度的减摩效果，其中正六边形织构的减摩效果最佳。于海武等对圆形、椭圆形以及正方形等织构纹理进行研究，并对比 3 种织构纹理的减摩效果，得出椭圆形凹坑织构的减摩效果最优。宋起飞等运用激光加工技术在铸铁表面形成 3 种织构图案，分别是网格状、条状和凹坑状，并比较 3 个织构化试样的摩擦系数和磨损量。根据试验结果确定网格状表面试样的耐磨性最优。

周建忠等采用激光喷丸在球墨铸铁 QT600 表面加工出具有不同凹坑中心距的微凹坑造型阵列，研究了激光微造型对其表面摩擦磨损性能的影响。结果表明，相比于未造型试样，激光喷丸在球墨铸铁表面引入了有益的残余压应力，磨损量明显降低，微造型试样在干摩擦条件下的表面摩擦系数明显提高，在湿摩擦条件下明显降低，同时微造型试样表面磨损程度明显轻于未造型试样表面，氧化物也明显减少。

Liu 等的研究中，采用皮秒（ps）激光在球墨铸铁上以线性加工方式制作微织构，从而显著提高了加工效率。与更常见的逐点纹理加工方法相比，加工效率提高了约 1331 倍。皮秒激光诱导形成的凹坑中会生成石墨烯，激光诱导石墨烯（LIG）进一步提高了表面摩擦学特性。

Zhang 等在球墨铸铁表面制作了凹槽纹理，以捕捉硅砂。研究发现，在油润滑条件下，凹槽纹理表面的摩擦系数比无纹理表面低 12.7%。同时，当沟槽参数为 h（深度）≥0.40mm、w（宽度）>1.0mm、S_p（面密度）>34%时，沟槽纹理表面具有优异的耐磨性能。纹理表面（$h=0.40$mm，$w=1.5$mm，$S_p=34\%$）的耐磨性是非纹理表面的 4.9 倍。

宋飞聚焦于织构化 42CrMo 锻钢曲轴表面的摩擦磨损特性研究。通过结合理论建模、流体仿真与试验验证，系统探究了激光加工的不同形状（如圆形、方形）、尺寸（直径 100μm 等）、排布方式（对齐/交叉）及复合织构对曲轴表面摩擦学性能的影响。研究发现，织构化表面在干摩擦与油润滑条件下均能显著降低摩擦系数与磨损程度，其中油润滑工况下小尺寸圆形织构（直径 100μm）效果最佳，而干摩擦时大尺寸织构更优；排布方式中，交叉排布的方形复合织构在油润滑下性能突出，对齐排布的圆形织构则更适用于干摩擦。

薛云龙围绕球墨铸铁模具材料的耐磨性能优化，通过激光非光滑处理技术开展了系统性研究。试验采用不同激光能量密度（高/低）及介质环境（空气/水）对球墨铸铁表面加工非光滑单元体，分析其形貌特征、显微组织与耐磨损性能。研究发现，高能量密度激光处理可形成“钉状”深截面非光滑结构（深度>350μm），虽其内部易因热应力、组织应力及石墨相缺陷产生裂纹，但耐磨性仍显著优于未处理试样；低能量密度激光处理则生成浅层月牙形截面结构，晶粒细化且无裂纹，随能量密度增加，显微硬度和耐磨性同步提升。对比介质影响，水冷环境下试样因具有致密纳米级表层组织（显微硬度更高）表现出更优的耐磨性能。磨损机制分析表明，非光滑单元体通过高硬度支撑结构阻碍磨损进程，同时磨屑中的石墨颗粒发挥润滑作用，共同降低摩擦系数并提升耐久性。研究证实，激光非光滑处理可显著增强球墨铸铁的耐磨性，且通过调控能量密度、介质环境及结构参数可优化工艺效果，为模具材料性能改进提供理论与技术支撑。

袁润主要研究激光表面织构对球墨铸铁在线接触条件下摩擦学特性的影响。通过采用激光加工技术在球墨铸铁表面制备不同深度和面积占有率的微凹腔，并进行摩擦磨损试验，结果显示，织构化表面相比光滑表面具有更好的减摩性能和抗擦伤能力。在特定优化参数下（如面积占有率 9.6%、凹腔深度 10μm），摩擦系数显著降低，较光滑表面减小 26.3%，并能有效提高材料的耐磨性及润滑性能，为球墨铸铁部件的设计和应用提供了参考依据。

1.2 微纳颗粒增强技术

纳米材料是由极细的晶粒构成、特征尺寸处于纳米级（1～100nm）维度的固体材料。纳米材料的分类方法多样，根据粒子的成分，可将其划分为金属和非金属两大类，其中非金属纳米材料又可细分为无机物和有机高分子等类别；依据相结构，纳米材料可分为单相和多相两类；根据原子排列的对称性及有序程度，纳米材料呈现出晶态、非晶态和准晶态三种形态。当前，制备纳米材料的方法较多，主要包括化学气相沉积法、液相化学合成法和固相法等。近年来，纳米材料已在多个领域得到应用，并引起了研究人员的广泛关注，逐渐成为材料科学研究的焦点，被誉为 21 世纪最具发展潜力的材料之一。

纳米颗粒因其极细的晶粒和大量位于晶界及晶粒内缺陷中心的原子，展现出与同组成的微米晶粒材料显著不同的性能，其特性主要体现在表面效应、小尺寸效应和量子尺寸效应三个方面。

表面效应表现为纳米材料因粒径极小（达到纳米级别）而具有极高的比表面积和较多的表面原子数，从而赋予其较高的表面能和表面活性，易于与其他原子结合；小尺寸效应则指随着纳米颗粒尺寸的减小，其宏观物理性质发生变化，当粒径与光波波长、德布罗意波长、超导相干长度或透射深度等特征尺寸相近或比其更小时，晶态纳米粒子的边界条件被破坏，非晶态纳米颗粒表面原子密度降低，导致声、光、电、磁、热及化学特性发生显著改变；量子尺寸效应则发生在纳米颗粒粒径较小时，其连续能级分裂为不连续的能级，当能级间距对应的能量超过热能、电磁能、静电能、光子能量或超导态凝聚能时，纳米颗粒会表现出与宏观物体不同的独特效应。这些特性使纳米材料在多个领域展现出巨大的应用潜力。

1.2.1　纳米润滑材料的发展历程

1974 年，日本最先将“纳米”这个尺度术语用到技术上，而以“纳米”命名的材料，则在 20 世纪 80 年代出现。自 1984 年 Brringer 等首次把直径为 6nm 的铁粒子压实成纳米固体，并对其结构和性能做综合研究以来，由于纳米材料特殊的性能，纳米材料的制备、结构与化学和物理行为的研究日益成为国际材料、化学和物理科学等领域的研究热点。

中国于 1990 年、1991 年相继召开全国第一届、第二届纳米固体学术讨论会。特别是 1991 年 11 月 13—15 日，中国科学院在北京召开了纳米科学技术发展战略研讨会，明确将纳米科技定位为“未来经济与国防的关键技术”。

张治军在 1992 年开始探索将纳米金属或金属化合物作为润滑油添加剂，解决了纳米颗粒易团聚的难题，并通过化学合成和表面改性技术实现了纳米颗粒在油中的稳定分散。张治军团队发明了管线式微梯度乳化反应设备，解决了纳米材料规模化生产的传质传热问题，为后续产业化奠定了基础。其开发的纳米润滑油脂在抗磨性能和自修复功能上表现突出，成为实验室技术向工程化转化的重要里程碑。

随着纳米材料以及技术的不断发展，纳米材料在润滑剂中的长期稳定性不断改善。张治军团队构建“小试-中试-工程验证”三级实验平台，实现年产万吨级纳米润滑油脂产能，推动实验室技术向工业应用转化。开发纳米二氧化硅、纳米锑掺杂氧化锡等材料，应用于风电、轨道交通等领域，实现高端润滑材料的国产化替代。

生辉航引入多层富勒烯结构纳米颗粒（30～70nm），以适应超低温至高温（−280～450℃）极端环境，显著提升抗磨性能，并推动其在国防、航天等领域的应用。2020 年前后，为满足进一步的社会需求，开发了适应极端工况的智能润滑材料。中国科学院兰州化学物理研究所团队设计了六方氮化硼纳米片（*h*-BNNSs）基润滑剂，通过调控层间电子结构实现超低摩擦；2023 年进一步开发了 MXene 基无溶剂纳米流体，兼具固液润滑优势。通过掺入石墨烯边缘氧削弱纳米粉体钉扎效应，制备异质结材料，实现宽温域（−200～300℃）宏观结构超润滑。刘维民院士团队（西北工业大学）2024 年开发了离子型超分子油凝胶(GLM@IGel)，结合液态金属纳米液滴与超分子网络，使抗磨性提升 50%以上，适用于高温、高载荷工业环境。

其他团队也陆续研究出更多纳米润滑材料。1997 年，雒建斌院士团队发现磷酸溶液、莼菜等物质的超滑现象，提出固液耦合超滑机制，将超滑接触压力提升至吉帕量级，这些发现被应用于硬盘磁头抛光、半导体晶圆制造等领域。南方科技大学孙大陟团队开发了结构复合型纳米润滑抗磨材料，获 2018 年“颠覆性创新奖”，其技术通过优化纳米材料的分散性显著提升了润滑性能。1999 年，乔玉林等研究了表面改性的纳米金刚石分别与硫磷丁辛基锌盐和磷氮剂等功能添加剂复配的相互作用，结果表明，表面改性的纳米金刚石与硫磷丁辛基锌盐和磷氮剂等功能添加剂之间存在协同效应，含纳米金刚石的复合润滑油添加剂具有优异的极压抗磨减摩性能。

1.2.2 微米-纳米协同增强效应

目前国内外的研究人员已经将纳米颗粒加入复合材料中，王伟、Panin 和 Padhan 等在复合材料中加入单一纳米颗粒，发现单一颗粒对改性后的复合材料的摩擦学性能有所改善。但是，李一鹏、Zhong 和张宝玉等发现在复合材料中加入多种纳米颗粒可以发挥不同纳米颗粒间的协同作用，从而增强基体间的结合力，进一步提高复合材料的摩擦学性能。

王伟分别以环氧树脂（EP）、聚醚醚酮（PEEK）和聚酰亚胺（PI）为基体，采用纳米凹凸棒石（ATP）作为填料，研究其在干摩擦状态下的摩擦学性能。研究发现，在以 3%（质量分数，余同）离子液体修饰的 ATP 中，EP 的摩擦磨损性能明显提高，与未经改性的环氧树脂相比，其耐磨性能提高了 60%。在摩擦表面构筑的氧化铁/二氧化硅复合转移薄膜，可有效防止摩擦副间的直接接触，显著提高两相界面承载力，显著提高其润滑性能，并减少摩擦磨损。

Panin 等在超高分子量聚乙烯（UHMWPE）中加入纳米 Al_2O_3 纤维和颗

粒，探究了 Al_2O_3 的加入对 UHMWPE 的力学性能和摩擦学性能的影响。研究发现，用0.1%～0.5%的 Al_2O_3 纳米纤维（直径10nm，长度2μm）对超高分子量聚乙烯进行改性，可以大幅提高其硬度，且耐磨性成倍增加。相同质量分数下的 Al_2O_3 纳米颗粒（200～500nm）对 UHMWPE 产生的影响微乎其微。这说明了在用纳米和微米填充物改性的超高分子量聚乙烯中，不同的填充物结构会产生不同的耐磨性。

Padhan 等在 UHMWPE 中加入不同含量的纳米级和微米级的钛（Ti）颗粒，研究发现，微米级和纳米级钛颗粒都能有效提高超高分子量聚乙烯的力学性能和磨料磨损性能。微米级 Ti 颗粒在含量为40%时性能增强的效果最佳，其中复合材料的耐磨性提高了约40%。纳米级 Ti 颗粒含量在1%～3%时，随着 Ti 颗粒的增加，性能逐渐增强，在纳米级 Ti 颗粒含量为3%时耐磨性几乎和微米级 Ti 颗粒含量为40%时相同。随着微米级和纳米级钛颗粒的加入，UHMWPE 复合材料的磨粒磨损现象得到改善，从而减少了磨损量，提高了材料的耐磨性。

李一鹏采用硅烷偶联剂 KH560 修饰羧基多壁碳纳米管（MWCNT-COOH）和单层氧化石墨烯（GO），采用熔融共混法制备 MWCNT-COOH/PA6 和 MWCNT-COOH/GO/PA6，并测定其拉伸强度、硬度和摩擦磨损特性。试验结果显示，MWCNT-COOH 和 GO 的加入有效地提高了尼龙6（PA6）材料的力学性能和摩擦学性能，同时发现二者具有较好的协同作用，促进了尼龙6在工业上的应用。

Zhong 使用水热合成法制备了微纳米氟化石墨@二硫化钼（FGr@MoS_2）颗粒，利用二者的协同作用，将其作为润滑添加剂添加到碳纤维增强树脂复合材料（CFRP）中，通过真空辅助树脂转移成型（VARTM）工艺制造出含有 FGr@MoS_2 颗粒的复合材料样品。对样品进行摩擦磨损试验后发现：使用 FGr@MoS_2 改性后的 CFRP 样品具有更好的摩擦学性能，其中当 FGr@MoS_2 的含量为1.2%时，摩擦系数最低；当 FGr@MoS_2 的含量为1.5%时，磨损率最低。分析其摩擦学机理发现，MoS_2 在 FGr 表面沉积，增大了 FGr 的比表面积。FGr@MoS_2 的加入增强了碳纤维织物和环氧树脂之间的结合力，使外部的载荷能有效地传递到碳纤维织物上，CFRP 样品也因此具备了更好的承重性能和耐磨性。同时 FGr@MoS_2 在 CFRP 样品中的均匀分布有利于转移膜的有效形成和提高转移膜质量，片状的 MoS_2 和 FGr 自身也拥有良好的自润滑性能，二者的加入提高了 CFRP 样品的自润滑性能和耐磨性能。

张宝玉等将硅酸锆（$ZrSiO_4$）和氧化铝（Al_2O_3）这两种优异的硬质填料添加入有机摩擦复合材料（NAO）中，并对制备的样品进行力学性能分析和摩擦磨损测试。研究发现，$ZrSiO_4$ 和 Al_2O_3 的加入能够提高复合材料样品的硬度和强度，$ZrSiO_4$ 和 Al_2O_3 在摩擦磨损过程中，不断填补复合材料表面的空隙和缺陷，能够得到稳定的摩擦系数和较低的磨损率，在复合材料和摩擦副表面形成均匀连续的表面膜。但是在持续进行摩擦磨损后，摩擦层中的硬质颗粒进一步受到挤压，最终导致表面膜被破坏，出现严重的疲劳磨损。

· 参考文献 ·

[1] Hou Q M, Yang X F, Cheng J, et al. Optimization of performance parameters and mechanism of bionic texture on friction surface [J]. Coatings, 2020, 10 (2): 171.

[2] Chen K Y, Yang X F, Zhang Y F, et al. Research progress of improving surface friction properties by surface texture technology [J]. The International Journal of Advanced Manufacturing Technology, 2021, 116: 2797-2821.

[3] 袁丕琪，房纪涛，王立群，等. 金属构件表面织构摩擦学性能的研究进展 [J]. 制造技术与机床，2024 (05): 114-121.

[4] 钟兵，邢志国，王海斗，等. 织构化表面摩擦学性能的研究进展 [J]. 材料导报，2020, 34 (23): 23171-23178.

[5] 李兆祥，葛丰榕，石广丰，等. 表面微织构刀具钻削蠕墨铸铁的加工质量研究 [J]. 工具技术，2024, 58 (11): 10-16.

[6] 赵美云，何钱，雷波，等. 基于激光雕刻技术的陶瓷超疏水表面制备 [J]. 三峡大学学报（自然科学版），2021, 43 (01): 107-112.

[7] 魏禄山. 基于飞秒激光的钛合金表面微纳结构制备及其超疏水行为研究 [D]. 太原：太原理工大学，2023.

[8] 田芃涛. 表面微织构 MoN 涂层的织构调控与摩擦学性能研究 [D]. 西安：西安理工大学，2024.

[9] Huang Q F, Shi X L, Xue Y W, et al. Synergetic effects of biomimetic microtexture with multi-solid lubricants to improve tribological properties of AISI 4140 steel [J]. Tribology International, 2022, 167: 107395.

[10] Wang Y, Peng W X, Tong H, et al. A biomimetic micro-texture based on shark surface for tool wear reduction and wettability change [J]. Journal of Manufacturing Processes, 2024, 129: 202-214.

[11] Sun J F, Li B, Xing K F, et al. Study on anti-friction mechanism of canna-leaf biomimetic micro-textured fruit tree [J]. Agronomy, 2020, 10 (12): 1866.

[12] Wang X, Yang M, Gao T, et al. Lubricant transport mechanism and dynamics model for nepenthes-shaped biomimetic microtexture [J]. Chinese Journal of Mechanical Engineering, 2025, 38 (1): 36.

[13] Zhang J, Yu Z, Hu J. A study of bionics micro-textures on the surface of HA bio-coatings prepared by nanosecond laser [J]. Ceramics International, 2023, 49 (8): 11999-12011.

[14] 刘先兰，邵锦钟，金潇明. 仿生非光滑表面耐磨性的影响因素 [J]. 表面技术，2012, 41 (1): 92-94.

[15] 孙杰. 仿生猪笼草叶笼滑移区表面润湿性能研究 [D]. 长春：长春工业大学，2021.

[16] Gorb E V, Gorb S N. The effect of surface anisotropy in the slippery zone of nepenthes alata pitchers on beetle attachment [J]. Beilstein Journal of Nanotechnology, 2011, 2: 302-310.

[17] 赵美云，田森，吴阳，等. 织构参数对复合绝缘子硅橡胶表面疏水性能的影响 [J]. 中国表面工程，2019, 32 (01): 12-21.

[18] 刘通，郭春海，张文武，等. 长方形微织构多参数耦合对油膜性能的影响 [J]. 计算机仿真，2024, 41 (06): 375-382.

[19] 王明政，王成彪，康嘉杰，等. 激光表面织构形状参数对钛合金摩擦学性能的影响 [J]. 中国表面工程，2017, 30 (04): 71-77.

[20] 齐烨，常秋英，沈宗泽. 表面织构的深度影响润滑油膜承载能力的机制研究 [J]. 润滑与密封，2012, 37 (05): 39-42.

[21] 赵超. 基于表面微织构硬质合金刀具绿色切削技术研究 [D]. 西安：西安理工大学，2024.

[22] 朱敏．仿生微织构表面制备及其自润滑性能研究 [D]．长春：吉林大学，2024.

[23] 张金波，佟金，马云海．仿生肋条结构表面深松铲刃的磨料磨损特性 [J]．吉林大学学报（工学版），2015，45 (1)：174-180.

[24] 杜宏益，何林，杜红星，等．仿生摩擦学刀具织构设计 [J]．组合机床与自动化加工技术，2016 (4)：138-142.

[25] 于海武，王晓雷，孙造，等．圆柱形微凹坑表面织构对流体动压润滑性能的影响 [J]．南京航空航天大学学报，2010，42 (02)：209-213.

[26] 周建忠，王建军，冯旭，等．激光微造型球墨铸铁表面的摩擦学特性 [J]．中国激光，2016，43 (06)：101-107.

[27] Liu W C，Wang Z W，Yuan W，et al. Simultaneous laser in-situ generation of graphene and micro-textures on ductile iron and their effects on tribological properties [J]. Journal of Materials Research and Technology，2021，15：6541-6550.

[28] Zhang D Y，Zhao F F，Wei X，et al. Effect of texture parameters on the tribological properties of spheroidal graphite cast iron groove-textured surface under sand-containing oil lubrication conditions [J]. Wear，2019，428：470-480.

[29] 宋飞．织构化 42CrMo 锻钢曲轴表面摩擦磨损特性研究 [D]．济南：济南大学，2024.

[30] 薛云龙．激光非光滑处理球墨铸铁的组织、性能及磨损机理研究 [D]．长春：长春工业大学，2014.

[31] 袁润，程云荣，符永宏，等．线接触副球墨铸铁表面激光织构对摩擦学特性的影响 [J]．江苏大学学报（自然科学版），2013，34 (04)：450-454.

[32] 张慧颖．纳米颗粒改性环氧树脂耐磨涂层力学性能研究 [D]．镇江：江苏大学，2020.

[33] 孙大陟．高分散性纳米抗摩擦材料的研发 [D]．深圳：南方科技大学，2019.

[34] 王伟．凹凸棒石增强聚合物复合材料的干摩擦学机理研究 [D]．青岛：青岛理工大学，2022.

[35] Panin S V，Kornienko L A，Vannasri S，et al. Comparative analysis of the influence of nano-and microfillers of oxidized Al on the frictional-mechanical characteristics of UHMWPE [J]. Journal of Friction and Wear，2010，31 (5)：371-377.

[36] Padhan M，Gulhane A，Bijwe J. Composites of titanium nano and micro-particles and UHMWPE for enhanced performance properties [J]. Surface Topography：Metrology and Properties，2020，8 (2)：025013.

[37] 李一鹏．耐磨增强 PA6 复合材料的制备及性能研究 [D]．上海：东华大学，2023.

[38] Zhong W，Chen S Q，Ma L，et al. Tribological properties of carbon fabric/epoxy composites filled with FGr@MoS_2 hybrids under dry sliding conditions [J]. Materials，2022，15 (22)：7951-7951.

[39] 张宝玉，姚冠新．硬质填料 $ZrSiO_4$、Al_2O_3 对制动摩擦材料性能的影响 [J]．玻璃钢/复合材料，2013 (Z2)：32-36.

第2章

微纳颗粒协同调控高分子材料的抗老化耐磨行为

超高分子量聚乙烯（UHMWPE）是一种被广泛使用的工程塑料，拥有诸多优异的性能，比如良好的自润滑性能、耐磨性能、防粘连性能以及食品安全性等。本章将UHMWPE引入食品生产行业，作为与酿酒生产自动化线相关的传送机构，试图解决食品加工行业中物料粘连问题。但是随着使用时间的延长，UHMWPE会发生不同程度的摩擦磨损和老化等问题，这将严重影响UHMWPE的使用寿命和可靠性。本章试图通过试验研究为UHMWPE在工程应用中的老化问题提供解答和参考。

2.1 试验设计

本章采用纳米TiO_2和ZnO颗粒作为填料，使用溶液共混的方法将纳米颗粒加入UHMWPE中，通过热压成型技术制备了TiO_2/UHMWPE、ZnO/UHMWPE复合材料。对样品进行往复摩擦试验、人工加速老化和润湿性测试，研究制备的复合材料的摩擦磨损机理、老化机理和老化后接触角的变化情况。

2.1.1 UHMWPE的微纳颗粒填充工艺

UHMWPE因其独特的分子链结构具有优异的力学性能，但高熔体黏度、窄加工窗口等特性使其成型加工面临挑战。目前，模压成型、挤出成型和注塑成型是其主要加工方法，各具特点，以适应不同的应用需求。为进一步提升UHMWPE的综合性能，物理改性与化学改性成为研究重点，其中纳米颗粒填充因其操作简便、效果显著而备受关注。本节将系统探讨UHMWPE的加工工艺及其微纳颗粒填充改性方法，为开发高性能复合材料提供理论依据和技术支持。

(1) UHMWPE的加工工艺

UHMWPE分子链间缠结大、熔体黏度高、临界剪切速率低、摩擦系数小、成型温度区间小、易氧化、成型困难等特点制约了它的应用。当前，超高分子量聚乙烯生产技术主要有模压成型法、挤出成型法以及注塑成型法三种。

① 模压成型。模压成型分为模压/烧结成型和高速模压成型两种。模压/烧结成型是最早且被广泛采用的方法，通过加热塑化原料后冷却脱模得到制品；而高速模压成型在聚合物熔点附近高速冲击模具形成毛坯，再经烧结成型，可显著缩短生产周期并提高生产效率。

② 挤出成型。挤出成型包括单螺杆挤出、双螺杆挤出、柱塞挤出、气体辅助挤出和近熔点挤出工艺。单螺杆挤出通过改进螺杆结构降低 UHMWPE 的高黏度；双螺杆挤出利用啮合螺杆强制推动物料，实现连续生产；柱塞挤出采用高压间歇式挤出完成压缩、烧结和冷却；气体辅助挤出通过气膜减小摩擦阻力；近熔点挤出结合加热与冷却，简化定型工序并避免热分解。

③ 注塑成型。注塑成型用于生产复杂、精密或带嵌件的塑料制品。在一定温度下，使塑料熔化并注入模具，冷却固化后成型。该方法适用于高精度、大批量生产。

(2) UHMWPE 的常见改性方法

UHMWPE 的改性方法主要分为物理改性和化学改性。物理改性通过共混填料（如 MoS_2、Al_2O_3、碳纳米管等）提升力学、摩擦学性能，填料填充量通常不超过 30%，经偶联剂处理后可达 50%～75%。化学改性以交联为主，通过化学或辐射手段将线性分子转为三维网状结构，以提高耐热性、抗蠕变性及表面硬度，常用乙烯基硅氧烷作为偶联剂。

高分子材料老化导致性能退化，全球约 63 亿吨废弃材料中聚乙烯占较大比例。UHMWPE 虽性能优异，但存在磨损快、热变形温度低、易老化等缺陷，限制了其应用。改性研究聚焦于提升强度、抗老化性及摩擦学性能，以延长使用寿命。通过物理与化学改性协同优化 UHMWPE 性能，可拓宽其在医疗、工程等领域的应用，同时减少资源浪费与环境污染，是当前高分子材料研究的关键方向。

2.1.2 耐磨与抗老化耦合试验

高分子材料在使用过程中普遍面临老化问题，其性能会随环境因素作用而逐渐退化。老化机制主要受内在因素（如材料组成、分子结构）和外在因素（如光照、热、氧、湿度）共同影响。对于聚乙烯材料而言，光氧化与热氧老化是导致性能衰退的主要途径。为提升材料的耐久性，本节通过纳米颗粒（TiO_2/ZnO）填充改性 UHMWPE，系统研究其耐磨性与抗老化性能的协同增强效应，以期为延长高分子材料的使用寿命提供试验依据。

2.1.2.1 试验原料

本试验使用的纳米颗粒是 TiO_2 和 ZnO。表 2.1 是本试验中使用的主要原料和化学药剂的规格和生产厂家等信息，其他耗材未详细列出。

表 2.1 主要原料和化学药剂

名称	规格	生产厂家
二氧化钛(TiO_2)	金红石型平均大小 20nm	比斯利新材料(苏州)有限公司
氧化锌(ZnO)	平均大小 50nm	河北科泽金属材料有限公司
超高分子量聚乙烯(UHMWPE)	分子量为 500 万	东莞市旺达塑胶原料有限公司
无水乙醇	分析纯	太仓新太酒精有限公司
脱模剂		上海海宝特种润滑液有限公司
纯水	实验室自制	实验室超纯水系统

2.1.2.2 样品制备

本试验选用模压/烧结成型方法制备 UHMWPE 复合材料。同时，考虑到现有试验条件，选用最简单的物理改性方法——填料共混复合改性方法，对 UHMWPE 复合材料进行改性。UHMWPE 复合材料的样品制备流程如图 2.1 所示。

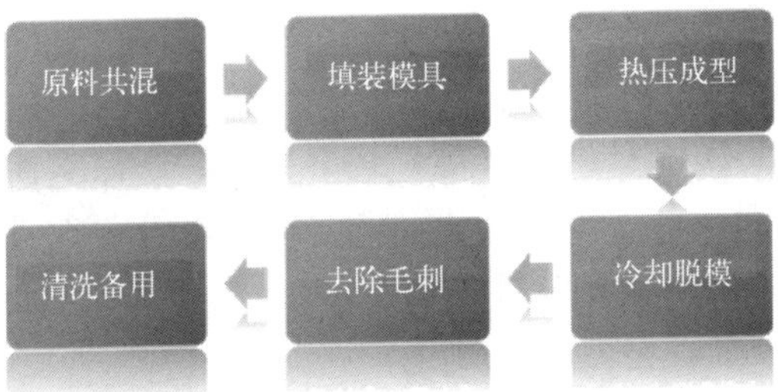

图 2.1 UHMWPE 复合材料制备流程

(1) 样品粉末混合

二氧化钛（TiO_2）具有金红石型、板钛矿型和锐钛矿型三种晶型，其中金红石型、锐钛矿型为四方晶系，而板钛矿型为正交晶系。在本试验中，使用金红石型纳米二氧化钛（TiO_2）作为填充物，该填充物由比斯利新材料（苏州）有限公司生产，颗粒的平均粒径为 20nm，密度为 0.24g/cm^3，纯度为 99.9%；纳米氧化锌（ZnO）颗粒，由河北科泽金属材料有限公司生产，颗粒的平均粒径为 50nm，密度为 5.606g/cm^3，纯度为 99.9%；UHMWPE 由东莞市旺达塑胶原料有限公司生产，分子量为 500 万，粒径在 75～150μm，密度为 0.93g/cm^3。

目前聚合物基复合材料的制备方法有许多种，往聚合物基高分子复合材料里面加入纳米颗粒的方法主要有直接分散共混法、原位聚合法、插层法和溶胶-凝胶法等。其中，直接分散共混法设备简单、工艺成熟、成本低廉，是制备聚合物基复合材料的最常见方法，故本试验采用直接分散共混法。

(2) 热压模具预处理

本试验采用 304 不锈钢模具，其实物图与示意图如图 2.2 所示，模具内部尺寸是 ϕ30mm×10mm。在每次热压成型添加物料之前，先对模具的上下两表面进行打磨，使用 500 目、1000 目、2000 目的水磨砂纸和金相试样抛光机进行反复打磨，之后使用酒精棉擦拭模具内壁 2～3 遍，将模具自然晾干备用。模具晾干后对内壁四周和上下表面均匀地喷涂上专门的脱模剂，以便于热压成型冷却后取出样品。模具喷涂脱模剂后晾干待用。

(a) 模具实物图　(b) 模具示意图

图 2.2　304 不锈钢模具实物图与示意图

(3) 模压成型

本试验的样品均采用模压成型，使用平板硫化机对装有混合粉末的模具进行热压。图 2.3 为模压成型过程示意图。

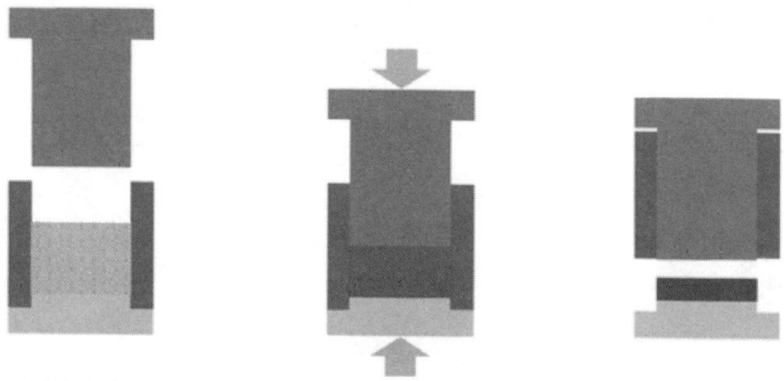

图 2.3　模压成型过程示意图

模压成型的详细方法步骤为：称量 (2.2±0.005)g 混合好的 UHMWPE 粉末，将粉末倒入事先打磨好、喷涂好脱模剂并且已经晾干的不锈钢模具中，缓慢倒入，力求平整地铺满模具内部，可以稍微震动模具，使粉末基本上铺平。将装好粉末的模具在标准大气压下，进行冷压 10min，压力为 5MPa。冷压完毕后，将模具放置到温度为 200℃的平板硫化机两平板之间，在标准大气压下，进行热压 30min，压力为 5MPa。热压结束后，卸去平板硫化机压力，把模具移出，在室温条件下进行自然冷却（通常冷却时间为 30min），接着进行脱模取样，对样品进行去毛刺、毛边等操作，最后得到 ϕ30mm×3mm 的试样，如图 2.4 所示。

2.1.2.3　耐磨试验方案设计

本节试验采用如表 2.2 所示的试验方案来制备 TiO_2/UHMWPE 复合材料样

(a) 纯UHMWPE　(b) TiO_2/UHMWPE　(c) ZnO/UHMWPE

图 2.4　成品试样图

品和 ZnO/UHMWPE 复合材料样品，TiO_2/ZnO 的质量填充比分别为 0%、0.5%、1%、3%、5%和 7%。图 2.5 和图 2.6 展示了制备出的具体样品实物。

表 2.2　试验方案

序号	样品含量	试验次数
A-0	纯 UHMWPE	3
B-1	99.5%UHMWPE+0.5%TiO_2	3
B-2	99%UHMWPE+1%TiO_2	3
B-3	97%UHMWPE+3%TiO_2	3
B-4	95%UHMWPE+5%TiO_2	3
B-5	93%UHMWPE+7%TiO_2	3
C-1	99.5%UHMWPE+0.5%ZnO	3
C-2	99%UHMWPE+1%ZnO	3
C-3	97%UHMWPE+3%ZnO	3
C-4	95%UHMWPE+5%ZnO	3
C-5	93%UHMWPE+7%ZnO	3

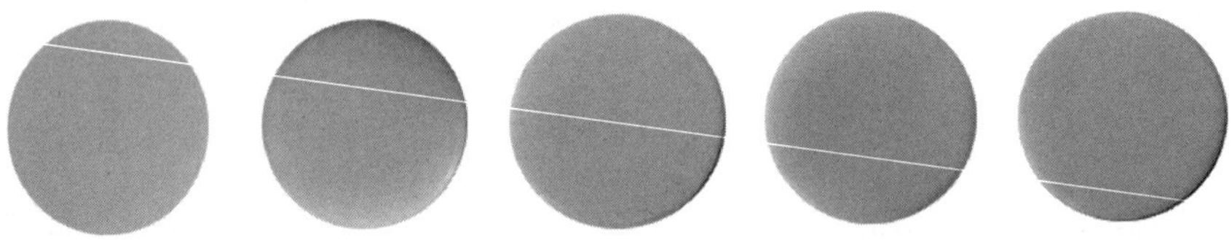

0.5%TiO_2　1%TiO_2　3%TiO_2　5%TiO_2　7%TiO_2

图 2.5　不同比例 TiO_2/UHMWPE 复合材料试样

0.5%ZnO　1%ZnO　3%ZnO　5%ZnO　7%ZnO

图 2.6　不同比例 ZnO/UHMWPE 复合材料试样

2.1.2.4　耐磨试验实施步骤

本试验采用控制单一变量试验法，在外界条件相同的情况下，每组试验选用不同的样品。每种样品在干摩擦条件下至少进行 3 次测试，且每次试验均更换相应的摩擦副不锈钢球。

试验实施步骤：首先用摩擦试验机对样品进行摩擦学试验，得到摩擦系数与时间关系数据，然后在专业绘图软件 origin 2021 上进行数据分析处理。在试验完毕后，使用共聚焦显微镜观测磨损轮廓，测算出磨损量；样品的磨损形貌使用超景深显微镜进行观察。

摩擦试验机的具体操作步骤如下：

① 试样的安装：将制备的 UHMWPE 复合材料试样安放在试验机载物台上，利用机器自带的 4 根螺钉向内旋紧，确保样品无法移动；将清洗后的 ϕ6mm 不锈钢球安装到专用夹具中，拧紧夹具，确保不锈钢球不会滑动；接下来把夹具安装到机器的指定位置，拧紧左右两侧的固定螺丝。在样品和不锈钢球安装好后，对安装好的样品表面和不锈钢球使用酒精棉擦拭 2 次。

② 摩擦试验机的参数调试：试样安装完毕后，在往复摩擦试验机自带程序操作界面上将摩擦力、试验力和试验时间分别调零，设置试验参数为：试验力为 20N、运动形式为往复运动、往复长度为 8mm、往复频率为 2Hz、摩擦速度为 120rad/min、试验时间为 1800s、试验力加载速度为 1N/s 和试验温度为室温 (25±2)℃。

2.1.2.5　老化试验方案设计

本试验老化样品的制备参考 GB/T 7141—2008 和 GB/T 3681.1—2021 共同设定试验参数，设定老化温度为 (50±0.5)℃，老化时间梯度分别为 5d (120h)、10d (240h)、15d (360h)、20d (480h) 和 25d (600h)，如表 2.3 所示。利用耐黄变试验机的强制通风循环系统对试样进行通风、电加热系统进行加热来获得 50℃老化温度时不同光氧老化和热氧老化时间下的 UHMWPE 试样。不同老化时间的 UHMWPE 复合材料试样实物如图 2.7 所示。

表 2.3　老化试验方案

序号	样品含量	老化时间/d	试验次数
A-0	纯 UHMWPE	0	3
A-1	纯 UHMWPE	5	3
A-2	纯 UHMWPE	10	3
A-3	纯 UHMWPE	15	3
A-4	纯 UHMWPE	20	3
A-5	纯 UHMWPE	25	3

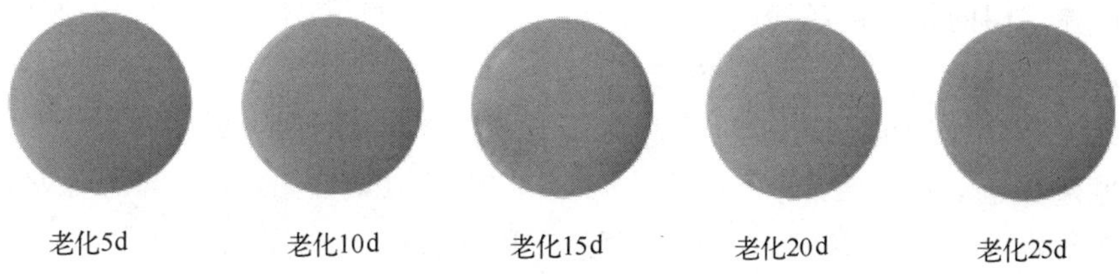

图 2.7　不同老化时间的 UHMWPE 复合材料试样实物图

2.2 纳米颗粒对 UHMWPE 摩擦学性能的影响

本节研究不同纳米颗粒填充量对 UHMWPE 复合材料摩擦学性能的影响。研究结果表明，磨损率和摩擦系数均会随纳米颗粒填充量改变而改变。过量填充会导致颗粒团聚，引发磨粒磨损，反而加剧材料磨损。这些发现为优化 UHMWPE 复合材料的摩擦学性能提供了重要参考。

2.2.1 TiO_2 纳米颗粒填充的摩擦学性能

(1) 摩擦系数及磨损率分析

图 2.8 为在干摩擦条件下，UHMWPE 复合材料试样与 304 不锈钢球进行往复摩擦时的摩擦系数图，其中图 2.8（a）为不同填充量 TiO_2 改性 UHMWPE 摩擦系数随时间的变化，图 2.8（b）为平均摩擦系数图。

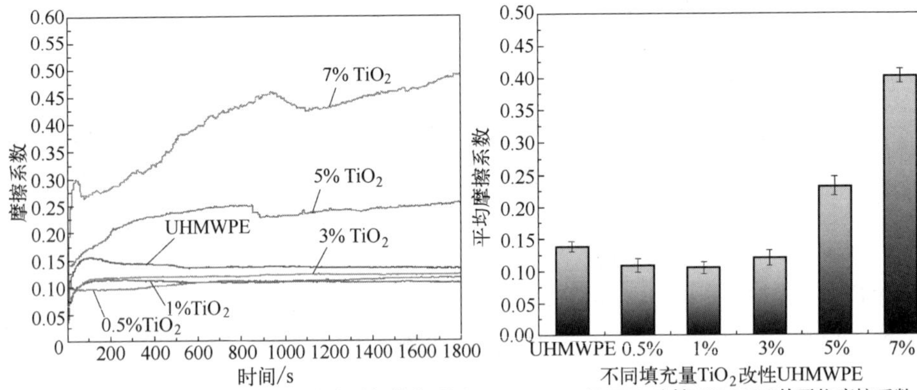

(a) TiO_2 改性UHMWPE摩擦系数与时间的关系图　(b) TiO_2 改性UHMWPE的平均摩擦系数

图 2.8　不同填充量 TiO_2 改性 UHMWPE 在干摩擦下的摩擦系数情况图

根据图 2.8（a）分析可得，摩擦初期（0～200s），试样的摩擦系数经历了从 0 迅速上升的过程，这一阶段通常被称为磨合期。在磨合期内，当 TiO_2 填充量为 7%时，摩擦系数的上升幅度最为显著。这是由于在摩擦初期，复合材料表面存在微凸体和其他缺陷，样品表面粗糙。与之相对应的不锈钢球表面上也存在部分微凸体，在摩擦过程中，不锈钢球与样品接触发生挤压和摩擦，其实是各自的微凸体之间的相互接触和摩擦，由于表面粗糙度较高且摩擦力较大，所以摩擦系数迅速上升。

纯样 UHMWPE 和 0.5%～3%这几组样品的跑合时间大致相同，在 200s 之后摩擦系数趋于稳定。其中，0.5%、1%和 3%三组样品在 200s 的磨合期之后，摩擦系数较为稳定（0.5%样品的摩擦系数稍有上升），说明已经建立起可靠稳定的转移膜，从而使得样品处于稳定磨损阶段。5%和 7%两组样品的跑合时间比其他几组都要长，并且 7%这组样品在整个摩擦磨损时间内摩擦系数仍然在增大。不锈钢球在短暂的时间内将样品表面的微凸体挤压破坏撕裂，产生微小磨屑，而微小磨屑转移到不锈钢球的摩擦面上，形成有效的转移膜，从而使得摩擦磨损进入稳定磨损期，得到稳定的摩擦系数。5%样品在 800s 后出现摩擦系数的波动，这是由于该样品随着摩擦磨损时间的增加，在 200～800s 这个时间段形成的稳定磨损状态被破坏，在 800s 后重新建立稳定磨损状态。7%样品在整个过程中不断进行摩擦磨损，在 960s 时出现和 5%样品一样的波动，原先的润滑状态被破坏，进入第二次磨合期，开始新一轮的跑合，并尝试重新建立稳定磨损状态，但是在 1800s 的摩擦测试时间内没能进入稳定期，也意味着摩擦磨损现象在不断加剧。

图 2.8（b）是样品的平均摩擦系数随 TiO_2 纳米颗粒填充量变化的情况。研究结果表明，随着 TiO_2 纳米颗粒填充量的增加，UHMWPE 复合材料的平均摩擦系数呈现先减小后增大的趋势。纯 UHMWPE 样品的平均摩擦系数为 0.138，随着 TiO_2 填充量的逐渐增加，样品的平均摩擦系数逐渐降低。具体而言，0.5%和 1%填充量的样品平均摩擦系数均低于纯样，其中填充量为 1%的样品平均摩擦系数最低，为 0.105，相较于未添加 TiO_2 的纯样，平均摩擦系数下降了 23.9%。然而，当 TiO_2 填充量达到 7%时，样品平均摩擦系数最高达到 0.403，比纯样的平均摩擦系数增加了 192%。这表明适量纳米 TiO_2 颗粒的加入有效降低了 UHMWPE 复合材料的摩擦系数。这是因为少量 TiO_2 颗粒的加入使得 TiO_2 分散在 UHMWPE 基质中，进而发挥了自身的自润滑性，从而降低了复合材料样品的摩擦系数。然而，随着 TiO_2 填充量的增加，纳米颗粒在复合材料内部可能产生团聚现象，阻碍了 TiO_2 的有效作用。同时，TiO_2 的加入改变了复合材料的内部结构，可能导致磨粒磨损现象的出现，进而导致摩擦系数增加。

图 2.9 为在干摩擦条件下，不同比例 TiO_2 填充 UHMWPE 复合材料试样的磨损率情况。从图 2.9 可以看出，复合材料的磨损率随 TiO_2 颗粒含量的增大先升高后下降再升高。纯 UHMWPE 的磨损率为 $1.90\times10^{-4}mm^3/(N\cdot m)$，0.5%样品的磨损率升高到 $7.67\times10^{-4}mm^3/(N\cdot m)$，随后迅速下降，1%和 3%样品的磨损率分别为 $2.25\times10^{-4}mm^3/(N\cdot m)$ 和 $2.26\times10^{-4}mm^3/(N\cdot m)$。而 7%样品的磨损率迅速增大到 $23.95\times10^{-4}mm^3/(N\cdot m)$，相较于纯 UHMWPE，足足增加了约 11.6 倍。在开始加入 TiO_2 时，少量颗粒均匀分布在 UHMWPE 上形成的嵌入体一定程度上弱化了 UHMWPE 本身的耐磨性能，而且也降低了 UHMWPE 自身强度和密度等，因此 0.5%样品出现了磨损率升高现象。在添加 0.5%～3%的 TiO_2 后，TiO_2 本身的自润滑性能开始得到发挥，UHMWPE 复合材料的摩擦系数下降，但是磨损率有所上升。这可能是由于本试验采用的 TiO_2 纳米颗粒未能与 UHMWPE 基体紧密结合，在摩擦磨损中 TiO_2 颗粒发生脱落。分散在 UHMWPE 中的 TiO_2 在摩擦磨损过程中被挤压破

坏，从基体中剥落出来，一部分形成了转移膜，一部分在摩擦面作为磨粒，出现磨粒磨损，从而增大了磨损率。7%样品可能是因为 TiO_2 的团聚现象，同时过量的纳米颗粒在摩擦磨损中转化为大量的磨粒，导致磨损加剧，磨损率迅速增大。这与曹凤香等的研究结果有出入，他们在分子量约为 9.2×10^6 的市售 Ticona GUR4150 粉末状 UHMWPE 中通过机械混合法混合平均粒径为 15～25nm 的 TiO_2 颗粒，发现添加 TiO_2 的样品磨损率有所降低，耐磨性有所提高。这可能是因为本试验使用的 TiO_2 颗粒粒径和 UHMWPE 分子量不同，以及试验载荷、对应摩擦副材质尺寸和时间等都有所差异，这些因素都可能对试验结果产生影响。

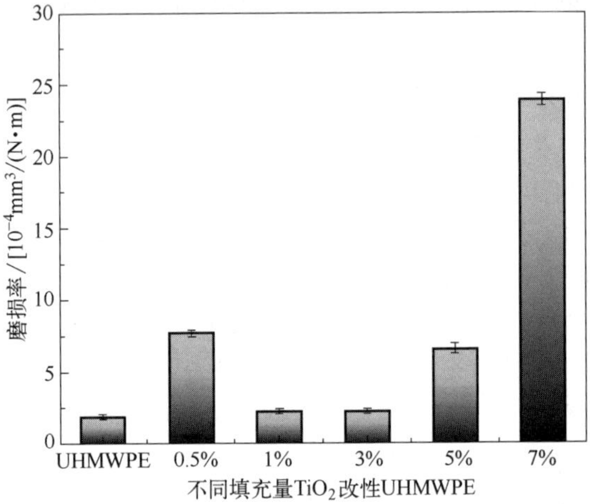

图 2.9 不同比例 TiO_2 填充 UHMWPE 复合材料的磨损率

(2) 表面微观形貌分析

图 2.10 为不同比例 TiO_2 填充 UHMWPE 复合材料在干摩擦条件下磨损表面的形貌图。图 2.10 (a) 是纯 UHMWPE 的磨损形貌图，磨损表面出现波浪状的磨损特征，同时伴有部分磨粒磨损，出现大量黏着磨损，整个磨损过程以黏着磨损为主。波纹状磨痕的成因在于，在摩擦过程中，会释放出大量热量，UHMWPE 材料不能很好地将热量传递出去，使得材料表面的温度急剧升高而软化，在交变切向力的共同作用下，材料发生塑性变形，最后形成微小的波纹状磨痕。在磨损时，剥离下来的残余物质附着在不锈钢球表面，形成了一层转移膜，从而降低了摩擦系数，达到了减摩的效果。图 2.10 (b) 是 0.5% TiO_2 填充 UHMWPE 的磨损形貌图，该样品的磨损表面在往复运动方向出现部分犁沟和划痕，属于磨粒磨损。同时其磨痕宽度较纯 UHMWPE 明显加宽，对应升高的磨损率，说明其摩擦磨损较为严重。从图 2.10 (c)、(d) 的磨损形貌图中看出，1%和 3%样品表面的犁沟和划痕比 0.5%样品稍少，同时磨痕宽度较之减小，然而虽然二者的磨痕宽度比图 2.10 (a) 要小，但是磨损更加剧烈，最后纯 UHMWPE、1%和 3%这三组样品反而得到相近的磨损率（图 2.9）。所不同的是，

1%和 3%样品以磨粒磨损为主导，同时伴随少量的黏着磨损。这是由于加入的 TiO_2 在摩擦磨损过程中被挤压剥离出来，而 TiO_2 自身类似球体的特征，使其在摩擦面形成微球体，从而在摩擦副中间形成“微轴承”效应，一定程度上降低了摩擦系数，但是 TiO_2 颗粒不断切削复合材料表面形成犁沟和划痕。图 2.10（e）、

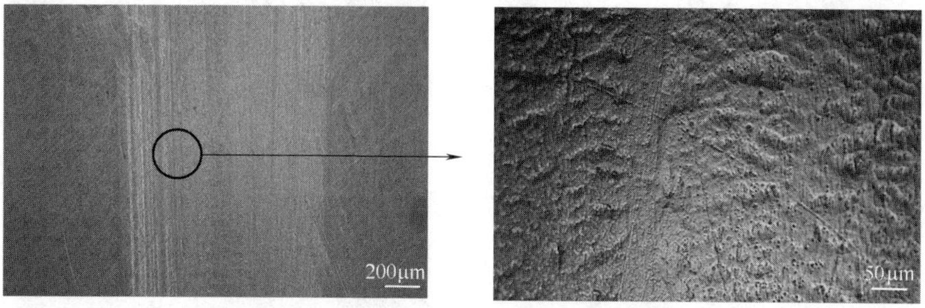

(a) 纯 UHMWPE

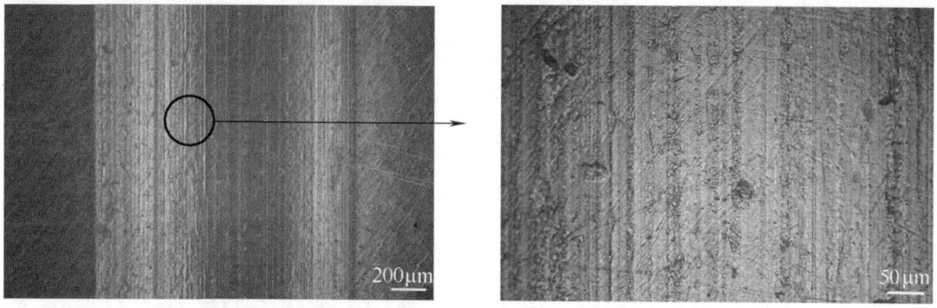

(b) 0.5%TiO_2

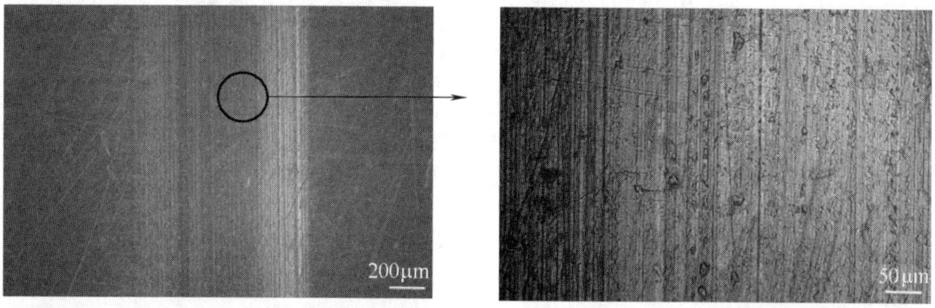

(c) 1%TiO_2

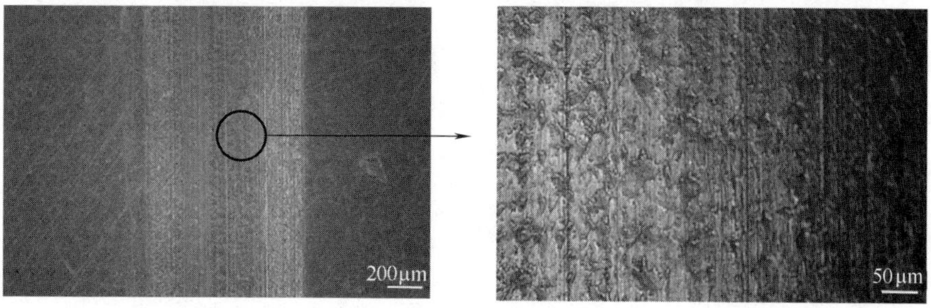

(d) 3%TiO_2

图 2.10

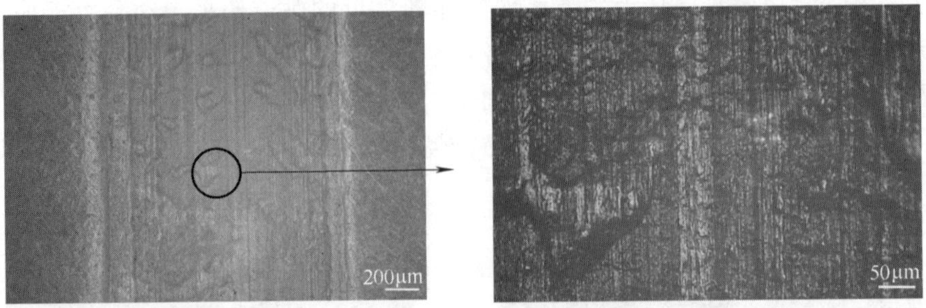

(e) 5%TiO_2

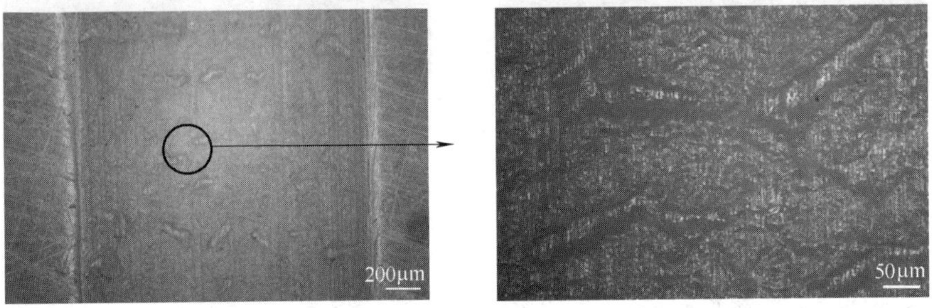

(f) 7%TiO_2

图 2.10　不同比例 TiO_2 填充 UHMWPE 复合材料的磨损表面形貌图

(f) 两组样品的磨损表面出现大面积的剥落和密集的较浅犁沟，说明 5%和 7%两组样品以黏着磨损为主，同时伴随磨粒磨损。7%样品的磨痕宽度比 5%样品要宽，对应比 5%样品更高的磨损率，同时 7%样品的磨痕宽度也是六组样品中最宽的，对应最高的磨损率，说明样品受到剧烈的摩擦磨损。

图 2.11 是 TiO_2/UHMWPE 复合材料在干摩擦条件下摩擦磨损后的磨损轮廓 3D 图像。纯 UHMWPE 样品磨痕宽度最窄，磨痕深度最浅，因此拥有最低的磨损率。0.5%样品的磨痕宽度明显比纯 UHMWPE 样品宽，因此磨损率明显升高。在 3%和 5%样品轮廓中发现明显的较深的犁沟和划痕，表明样品受到严重

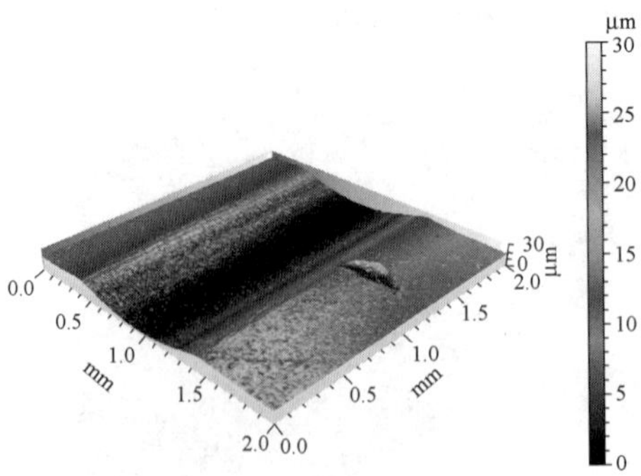

(a) 纯UHMWPE

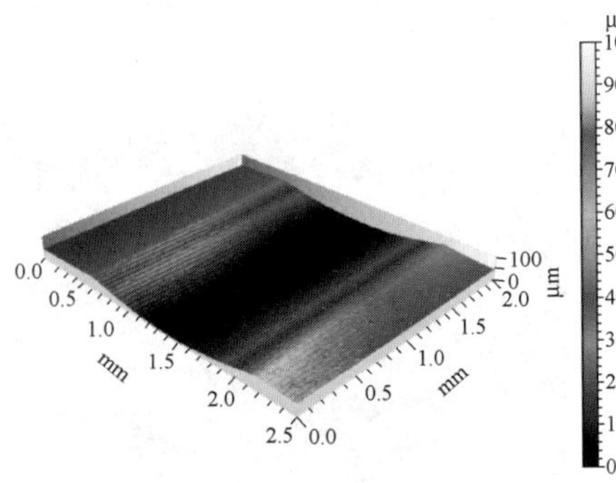

(b) 0.5%TiO_2

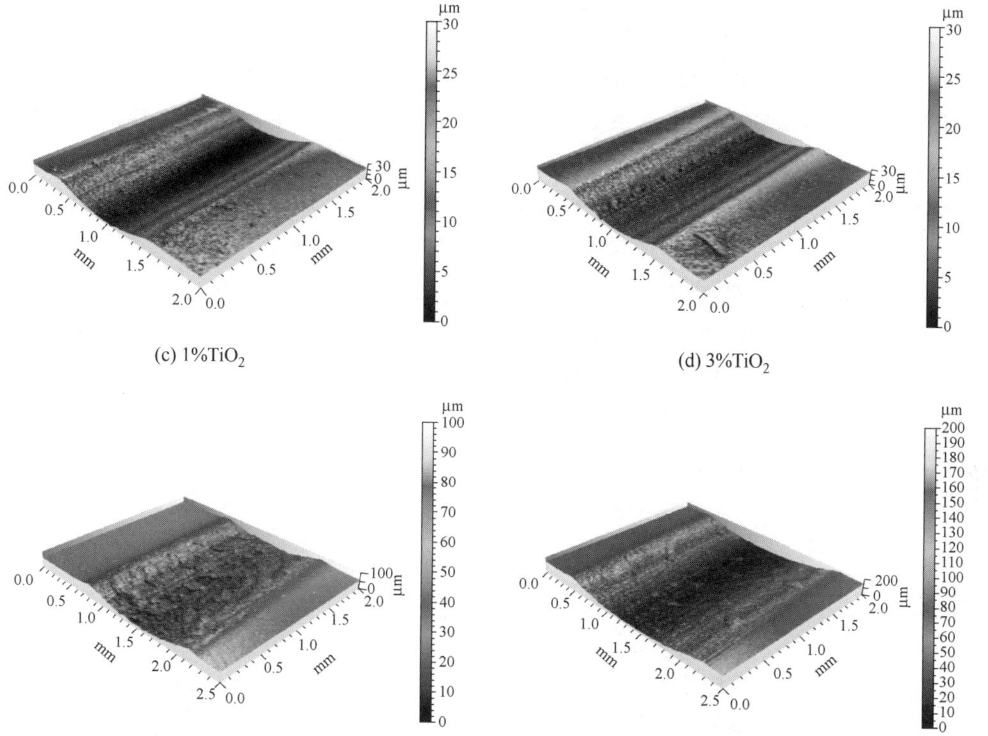

(c) 1%TiO_2　(d) 3%TiO_2

(e) 5%TiO_2　(f) 7%TiO_2

图 2.11　不同比例 TiO_2 填充 UHMWPE 复合材料干摩擦的磨损轮廓 3D 图

的磨粒磨损。在添加过量的 TiO_2 颗粒（5%以上）后，样品的磨损轮廓中磨痕宽度明显增大，磨痕深度加深；同时还出现较为严重的表面剥离和大量凹坑，说明此时样品受到严重的黏着磨损，因此对应着较高的磨损率。其中，7%样品的磨损轮廓最深，也是最宽的，因此对应最高的磨损率，说明样品此时受到最严重的磨损。

2.2.2 ZnO 纳米颗粒填充的摩擦学性能

（1）摩擦系数及磨损率分析

在干摩擦条件下，填充不同比例 ZnO 的 UHMWPE 复合材料试样与 304 不锈钢球进行往复摩擦时的摩擦系数图如图 2.12 所示。从图 2.12（a）可知，纯样 UHMWPE 和 0.5%样品的跑合时间基本相同，在经过 200s 后摩擦系数趋于稳定，并且保持最为平稳的状态。1%样品的跑合时间最短，很快完成了磨合过程并进入稳定期，后续仅有轻微波动。而 5%样品的磨合期最长，整个摩擦磨损过程在 0～1400s 内持续进行，表明样品经历了较为剧烈的磨损过程。3%、5%和 7%样品的摩擦系数波动较大，其中 5%样品的波动最为显著。这表明在 UHMWPE 中过量添加纳米 ZnO 颗粒会导致摩擦系数的变化更为剧烈，同时也会增加摩擦系数，从而降低材料的自润滑性能。

图 2.12（b）展示了样品的平均摩擦系数随 ZnO 纳米颗粒填充量的变化。UHMWPE 纯样的平均摩擦系数为 0.138。随着 ZnO 含量的增加，样品的平均摩擦系数逐渐减小，0.5%和 1%样品的平均摩擦系数均低于纯样。其中，ZnO 填充量为 1%的样品平均摩擦系数最低，为 0.110，相较于纯样，平均摩擦系数下降了约 20.3%。这说明适量添加纳米 ZnO 颗粒有效降低了 UHMWPE 复合材料的摩擦系数，提高了材料的自润滑性能。这是由于 ZnO 颗粒在摩擦面形成转移膜，避免了 UHMWPE 与摩擦副不锈钢球之间直接接触，从而降低了摩擦系数。然而，随着 ZnO 填充量的持续增加，摩擦系数开始上升。当 ZnO 填充量达到 5%时，样品的平均摩擦系数最高达到 0.245，这与雷毅等的研究结果较为一致，比纯样的平均摩擦系数增加了 77.5%。

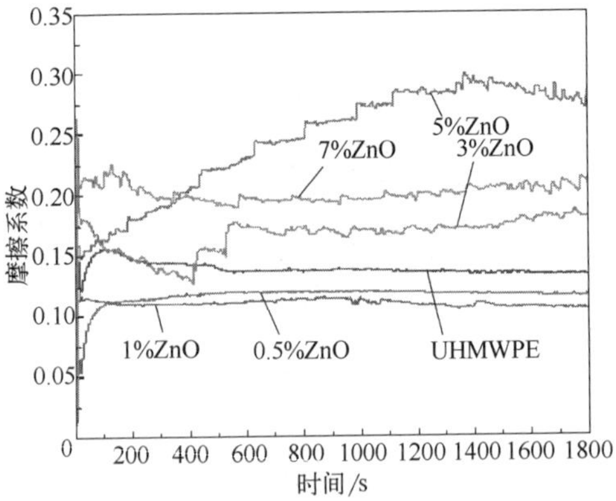

(a) ZnO改性UHMWPE摩擦系数与时间关系图

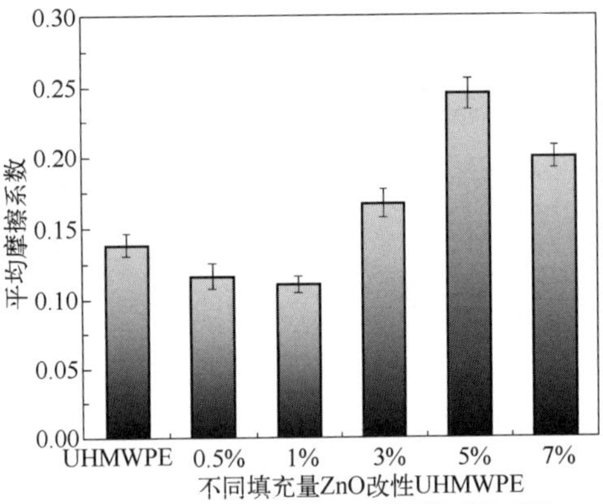

(b) ZnO改性UHMWPE的平均摩擦系数

图 2.12 不同填充量 ZnO 改性 UHMWPE 在干摩擦下的摩擦系数情况图

在干摩擦条件下，不同比例 ZnO 填充 UHMWPE 复合材料试样的磨损率如图 2.13 所示。结果显示，随着 ZnO 含量的增加，复合材料的磨损率呈现先上升后下降再上升的趋势。总体来看，随着 ZnO 含量的增加，复合材料的磨损率逐渐升高。纯 UHMWPE 的磨损率为 $1.90\times10^{-4}mm^3/(N\cdot m)$，而 0.5%样品的磨损率增至 $2.44\times10^{-4}mm^3/(N\cdot m)$，随后略有下降，1%样品的磨损率为 $2.12\times10^{-4}mm^3/(N\cdot m)$，仍高于纯 UHMWPE。少量的 ZnO 颗粒均匀分布在 UHMWPE 中形成的嵌入体在一定程度上减弱了 UHMWPE 的耐磨性能，同时也降低了材料的强度和密度等，这解释了 0.5%样品磨损率上升的现象，但得益于 ZnO 自身的润滑性能，摩擦系数有所降低。随后磨损率大幅上升，3%、5%和 7%样品的磨损率分别为 $4.89\times10^{-4}mm^3/(N\cdot m)$、$5.81\times10^{-4}mm^3/(N\cdot m)$和 $6.80\times10^{-4}mm^3/(N\cdot m)$。特别是 7%样品的磨损率相对于纯样品增加了约 2.6 倍。这可能是由于随着 ZnO 含量的增加，ZnO 在复合材料内部形成团聚现象，阻碍了其有效作用；同时，ZnO 的加入改变了复合材料的内部结构，使得 ZnO 未能与基体紧密结合，在摩擦磨损过程中容易脱落，从而更容易出现磨粒磨损，导致摩擦系数升高和磨损率增大。

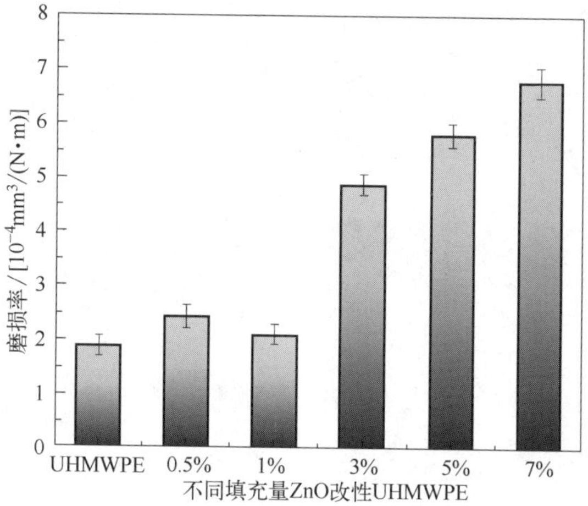

图 2.13　不同比例 ZnO 填充 UHMWPE 复合材料的磨损率

(2) 表面微观形貌分析

图 2.14 展示了不同比例 ZnO 填充 UHMWPE 复合材料在干摩擦条件下的磨损表面形貌。图 2.14 (a) 展示了纯 UHMWPE 的磨损形貌，图 2.14 (b) 展

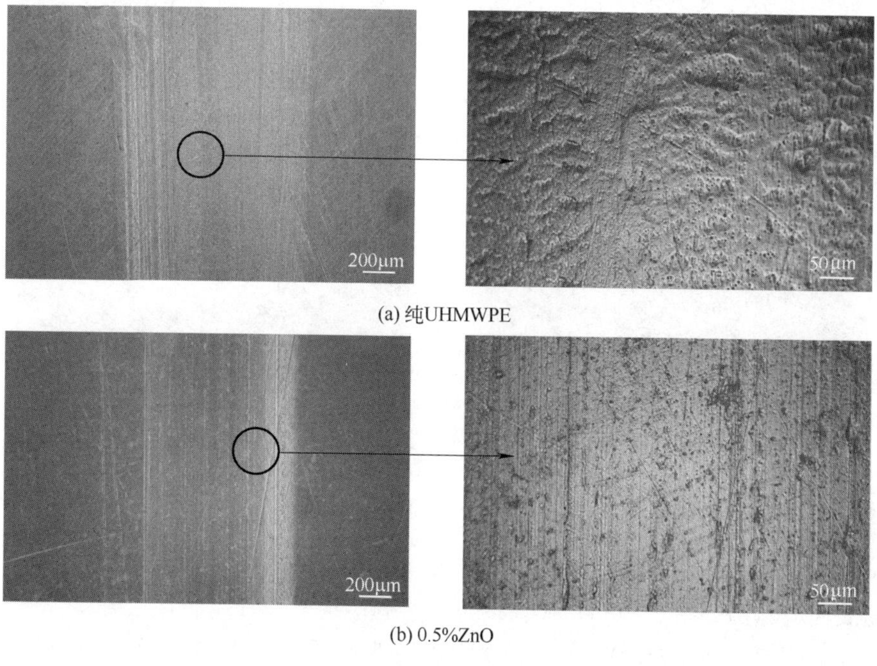

图 2.14

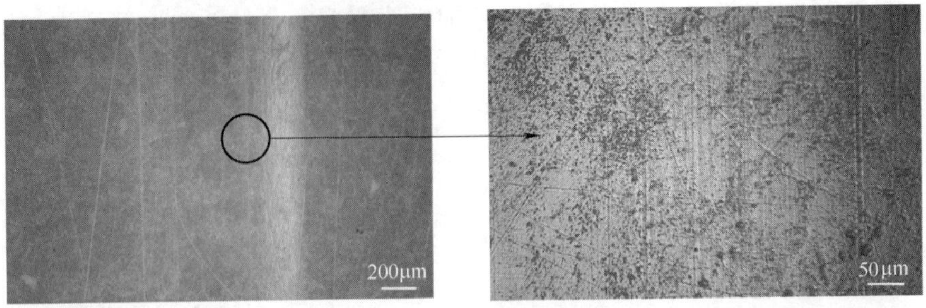

(c) 1%ZnO

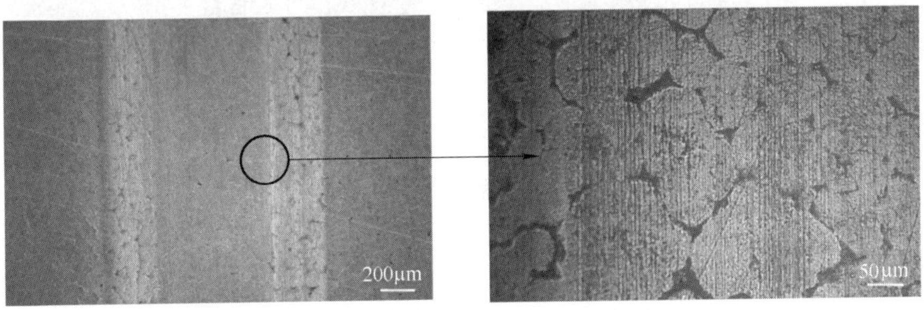

(d) 3%ZnO

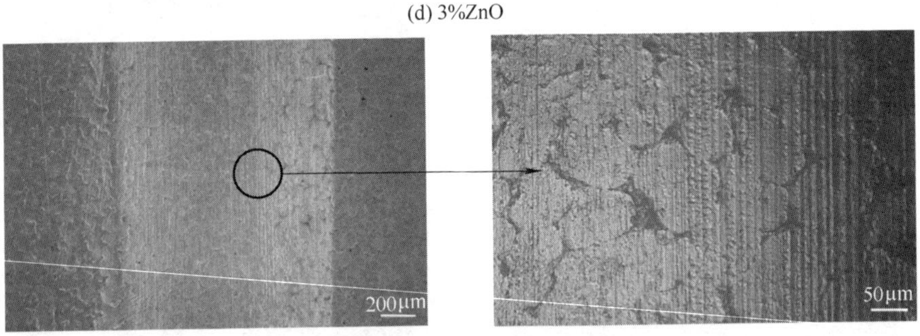

(e) 5%ZnO

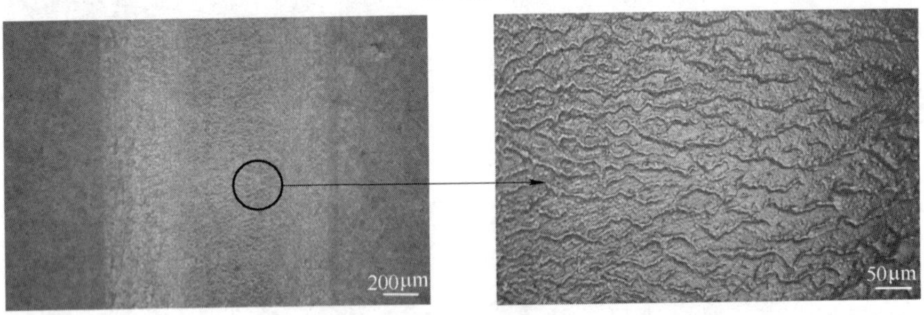

(f) 7%ZnO

图 2.14 不同比例 ZnO 填充 UHMWPE 复合材料的磨损表面形貌光镜图

示了 0.5%ZnO 填充的 UHMWPE 样品的磨损形貌。在 0.5%ZnO 填充样品中，磨损表面显示出一些犁沟和划痕，以及一些剥落现象，这表明存在磨粒磨损和黏着磨损，相较于纯 UHMWPE，磨损程度更为严重，这也与稍微增加的磨损率相符。图 2.14（c）为 1%样品的磨损形貌情况，与 0.5%样品相比，犁沟减少，伴随着少量黏着磨损，因此磨损率略有下降；虽然磨损率仍高于未填充 ZnO 的情况，但差距不明显。

图 2.14 (d)～(f) 展示的 3%、5%和 7%样品的磨痕宽度明显增大。在 3%样品中，磨痕两侧出现细小的犁沟和划痕，中间则呈现塑性形变和少许黏着磨损；而在 5%样品中，犁沟更加均匀且深，磨粒磨损加剧，导致磨损率逐渐升高。7%样品表面出现大量均匀的波纹状磨痕，几乎没有犁沟，以黏着磨损为主，同时磨痕宽度最大，对应着最高的磨损率。总体而言，随着 ZnO 含量的增加，UHMWPE 复合材料的磨损机制由少量磨粒磨损和黏着磨损逐渐转变为以磨粒磨损为主，而后最终演变为完全以黏着磨损为主。

图 2.15 是填充了不同比例 ZnO 的 UHMWPE 复合材料在干摩擦条件下的

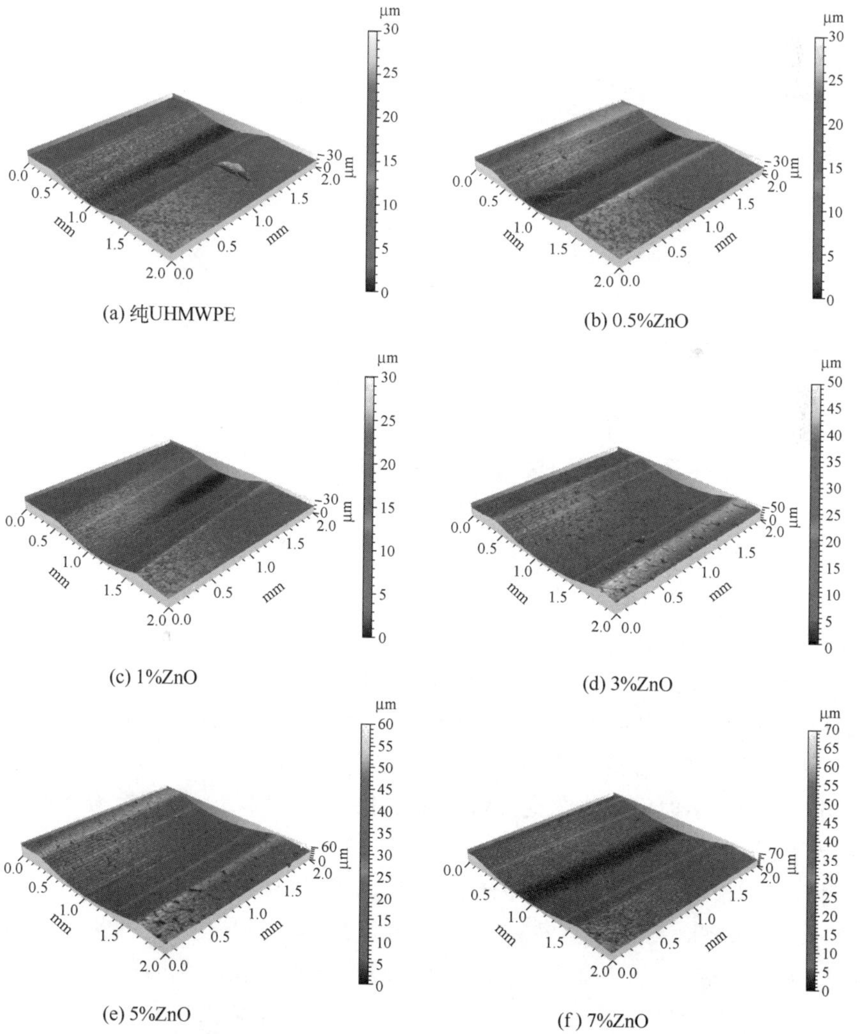

图 2.15　不同比例 ZnO 填充 UHMWPE 复合材料在干摩擦下的磨损轮廓 3D 图

磨损轮廓3D图。随着UHMWPE中ZnO颗粒含量的增加，样品的磨损轮廓宽度逐渐变宽，磨痕深度逐渐加深，对应着逐渐增大的磨损率。此外，在0.5%～5%样品的磨损轮廓中都观测到不同程度的犁沟，说明样品受到磨粒磨损。在加入7%的ZnO颗粒后，样品的3D磨损轮廓中没有发现明显的犁沟和划痕，但磨痕深度和宽度最大，对应着最高的磨损率，说明其此时受到强烈的磨损。

2.3 纳米颗粒改性聚乙烯的抗老化磨损性能影响

UHMWPE基体经历光热老化和热氧老化后，其摩擦学性能显著退化。试验结果表明，老化后材料的摩擦系数明显升高，且波动加剧，表明分子链断裂和氧化降解导致材料硬度和润滑性能下降。磨损机制从初始的磨粒磨损逐渐转变为疲劳磨损主导，表面出现裂纹和剥落现象。这些变化凸显了纳米颗粒改性对提升材料抗老化磨损性能的必要性。

2.3.1 UHMWPE基体的老化摩擦学行为

（1）摩擦系数及磨损率分析

图2.16为在干摩擦条件下，不同老化时间下纯UHMWPE试样的摩擦系数情况图。图2.16（a）为不同老化时间下UHMWPE复合材料的实时摩擦系数，样品经历不同时间的光热老化和热氧老化之后，实时摩擦系数曲线出现不同程度的波动。这种现象产生的原因可能是纯UHMWPE试样在经历老化后，内部分子结构被破坏，分子链断裂，同时内部的自由基与氧气发生了氧化降解反应，一定程度上降低了样品的硬度和模量。老化后的样品的实时摩擦系数均高于未老化的样品，并且老化后样品的摩擦系数波动更大。老化10天的样品的实时摩擦系数在1800s的试验时间内，数据爬升最快，其爬升幅度也最大，从0.15爬升到0.43左右，同时依然保持上升趋势。

从图2.16（b）中不同老化时间下UHMWPE复合材料的平均摩擦系数得出，纯UHMWPE的平均摩擦系数随着样品的老化时间增加呈现先增大后减小最后再增大的整体趋势，这与常铁等的研究结果相似。样品在受到不同的老化时间后，平均摩擦系数都要高于未经任何老化的纯样，说明纯UHMWPE复合材料在同时受到一定时间的光氧老化和热氧老化后，材料的润滑性能有所减弱。样品在受到光氧老化和热氧老化时将会改变材料的理化特性和微观结构，这些改变对于材料的润滑性能产生了消极的影响，提高了材料的摩擦系数。其中，在老化20天时，平均摩擦系数为0.234，增加的幅度最小，但是仍然比未老化的纯样升高了69.6%，说明样品的润滑性能下降得较为严重。在老化时间为5天时，样品的平均摩擦系数最大为0.361，这与老化10天的样品0.359的平均摩擦系数非常接近，分别比未老化的纯样增加了161.6%和160.1%。而常铁等的研究中，则是在老化 10 天时样品的摩擦系数最大，同时在老化 20 天和 25 天时样品的摩擦系数比纯样要低。经过分析对比，这可能是由于常铁等采用的是分子量为 9.2×10^6 的 UHMWPE，分子量对 UHMWPE 的摩擦学性能将会产生不可忽视的影响，一般来说，UHMWPE 的分子量越高其摩擦学性能也越优秀；也可能是本试验采用 50℃下热氧老化和光氧老化同时老化的制备样品，相比常铁等的采用单一热老化，且老化温度为 80℃的制备样品，二者的老化机制有所不同，老化过后的样品性能也有所差异；还有可能是常铁等的摩擦磨损试验参数设置与本试验有出入，他们采用了销-盘接触，摩擦副材质不同，这些也会影响样品的摩擦系数的测定。

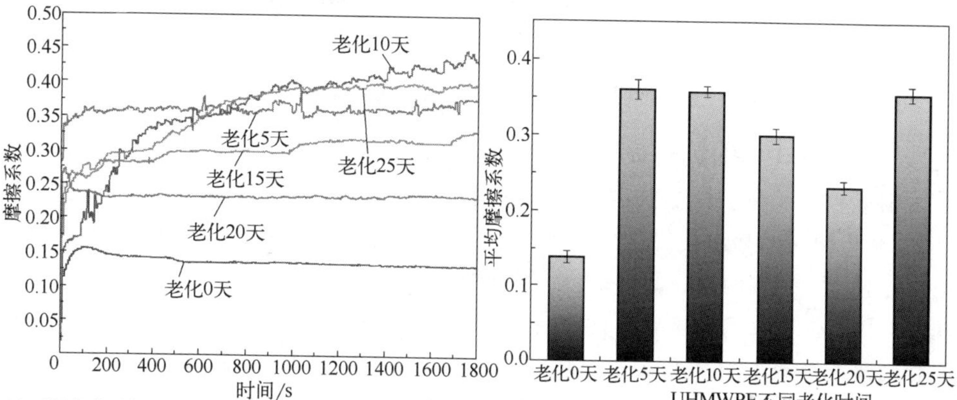

(a) 不同老化时间下UHMWPE复合材料摩擦系数与时间关系 (b) 不同老化时间下UHMWPE复合材料平均摩擦系数

图 2.16　不同老化时间下 UHMWPE 复合材料在干摩擦下的摩擦系数情况图

图 2.17 为在干摩擦条件下，不同老化时间 UHMWPE 复合材料试样的磨损率情况。从图 2.17 中得出，随着老化时间的增加，复合材料样品的磨损率不断增加；整体来看，样品在老化后，磨损率均有所升高，说明老化过后材料的摩擦磨损加剧，耐磨性能下降。老化 5 天后，样品的磨损率为 $7.63\times10^{-4}\mathrm{mm}^3/(\mathrm{N}\cdot\mathrm{m})$，较之未老化的纯 UHMWPE 增加约 3 倍；老化 10 天的样品磨损率为 $11.03\times10^{-4}\mathrm{mm}^3/(\mathrm{N}\cdot\mathrm{m})$，增加约 4.8 倍；老化 15 天的样品磨损率持续上升到 $16.37\times10^{-4}\mathrm{mm}^3/(\mathrm{N}\cdot\mathrm{m})$，增加约 7.6 倍；老化 20 天的样品磨损率开始迅速上升，达到 $39.44\times10^{-4}\mathrm{mm}^3/(\mathrm{N}\cdot\mathrm{m})$，增加了约 19.8 倍；其中在老化 25 天时，样品的磨损率达到最大值，为 $56.57\times10^{-4}\mathrm{mm}^3/(\mathrm{N}\cdot\mathrm{m})$，比未老化的样品升高了约 28.8 倍，说明在长时间的热氧老化和光氧老化作用下，UHMWPE 的耐磨性能受到非常严重的削弱，也说明了该 UHMWPE 复合材料在光和热的共同作用下，老化相当严重，一定程度上说明了研究 UHMWPE 复合材料抗老化的必要性。

(2) *表面微观形貌分析*

图 2.18 为不同老化时间 UHMWPE 复合材料的磨损表面形貌图。图 2.18 (a)

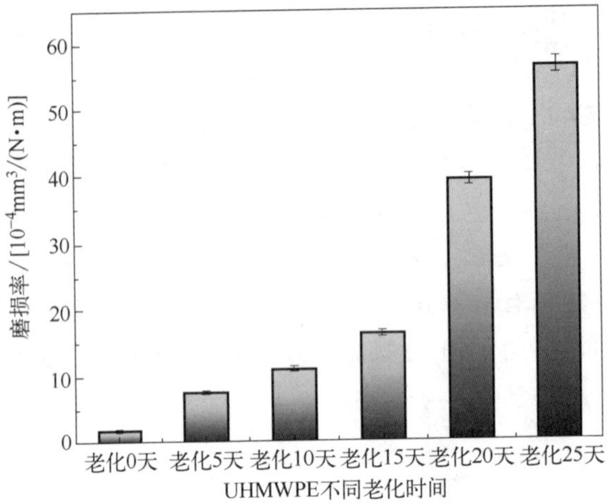

图 2.17　不同老化时间 UHMWPE 复合材料的磨损率

是未老化 UHMWPE 的磨损形貌图。图 2.18（b）是老化 5 天后的 UHMWPE 的磨损形貌图，在该样品的磨损表面出现少许犁沟和划痕，说明样品与未老化的 UHMWP 相同，都出现轻微的磨粒磨损。但是其表面出现剥离现象，表面出现比未老化 UHMWPE 更深的凹坑，因此样品的磨损率有所上升，黏着磨损现象加剧。图 2.18（c）是样品老化 10 天后的摩擦磨损表面，样品表面出现部分撕裂和剥落，形成凹坑和裂纹，出现较为严重的黏着磨损和疲劳磨损；在该样品表面还出现较深的犁沟和较浅的划痕，说明磨粒磨损较老化 5 天的样品有所加剧，

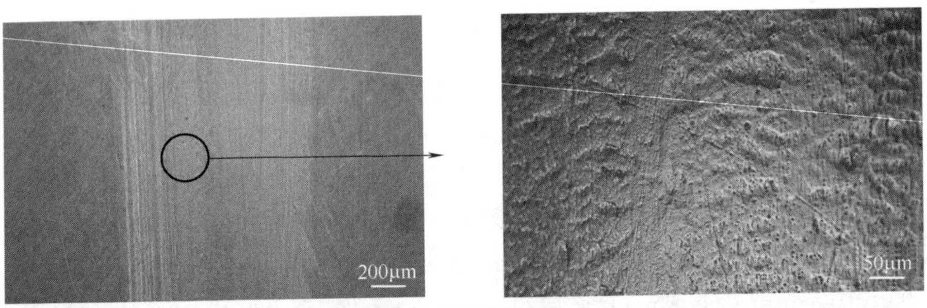

(a) UHMWPE老化0天

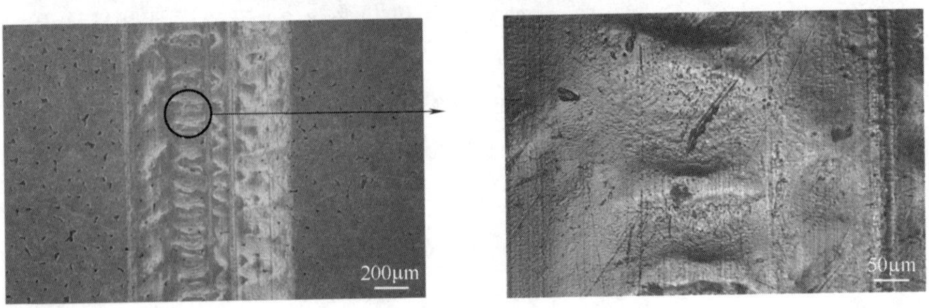

(b) UHMWPE老化5天

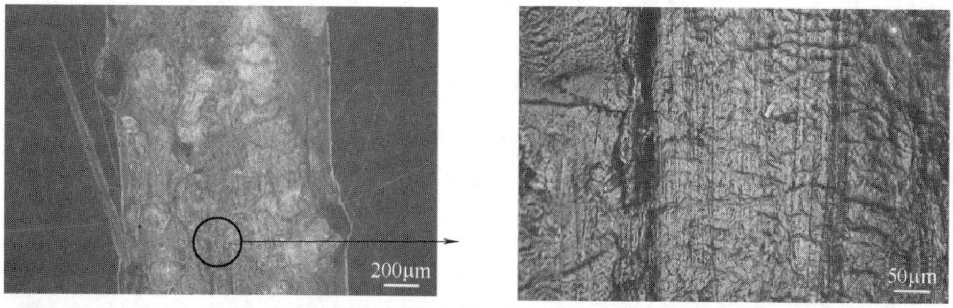

(c) UHMWPE老化10天

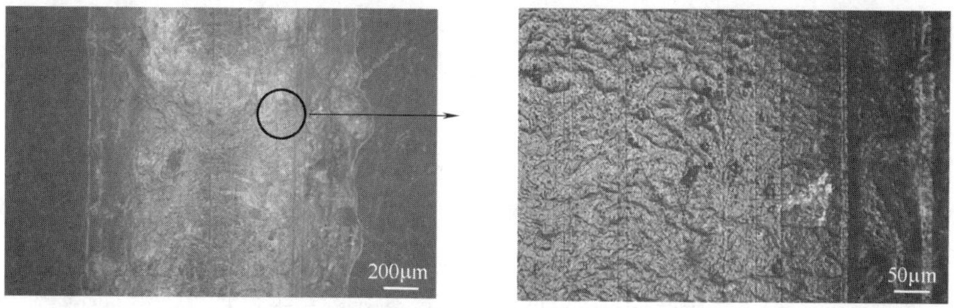

(d) UHMWPE老化15天

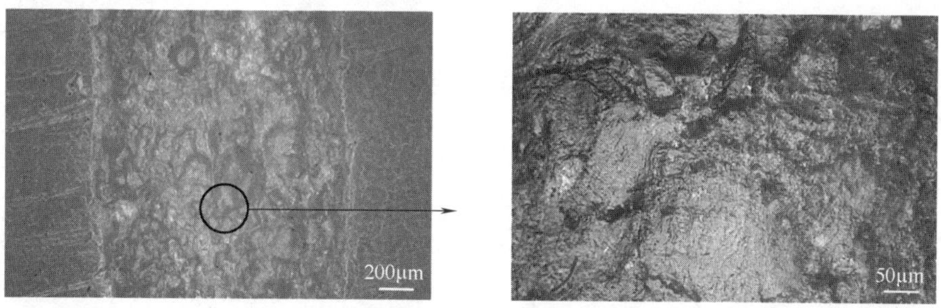

(e) UHMWPE老化20天

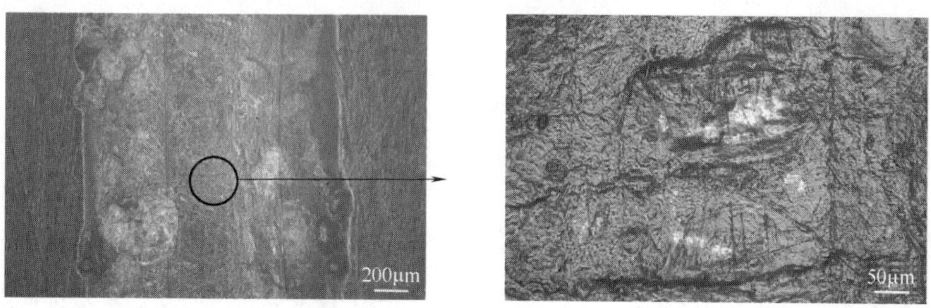

(f) UHMWPE老化25天

图 2.18 不同老化时间 UHMWPE 复合材料的磨损表面形貌图

因此磨损率持续上升。同时，该样品的磨痕宽度较前面老化 0 天和老化 5 天的样品明显变宽，进一步说明了磨损加剧。这可能是材料内部的大分子链断裂的同时内部自由基发生氧化反应，降低了材料的自身硬度。在摩擦磨损过程中产生的大量磨屑一部分在摩擦副不锈钢球的摩擦面形成转移膜，但是受到老化之后的

UHMWPE 建立的转移膜成型率低，很快又失效，磨屑又迅速聚积到摩擦面上重新建立转移膜，而剩下的磨屑则在磨痕中被摩擦副反复挤压摩擦。样品表面继续被这些磨屑切削和挤压，出现一些凹坑和裂纹，发生严重的黏着磨损，同时伴随疲劳磨损。在该表面发现明显的犁沟和划痕，说明在此条件下，老化 10 天样品的摩擦磨损机制以黏着磨损和疲劳磨损为主，同时伴有磨粒磨损。

从老化 15 天、20 天和 25 天三组样品磨损表面分析，每组的表面都出现一定的犁沟和划痕，说明三者都出现了磨粒磨损；但是从老化 15 天到老化 25 天样品的犁沟逐渐减少和变浅，在老化 25 天样品中发现非常少量的划痕，说明其磨粒磨损有所缓解。同时，在这三组样品中观察到明显的波浪状黏着磨损特征，说明也伴随着黏着磨损现象。此外，三组样品中发现明显的裂纹，其中老化 25 天样品的裂纹最大，数目最多，说明老化 25 天时样品的疲劳磨损最为剧烈。样品从未老化时的磨粒磨损和黏着磨损转化为疲劳磨损和黏着磨损，其中磨粒磨损逐渐转化为疲劳磨损，也正因此，样品的磨损率上升，耐磨性能下降明显，使用寿命急剧缩短，影响其服役的安全性和可靠性。

图 2.19 是不同老化时间的 UHMWPE 复合材料在干摩擦条件下的磨损表面

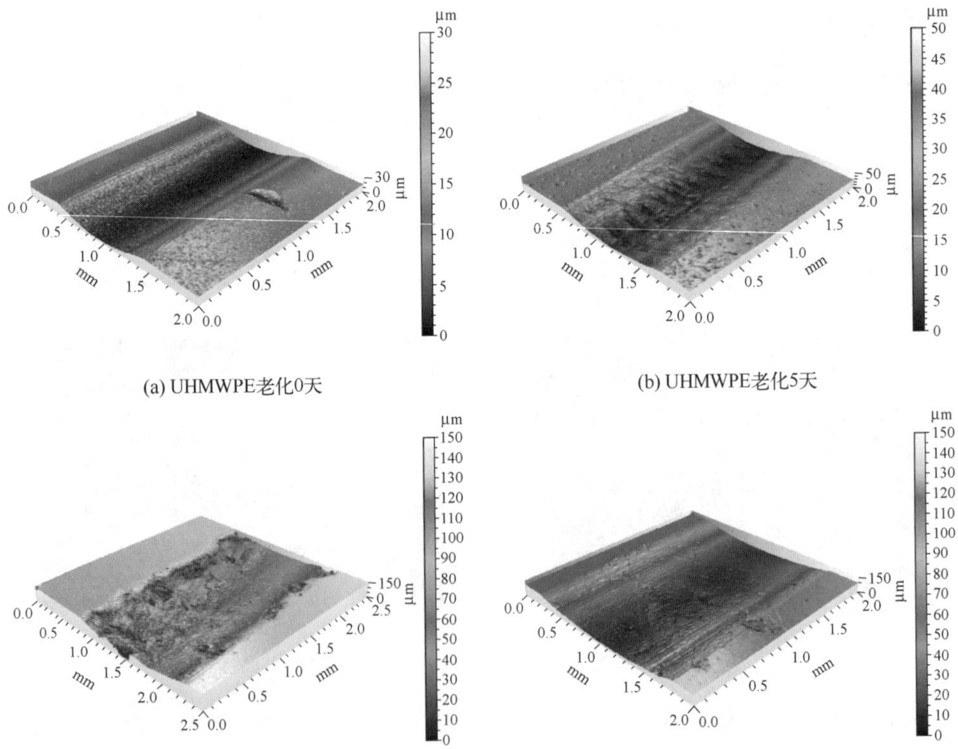

(a) UHMWPE老化0天

(b) UHMWPE老化5天

(c) UHMWPE老化10天

(d) UHMWPE老化15天

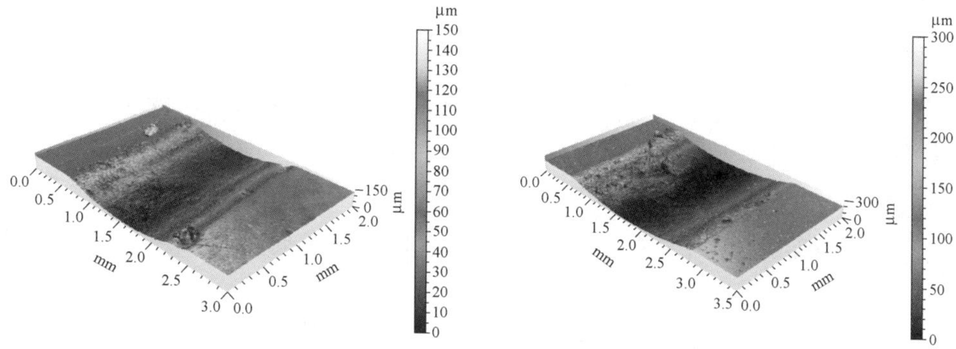

(e) UHMWPE老化20天　　(f) UHMWPE老化25天

图 2.19　不同老化时间 UHMWPE 复合材料在干摩擦下的磨损轮廓 3D 图

形貌 3D 图。在老化 5 天后的样品磨损轮廓中出现明显的起伏，但是磨痕宽度较未老化样品有所增大，因此磨损率也高于未老化样品。在老化 10 天和 15 天的样品磨损轮廓中观测到样品表面剥离和凹坑，说明出现严重的黏着磨损，对应着比未老化样品高的磨损率。老化 20 天的样品的磨损轮廓宽度与老化 25 天样品的相近，但是老化 25 天样品的磨痕深度明显高于老化 20 天的样品，对应着最高的磨损率，老化 25 天的样品磨损最为严重。

2.3.2　TiO_2 纳米颗粒改性的抗老化摩擦性能

（1）摩擦系数及磨损率分析

图 2.20 是不同老化时间的不同 TiO_2 填充量的 TiO_2/UHMWPE 复合材料在干摩擦条件下的实时摩擦系数图。从图中可以看出，不论老化时间长短，纯样 UHMWPE 以及 0.5%和 1%TiO_2 填充量的 TiO_2/UHMWPE 复合材料的实时摩擦系数表现最为稳定，波动最小，说明添加少量纳米 TiO_2 颗粒的复合材料具有较为平稳的摩擦系数，具备稳定的润滑性能。在老化 5 天、10 天、15 天和 20 天时，0.5%TiO_2 的 TiO_2/UHMWPE 复合材料表现出同等老化时间下的最低实时摩擦系数。而在老化 25 天时，含有 1%TiO_2 的 TiO_2/UHMWPE 复合材料的实时摩擦系数最低。

图 2.20（a）展示了未经老化处理的 TiO_2/UHMWPE 复合材料的实时摩擦系数图，前文已对其进行了分析，这里不再赘述。而图 2.20（b）则呈现了老化 5 天后的 TiO_2/UHMWPE 复合材料的实时摩擦系数图。在此时段，添加 0.5%、1%和 3%TiO_2 的三组样品的实时摩擦系数与未经老化处理时表现一致，均低于纯 UHMWPE 样品，其中添加 0.5%TiO_2 的样品实时摩擦系数最为平稳且为三组样品中最低。这表明在老化 5 天的条件下，添加 0.5%TiO_2 的 TiO_2/UHMWPE 复合材料展现出优异的润滑性能。然而，当 TiO_2 填充量增至 5%和 7%时，样品的实时摩擦系数迅速上升，明显高于纯 UHMWPE 样品。其中，添加

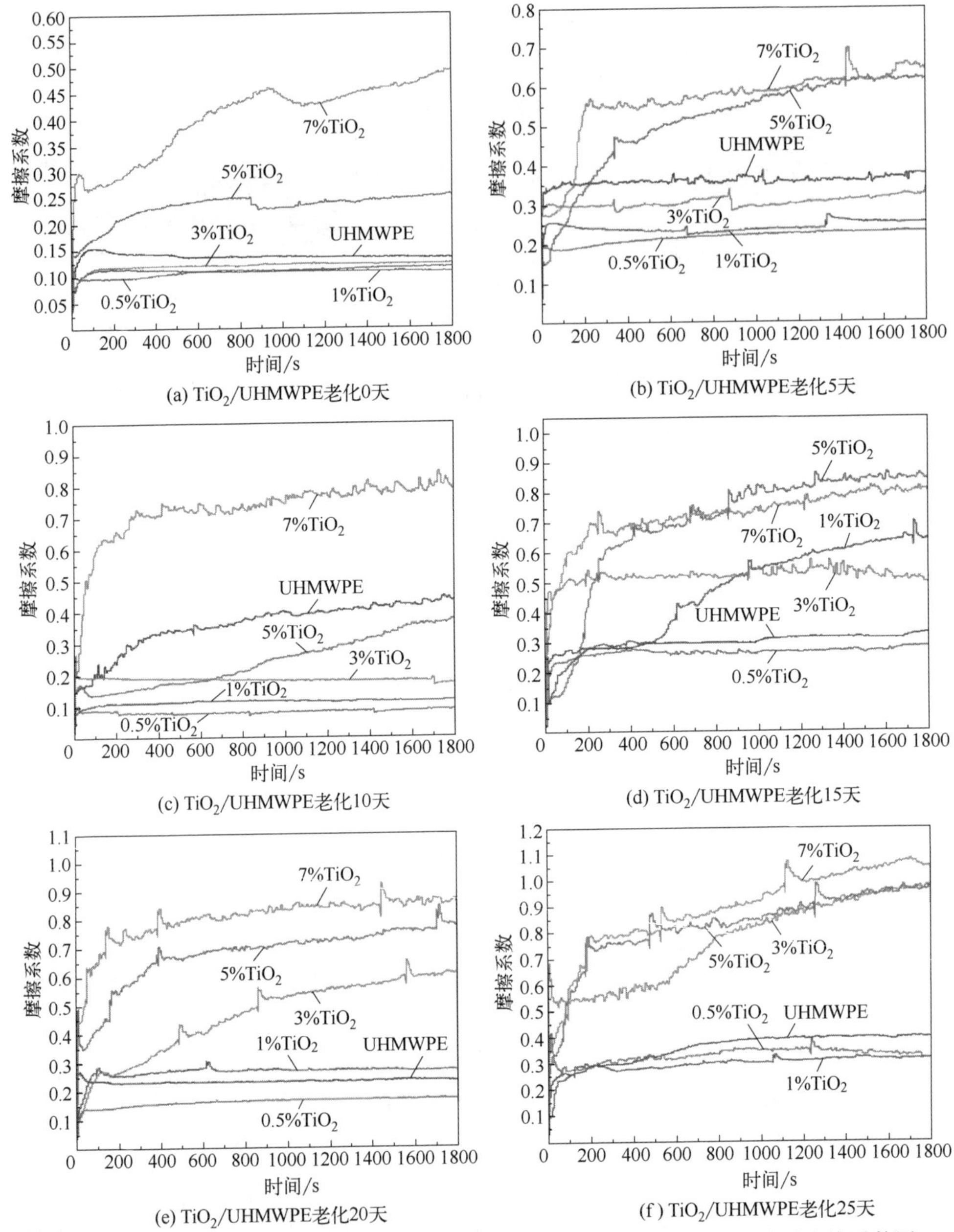

(a) TiO_2/UHMWPE老化0天　(b) TiO_2/UHMWPE老化5天

(c) TiO_2/UHMWPE老化10天　(d) TiO_2/UHMWPE老化15天

(e) TiO_2/UHMWPE老化20天　(f) TiO_2/UHMWPE老化25天

图 2.20　不同老化时间的 TiO_2/UHMWPE 复合材料在干摩擦条件下的实时摩擦系数图

7% TiO_2 的样品的实时摩擦系数在磨合阶段显示最大的增长，约在 200s 完成初步磨合并进入稳定磨合阶段，实时摩擦系数达到约 0.57，同时也是所有样品中实时摩擦系数最高的。这说明当 TiO_2 颗粒含量达到 5%和 7%时，TiO_2/UHMWPE 复合材料的润滑性能急剧下降，摩擦系数显著增加。

图 2.20（c）展示了经过 10 天老化的样品在不同 TiO_2 填充量下的实时摩擦

系数情况。结果显示，当 TiO_2 填充量为 0.5%、1%、3%和 5%时，样品的实时摩擦系数均低于纯 UHMWPE 样品，与图 2.20（a）、（b）呈现相似的趋势。具体来看，添加 0.5% TiO_2 的样品表现出最低的实时摩擦系数，而添加 7% TiO_2 时，实时摩擦系数达到约 0.7，为各样品中最高值。除了添加 7% TiO_2 的样品外，其他样品的实时摩擦系数相对较为稳定，这是因为添加 7% TiO_2 的样品在摩擦磨损过程中产生大量磨屑，其中一部分被排出摩擦区域，但仍有部分磨屑在摩擦面上受到不锈钢球的挤压和摩擦，导致实时摩擦系数出现明显波动。

图 2.20（d）～（f）展示了老化 15 天、20 天和 25 天的样品的实时摩擦系数情况。在老化 15 天时，除了添加 0.5% TiO_2 的样品实时摩擦系数低于纯 UHMWPE 样品外，其他样品的实时摩擦系数均有所上升，并且实时摩擦系数曲线变得不稳定，出现更加明显的波动。然而，在老化 20 天和 25 天时，添加 0.5%和 1% TiO_2 的样品的实时摩擦系数曲线相对平稳；在老化 20 天时，添加 0.5% TiO_2 的样品的实时摩擦系数最低，而添加 7% TiO_2 的样品的实时摩擦系数最高，各填充量之间的实时摩擦系数差异显著，这表明在老化 20 天后，TiO_2 颗粒对 TiO_2/UHMWPE 复合材料的润滑性能影响显著。样品老化 25 天后，添加 0.5%和 1% TiO_2 的样品的实时摩擦系数仍低于纯 UHMWPE 样品，其中添加 1% TiO_2 的样品表现出最低的实时摩擦系数。与前述结果一致，添加 7% TiO_2 样品的实时摩擦系数最高。

图 2.21 是不同老化时间下不同 TiO_2 填充量的 TiO_2/UHMWPE 复合材料在干摩擦条件下的平均摩擦系数。观察发现，在不同老化时间条件下，随着 TiO_2 填充量的增加，复合材料的平均摩擦系数呈现先下降后上升的趋势。对图 2.21（a）～图 2.21（f）分析发现，在老化 5 天至老化 20 天期间，TiO_2 填充量为 0.5%的样品表现出最低的平均摩擦系数；而在老化 25 天时，添加 1% TiO_2 的样品展现出最低的平均摩擦系数，这表明 TiO_2 颗粒的添加降低了 UHMWPE 复合材料在老化后的摩擦系数，并且对应填充量的样品在润滑性能方面表现最佳。然而，不论老化时间长短，添加 7% TiO_2 的样品均呈现最高的平均摩擦系数，显示出当 TiO_2 颗粒填充量为 7%时，复合材料的润滑性能受损，说明过量添加纳米 TiO_2 颗粒可能适得其反，无法有效降低摩擦系数，反而导致摩擦系数迅速上升。

从图 2.21（b）中老化 5 天的 TiO_2/UHMWPE 复合材料平均摩擦系数数据可以看出，0.5%填充量的样品具有最低的平均摩擦系数，为 0.218，相较于纯 UHMWPE 样品下降约 39.6%；另外，1%和 3%填充量的样品的平均摩擦系数分别为 0.243 和 0.306，分别比纯 UHMWPE 样品下降了约 32.7%和 15.2%。然而，5%和 7%填充量的样品的平均摩擦系数均高于相同老化时间的纯 UHMWPE 样品，分别为 0.513 和 0.564，分别增加了约 42.1%和 56.2%，其中 7%填充量的样品的平均摩擦系数最高，表明在该填充量下 TiO_2/UHMWPE 复合

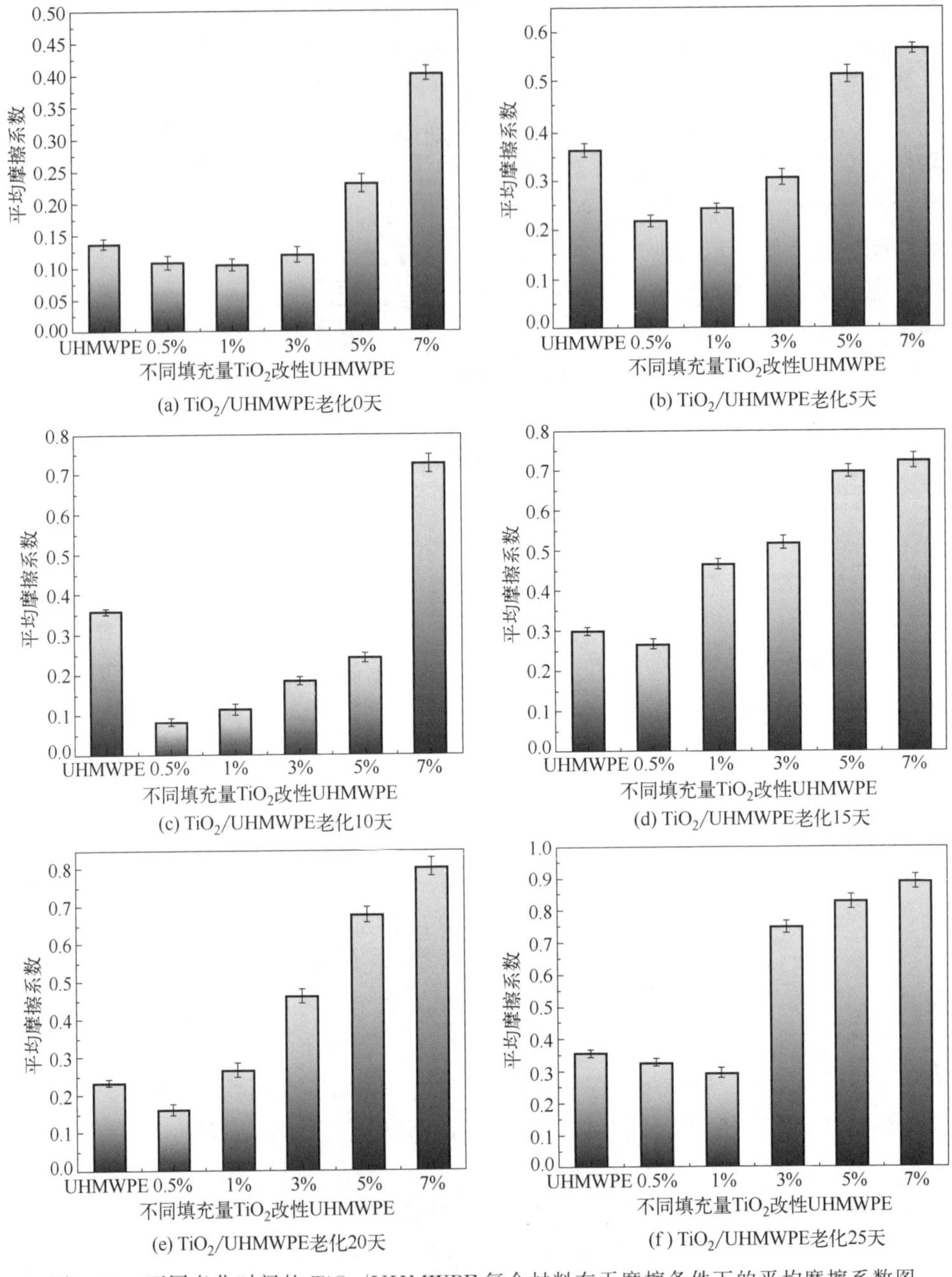

图 2.21 不同老化时间的 TiO_2/UHMWPE 复合材料在干摩擦条件下的平均摩擦系数图

材料的润滑性能最差。经过热氧老化和光氧老化 5 天后，0.5%纳米 TiO_2 填充量显著降低了复合材料的摩擦系数，提高了材料的润滑性能。

图 2.21（c）显示，当样品老化 10 天后，0.5%填充量的样品的平均摩擦系数仍然表现最低，为 0.083。与纯 UHMWPE 样品相比，下降了约 76.9%，在

该配比下样品呈现出显著的抗老化性能。除了 7%填充量的样品外，其他三组样品的平均摩擦系数都低于未添加 TiO_2 的样品，分别为 0.114、0.185 和 0.242，分别下降了约 68.2%、48.5% 和 32.6%。这表明在老化 10 天时，填充量为 0.5%～5%的纳米 TiO_2 颗粒能有效缓解样品的老化，保持其原有的优异润滑性能。而 7%填充量的样品的平均摩擦系数最高，为 0.727，比老化 10 天的未添加 TiO_2 的样品上升了约 102.5%，呈现出较大的上升幅度，样品的润滑性受到严重破坏。

图 2.21（d）～(e）分别为老化 15 天和 20 天的 TiO_2/UHMWPE 复合材料的平均摩擦系数。在老化 15 天和 20 天时，与图 2.21（b）、(c）相似，0.5%填充量的样品的平均摩擦系数仍然最低，分别为 0.267 和 0.162，比相同老化时间的纯 UHMWPE 样品分别下降了 11%和 30.8%。然而，在其他填充量下，剩下的四组样品的平均摩擦系数都高于相同老化时间的纯 UHMWPE 样品，随着 TiO_2 颗粒的增加，老化后的 TiO_2/UHMWPE 复合材料的平均摩擦系数也增大。在 7%填充量下达到最高，分别为 0.725 和 0.803，增加了约 141.7%和 243.2%。

图 2.21（f）展示了老化 25 天后 TiO_2/UHMWPE 复合材料的平均摩擦系数与 TiO_2 颗粒填充量的关系。老化 25 天后，0.5%和 1%填充量样品的平均摩擦系数比纯 UHMWPE 样品更低。0.5%填充量样品的平均摩擦系数下降到 0.328，比纯 UHMWPE 样品下降了约 8.1%。而 1%填充量样品具有最低的平均摩擦系数，为 0.295，比纯 UHMWPE 下降了约 17.4%。但 7%填充量样品仍然具有最高的平均摩擦系数，同时也是所有老化时间梯度中的最高值，为 0.89，比纯 UHMWPE 样品增加了约 149.3%。因此可以得出结论，在老化 5～25 天时，7%的 TiO_2 颗粒对 TiO_2/UHMWPE 复合材料的润滑性能产生了严重的削弱作用。

图 2.22 是不同老化时间的 TiO_2/UHMWPE 复合材料在干摩擦条件下的磨损率情况，从中可以得出，在不同老化时间梯度下，TiO_2 的填充量对 UHMWPE 复合材料磨损率的影响有所不同。

图 2.22（b）是老化 5 天后的 TiO_2/UHMWPE 的磨损率统计柱状图，分析得出样品的磨损率随着 TiO_2 颗粒填充量的增加先减小后增加，其规律与图 2.21（b）老化 5 天样品的平均摩擦系数相似。添加 0.5% TiO_2 颗粒后，样品的磨损率出现最小值，骤降到 $3.27\times10^{-4}mm^3/(N\cdot m)$，比纯 UHMWPE 样品减少约 57.14%；随着 TiO_2 颗粒含量提高，复合材料磨损率逐步上升。在 7%填充量样品处达到最大值，为 $7.76\times10^{-4}mm^3/(N\cdot m)$，仅仅比纯 UHMWPE 样品增大了 1.7%。1%、3%和 5%填充量样品的磨损率均明显低于 0%填充量样品，分别比纯 UHMWPE 样品降低约 37.6%、24.5%和 11.4%；从 TiO_2/UHMWPE 的磨损率来看，TiO_2 颗粒的加入显著改善了 UHMWPE 材料自身在受到热氧老化和光氧老化 5 天后的耐磨性能，减小了复合材料的磨损率，提高了其使用寿命和稳定性。同时，结合前面图 2.21 的分析，TiO_2 的添加也改善了 UHMWPE 的润滑性能。

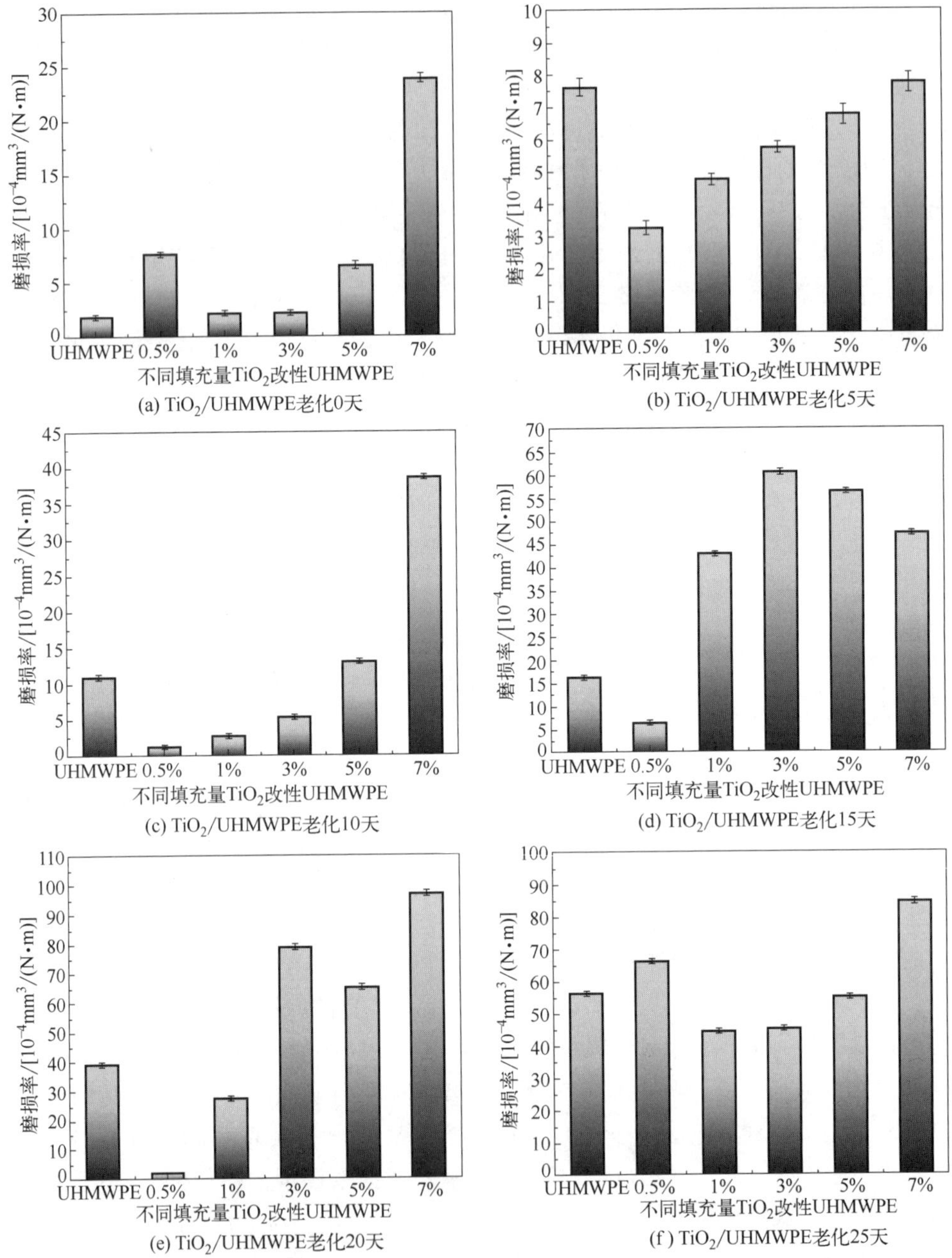

图 2.22　不同老化时间的 TiO_2/UHMWPE 复合材料在干摩擦条件下的磨损率情况

图 2.22（c）是样品老化 10 天的磨损率情况，TiO_2/UHMWPE 的磨损率随着 TiO_2 填充量的增加呈现先减小后增大的趋势，与样品老化 10 天的摩擦系数变化规律一致。值得注意的是，添加适量的 TiO_2 颗粒（0.5%～3%）使得 UHMWPE 的磨损率低于纯 UHMWPE 样品。在 0.5%填充量样品时出现最低的磨

损率，为 $1.33\times10^{-4}mm^3/(N\cdot m)$，磨损率直接下降了约 87.9%；而 1%填充量样品的磨损率为 $2.80\times10^{-4}mm^3/(N\cdot m)$，下降了 74.6%；3%填充量样品的磨损率增加到 $5.46\times10^{-4}mm^3/(N\cdot m)$，但是仍然比纯 UHMWPE 样品下降了 50.5%；5%填充量样品的磨损率增加到 $13.14\times10^{-4}mm^3/(N\cdot m)$，比纯 UHMWPE 样品升高了 19.1%；7%填充量样品的磨损率迅速增加到最大值，为 $38.80\times10^{-4}mm^3/(N\cdot m)$，相较纯 UHMWPE 样品增加了 2.5 倍。总体来看，在老化 10 天后，经 TiO_2 填充改性的样品的耐磨性能得到显著提高，在 0.5%～3%这个填充量范围内表现良好。这可能是因为在老化 10 天这个阶段，纳米 TiO_2 颗粒成功地发挥出优异的润滑性能和抗老化性能，有效吸收照射的紫外线，抑制 UHMWPE 的光氧反应，减缓了 UHMWPE 的紫外老化速度。进一步结合图 2.21 和图 2.22 可知，在老化 10 天时，0.5% TiO_2 填充量的样品具有最佳的摩擦学性能，体现出良好的润滑性能和耐磨性能。

图 2.22（d）、（e）分别为老化 15 天和 20 天的 TiO_2/UHMWPE 的磨损率，其中 0.5%填充量样品的磨损率最低，分别达到 $6.58\times10^{-4}mm^3/(N\cdot m)$ 和 $2.29\times10^{-4}mm^3/(N\cdot m)$，比相同老化时间的纯 UHMWPE 样品分别减少了约 59.8%和 94.2%，对 TiO_2/UHMWPE 复合材料的耐磨性能都起到了较好的改善作用。但是在 TiO_2 颗粒的填充量达到 3%及以上时，样品的磨损率明显高于老化相同时间的纯 UHMWPE 样品组，说明在老化时间不断加长时，添加过量的 TiO_2 颗粒并不能缓解 UHMWPE 的老化，反而加剧 TiO_2/UHMWPE 的磨损。

图 2.22（f）是老化 25 天后的 TiO_2/UHMWPE 的磨损率情况，此时 TiO_2/UHMWPE 的磨损率随着 TiO_2 颗粒含量的增大先增大后减小再增大。0.5%填充量样品的磨损率增加到 $66.51\times10^{-4}mm^3/(N\cdot m)$，比 0%增加了约 17.6%；其中 1%填充量样品存在最低磨损率，为 $44.72\times10^{-4}mm^3/(N\cdot m)$，较同一老化 25 天的 UHMWPE 样品降低了约 20.9%；而后 3%和 5%填充量样品的磨损率开始逐渐上升，分别上升到 $45.41\times10^{-4}mm^3/(N\cdot m)$ 和 $55.32\times10^{-4}mm^3/(N\cdot m)$，然而依然比纯 UHMWPE 样品分别减少了约 19.7%和 2.2%；在 7%填充量样品处出现最高磨损率，为 $84.71\times10^{-4}mm^3/(N\cdot m)$，此时样品的磨损率已经比纯 UHMWPE 高约 49.7%。这说明在老化最长时间（25 天）时，添加一定含量的 TiO_2 颗粒（1%～5%）能够不同程度地减小 UHMWPE 的磨损率，提高其耐磨性能。少量（0.5%）和过量（7%）的 TiO_2 颗粒反而会提高 UHMWPE 的磨损率，降低其耐磨性能，从而影响其使用寿命。

（2）表面微观形貌分析

图 2.23 是老化 25 天的 0%～7% TiO_2 填充 UHMWPE 复合材料在干摩擦条件下的磨损表面情况。结果显示，添加了 TiO_2 颗粒之后的样品磨损边缘非常模

糊，与未添加 TiO_2 的样品相比，其磨损程度明显减轻。具体来说，图 2.23（a）展示了老化 25 天后未添加 TiO_2 的 UHMWPE 的磨损情况，图 2.23（b）展示了添加 0.5%TiO_2 颗粒的 UHMWPE 的磨损情况。在这两种情况下，观察到大量较浅的犁沟和划痕，犁沟分布较为均匀，表明样品出现典型的磨粒磨损。此外，还观察到部分表面剥离形成的凹坑，表明样品出现了黏着磨损。随着摩擦的继续，凹坑不断被挤压，不锈钢球继续与表面接触。由于 UHMWPE 在经历光氧老化和热氧老化之后，表面和内部的分子链出现断裂，内部自由基氧化，表面硬度降低，钢球对样品的破坏加剧，产生大量的磨屑。产生的磨屑又进入摩擦面中，造成磨粒磨损加剧。这些结果表明，添加 0.5%TiO_2 颗粒的 UHMWPE 复合材料在老化 25 天之后，其耐磨性能有所下降。

进一步观察图 2.23（c），发现添加 1%TiO_2 颗粒的 TiO_2/UHMWPE 的磨损表面出现大量均匀细小的犁沟和较浅的凹坑，但相对于 0.5%的情况，犁沟和凹坑深度更浅，磨损率最低，说明 1%的 TiO_2 颗粒能够有效地改善 TiO_2/UH-MWPE 的耐磨性能。

图 2.23（d）为含有 3%TiO_2 颗粒的 TiO_2/UHMWPE 复合材料在摩擦测试后的磨损表面。观察到样品磨痕中存在较深的犁沟，但并未发现大量裂纹，而是出现大量较浅的凹坑。这些凹坑可能源于摩擦过程中表面的剥落现象，在钢球和磨屑的作用下形成了杂乱的凹坑。另一种可能是 TiO_2 颗粒增加导致 UHMWPE 内部与 TiO_2 颗粒结合性下降，使得分子链之间更容易发生断裂，从而使样品表

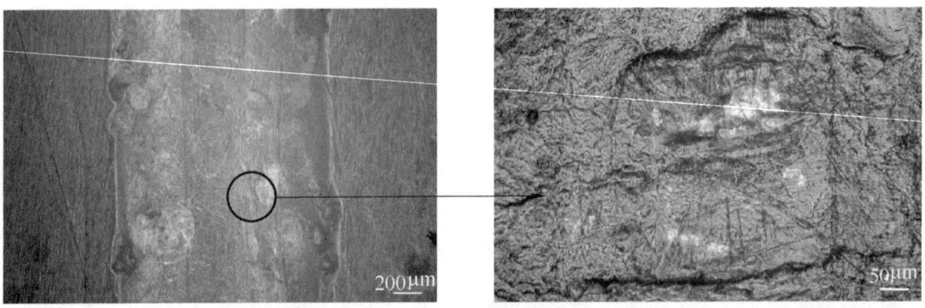

(a) 纯UHMWPE

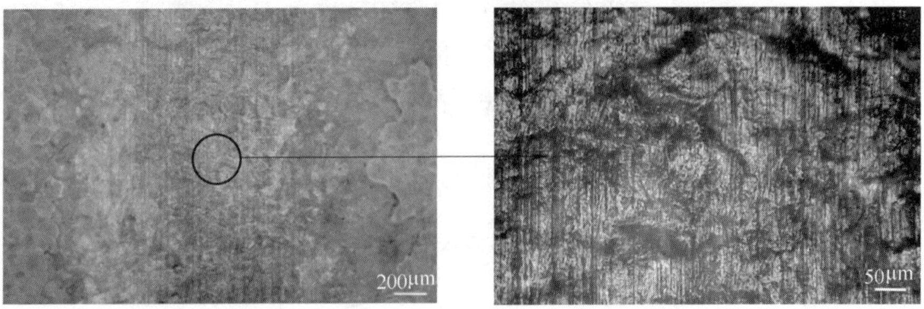

(b) 0.5%TiO_2

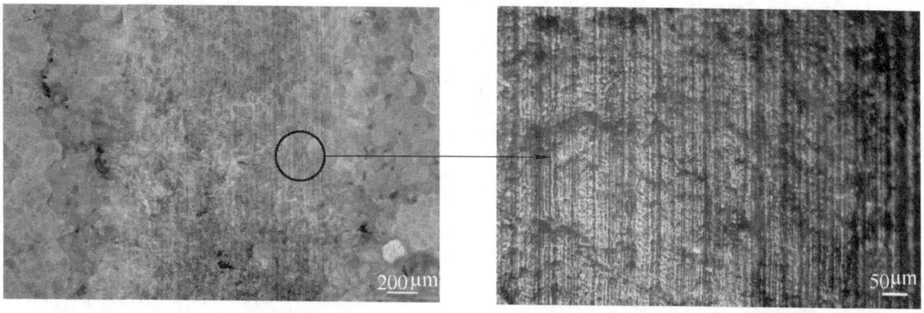

(c) 1%TiO_2

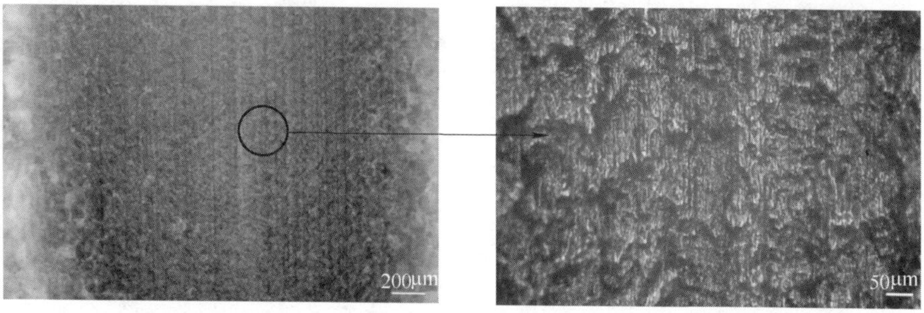

(d) 3%TiO_2

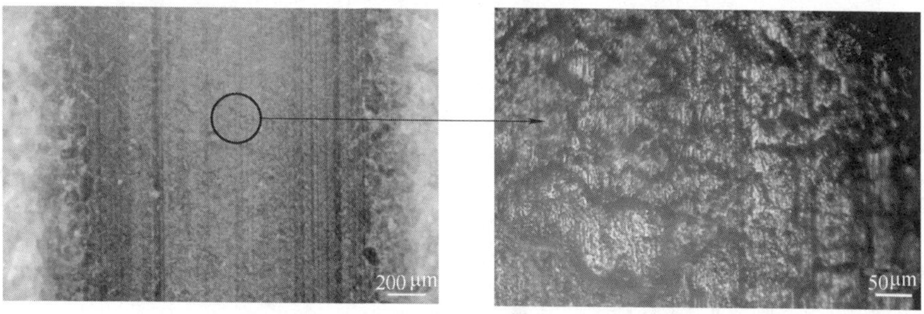

(e) 5%TiO_2

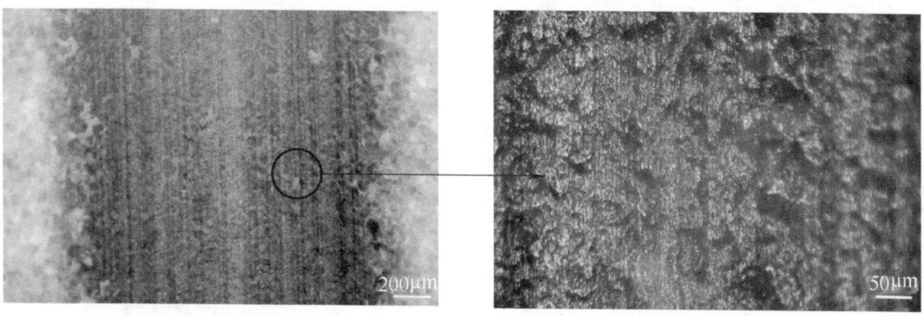

(f) 7%TiO_2

图 2.23　不同比例 TiO_2 填充 UHMWPE 复合材料老化 25 天后的磨损表面形貌图

面更容易受损并产生磨屑。在摩擦过程中，发生磨粒磨损，钢球将掉落的磨屑压入凹坑中，导致磨损率缓慢增加，样品的耐磨性能有所下降。图 2.23 (e)、(f) 分别对应含有 5%和 7%TiO_2 颗粒的 TiO_2/UHMWPE 复合材料的磨损情况，观察到样品表面仍然存在较深但不连续的犁沟。随着 TiO_2 含量的增加，表面出现更多的凹坑，导致磨损率持续上升，表明样品的耐磨性能在持续下降。

图 2.24 是添加不同 TiO_2 含量的 TiO_2/UHMWPE 复合材料老化 25 天后在干摩擦条件下的磨损轮廓 3D 图。从磨损轮廓中可以看出，在添加 TiO_2 颗粒后，UHMWPE 复合材料样品的磨损轮廓边缘逐渐模糊，远远不如纯 UHMWPE 样

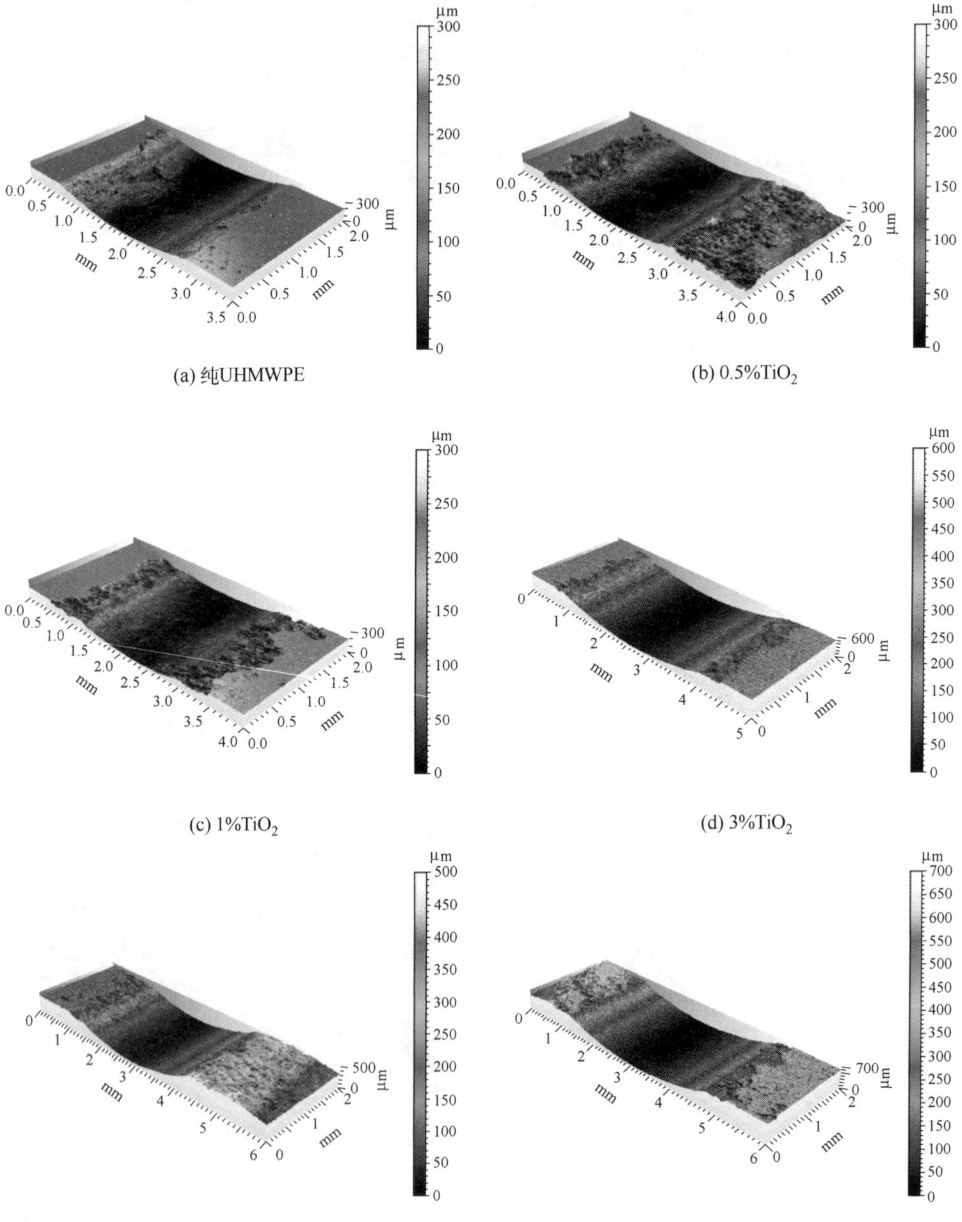

(a) 纯UHMWPE　(b) 0.5%TiO_2　(c) 1%TiO_2　(d) 3%TiO_2　(e) 5%TiO_2　(f) 7%TiO_2

图 2.24　TiO_2/UHMWPE 老化 25 天后在干摩擦条件下的磨损轮廓 3D 图

品，这可能是 TiO_2 的加入一定程度上导致了 UHMWPE 复合材料的降解，同时在热氧老化和光氧老化的作用下，样品的表面硬度降低，在摩擦磨损时将摩擦面边缘的材料也带走，形成不规则模糊的磨损轮廓边缘。添加纳米颗粒的 UHMWPE 复合材料样品磨损轮廓宽度都较未添加颗粒样品有所增加，但是 1%填充量样品的磨痕深度最浅，对应最小的磨损率，说明此时 UHMWPE 复合材料的磨损有所缓解，加入 1% TiO_2 颗粒能够一定程度上提高样品干摩擦条件下的耐磨性能。

2.3.3　ZnO 纳米颗粒改性的抗老化摩擦性能

（1）*摩擦系数及磨损率分析*

图 2.25 是不同含量的 ZnO/UHMWPE 复合材料在不同老化时间后干摩擦条件下的实时摩擦系数曲线图。图 2.25（a）这里不再重复分析，图 2.25（b）展示了老化 5 天后不同 ZnO 填充量的 ZnO/UHMWPE 复合材料的实时摩擦系数曲线。结果显示，添加不同含量 ZnO 颗粒的样品的实时摩擦系数都低于纯 UHMWPE 样品，并且曲线更加平稳，波动减小。各个样品的实时摩擦系数曲线存在明显差异。在所有样品中，ZnO 填充量为 1%的样品具有最低且最稳定的实时摩擦系数，说明在老化 5 天时，添加 1%ZnO 颗粒的样品具有最优异的自润滑性能。图 2.25（c）展示了老化 10 天后的实时摩擦系数，结果显示 ZnO 填充量为 1%的样品实时摩擦系数曲线最稳定且摩擦系数最低。除了 1%样品外，其他样品的实时摩擦系数曲线都存在不同程度的波动，但是都比纯 UHMWPE 样品小且更稳定。这表明，在老化 5 天和 10 天时添加不同含量的 ZnO 颗粒可以降低 ZnO/UHMWPE 复合材料的实时摩擦系数，改善 UHMWPE 材料老化后的自润滑性能。这可能是因为 ZnO 颗粒对紫外线的屏蔽作用，减少了紫外线进入复合材料内部，避免了 UHMWPE 的大分子链断裂和内部自由基的分解，从而避免了 UHMWPE 材料表面硬度的降低。同时，ZnO 颗粒还具有一定的润滑作用，使得 ZnO/UHMWPE 复合材料具有良好的润滑性能。ZnO 填充量为 1% 的 ZnO/UHMWPE 复合材料在较短老化时间内（5 天和 10 天）具有最低且最稳定的实时摩擦系数，同时该样品的跑合时间最短，能够在最短的时间内建立稳定的摩擦状态，展现出最佳的自润滑性能。

图 2.25（d）、（e）分别展示了老化 15 天和 20 天 ZnO/UHMWPE 复合材料的实时摩擦系数情况。在老化 15 天时，除了 5%样品外，其余各组样品的跑合时间几乎相同，大约为 200s。然而，跑合完成后，实时摩擦系数仍然存在不同程度的波动，但基本稳定在一定范围内。5%样品的跑合时间最长，约为 1200s，然后进入具有一定实时摩擦系数波动的稳定磨损阶段。3%和 5%样品的实时摩擦系数曲线明显低于 0%样品，其中 5%样品的实时摩擦系数最低。相较于老化 15 天的情况，在老化 20 天时，各组样品的实时摩擦系数曲线波动减小，纯 UHMWPE 样品的曲线最光滑稳定。此外，从图中可以明显看出，在整个摩擦磨损

过程中，5%和7%两组样品的实时摩擦系数都低于纯UHMWPE样品，并且在跑合结束后进入稳定磨损阶段，实时摩擦系数保持稳定，没有出现明显的波动。其中，5%样品的实时摩擦系数最低，跑合时间也最长，一直持续到约900s才完成跑合。

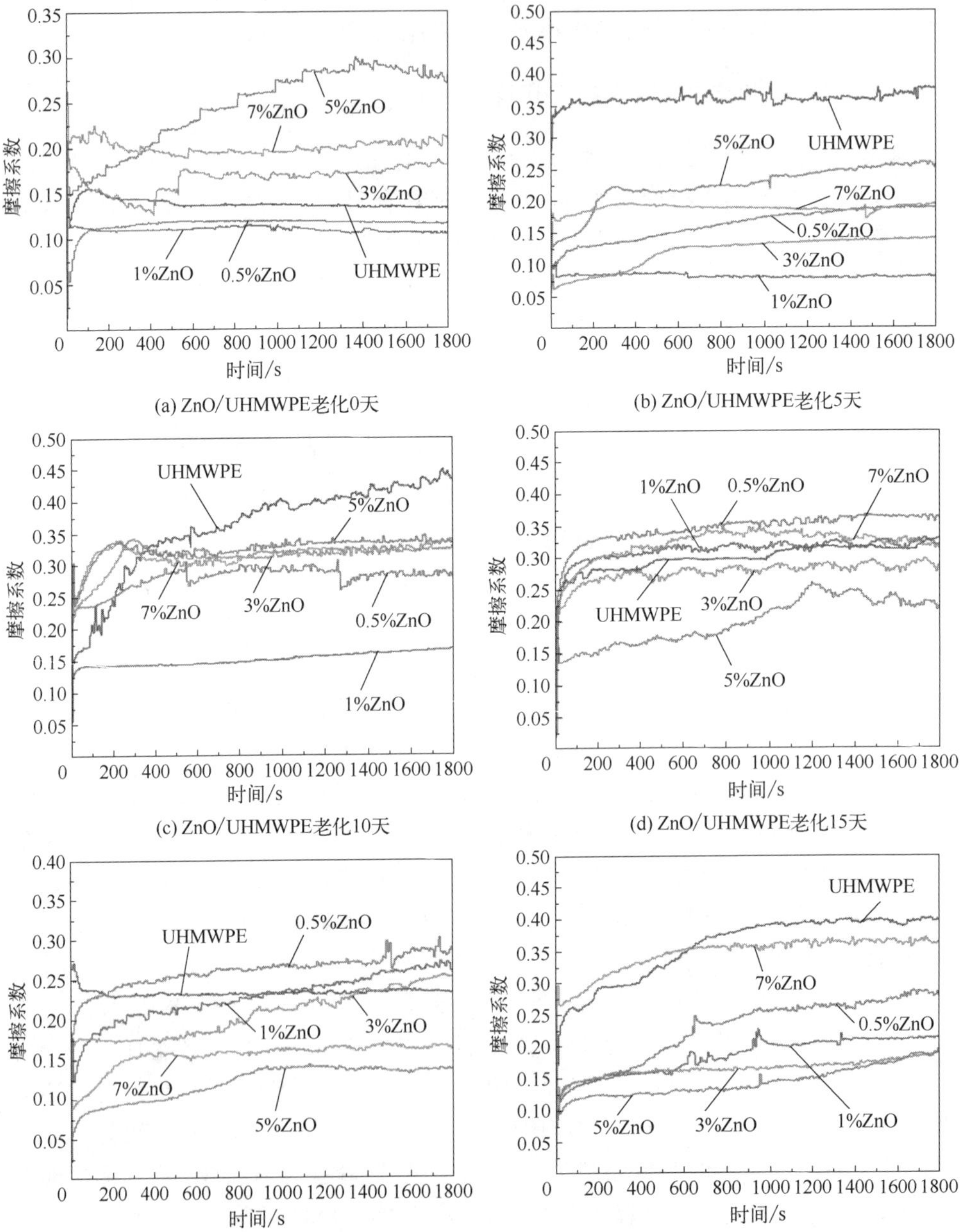

(a) ZnO/UHMWPE老化0天

(b) ZnO/UHMWPE老化5天

(c) ZnO/UHMWPE老化10天

(d) ZnO/UHMWPE老化15天

(e) ZnO/UHMWPE老化20天

(f) ZnO/UHMWPE老化25天

图2.25 不同老化时间的ZnO/UHMWPE在干摩擦条件下的实时摩擦系数图

图 2.25（f）是 ZnO/UHMWPE 老化 25 天后在干摩擦条件下的实时摩擦系数情况。3%样品的曲线最稳定，其他样品的曲线都存在不同程度的波动，但相较于老化 15 天的样品曲线，波动有所减小。其中，0.5%、1%、3%和 5%四组样品的实时摩擦系数明显低于纯 UHMWPE 样品，与老化 15 天和 20 天的结果相似。5%样品的实时摩擦系数最低，与 3%样品的曲线的跑合时间一样，均为约 100s。然而，3%样品在完成跑合阶段后，实时摩擦系数变得稳定，进入稳定磨损阶段。而 5%样品在完成第一阶段的跑合后进入了一段时间的稳定磨损阶段，摩擦系数也保持稳定，然后随着摩擦磨损的持续进行，原有的稳定阶段被打破，重新进行磨合，摩擦系数缓慢上升。

图 2.26 是不同老化时间的 ZnO/UHMWPE 复合材料在干摩擦条件下的平均摩擦系数情况。图 2.26（a）不做重复叙述。从 ZnO/UHMWPE 老化 5 天和 10 天后的平均摩擦系数情况［图 2.26（b）、（c）］来看，ZnO/UHMWPE 的平均摩擦系数随着 ZnO 颗粒填充量的增多，先减小后增大再减小。总体来看，添加了不同含量 ZnO 颗粒后的样品的平均摩擦系数都低于纯 UHMWPE 样品。其中，在老化 5 天时，ZnO 颗粒填充量为 1%的样品具有最低的平均摩擦系数，为 0.082，比纯 UHMWPE 样品下降了约 77.3%；老化 10 天时，ZnO 颗粒填充量为 1%的样品出现最低的平均摩擦系数，为 0.152，比纯 UHMWPE 样品下降了约 57.7%；和老化 5 天相比，老化 10 天时添加了不同含量的 ZnO 的 ZnO/UHMWPE 复合材料与纯 UHMWPE 材料平均摩擦系数上的差距有所减小，说明在老化 10 天内随着老化时间的增加，ZnO 颗粒对 UHMWPE 材料的抗老化和润滑作用略有减弱，但仍能有效降低摩擦系数，特别是在 1%填充量时样品具有最低的平均摩擦系数，至少下降了 57%。

图 2.26（d）、（e）分别展示了老化 15 天和 20 天的 ZnO/UHMWPE 复合材料在干摩擦下的平均摩擦系数情况。在老化 15 天和 20 天时，样品的平均摩擦系数都随着 ZnO 颗粒的增加先增大后减小再增大，并且都在 ZnO 颗粒含量为 5%的样品时出现最低平均摩擦系数，分别为 0.200 和 0.121，比纯 UHMWPE 样品分别下降了约 33.6%和 48.3%。相比之下，当添加较低含量（0.5%）的 ZnO 颗粒，在老化较长时间（20 天）后，并不能降低样品的摩擦系数，反而使摩擦系数有所上升。这可能是随着老化时间的累积，UHMWPE 内部已经老化，内部含有的少量 ZnO 颗粒虽然可以在一定程度上阻止材料的进一步老化，但是 ZnO 颗粒在材料内部与基体脱离，形成空腔和缺陷从而导致摩擦系数有所上升。添加适量的 ZnO 颗粒的情况下，样品体现出较好的润滑性能，能够显著降低样品的平均摩擦系数。而添加过量的 ZnO 颗粒（7%）会导致摩擦系数上升。

图 2.26（f）是 ZnO/UHMWPE 复合材料老化 25 天后的平均摩擦系数与 ZnO 颗粒填充量的关系。在经历最长老化时间（25 天）后，复合材料样品的平均摩擦系数随着 ZnO 颗粒填充量的增加先减小后增大；老化 25 天时与前面老化

15 天、20 天相同，在 5%ZnO 填充量的 ZnO/UHMWPE 处出现最低平均摩擦系数，为 0.145，较纯 UHMWPE 样品减少了约 59.4%。0.5%、1%和 3%三组样品的平均摩擦系数分别达到 0.228、0.185 和 0.166，减少了约 36.1%、48.2%和 53.5%。总体上，添加了 ZnO 颗粒的样品的平均摩擦系数都要低于纯 UHM-

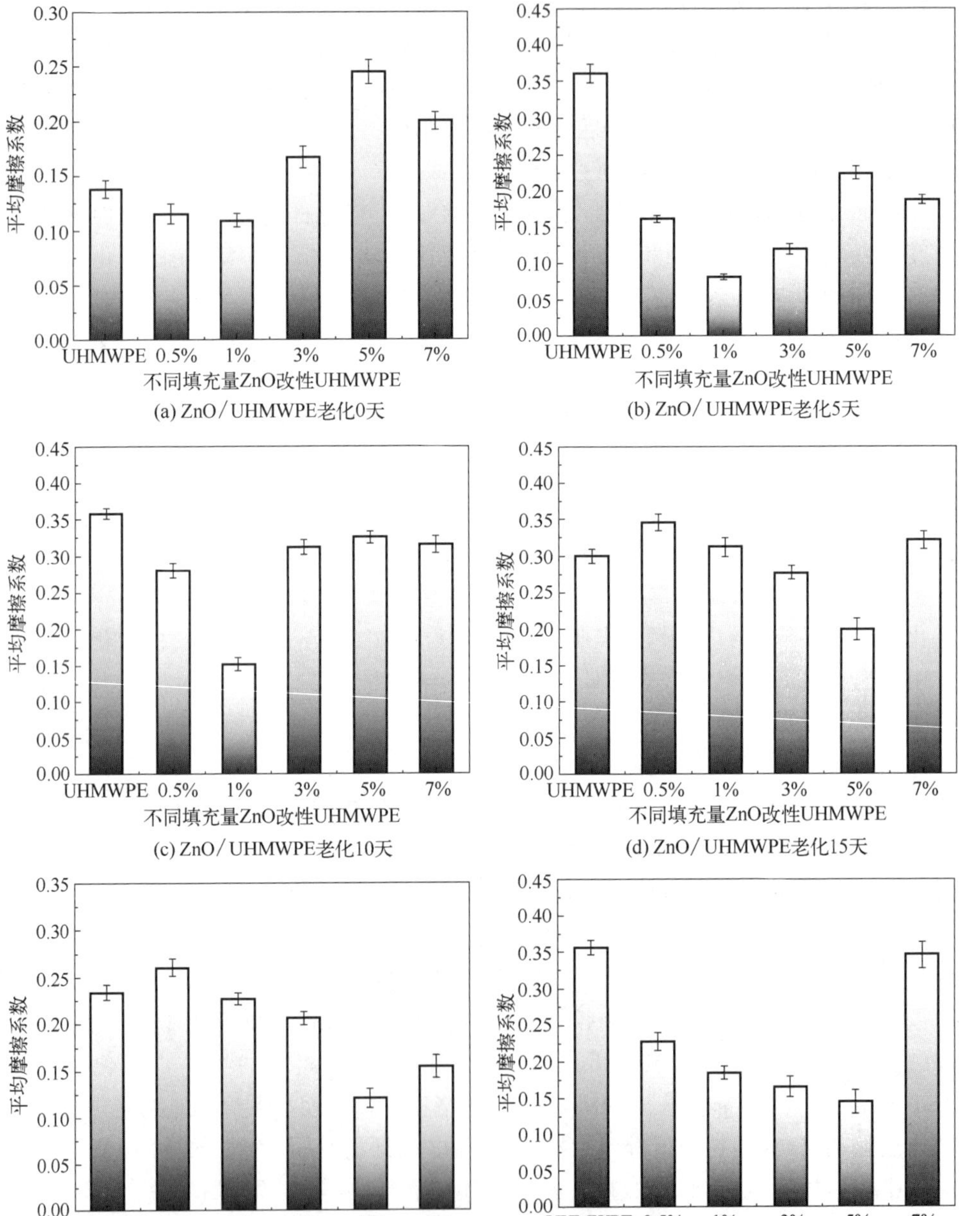

(a) ZnO/UHMWPE老化0天 (b) ZnO/UHMWPE老化5天

(c) ZnO/UHMWPE老化10天 (d) ZnO/UHMWPE老化15天

(e) ZnO/UHMWPE老化20天 (f) ZnO/UHMWPE老化25天

图 2.26 不同老化时间的 ZnO/UHMWPE 在干摩擦条件下的平均摩擦系数图

WPE 样品，说明 ZnO 颗粒的加入对降低 UHMWPE 材料的摩擦系数具有积极作用。这可能是由于 25 天的长时间老化后，原先未添加 ZnO 颗粒的 UHMWPE 已经发生非常严重的热氧老化和光氧老化，自身的力学性能和摩擦系数性能都严重恶化，而 ZnO 颗粒具有良好的抗老化作用，可以屏蔽掉部分紫外线从而缓解光氧老化，减少 UHMWPE 内部分子链的断裂和自由基的分解，一定程度上保持原有优异的润滑性能。同时，ZnO 颗粒也是一种有效的固体润滑剂，进一步改善了 UHMWPE 的自润滑性能。

图 2.27 为不同老化时间的 ZnO/UHMWPE 复合材料在干摩擦条件下的磨损率与 ZnO 填充量之间的关系。结果表明，在各个老化时间梯度内，ZnO 填充量对 UHMWPE 的磨损率有着不同程度的影响。经过不同时间的老化处理后，不同填充量的 ZnO 颗粒的 ZnO/UHMWPE 复合材料样品均展现出比纯 UHMWPE 样品更低的磨损率，并且在同一老化梯度下存在最佳的填充比例以使得样品的磨损率最低，从而增强了 UHMWPE 的耐磨性能，延长了其使用寿命并提高了其可靠性。

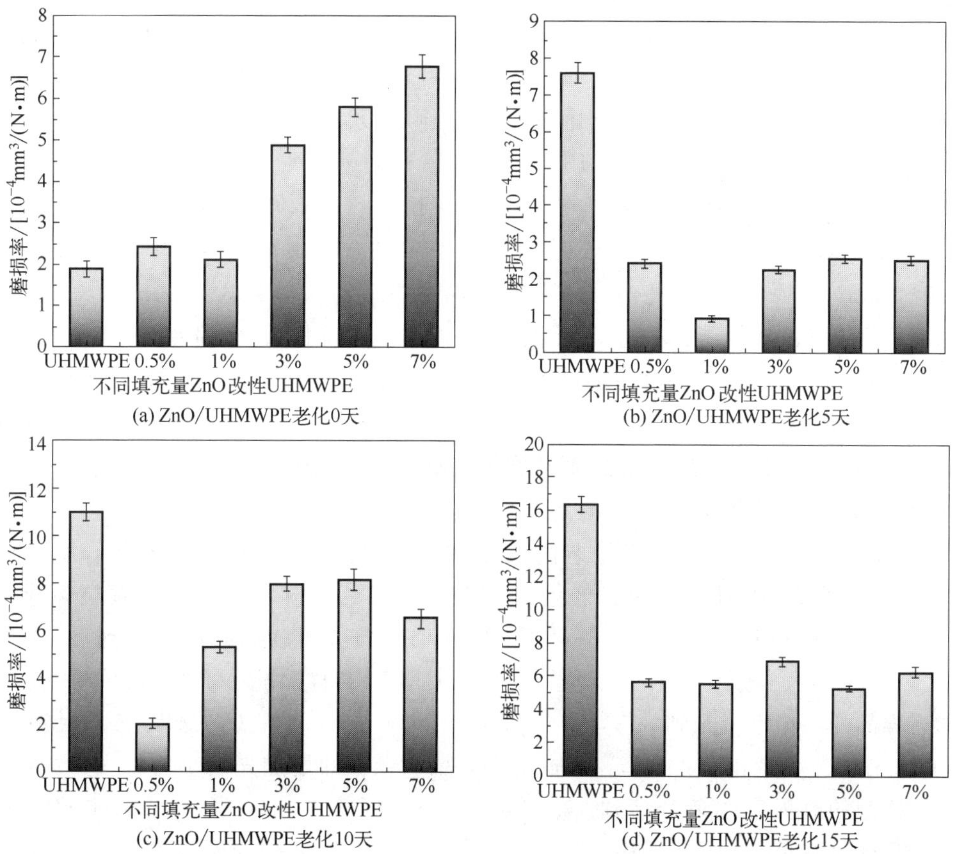

图 2.27

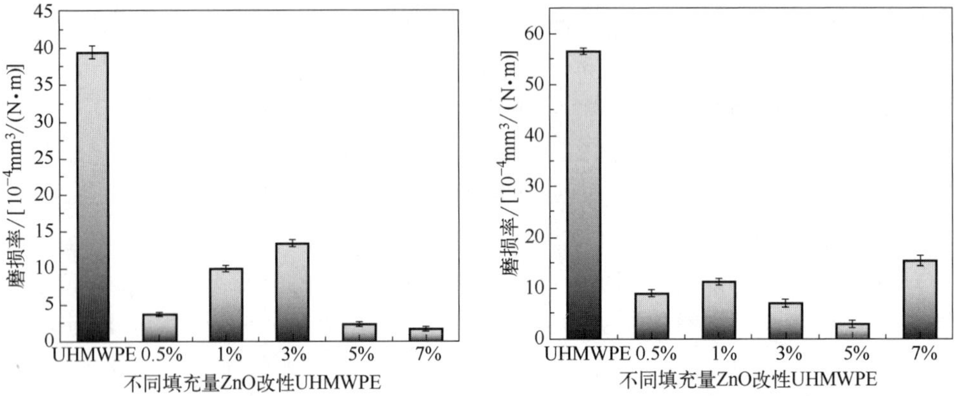

(e) ZnO/UHMWPE老化20天　　(f) ZnO/UHMWPE老化25天

图 2.27　不同老化时间的 ZnO/UHMWPE 复合材料在干摩擦下的磨损率情况

图 2.27 (a) 不再赘述。图 2.27 (b)、(c) 分别展示了老化 5 天和 10 天后 ZnO/UHMWPE 复合材料在干摩擦条件下的磨损率情况。随着 ZnO 颗粒含量的增加，ZnO/UHMWPE 复合材料的磨损率呈现出复杂的非线性变化趋势：先减小，随后增大，最后再次减小。总体来看，添加了 ZnO 颗粒的样品磨损率均明显低于纯 UHMWPE 样品。老化 5 天时，当 ZnO 颗粒填充量为 1%时，样品表现出最低的磨损率，为 $0.94\times10^{-4}mm^3/(N\cdot m)$，较纯 UHMWPE 样品减少约 87.7%；而 5%样品的磨损率为 $2.59\times10^{-4}mm^3/(N\cdot m)$，较纯 UHMWPE 样品降低了约 66.1%。老化 10 天时，0.5%样品表现出最低的磨损率，为 $2.04\times10^{-4}mm^3/(N\cdot m)$，比纯 UHMWPE 样品减少了约 $8.99\times10^{-4}mm^3/(N\cdot m)$，降低了约 81.5%；与老化 5 天的样品类似，5%样品磨损率增至 $8.16\times10^{-4}mm^3/(N\cdot m)$，比纯 UHMWPE 样品下降了约 26.0%。此外，加入 ZnO 颗粒的 ZnO/UHMWPE 样品的磨损率都显著下降，其耐磨性能都得到了不同程度的提升，这可能是由于 ZnO 颗粒在 UHMWPE 中减少了紫外线的照射，从而减缓了 ZnO/UHMWPE 样品的光氧老化。

图 2.27 (d)、(e) 分别是老化 15 天和 20 天后 ZnO/UHMWPE 复合材料在干摩擦条件下的磨损率情况。老化 15 天时，样品的磨损率随着 ZnO 颗粒含量的增加而先减小后增大再减小最后增大；1%样品的磨损率减小到 $5.59\times10^{-4}mm^3/(N\cdot m)$，出现最低值，较纯 UHMWPE 样品减小了约 65.9%；而后 3%样品的磨损率上升到 $6.89\times10^{-4}mm^3/(N\cdot m)$，较纯 UHMWPE 样品减小了约 57.9%。老化 20 天时，磨损率随着 ZnO 颗粒的增加先减小后增大再减小。3%样品的磨损率逐渐升高到 $13.37\times10^{-4}mm^3/(N\cdot m)$，但还是比纯 UHMWPE 样品减小了约 66.1%；之后在 7%样品处出现最小的磨损率，为 $1.78\times10^{-4}mm^3/(N\cdot m)$，比纯 UHMWPE 样品减小了约 95.5%。

图 2.27（f）是老化 25 天后 ZnO/UHMWPE 复合材料的磨损率情况，随着 ZnO 颗粒含量的增加样品的磨损率先减小再增大再减小最后增大。磨损率在 5% 样品中出现最小值，为 $2.95\times10^{-4}mm^3/(N\cdot m)$，与纯 UHMWPE 样品相差 $53.62\times10^{-4}mm^3/(N\cdot m)$，降低了约 94.8%；最后 7%样品磨损率升高到了 $15.34\times10^{-4}mm^3/(N\cdot m)$，但是同纯 UHMWPE 相比依然降低了约 72.9%。通过对比，在老化 25 天时，ZnO 颗粒填充量为 5%的样品能够最大限度地降低 UHMWPE 材料的磨损率，能够提高 UHMWPE 复合材料的耐磨性能，同时 5%样品也具有最低的摩擦系数，体现了最佳的润滑性能。这说明在 UHMWPE 中添加 5%的 ZnO 颗粒，在最长时间（25 天）的老化后，具有最优异的摩擦学性能。

(2) *表面微观形貌分析*

图 2.28 是老化 25 天的 0%～7%ZnO 填充量的 UHMWPE 复合材料在干摩擦条件下的磨损表面情况。图 2.28（a）不做赘述。图 2.28（b）是添加 0.5% ZnO 颗粒的 UHMWPE 的磨损情况，在观察样品的磨损痕迹时，可以观察到大量波浪状特征，以及少量由表面剥落形成的凹坑，这表明样品经历了明显的黏着磨损，且黏着磨损强度相较于纯 UHMWPE 样品有所增强。此外，在磨损痕迹中也可见极少的浅划痕，表明样品在摩擦磨损过程中存在轻微的磨粒磨损，但并未观察到明显的疲劳裂纹，这说明样品目前尚未发生疲劳磨损。与纯 UHMWPE 样品相比，0.5%样品的磨痕宽度明显减小，对应着磨损率的显著下降，从而提升了样品的耐磨性能。

图 2.28（c）是 ZnO 填充量为 1%的 ZnO/UHMWPE 的磨损表面情况，在磨损面中分布着少量的犁沟和划痕，较 0.5%样品有所增加，说明样品的磨粒磨损略有加剧。1%样品在磨痕中出现局部光滑区域和表面剥离产生的凹坑，说明样品发生了明显的黏着磨损。同时，在 1%样品的磨损面中也发现了少量的裂纹，表明样品发生了轻微的疲劳磨损。与 0.5%样品的磨痕宽度相比，1%样品的磨痕更宽，表明该样品受到了更严重的磨粒磨损和黏着磨损，同时还伴有轻微疲劳磨损，因此其磨损率较 0.5%样品有所上升。图 2.28（d）展示了 ZnO 填充量为 3%样品的磨损面情况，该样品出现较多的裂纹，其裂纹深度、宽度和长度均高于 1%样品，但远低于纯 UHMWPE 样品，表明 3%样品出现了较为严重的疲劳磨损，但相较于纯 UHMWPE 样品有所减轻。在 3%样品中仍可观察到部分凹坑和少量波浪状起伏，表明该样品存在黏着磨损，但相较于 1%样品有所缓解。尽管 3%样品的磨损轮廓与 1%样品相近，但其磨损率有所下降。

图 2.28（e）、(f）分别展示了 ZnO 填充量为 5%和 7%的样品在干摩擦条件下的磨损表面特征。对于 5%样品，观察到表面分布着许多细小且较浅的划痕，这表明样品经历了轻微的磨粒磨损。此外，5%样品的磨损痕迹中出现少量较浅的凹坑，表明样品经历了轻微的黏着磨损。同时，观察到极少量的疲劳裂纹，表

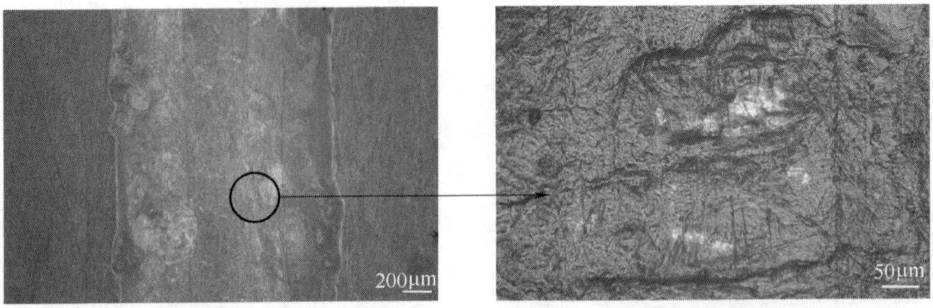

(a) 纯UHMWPE

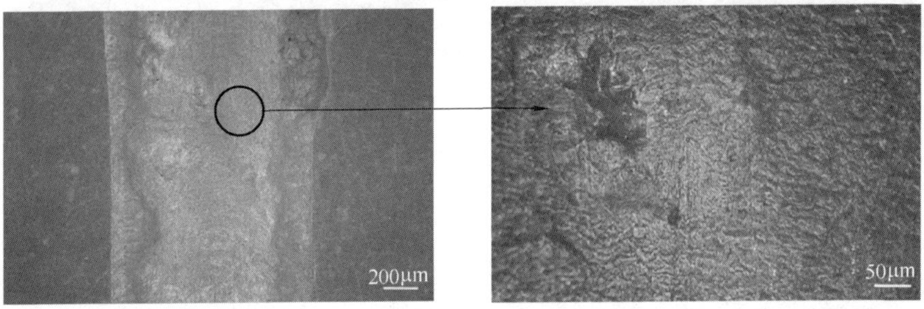

(b) 0.5%ZnO

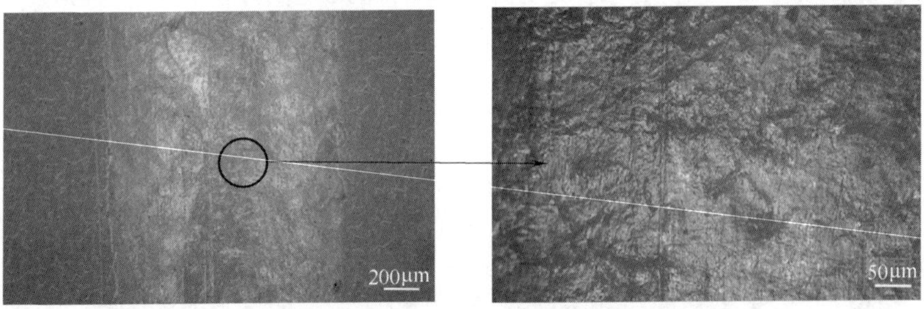

(c) 1%ZnO

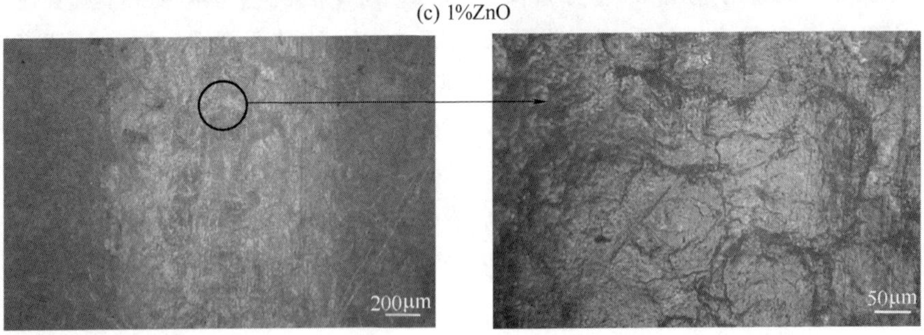

(d) 3%ZnO

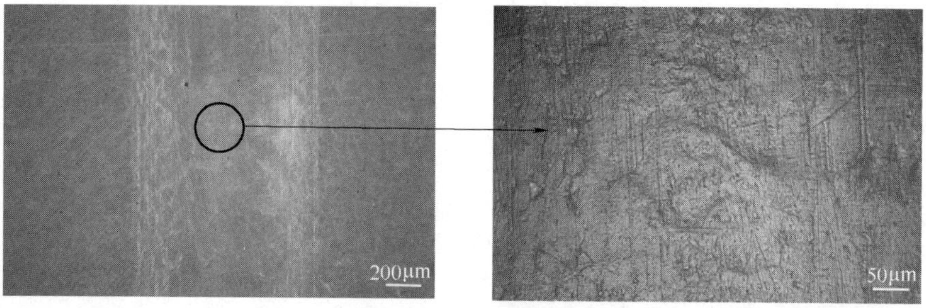

(e) 5%ZnO

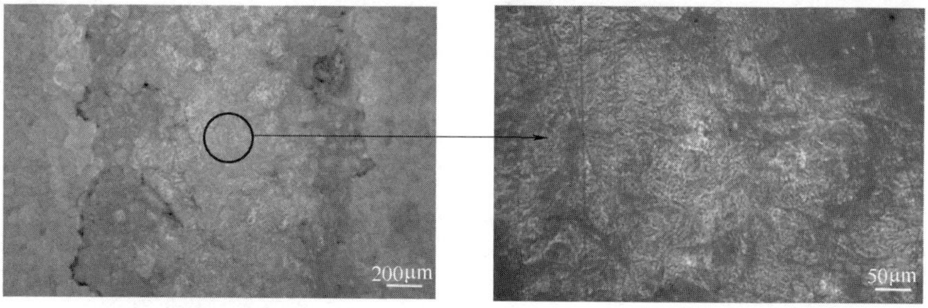

(f) 7%ZnO

图 2.28　不同比例 ZnO 填充 UHMWPE 复合材料老化 25 天后的磨损表面形貌光镜图

明存在轻微的疲劳磨损现象。值得注意的是，5%样品的磨痕宽度最小，这表明在 ZnO/UHMWPE 复合材料中，添加 5%纳米 ZnO 颗粒能够最大程度地降低长期光氧老化和紫外老化后的磨损率，显著提升耐磨性能，延长使用寿命。

结合图 2.25 和图 2.26 中的摩擦系数数据，在较长时间的老化过程中（15～25 天），5%样品的摩擦系数保持在最低水平，表明在长时间老化条件下，ZnO 填充量为 5%时具有最佳的润滑性能和耐磨性能，表现出优异的摩擦性能。至于 7%样品，磨损痕迹中观察到部分波浪状特征，并出现表面剥离和凹坑，提示其受到较为严重的黏着磨损影响。此外，磨损痕迹中也呈现出磨粒磨损的迹象，并出现少量犁沟。然而，与纯 UHMWPE 样品相比，疲劳裂纹数量显著减少，表明疲劳磨损得到了明显缓解。

图 2.29 是 ZnO/UHMWPE 复合材料老化 25 天后在干摩擦条件下的磨损轮廓 3D 图。添加 ZnO 颗粒后的样品磨损轮廓比添加 TiO_2 颗粒的样品（图 2.10）要清晰，同时样品的磨痕深度也要更浅，说明添加 ZnO 颗粒比添加 TiO_2 颗粒能更好地提高 UHMWPE 老化后的耐磨性能。从图 2.29 中发现，当 ZnO 颗粒含量为 5%时，样品的磨损轮廓最为光滑平整，其磨痕宽度和深度也是这几组样品中最小的，因此 5%样品的磨损率最低，说明此时样品的耐磨性能最好。添加了 ZnO 颗粒的样品的磨痕深度都要比纯 UHMWPE 样品浅，对应比纯 HUMWPE 样品更低的磨损率，说明添加 ZnO 颗粒能够有效地改善 UHMWPE 老化后的耐磨性能。

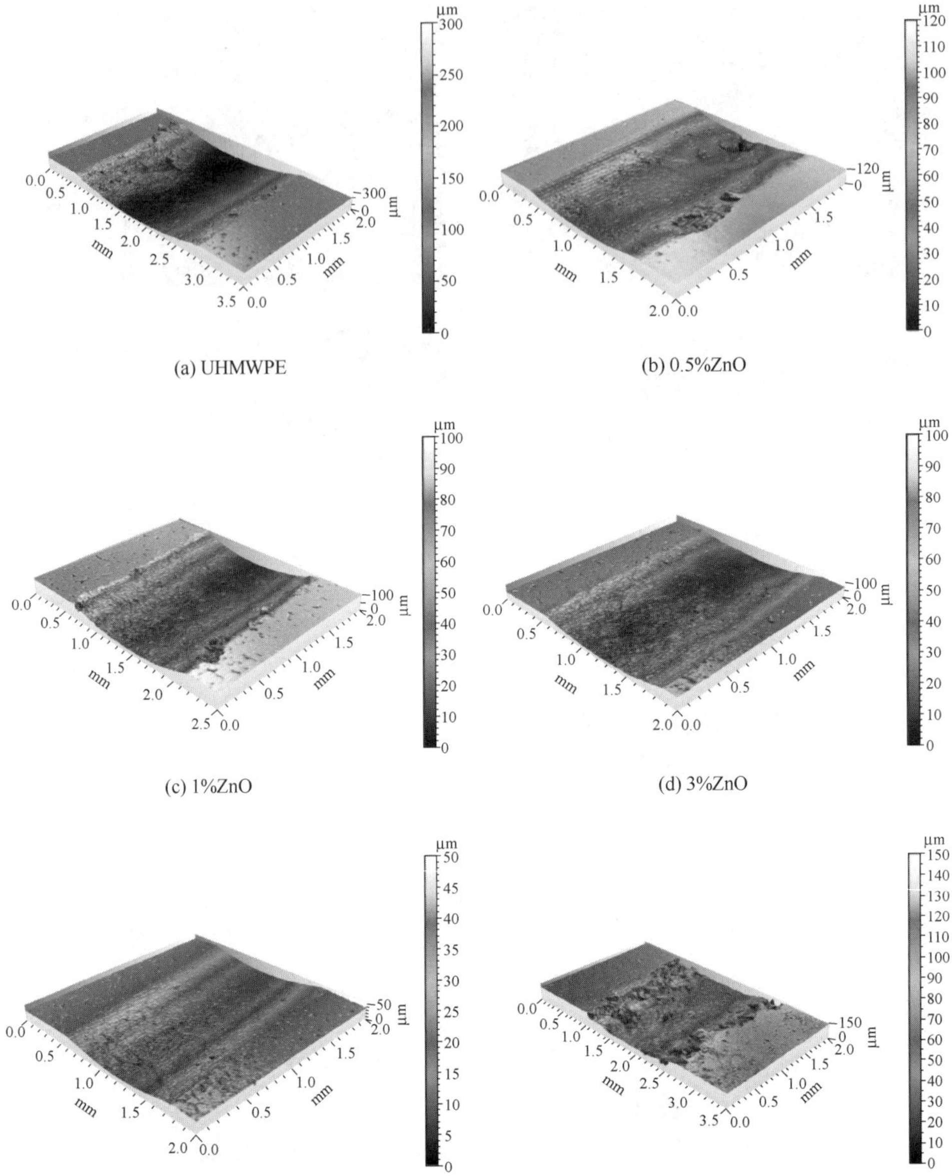

(a) UHMWPE　(b) 0.5%ZnO　(c) 1%ZnO　(d) 3%ZnO　(e) 5%ZnO　(f) 7%ZnO

图 2.29　ZnO/UHMWPE 老化 25 天后在干摩擦条件下的磨损轮廓 3D 图

本章小结

超高分子量聚乙烯（UHMWPE）是一种被广泛使用的工程塑料，拥有诸多优异的性能。本章采用具有良好抗老化性能和抗菌性的纳米 TiO_2 和 ZnO 颗粒作为填料，以提高 UHMWPE 材料的摩擦学性能和抗老化性能，使用摩擦试验机研究改性材料的摩擦磨损机理、老化机理和其老化后接触角的变化情况。最终得到以下主要结论。

① 适量的 TiO_2 颗粒能显著降低 UHMWPE 的摩擦系数，提高自润滑性能，但对耐磨性改善有限甚至产生负面影响。同样，ZnO 颗粒的加入也能有效降低摩擦系数并提升自润滑性能。

② 少量 TiO_2 颗粒（0.5%）的加入可有效提升 UHMWPE 的抗老化性能，在老化 5～20 天内表现出最优摩擦学性能。而 ZnO 颗粒的添加则能更全面地改善材料性能：1%ZnO 样品在老化 5～10 天内表现最佳；5%ZnO 样品在长期老化（15～25 天）后展现出最优异的摩擦学性能和抗老化性能，其摩擦系数和磨损率较未改性样品分别降低 59.4%和 94.8%。

· 参考文献 ·

[1] Chang B P，Akil H M，Nasir R B M. Comparative study of micro-and nano-ZnO reinforced UHMWPE composites under dry sliding wear [J]. Wear，2013，297 (1/2)：1120-1127.

[2] 李萍. 聚合物气体辅助挤出成型工艺及数值模拟 [D]. 哈尔滨：哈尔滨理工大学，2010.

[3] 苏荣锦. 高性能超高分子量聚乙烯复合材料的制备与性能研究 [D]. 株洲：湖南工业大学，2012.

[4] Hussain O，Ahmad B，Saleem S. Tribological performance of biomedical grade UHMWPE/nano-Al_2O_3/vitamin-C hybrid composite for cartilage replacements [J]. Materials Letters，2021，291：129515.

[5] 曹凤香，王亚楠，吴坤尧. 纳米颗粒 TiO_2 和 SiO_2 对碳纤维/超高分子量聚乙烯复合材料力学和摩擦学性能的影响 [J]. 润滑与密封，2021，46 (04)：94-99.

[6] 张晓秋，谭永彬，李远豪，等. 拉伸形变作用下 UHMWPE/PP/OMMT 纳米复合材料的制备与表征 [J]. 塑料工业，2017，45 (11)：38-42，46.

[7] Mirsalehi S A，Khavandi A，Mirdamadi S H，et al. Synthesis of nano-HA and the effects on the mecha nical properties of HA/UHMWPE nanocomposites [J]. Advances in Materials and Processing Technologies，2016，2 (2)：209-219.

[8] Chih A，Ansón-Casaos A，Puértolas J A. Frictional and mechanical behaviour of graphene/UHMWPE composite coatings [J]. Tribology International，2017，116：295-302.

[9] Uyor U O，Popoola A P I，Popoola O M. Enhancement of the tribological and thermal properties of UHMWPE based ternary nanocomposites containing graphene and titanium titride [J]. Journal of Polymer Engineering，2024，44 (1)：34-44.

[10] Soares P H V，de Oliveira P N，Viáfara C C，et al. Effect of the reduced graphene oxide on the tribological behavior of UHMWPE/rGO nanocomposites under sliding contact conditions [J]. Polymer Engineering & Science，2022，62 (8)：2641-2656.

[11] Ren P G，Di Y Y，Zhang Q，et al. Composites of ultrahigh-molecular-weight polyethylene with graphene sheets and/or MWCNTs with segregated network structure：preparation and properties [J]. Macromolecular Materials and Engineering，2012，297 (5)：437-443.

[12] Naresh Kumar N，Yap S L，Bt Samsudin F N D，et al. Effect of argon plasma treatment on tribological properties of UHMWPE/MWCNT nanocomposites [J]. Polymers，2016，8 (8)：295.

[13] Baena J C，Peng Z X. Dispersion state of multi-walled carbon nanotubes in the UHMWPE matrix：effects

on the tribological and mechanical response [J]. Polymer Testing，2018，71：125-136.

[14] Wang J H，Gao H，Gao L L，et al. Ratcheting behavior of UHMWPE reinforced by carbon nanofibers（CNF）and hydroxyapatite（HA）：experiment and simulation [J]. Journal of the Mechanical Behavior of Biomedical Materials，2018，88：176-184.

[15] 孔令光. 辐射技术在聚乙烯改性的研究进展 [J]. 广州化工，2020，48（12）：10-11，14.

[16] 黄亚江，叶林，廖霞，等. 复杂条件下高分子材料老化规律、寿命预测与防治研究新进展 [J]. 高分子通报，2017（10）：52-63.

[17] 何明宇，董晗，靳小平，等. 聚丙烯防老化的研究进展 [J]. 塑料工业，2021，49（02）：1-6.

[18] 张瑞珠，王彬亚，魏常涛，等. 纳米氧化铝/二硫化钼协同增强 EP 复合材料的摩擦磨损性能 [J]. 塑料工业，2023，51（10）：89-95.

[19] Tong Z，Li X，Ma Q，et al. Synergism of hollow MoS_2 nano-particles and WS_2 micro-particles on improving the tribological properties of carbon fiber fabric reinforced phenolic-based composites [J]. Proceedings of the Institution of Mechanical Engineers，Part J：Journal of Engineering Tribology，2019，233（7）：1107-1116.

[20] 朱再斌. 碳纳米管膜层间增强增刚碳纤维复合材料的压缩强度和导热性能研究 [D]. 北京：北京化工大学，2023.

[21] 史良壮，吕修为，王晓东，等. 银修饰氮化碳纳米片/聚酰亚胺导热复合材料的制备与性能 [J]. 化工新型材料，2023，51（12）：127-132.

[22] 高汕. 基于氮化硼纳米片基热管理材料的制备及性能探究 [D]. 桂林：桂林电子科技大学，2023.

[23] Song P G，Wang C，Chen L，et al. Thermally stable，conductive and flame-retardant nylon 612 composites created by adding two-dimensional alumina platelets [J]. Composites Part A：Applied Science and Manufacturing，2017，97：100-110.

[24] 王艳飞，郭尧，张艳维，等. 钛酸酯偶联剂表面改性纳米氢氧化铝阻燃剂的工艺 [J]. 表面技术，2017，46（04）：217-221.

[25] Wang Y L，Liu B Q，Chen R Y，et al. Synergistic effect of nano-silica and intumescent flame retardant on the fire reaction properties of polypropylene composites [J]. Materials，2023，16（13）：4759-4772.

[26] 王钦雯，王雯君，陈玟锦，等. 纳米银/纳米纤维素复合抗菌应变响应性水凝胶 [J]. 复合材料学报，2024，41（10）：5549-5560.

[27] 慕楠. 银纳米线/二氧化钛复合材料的制备及其光学性能研究 [D]. 北京：中国地质大学（北京），2020.

[28] 张潇轩. 纳米 ZnO 的表面改性及其在抗菌涂料中的应用 [D]. 西安：西安理工大学，2023.

[29] 王佳. 光催化协同超疏水水泥基自清洁涂层设计及性能研究 [D]. 重庆：重庆交通大学，2023.

[30] Li D X，Xie J，Qiu Y B，et al. Multifunctional mesoporous silica nanoparticles reinforced silk fibroin composite with antibacterial and osteogenic effects for infectious bone rehabilitation [J]. International Journal of Nanomedicine，2022，17：5661-5678.

[31] 于良，于祝明. 高分子材料老化机理与防治措施分析 [J]. 化工管理，2021（18）：100-101.

[32] 李泽涵. 纳米技术在高分子材料改性中的应用及研究进展 [J]. 云南化工，2020，47（06）：17-18.

[33] 吴官正，肖学良，丁富传，等. 基于 SEBS/纳米炭黑复合膜的电阻式应变传感材料制备及其性能研究 [J]. 传感技术学报，2017，30（12）：1815-1821.

[34] 汪桃，王行. 纳米科学技术在高分子材料领域的现状研究 [J]. 电子制作，2018，26（08）：93-94.

[35] 董显权. 纳米二氧化钛改性高密度聚乙烯耐老化研究 [D]. 淮北：师范大学，2014.

[36] 李泓希. 氢化环氧/脂环族胺/纳米二氧化钛复合材料体系的耐紫外线辐射及耐湿热的性能研究 [D]. 北京：北京化工大学，2022.

[37] 谢柠蔚，张瑜，张广宇. 纳米氧化锌对聚丙烯材料耐老化性能的影响 [J]. 棉纺织技术，2018，46（01）：34-36.

[38] 罗杨. 介孔二氧化硅纳米棒负载防老剂制备耐老化橡胶的研究 [D]. 北京：北京化工大学，2021.

[39] Xuan L H，Han G P，Wang D，et al. Effect of surface-modified TiO_2 nanoparticles on the anti-ultraviolet aging performance of foamed wheat straw fiber/polypropylene composites [J]. Materials，2017，10 (5)：456-469.

[40] Hu J T，Gao Q H，Xu L，et al. Significant improvement in thermal and UV resistances of UHMWPE fabric through *in situ* formation of polysiloxane-TiO_2 hybrid layers [J]. ACS Applied Materials & Interfaces，2016，8 (35)：23311-23320.

[41] Wang Y Y，Wang C，Zhang Z X，et al. Anti-thermal aging properties of low-density polyethylene-based nanocomposites [J]. IEEE Transactions on Dielectrics and Electrical Insulation，2018，25 (3)：1003-1013.

[42] Li S F，Dong C L，Yuan C Q，et al. Effects of CeO_2 nano-particles on anti-aging performance of HDPE polymer during friction [J]. Wear，2021，477：203832.

[43] Bustos-Torres K A，Vazquez-Rodriguez S，Martínez-de la Cruz A，et al. Influence of the morphology of ZnO nanomaterials on photooxidation of polypropylene/ZnO composites [J]. Materials Science in Semiconductor Processing，2017，68：217-225.

[44] 杨春林，欧梅桂，王光梅，等. PP/TPE/表面改性 $CaCO_3$ 复合材料的制备及性能 [J]. 合成树脂及塑料，2022，39 (01)：26-30.

[45] 康永. TiO_2/PS 复合材料力学性能的研究 [J]. 陶瓷，2019 (01)：47-51.

[46] 张明艳，王登辉，吴子剑，等. 改性碳纳米管/环氧树脂复合材料的介电性能 [J]. 复合材料学报，2020，37 (06)：1285-1294.

[47] 吴森. 高岭石负载稀土化合物及其填充橡胶复合材料性能研究 [D]. 呼和浩特：内蒙古工业大学，2021.

[48] 王小蕾，张振山，王春芙，等. 石墨烯/氢化丁腈橡胶纳米复合材料的制备及性能 [J]. 合成橡胶工业，2019，42 (05)：398-402.

[49] 曹凤香，王亚楠，吴坤尧. 纳米颗粒 TiO_2 和 SiO_2 对碳纤维/超高分子量聚乙烯复合材料力学和摩擦学性能的影响 [J]. 润滑与密封，2021，46 (04)：94-99.

[50] 常铁，袁成清，郭智威. 老化状态下的 UHMWPE 干摩擦行为研究 [J]. 摩擦学学报，2018，38 (04)：468-477.

[51] 张欢. 超高分子量聚乙烯及其复合物耐磨机理研究 [D]. 上海：华东理工大学，2020.

第3章

仿生织构与纳米颗粒复合疏水耐磨表面的设计

金属材料在机械设备中的腐蚀与摩擦磨损是导致构件早期失效的主要原因，不仅可能引发重大事故，还会造成经济损失。为此，食品生产线拟采用超高分子量聚乙烯（UHMWPE）替代部分金属部件。为了增强 UHMWPE 的工程适用性，本章通过表面微织构与纳米颗粒协同改性的方法，系统研究其疏水性和摩擦磨损性能。本章基于仿生学原理，设计了仿芭蕉叶、猪笼草、海星和鲨鱼皮四种仿生织构，结合纳米颗粒制备了复合改性材料。采用湿法混合与热压成型方法，制备了织构化的复合材料，通过接触角测试和往复摩擦试验表征其防粘连性能与摩擦学行为，并揭示其摩擦磨损机理。

3.1 试验设计与协同改性方法

本章采用湿法共混与模压成型工艺制备 UHMWPE 复合材料，通过激光加工与模板复印技术实现仿生织构制备，结合纳米颗粒改性构建协同增强体系。基于仿生学原理，设计了芭蕉叶、猪笼草、海星和鲨鱼皮四种仿生织构，并选用三种纳米颗粒进行复合填充改性。该协同改性方法旨在结合表面织构的减阻特性和纳米颗粒的力学增强效应，系统提升 UHMWPE 复合材料的摩擦学性能和抗老化性能。

3.1.1 仿生织构的制备与优化

根据高分子材料的制备加工工艺以及实验室的实际情况，本章选用湿法共混法制备 UHMWPE 复合材料，并采用模压成型方法制备试验样片。同时，考虑到现有试验条件，采用激光加工织构后通过模板法复制织构，并使用纳米颗粒对 UHMWPE 复合材料进行改性以提升性能。具体制备流程如图 3.1 所示。首先，采用湿法共混法，将 UHMWPE 粉末与纳米颗粒粉末混合后加入无水乙醇进行磁力搅拌 120min，然后对混合后的粉末进行干燥处理，备用。采用模板法进行织构改性，在织构加工前，先对不锈钢原片进行打磨抛光，然后进行激光标刻仿生织构，标刻完成后进行清洗并晾干备用。采用模压成型法制备试验样品，将标刻好织构的不锈钢圆片放置在模具底部，然后将干燥好的 UHMWPE 与纳米颗粒的混合粉末倒入模具中，盖好模具后将其放置在平板硫化仪中进行压制。压制完成后进行冷却脱模，取出压制好的 UHMWPE 复合材料样品，对样品进行去除飞边毛刺的处理，最后对样品进行清洗烘干以待后续性能测试。

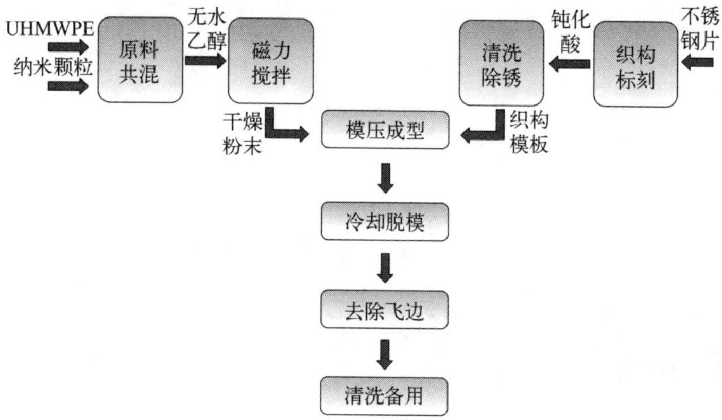

图 3.1　样品的制备流程

自然界中，芭蕉叶与荷叶类似，水滴很容易从其表面滑落下来，但两者表面结构却有很大不同。荷叶表面主要由乳突结构和纳米级蜡管组成；而芭蕉叶表面则主要由微米结构和纳米毛刺构成，叶片表面的纹理能够引导水滴滑落。由于实验室的激光标刻机精度较低，难以加工乳突结构，因此根据芭蕉叶的疏水原理设计了芭蕉叶仿生织构，如图 3.2 所示，该织构由具有倾斜角度的纹理组成。

猪笼草是一种能够捕获昆虫的植物，通过分析它们的捕捉过程，发现其首先是分泌蜜汁吸引昆虫，当昆虫到达笼口时，会因笼口边缘极为光滑而滑落至笼内，最终被消化液分解。许多学者对猪笼草进行了深入研究，如 Gaume 等和 Gorb 等发现猪笼草蜡质区的月牙形结构和蜡质层的协同作用显著降低了其表面黏附性。基于这些研究，以猪笼草的月牙形结构为基础设计了猪笼草仿生织构，如图 3.3 所示，由月牙形和圆形的凸起组成。

海洋中的许多动植物表面都具有一个特点，就是能够减少海水阻力和防止沙子等物质粘连。例如，海星的身体表面布满了短棘和叉棘，这些棘刺能够减少海星表面与沙子的接触面，从而降低沙子附着的可能性，这种结构显著提高了其表面的防粘连性能。根据海星的表面结构设计出的海星仿生织构，如图 3.4 所示，由海星的轮廓和内部的凸起组成。

鲨鱼能够在水中快速游动，部分原因在于其皮肤表面具有特定的微沟槽结构，这种结构赋予了鲨鱼皮优异的减阻和防粘连性能。根据鲨鱼皮的表面结构设计出的鲨鱼皮织构，如图 3.5 所示，中部为条状凸起，两边分别有一条圆弧状凸起。

基于仿生学原理，设计了四种仿生织构并利用激光标刻机进行标刻，如图 3.2～图 3.5 所示。

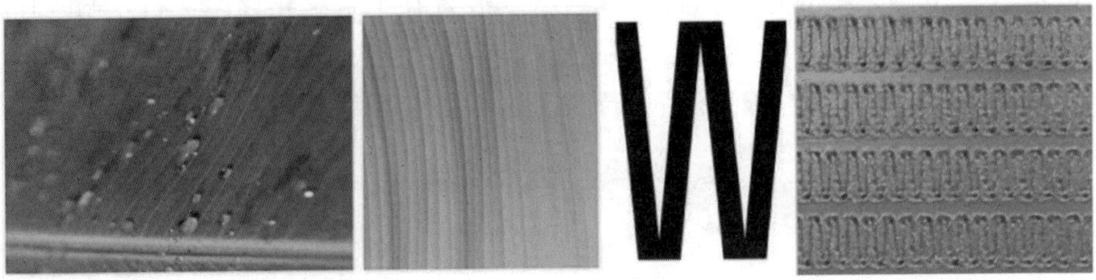

图 3.2　芭蕉叶仿生织构

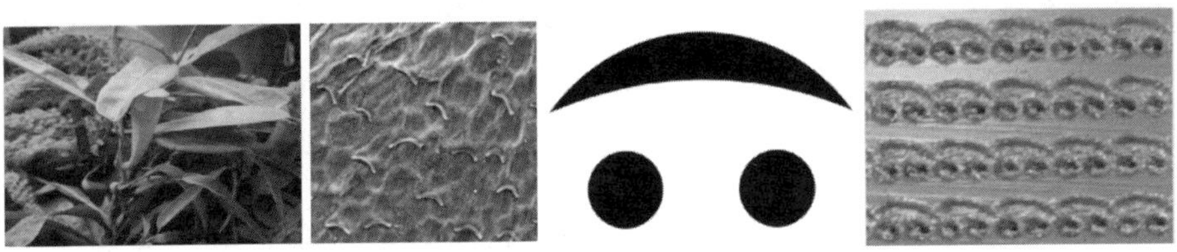

图 3.3　猪笼草仿生织构

图 3.4　海星仿生织构

图 3.5　鲨鱼皮仿生织构

3.1.2　微纳颗粒的复合填充方案

纳米颗粒因其独特的物理化学性质，在塑料改性中具有重要的地位和广阔的应用前景。ZnO、TiO_2 和 SiO_2 作为三种典型的无机纳米材料，能够通过光催化降解和力学增强等途径优化塑料性能。塑料在自然环境中比钢材更容易出现老化现象，而添加 ZnO、TiO_2 和 SiO_2 能够有效提高材料的抗老化性能，同时还能显著增强材料的力学性能和耐磨性，从而改善其摩擦学性能。

氧化锌（ZnO）因其生物相容性好、无毒、光化学稳定等特点，被广泛应用于食品包装和厨房用品中，能够在一定时间内发挥杀菌作用，因此其用于改善塑料性能时具有显著优势。研究表明，ZnO 的加入可以提高塑料的拉伸强度和抗弯强度。ZnO 被广泛应用于抗菌塑料制品中，如 ABS-*g*-MAH 基体对大肠杆菌和金黄色葡萄球菌具有显著的抗菌活性，ZnO 的纳米结构和高比表面积使其在塑料中起到增韧作用，提高材料的韧性。通过纳米颗粒改性技术，ZnO 可以与聚合物形成有机/无机纳米复合材料，进一步提升塑料的综合性能。通过化学反应改变塑料分子链结构，如共聚、接枝、交联等，提高塑料的耐磨性能。ZnO 纳米粒子通过表面改性后，可以显著提高复合材料的力学性能。ZnO NPs 对大肠杆菌、金黄色葡萄球菌等具有强抗菌活性。例如，ZnO/PLA/氧化石墨烯复合膜用于食品包装，兼具机械强度和抗菌性。ZnO 被美国 FDA 认证为安全材料（GRAS），适用于食品接触材料和医疗器械。

二氧化钛（TiO_2）是一种无机化合物，具有多种晶体结构，包括金红石型、锐钛矿型和板钛矿型。其中，金红石型是最稳定的形态，而锐钛矿型在商业应用中更为常见。TiO_2 经过有机硅改性聚氨酯树脂和氟硅烷表面改性处理后，可作为无机填料用于制备具有自清洁功能的航空涂料。TiO_2 纳米颗粒表面改性（如聚硅氧烷处理）后，在塑料基体中的分散性得到改善，可提高材料的拉伸强度和冲击强度。

周婧等利用溶胶-凝胶法在玻璃表面制备了二氧化硅（SiO_2）疏水防护涂层，研究了硅溶胶老化天数、溶胶浓度等条件对涂层透过率、反射率、疏水性和除尘性能的影响。在聚碳酸酯（PC）中，经硅烷偶联剂（如 KH-550）表面改性的 SiO_2 纳米粒子可均匀分散，使复合材料的拉伸强度显著提高。这种低成本的透明疏水自清洁防污涂层能够有效减少灰尘的黏附，降低户外玻璃的清洁频率。

3.2　改性表面疏水性能

表面微织构能够改变材料的比表面积，进而影响材料表面的某些性能。通过对材料表面进行微织构改性，可以增大材料表面的接触角，从而提高其疏水性及防粘连性能。研究发现，对材料表面进行织构改性后，可以提高其疏水性能。

3.2.1　织构的疏水特性

图 3.6 是对 UHMWPE 进行织构改性前后的接触角测试结果，未进行织构改性的 UHMWPE 材料表面的接触角为 91.431°，有轻微的疏水性。在材料表面

通过织构改性后其接触角均有所提升，如图 3.6 所示，芭蕉叶织构改性后接触角达到了 133.446°，海星织构改性后接触角达到了 113.823°，鲨鱼皮织构改性后接触角达到了 122.535°，猪笼草织构改性后接触角达到了 132.737°。相对于未改性的 UHMWPE 材料表面，芭蕉叶仿生织构和猪笼草仿生织构提升 UHMWPE 材料的疏水性较大，其次是鲨鱼皮仿生织构，提升最少的是海星织构。总体看来，对 UHMWPE 材料进行织构改性后其接触角有所提升，所以能够通过在 UHMWPE 材料表面加工仿生织构来提高材料表面的疏水性能。

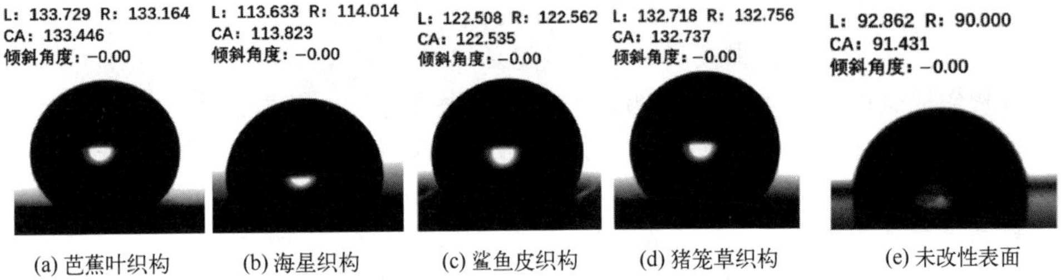

图 3.6　未改性 UHMWPE 与四种织构改性 UHMWPE 的接触角

对各种织构改性的样品进行多次测量之后，去掉最大值和最小值，计算各种织构表面接触角的平均值，得到如图 3.7 所示的柱状图。对各种织构的接触角进行定量分析，结果显示，芭蕉叶织构、海星织构、鲨鱼皮织构、猪笼草织构分别提高了 48.7%、27.1%、39.2%、47.2%。接触角的提升与织构的设计可以有效地捕获空气，形成气垫，减少液体与固体表面的接触。芭蕉叶织构的微纳结构可能增加了表面的粗糙度，从而增强了疏水性。猪笼草织构的多孔梯度结构可能提供了最佳的空气捕获和液体排斥效果，使其具有最高的疏水性。鲨鱼皮织构的半圆形沟槽结构可能有效地减少了液体与表面的接触面积，从而显著提高了疏水性。海星织构的放射状凸起可能提供了较少的空气捕获空间，对于提升材料的疏水性能不是很明显。

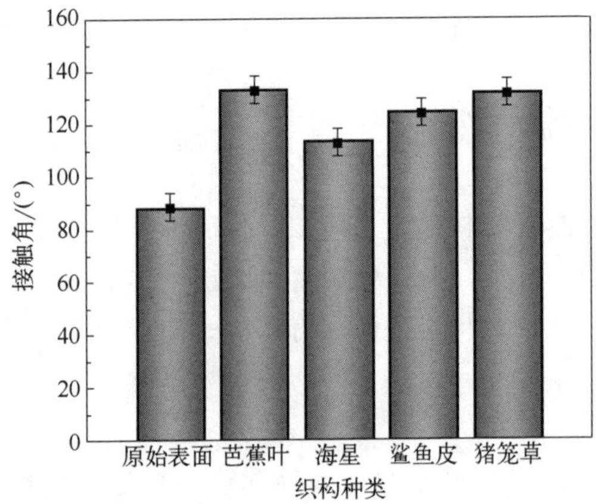

图 3.7　不同仿生织构改性 UHMWPE 的平均接触角

接触角提高的主要原因是由织构改性引起的材料表面的微观结构变化，这种变化导致液体在表面的铺展受到影响，从而改变了表面润湿性。未改性 UHMWPE 表面较平坦，接触角约 90°，处于亲水-疏水的临界状态（Wenzel 润湿模型），此时，水滴与材料表面完全接触，接触角由材料本身的化学性质决定。织构改性后，表面形成特定的微纳米级凸起、凹坑和沟槽，液体无法完全浸润表面，导致空气被截留在结构间隙中，形成“固-液-气”复合接触状态（Cassie-Baxter 模型）。此时，实际固液接触面积减少，接触角显著增大。不同的仿生织构形貌设计，由于各种动植物表面纹理不同，能够通过独特的几何特征增强疏水性。例如，芭蕉叶与猪笼草仿生织构，具有微纳分级结构，标刻的微米级织构结合加工过程中纳米级毛刺微凸起，形成多级粗糙表面，织构之间能储存的空气较多，使得 UHMWPE 表面实现空气截留最大化。在芭蕉叶织构中，由于其一端开口一端封闭，空气无法逸出，水滴与 UHMWPE 表面是固-液-气三相接触，所以接触角较大。猪笼草织构具有月牙形表面和小型的圆柱凸起，使得水滴仅接触织构顶端，气膜比例高，疏水性显著提升。鲨鱼皮仿生织构由于其内部没有乳突结构，织构很难形成局部气穴，但由于其表面存在沟槽形织构，引导液滴沿特定方向铺展受限，不容易铺开，故接触角较大。海星仿生织构，具有特定结构凸起和颗粒状结构，表面分布密集微孔和凸起，但结构相对简单，没有封闭的气穴，空气截留能力较弱，故接触角提升幅度较小。

不同织构出现性能差异除了源自其自身的结构差异，可能还受到其表面粗糙度的影响。UHMWPE 本身具有一定疏水性（接触角约 90°），织构改性改变了 UHMWPE 表面的粗糙程度，进一步降低固液接触面积，推动润湿状态从 Wenzel 向 Cassie-Baxter 转变，如图 3.8 所示，不同织构形貌设计的粗糙度可能接近或超过临界值，导致接触角提升。而芭蕉叶和猪笼草织构可能通过更精细的分级结构达到更高的粗糙度。鲨鱼皮沟槽的宽深比可能未达最优，导致其接触角略低于芭蕉叶的接触角。海星织构的间距、排列方式、颗粒高度等参数影响气膜的形成，故其接触角提升不大。织构改性通过引入仿生微观结构，利用 Cassie-Baxter 效应减少固液接触面积，并结合表面粗糙度放大材料本身的疏水性，最终显著提高接触角。不同生物织构因结构复杂度、几何参数及空气截留能力的差异，导致接触角的提升幅度不同。这一机理为设计超疏水表面提供了仿生学依据，无须依赖化学涂层即可实现润湿性调控。

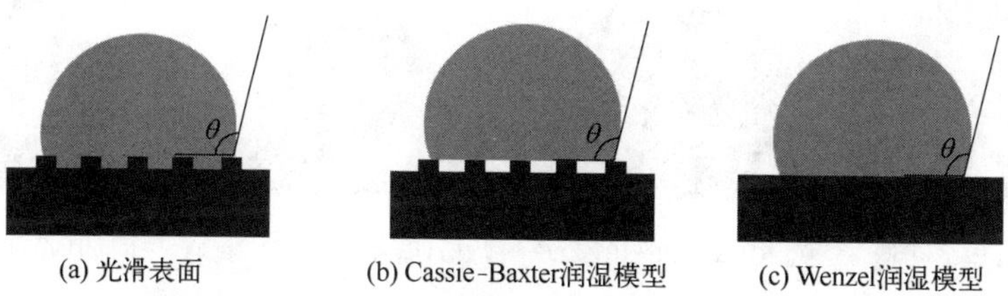

图 3.8　润湿模型示意图

3.2.2 纳米颗粒的疏水特性

在 UHMWPE 材料中添加纳米颗粒后进行接触角测试，测试结果如图 3.9 所示。添加 SiO_2 后接触角能够达到 110°左右，其中添加纳米 SiO_2 的质量分数为 20%的接触角最大，为 113.588°。添加纳米 TiO_2 后接触角有一定降低，而在添加 TiO_2 的质量分数为 20%后接触角有提升。添加纳米 ZnO 后接触角在 100°左右，对于 UHMWPE 材料表面的疏水性有一定改善，但是相对来说变化不大。添加各种纳米颗粒后对于接触角的提升不显著，原因在于水滴与材料表面完全接触处于 Wenzel 润湿模型，没有向"固-液-气"复合接触状态（Cassie-Baxter 模型）转变，故其表面的接触角主要还是由材料的化学性质决定，接触角变化幅度小。

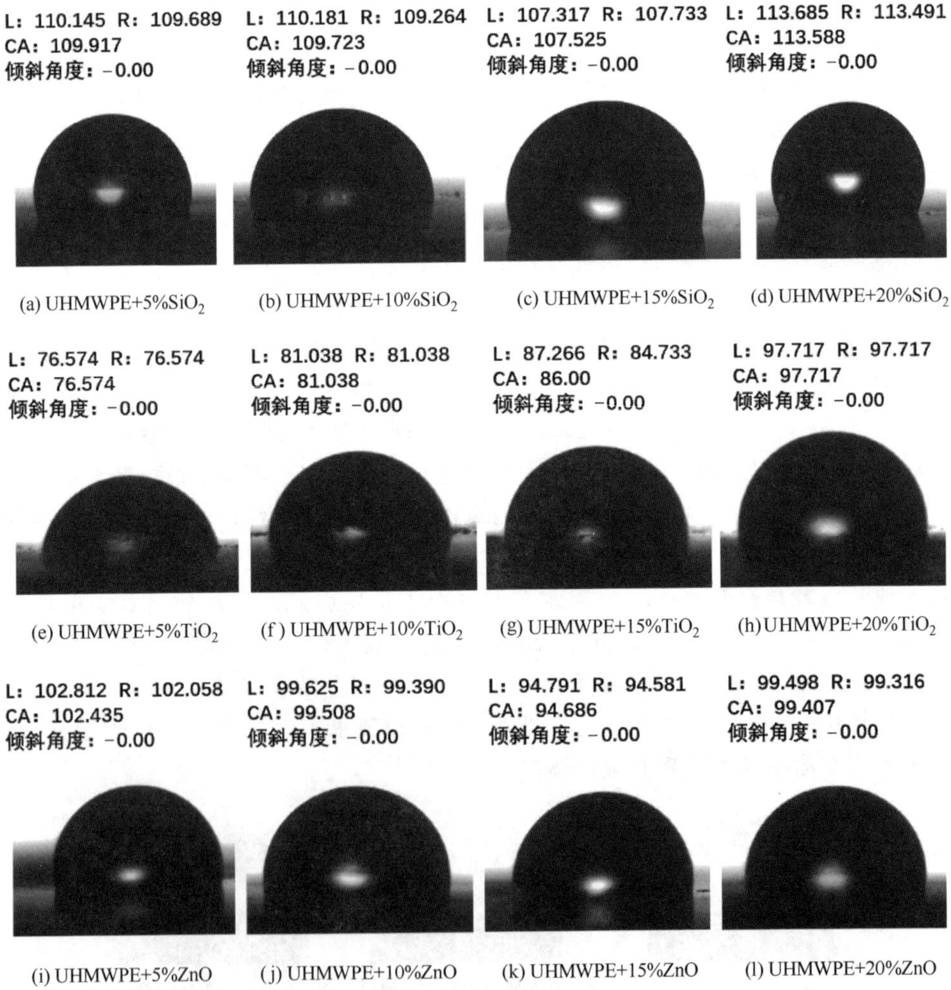

图 3.9 添加不同纳米颗粒的接触角

图 3.10 为不同纳米颗粒改性 UHMWPE 的平均接触角。在 UHMWPE 材料中添加纳米颗粒后，接触角的变化因颗粒种类不同而出现不同的结果。其中，添加 SiO_2 纳米颗粒后接触角有所提升，添加 TiO_2 纳米颗粒后接触角有所下降，而添加 ZnO 后接触角基本不变。具体而言，添加 SiO_2 纳米颗粒后，随着纳米颗粒质量分数的增加，接触角略有增大，增幅不明显，基本维持在 110°左右；添加 TiO_2 纳米颗粒后，随着添加含量的增加，接触角先增大再降低，变化幅度较小，总体维持在 80°～90°；添加 ZnO 纳米颗粒后，随着添加含量的增加，接触角同样呈现先增大再降低的趋势，变化幅度不明显，基本维持在 90°～100°。由此可见，当 SiO_2、TiO_2、ZnO 纳米颗粒的质量分数在 5%～20%时，对接触角有一定影响，但整体变化幅度有限，没有表面织构改性提升接触角的程度大。前文提到，未进行改性的 UHMWPE 材料表面的接触角约为 91°，三种纳米颗粒中接触角提升较大的是 SiO_2，在添加质量分数为 20%时，平均接触角约为 114°，提升了约 25.3%，其次是添加质量分数为 10%ZnO 纳米颗粒的，接触角达到 98°，提升了约 7.7%。而添加 TiO_2 纳米颗粒后接触角不升反降。

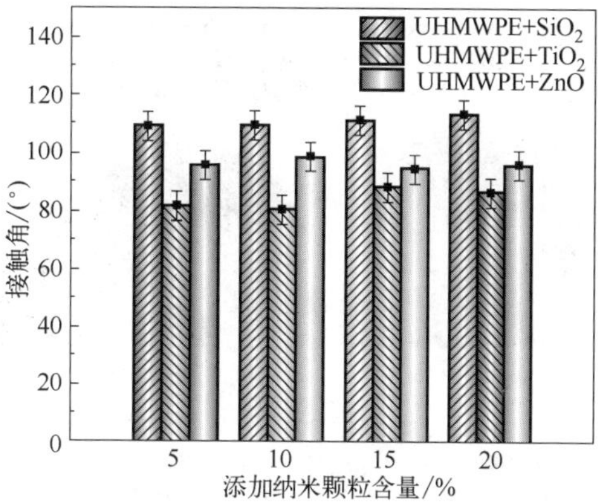

图 3.10　不同纳米颗粒改性 UHMWPE 的平均接触角

添加不同纳米颗粒后 UHMWPE 材料的接触角有这样的变化趋势，主要与纳米颗粒的表面性质、分散性以及它们与基体材料之间的相互作用有关。

① SiO_2 纳米颗粒选用的是疏水性 SiO_2，当其添加在 UHMWPE 材料中后，可以改善材料的化学性质使得材料更加疏水，因而接触角有一定增大，而接触角增幅不明显，可能是因为 SiO_2 纳米颗粒在 UHMWPE 中的分散性较好，使得表面性质变化不大，接触角增幅不明显，所以当其添加质量分数为 20%时，接触角最大，有可能是由于 SiO_2 添加太多而未完全分散，提高了接触角。

② 添加 TiO_2 纳米颗粒接触角先增大再减小是因为 TiO_2 纳米颗粒在 UHMWPE 中的分散性较差，使得其添加质量分数为 5%和 10%时接触角变化不明显。随着添加量的增加，纳米颗粒可能开始形成一定的网络结构，从而使得接触角增大。但继续增加含量后，纳米颗粒可能过度团聚，导致接触角再次降低。

③ 添加 ZnO 纳米颗粒接触角先降低后增大再降低的原因与 TiO_2 类似，ZnO 纳米颗粒在 UHMWPE 中的分散性也可能导致初期接触角降低。

综上所述，添加不同纳米颗粒对 UHMWPE 材料的接触角影响不同，主要是由于纳米颗粒的表面性质、分散性以及与基体材料之间的相互作用不同。在

5%～20%的添加质量分数范围内，纳米颗粒的添加对接触角的影响相对较小，因此接触角的变化幅度不大。

3.2.3　织构/ZnO 协同疏水效应

图 3.11 是织构协同 ZnO 纳米颗粒对 UHMWPE 材料改性后的接触角情况。

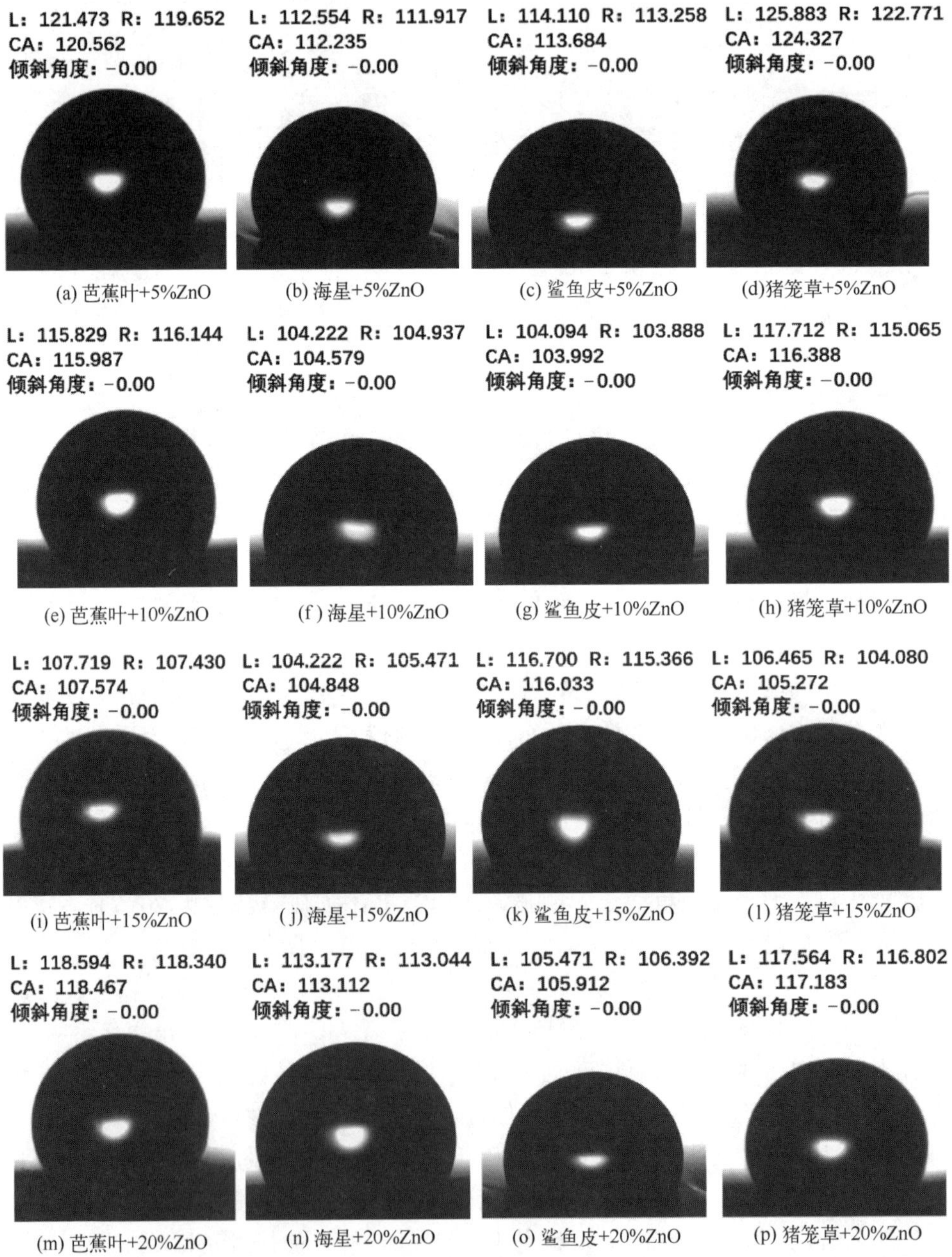

图 3.11　织构协同 ZnO 纳米颗粒改性 UHMWPE 的接触角

由图可知，当 ZnO 质量分数为 5%时，芭蕉叶织构、海星织构、鲨鱼皮织构、猪笼草织构的接触角分别为 120.562°、112.235°、113.684°、124.327°；当 ZnO 质量分数为 10%时，芭蕉叶织构、海星织构、鲨鱼皮织构、猪笼草织构的接触角分别为 115.987°、104.579°、103.992°、116.388°；当 ZnO 质量分数为 15%时，芭蕉叶织构、海星织构、鲨鱼皮织构、猪笼草织构的接触角分别为 107.574°、104.848°、116.033°、105.272°；当 ZnO 质量分数为 20%时，芭蕉叶织构、海星织构、鲨鱼皮织构、猪笼草的接触角分别为 118.467°、113.112°、105.912°、117.183°。猪笼草织构在添加 ZnO 纳米颗粒的质量分数为 5%时接触角最大，为 124.327°，鲨鱼皮织构在添加 ZnO 纳米颗粒的质量分数为 10%时接触角最小，为 103.992°。

图 3.12 是四种不同表面织构协同不同质量分数的 ZnO 纳米颗粒的平均接触角。由图可知，在芭蕉叶协同 ZnO 纳米颗粒改性时，接触角随着质量分数的增加呈现出先下降后上升的趋势。在质量分数为 15%时，接触角达到最低值，约为 98°。海星织构协同 ZnO 纳米颗粒改性时，接触角随着质量分数的增加呈现出先下降后上升的趋势。在质量分数为 10%时，接触角达到最低值，约为 103°。鲨鱼皮织构协同 ZnO 纳米颗粒改性时，接触角随着质量分数的增加呈现出先下降后上升的趋势。在质量分数为 10%时，接触角达到最低值，约为 98°，在质量分数为 15%时接触角达到最大值，约为 115°。猪笼草织构协同 ZnO 纳米颗粒改性时，接触角随着质量分数的增加呈现出先下降后上升的趋势。在质量分数为 15%时，接触角达到最低值，约为 105°，质量分数为 5%时接触角最大，约为 125°。总体上看，四种织构的接触角在质量分数为 10%～15%时都达到了最低值，之后随着质量分数的增加，接触角逐渐上升。在质量分数为 5%时，猪笼草织构的接触角最大，约为 125°；在质量分数为 20%时，猪笼草织构的接触角仍然最大，约为 120°。添加 ZnO 的质量分数对接触角有显著影响，四种织构在质

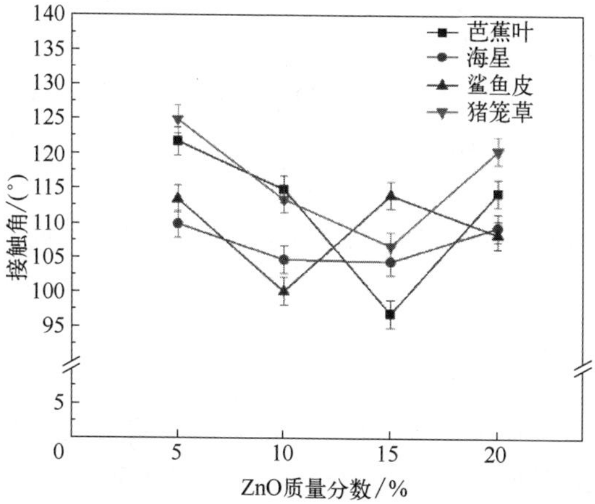

图 3.12　织构协同 ZnO 改性 UHMWPE 的平均接触角

量分数为10%～15%时接触角较小，可能是由于ZnO纳米颗粒在织构表面团聚而形成特定的结构使得UHMWPE的接触角降低，而鲨鱼皮织构在ZnO的质量分数为10%～15%时接触角有一定上升，可能是织构与纳米颗粒相协同的作用改变了ZnO纳米颗粒的团聚方式。猪笼草织构在四种质量分数内接触角都较大，表明其表面疏水性最强。

未改性的UHMWPE材料的接触角在90.431°，通过对同一种织构进行单独分析，与未改性的样品相比，在芭蕉叶织构协同不同质量分数的ZnO纳米颗粒改性下其接触角均有提升，其中接触角最大的是添加质量分数为5%ZnO的样品，接触角达到121°，提高了约38%。在海星织构协同不同质量分数的ZnO纳米颗粒改性时，接触角也都有所提升，其中含量为5%和20%的接触角相差不大，都在109°左右，相对于原始表面接触角提升了约24%。在鲨鱼皮织构协同不同质量分数的ZnO纳米颗粒改性时，接触角提升效果优于海星织构，其接触角最大的是质量分数为15%的表面，为114°，相对于原始表面接触角提升了29%。在猪笼草织构协同不同质量分数的ZnO纳米颗粒改性时，猪笼草织构协同5%ZnO纳米颗粒时接触角达到最大，为125°，与原始表面相比提升了约41%。

3.2.4 织构/TiO_2协同疏水效应

图3.13是织构协同TiO_2纳米颗粒的接触角测试结果。由图可知，芭蕉叶仿生织构协同5%、10%、15%、20% TiO_2的接触角分别为122.917°、106.913°、126.129°、115.803°，其中芭蕉叶织构协同15%TiO_2纳米颗粒时接触角最大；海星仿生织构协同5%、10%、15%、20%TiO_2的接触角分别为108.412°、117.524°、108.048°、110.604°，其中海星织构协同10%TiO_2纳米颗粒时接触角最大，与芭蕉叶织构相比，接触角增加得相对较小。在鲨鱼皮仿生织构协同5%、10%、15%、20%TiO_2的接触角分别为118.870°、108.073°、112.297°、118.510°，其中鲨鱼皮织构协同5%和20%TiO_2纳米颗粒时接触角较大；在猪笼草仿生织构协同5%、10%、15%、20%TiO_2的接触角分别为102.652°、105.757°、118.153°、112.080°，其中猪笼草织构协同15%TiO_2纳米颗粒时接触角较大。

由此可见，在四种仿生织构协同不同质量分数TiO_2纳米颗粒的接触角测试中，芭蕉叶仿生织构协同15%TiO_2时表现出最优的疏水性能，接触角约为126°，为所有组合中的最大值。其他织构的最佳协同作用的接触角分别为：海星织构协同10%TiO_2（约117°）、鲨鱼皮织构（5%和20%TiO_2，约118°）、猪笼草织构协同15%TiO_2（118°）。芭蕉叶织构的疏水提升效果显著优于海星织构，而鲨鱼皮和猪笼草织构在特定TiO_2比例下也展现出较高的疏水性，但均未超过芭蕉叶+15%TiO_2的组合。

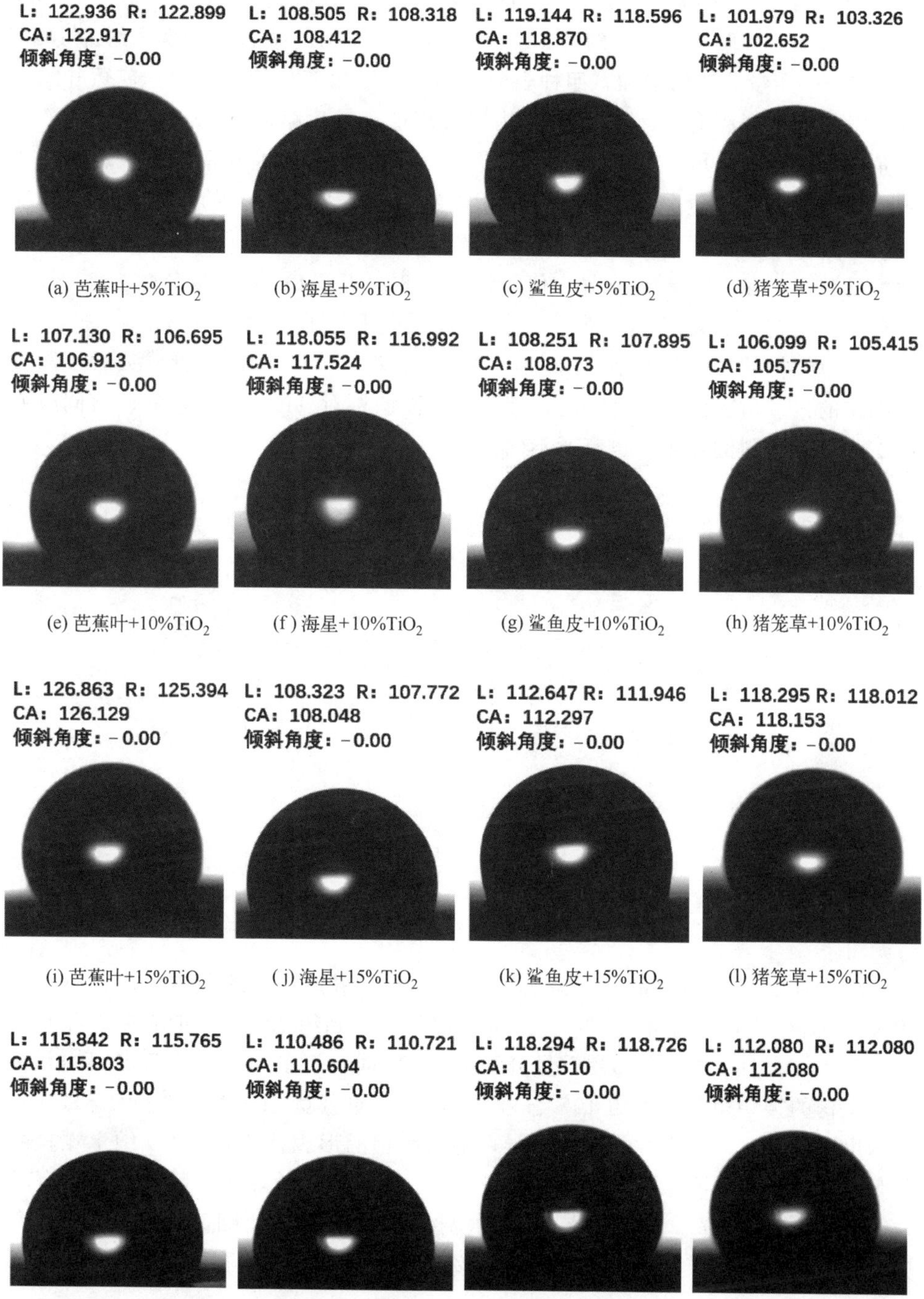

(a) 芭蕉叶+5%TiO_2　(b) 海星+5%TiO_2　(c) 鲨鱼皮+5%TiO_2　(d) 猪笼草+5%TiO_2

(e) 芭蕉叶+10%TiO_2　(f) 海星+10%TiO_2　(g) 鲨鱼皮+10%TiO_2　(h) 猪笼草+10%TiO_2

(i) 芭蕉叶+15%TiO_2　(j) 海星+15%TiO_2　(k) 鲨鱼皮+15%TiO_2　(l) 猪笼草+15%TiO_2

(m) 芭蕉叶+20%TiO_2　(n) 海星+20%TiO_2　(o) 鲨鱼皮+20%TiO_2　(p) 猪笼草+20%TiO_2

图 3.13　织构协同 TiO_2 纳米颗粒的接触角

图 3.14 是织构协同 TiO_2 纳米颗粒改性 UHMWPE 材料的平均接触角。由图可知，当 TiO_2 的质量分数为 5%时，四种表面织构的接触角差异较大，其中芭蕉叶织构的接触角最高，约为 122°，而猪笼草织构的接触角最低，约为 102°。随着 TiO_2 质量分数的增加，四种表面织构的接触角变化趋势不同，芭蕉叶织构的接触角先下降后上升，在 15%时达到最高值，然后略微下降。海星织构的接触角先上升后下降再上升，在 10%时达到最大值，之后提升幅度不大。鲨鱼皮织构的接触角在质量分数为 5%时最大，然后随着质量分数的增加先降低，在 10%时达到最小值，之后逐渐上升。猪笼草织构的接触角随着质量分数的增加先增大后减小，在 15%时达到最大值，约为 118°。当 TiO_2 的质量分数为 20%时，四种表面织构的接触角差异最小，其中鲨鱼皮织构的接触角最大，约为 115°，而猪笼草织构的接触角最小，约为 110°。总体来看，TiO_2 的质量分数对不同表面织构的接触角变化有显著影响，且不同表面织构对 TiO_2 的质量分数协同改变 UHMWPE 材料的疏水性也有所不同。

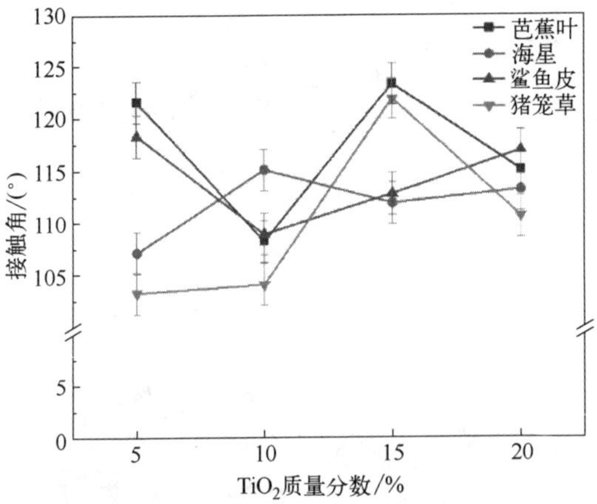

图 3.14　织构协同 TiO_2 纳米颗粒改性 UHMWPE 的平均接触角

根据前文，添加质量分数为 5% TiO_2 纳米颗粒时，无织构表面的接触角约为 80°，而芭蕉叶织构协同 5% TiO_2 时的接触角达到约 122°，表明其表面疏水性提升较大；而且，在添加 5%质量分数的 TiO_2 时，海星织构、鲨鱼皮织构和猪笼草织构的接触角分别为约 105°、117°和 100°，介于无织构和芭蕉叶织构之间，显示出不同程度的疏水性。这些差异可能与织构的形貌特征和 TiO_2 纳米颗粒的分布有关。随着 TiO_2 纳米颗粒含量的增加，所有织构处理的样品接触角均有较大的波动，表明样品的疏水性同时受到织构和纳米颗粒的影响，特定织构与特定质量分数的纳米颗粒结合时具有较大的接触角。

3.2.5　织构/SiO_2 协同疏水效应

未改性的 UHMWPE 材料表面的接触角为 90°左右，这表明未进行织构改性的 UHMWPE 表面具有较低的疏水性，主要是表面光滑且缺乏微纳结构存储空气以及材料本身的特性，导致液体易于铺展。从前面的结果来看，织构化处理能够提高 UHMWPE 材料的疏水性，且不同织构的设计对疏水性的提升效果存在差异。芭蕉叶织构表现出最佳的疏水性能，其次是猪笼草织构、鲨鱼皮织构和海星织构。这些结果表明，织构的种类对疏水性能有重要影响。

下面结合添加 SiO_2 纳米颗粒改性的 UHMWPE 材料，对材料的疏水性能进行探究。疏水性测试结果如图 3.15 所示，在添加 SiO_2 纳米颗粒质量分数为 5%时，芭蕉叶织构、海星织构、鲨鱼皮织构、猪笼草织构的接触角分别为 126.457°、111.567°、134.492°、89.484°；在添加 SiO_2 纳米颗粒质量分数为 10%时，芭蕉叶织构、海星织构、鲨鱼皮织构、猪笼草织构的接触角分别为 138.883°、98.520°、97.007°、132.535°；在添加 SiO_2 纳米颗粒质量分数为 15%时，芭蕉叶织构、海星织构、鲨鱼皮织构、猪笼草织构的接触角分别为 137.976°、106.232°、87.133°、129.865°；在添加 SiO_2 纳米颗粒质量分数为 20%时，芭蕉叶织构、海星织构、鲨鱼皮织构、猪笼草织构的接触角为 125.599°、128.362°、128.067°、126.396°。

织构协同 SiO_2 纳米颗粒改性 UHMWPE 材料的平均接触角如图 3.16 所示。芭蕉叶织构的接触角随着 SiO_2 质量分数的增加先增加后略微下降。在 SiO_2 质量分数为 10%和 15%时，接触角达到最大值，约为 140°；在 SiO_2 质量分数为

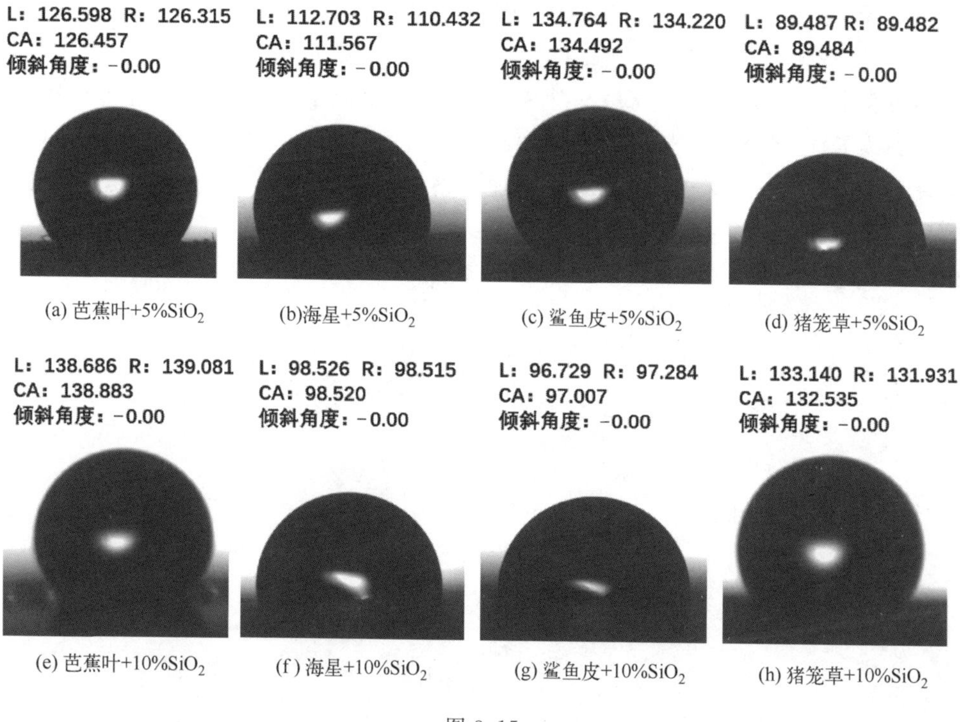

图 3.15

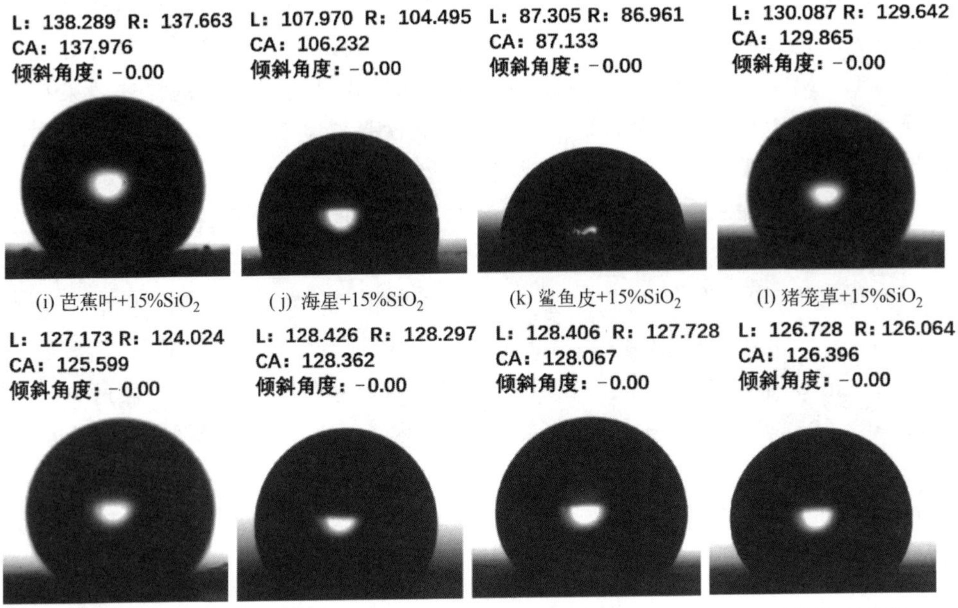

(i) 芭蕉叶+15%SiO_2　(j) 海星+15%SiO_2　(k) 鲨鱼皮+15%SiO_2　(l) 猪笼草+15%SiO_2

(m) 芭蕉叶+20%SiO_2　(n) 海星+20%SiO_2　(o) 鲨鱼皮+20%SiO_2　(p) 猪笼草+20%SiO_2

图 3.15　织构协同 SiO_2 纳米颗粒改性 UHMWPE 材料的接触角

20%时，接触角略微下降至约 130°。海星织构接触角随着 SiO_2 质量分数的增加先下降后上升。在 SiO_2 质量分数为 10%时，接触角达到最小值，约为 90°；在 SiO_2 质量分数为 20%时，接触角上升至约 130°。鲨鱼皮织构接触角随着 SiO_2 质量分数的增加先下降后上升，在 SiO_2 质量分数为 15%时，接触角达到最小值，约为 80°；在 SiO_2 质量分数为 20%时，接触角上升至约 120°。猪笼草织构接触角随着 SiO_2 质量分数的增加先增加后略微下降，其变化趋势和芭蕉叶织构几乎一致，在 SiO_2 质量分数为 15%时，接触角达到最大值，约为 135°；在 SiO_2 质量分数为 20%时，接触角略微下降至约 125°。

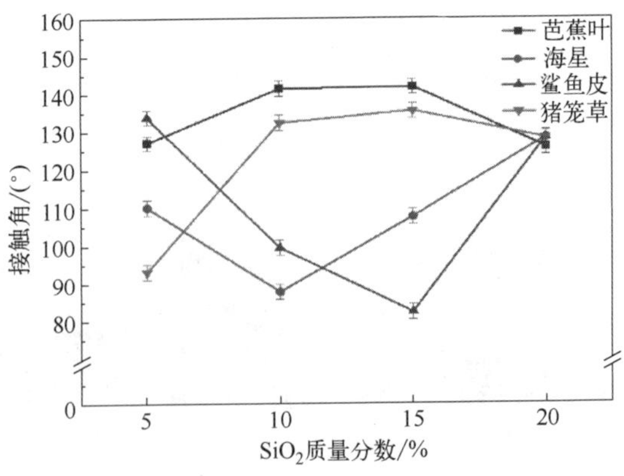

图 3.16　织构协同 SiO_2 纳米颗粒改性 UHMWPE 材料的平均接触角

总体上，芭蕉叶和猪笼草织构的接触角随着 SiO_2 质量分数的增加先增加后略微下降，表明在一定范围内增加 SiO_2 质量分数可以增大接触角。海星和鲨鱼皮织构的接触角随着 SiO_2 质量分数的增加先下降后上升，表明在一定范围内增加 SiO_2 质量分数会减小接触角，但超过某个点后接触角又会增加。最后在添加 SiO_2 质量分数为 20%时，接触角相差不大，说明此时织构种类对于接触角的影响不大。四种仿生织构出现不同的趋势，一方面是不同种织构拦截空气的能力不同，另一方面可能是织构与纳米颗粒的协同作用机制存在差异。芭蕉叶和猪笼草织构的接触角出现先增加后下降的趋势，可能是因为 SiO_2 的加入改变了材料表面的化学性质，使其更疏水，从而增大了接触角。海星和鲨鱼皮织构可能是因为在较低的 SiO_2 质量分数下，SiO_2 的加入改变了材料表面的化学性质，使其更亲水，从而降低了接触角；但在较高的 SiO_2 质量分数下，SiO_2 的加入又改变了材料表面的结构，使其更疏水，从而增大了接触角。

3.3 改性表面的摩擦学性能

本节围绕织构协同纳米颗粒改性 UHMWPE 的摩擦学性能展开研究，通过控制纳米颗粒浓度和仿生织构种类制备了不同织构协同纳米颗粒改性的样品，并测试了其摩擦学性能。部分样品磨损率低且磨损形貌平整，耐磨性能突出。纳米颗粒的质量分数和织构种类对样品性能有显著影响，部分样品兼具优异的疏水性和摩擦学性能。

3.3.1 织构化表面的摩擦学行为

(1) 摩擦系数及磨损率分析

图 3.17 (a) 为在干摩擦条件下，UHMWPE 材料试样和对 UHMWPE 进行织构改性后的试样与 304 不锈钢球进行往复摩擦试验的摩擦系数-时间图像。分析可知，在摩擦试验中，未进行织构改性的 UHNMWPE 材料的摩擦系数比改性后的摩擦系数高，而且相对来说波动也较大，在摩擦试验初期 (0～200s)，试样的摩擦系数经历了从 0 迅速上升直到基本稳定的过程，这一阶段通常被称为磨合期。在磨合期内，摩擦系数的上升幅度最为显著。这是因为在摩擦试验的初期，复合材料表面存在微凸体和其他毛刺，导致样品表面粗糙。与之相对应的钢球表面上也存在部分微凸体，在摩擦过程中不锈钢球与样品接触发生挤压和摩擦，其实是各自的微凸体之间的相互接触和摩擦，由于表面粗糙度较高且摩擦力较大，所以摩擦系数迅速上升。

磨合期结束之后进入稳定磨损阶段，摩擦系数相对稳定。总体来看，海星织构和鲨鱼织构的摩擦系数稳定且相对于其他织构较低，具有较好的减摩性能，芭蕉叶织构和猪笼草织构虽然比海星织构和鲨鱼织构的摩擦系数大，但是与未改性的 UHMWPE 材料的摩擦系数相比要低一些，所以在 UHMWPE 材料表面进行织构改性后能够提高材料的摩擦学性能。猪笼草织构改性 UHMWPE 材料的摩擦系数在试验过程中有一个突然下降，可能是表面被破坏而导致突然下降。经过计算分析得到平均摩擦系数，如图 3.17（b）所示，海星织构和鲨鱼皮织构表面摩擦系数约为 0.06，与原始表面相比下降了约 56.5%，芭蕉叶表面织构摩擦系数下降了 42%，猪笼草织构摩擦系数降低了 8%。

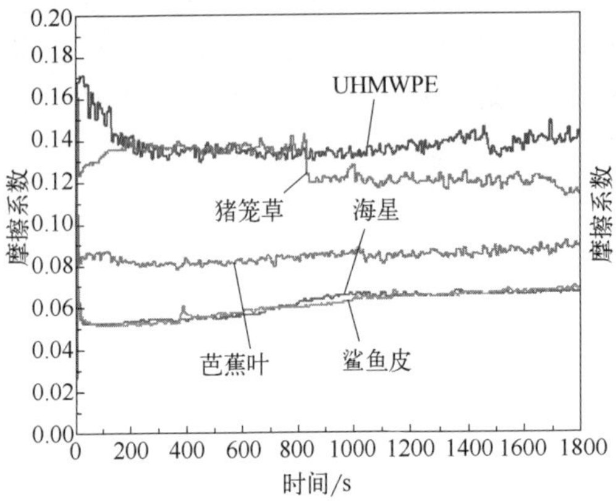

(a) 摩擦系数-时间图

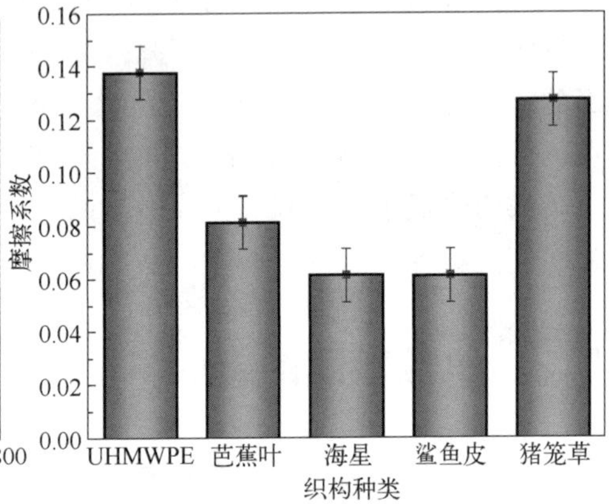

(b) 平均摩擦系数图

图 3.17 不同织构改性 UHMWPE 的摩擦系数图

图 3.18 为不同织构改性 UHMWPE 表面的磨损率。横轴表示 UHMWPE 表面印刻的织构种类，分别是 UHMWPE 原始表面、芭蕉叶仿生织构改性表面、海星仿生织构改性表面、鲨鱼皮仿生织构改性表面和猪笼草仿生织构改性表面。纵轴表示磨损率，单位是 $10^{-4}mm^3/(N \cdot m)$。从图中可以看出，未进行改性的 UHMWPE 样品的磨损率约为 $3.8\times10^{-4}mm^3/(N \cdot m)$；芭蕉叶织构改性后的

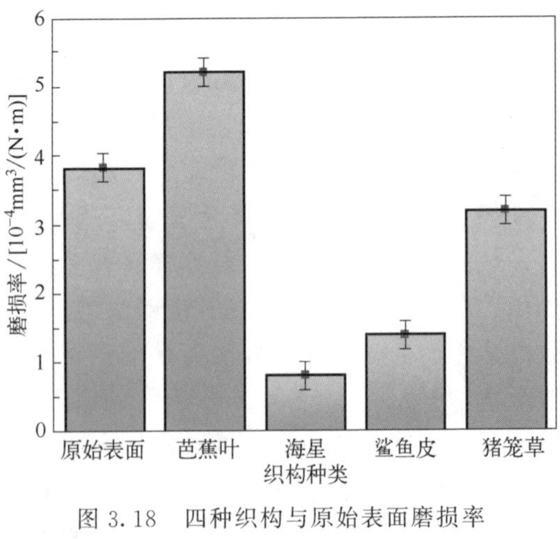

图 3.18 四种织构与原始表面磨损率

磨损率最高，约为 $5.2\times10^{-4}mm^3/(N\cdot m)$；海星织构改性后的磨损率最低，约为 $0.8\times10^{-4}mm^3/(N\cdot m)$；鲨鱼皮织构改性后的磨损率约为 $1.4\times10^{-4}mm^3/(N\cdot m)$；猪笼草织构改性后的磨损率约为 $3.21\times10^{-4}mm^3/(N\cdot m)$。从这些数据可以看出，不同织构改性对 UHMWPE 的表面磨损率有显著影响。芭蕉叶织构改性 UHMWPE 材料的磨损率最高，而海星织构改性 UHMWPE 的磨损率最低，表明海星织构改性 UHMWPE 材料具有更好的耐磨性能。

（2）表面微观形貌分析

通过三维轮廓仪对未改性和四种仿生织构改性的 UHMWPE 样品摩擦试验后的磨损形貌进行扫描，得到图 3.19 所示的 UHMWPE 样品以及四种仿生织构对 UHMWPE 进行表面改性后摩擦磨损轮廓三维形貌图。由图可知，未进行改性时 UHMWPE 样品摩擦后形成的磨损轮廓宽度较大、深度较深，而改性后磨损的深度有一定降低，宽度也变窄。其中，海星织构的减摩效果最好，耐磨性能较好；其次是鲨鱼皮织构，而芭蕉叶织构的减摩效果较差，但总的来说相对于未改性 UHMWPE 材料有一定提升。

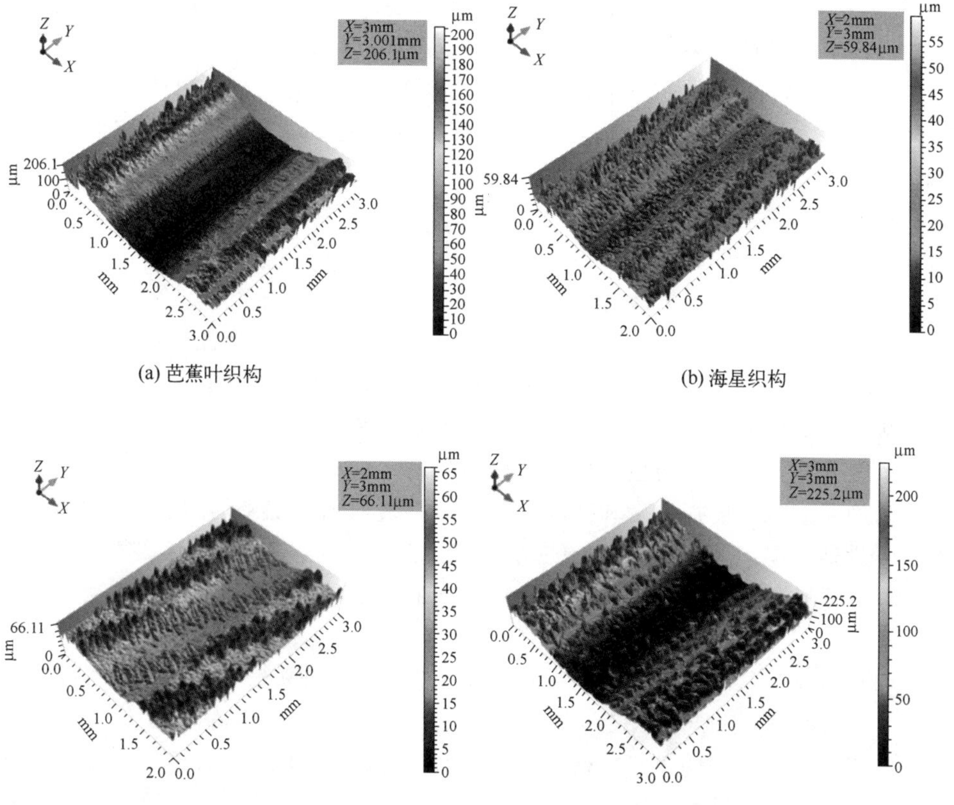

(a) 芭蕉叶织构　(b) 海星织构

(c) 鲨鱼皮织构　(d) 猪笼草织构

图 3.19

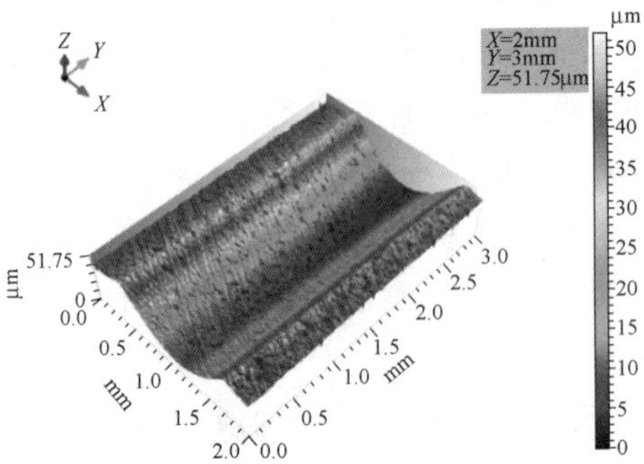

(e) UHMWPE原始表面

图 3.19 不同织构改性 UHMWPE 的三维磨损形貌

海星织构改性后磨损率较未改性样品降低最多，约 78%，但在磨痕内部仍存在深浅不一的划痕，可能与沟槽方向和摩擦运动方向平行导致的磨屑滞留能力受限有关。鲨鱼皮织构的磨损宽度较未改性样品减小 63%，磨痕深度略大于海星织构，可能与鲨鱼皮织构本身的几何形状相关，在微织构的前端和后端微应力集中使得其承载能力不如海星织构。猪笼草织构改性后磨损率较未改性样品降低最多，约 15%，而芭蕉叶织构的耐磨效果相对最弱，甚至高于未改性的 UHMWPE，其周期性波浪结构可能与实际摩擦轨迹的匹配度不足，导致应力分布不均和局部磨屑堆积。总体而言，织构的几何特征和材料表面的形貌对材料的耐磨性影响较大，织构能够在摩擦过程中起到承载压力的作用，还能够降低剪切力，以实现摩擦学性能的提升。

进一步分析可知，未改性 UHMWPE 的磨损轮廓呈现宽而深的沟槽状，平均宽度为 1.5mm，最大深度达 150μm，磨痕中可见明显的塑性变形和黏着脱落痕迹，表明其在高载荷摩擦过程中主要发生黏着磨损与犁削效应，这与其较低的表面硬度、润滑效果和耐磨性能不足导致的摩擦界面温度升高和材料本身的特性相关。相比之下，四种仿生织构改性样品的磨损轮廓均表现出不同程度的改善。其中，海星织构的磨损深度和宽度显著降低，表面划痕细密均匀且无材料剥落，其优异性能可能归因于海星织构的几何特性使得材料具有较高的承载能力，以及织构间的间隙具有储屑功能使摩擦过程中产生的磨屑被捕获于间隙中，从而减少三体磨损对材料的破坏。

将进行摩擦试验后的样品放在超景深显微镜下，分析磨痕中的磨损情况，如图 3.20 所示，UHMWPE 表面的磨损形式主要是剥落，存在很多的划痕及凹坑，在进行织构改性的 UHMWPE 样品上，织构有减缓磨损的效果，磨痕明显变浅，而且织构能够固定表面材料，增加其承载能力，磨损之后的磨痕中依然能够看到织构存在，在磨痕中未见到明显的剥落。剥落是疲劳磨损的典型表现，由反复剪切应力导致表层材料与基体分离，UHMWPE 导热性差，摩擦热积累导致

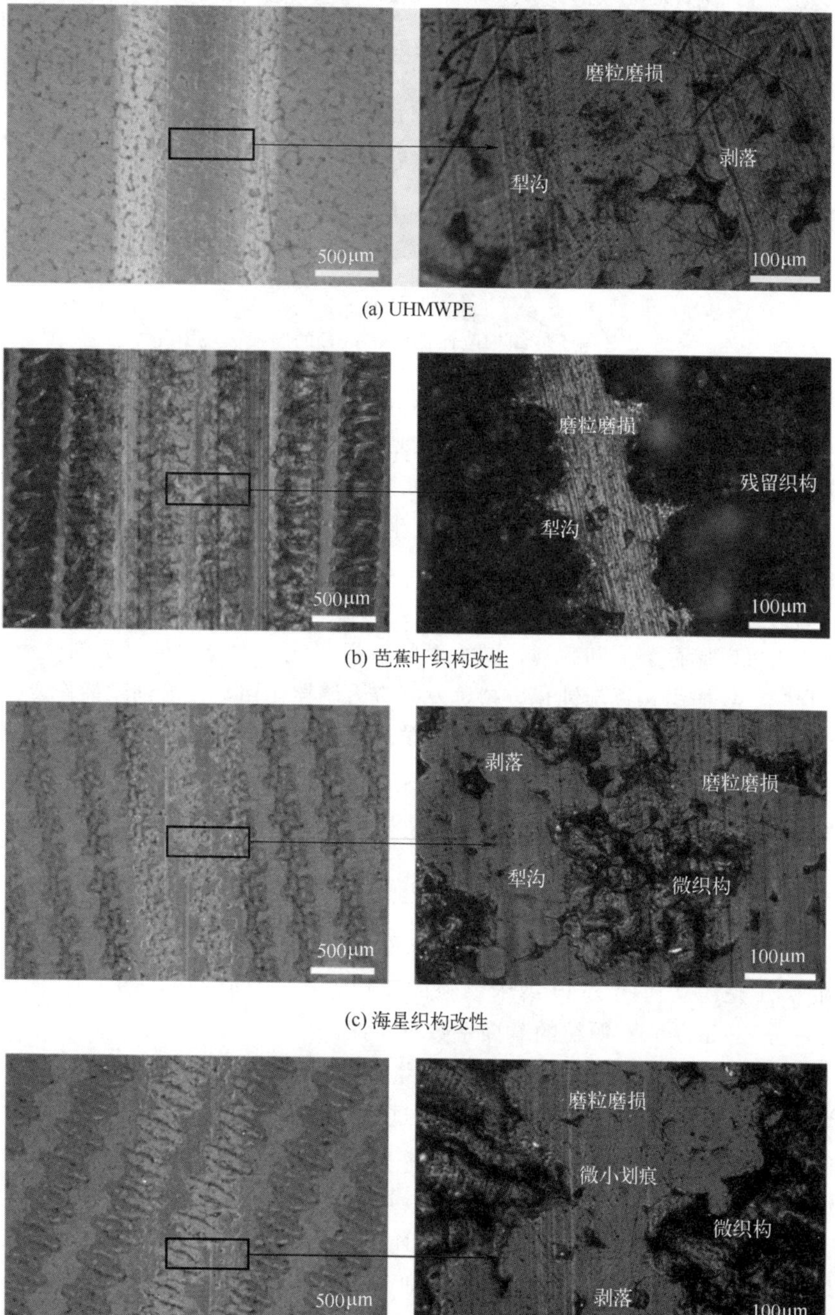

(a) UHMWPE

(b) 芭蕉叶织构改性

(c) 海星织构改性

(d) 鲨鱼皮织构改性

图 3.20

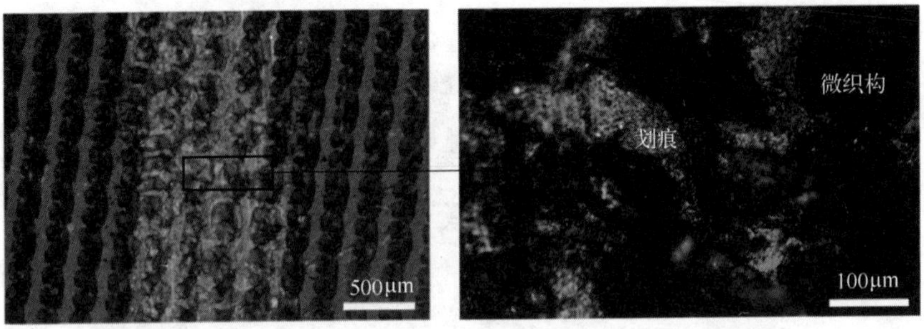

(e) 猪笼草织构改性

图 3.20 不同织构改性 UHMWPE 的磨损微观图

表层软化，加速塑性变形和分层，UHMWPE 材料在交变应力下产生微裂纹，裂纹扩展后形成薄片状剥落。磨痕中存在划痕表明存在磨粒磨损，摩擦过程中产生的微小磨粒会嵌入摩擦界面，犁削表面形成沟槽；UHMWPE 与对磨材料发生局部黏着，撕扯后形成微凸体，从而产生划痕。凹坑可能由黏着磨损或疲劳剥落的局部脱落而形成。

表面仿生织构可分散接触应力，避免应力集中，从而延缓疲劳裂纹产生。而且表面织构可以储存磨屑和碎屑，减少磨粒磨损（硬质磨粒的反复犁削作用）。在摩擦过程中，表面织构逐渐钝化，持续发挥应力调控作用，在受到摩擦作用时，织构边缘优先承受磨损，而中间区域因应力较低得以保留，形成"牺牲性保护"结构。未改性的 UHMWPE 以疲劳剥落为主，伴随磨粒磨损和黏着磨损的复合磨损形式。表面织构通过应力分散和储存磨屑，显著改善材料的抗磨损性能。

3.3.2 织构/ZnO 协同的摩擦学性能

(1) 摩擦系数及磨损率分析

图 3.21 是织构协同 ZnO 纳米颗粒的摩擦系数-时间图像，图中列出了添加不同质量分数 ZnO 纳米颗粒的摩擦系数-时间曲线。

图 3.21（a）为四种仿生织构协同质量分数为 5%的 ZnO 纳米颗粒改性 UHMWPE 的摩擦系数-时间图，摩擦系数经过一定时间之后开始稳定，总体看海星织构的摩擦系数最低，其次是芭蕉叶织构，然后是猪笼草织构，鲨鱼皮织构的摩擦系数开始时高，摩擦试验后期较低，其波动较大。在快速磨损阶段（0～200s），所有材料的摩擦系数在开始时都有一个快速上升的过程，其中鲨鱼皮织构的上升最为明显。在稳定磨损阶段（200s 之后），所有材料的摩擦系数趋于稳定，海星织构的摩擦系数随着时间的增加逐渐降低，最后略低于其他织构。

图 3.21（b）为四种仿生织构协同质量分数为 10%的 ZnO 纳米颗粒改性 UHMWPE 的摩擦系数-时间图，芭蕉叶仿生织构和猪笼草仿生织构的摩擦系数相差不大，大约为 0.1。摩擦系数最大的是海星仿生织构。在快速磨损阶段，鲨

鱼皮织构的摩擦系数在开始时有一个显著的峰值，然后迅速下降，大约在 200s 后，所有材料的摩擦系数趋于稳定，但海星织构的摩擦系数与添加 ZnO 纳米颗粒质量分数为 5%时相反，在 200s 之前有降低的情况，然后又急剧增加，最后高于其他材料。在稳定阶段，所有材料的摩擦系数都有轻微的波动，除了鲨鱼皮织构，总体上都保持在一个相对稳定的范围内。

图 3.21 (c) 为四种仿生织构协同质量分数为 15%的 ZnO 纳米颗粒改性 UHMWPE 的摩擦系数-时间图，各种织构的摩擦系数相差不大，其中海星仿生织构在整个摩擦阶段一直处于降低趋势，而其他三种织构的摩擦系数在 400s 之后开始稳定，猪笼草仿生织构和鲨鱼皮仿生织构的摩擦系数相近，芭蕉叶仿生织构的摩擦系数最大。与添加 ZnO 纳米颗粒质量分数为 5%相比，快速磨损阶段稍长一些，在快速磨损阶段各种织构的摩擦系数都先急剧上升，然后缓慢下降，大约在 300s，进入稳定磨损阶段，其中海星织构的摩擦系数略低于其他表面织构。

图 3.21 (d) 为四种仿生织构协同质量分数为 20%的 ZnO 纳米颗粒改性 UHMWPE 的摩擦系数-时间图，图中各种织构的摩擦系数差异较大，其中猪笼草织构的摩擦系数最低，海星织构的摩擦系数最大，芭蕉叶织构和猪笼草织构的摩擦系数不相上下。20%ZnO 质量分数的织构的摩擦系数与其他 ZnO 含量织构的摩擦系数相差较大，但经过的磨损阶段类似，都是先经过快速磨损阶段，然后进入稳定磨损阶段。

总体上看，整个 1800s 摩擦试验内，芭蕉叶织构的摩擦系数比较稳定，对于 ZnO 纳米颗粒的质量分数变化不太敏感，海星织构的摩擦系数在不同质量分数下变化较大，鲨鱼皮仿生织构的摩擦系数一直在持续降低，可见鲨鱼皮织构的减摩效果比较明显，在添加 10%质量分数的 ZnO 纳米颗粒后，鲨鱼皮仿生织构的摩擦系数不是很稳定，一直呈现上升趋势，但是总的来说摩擦系数较低。猪笼草织构的摩擦系数基本能够保持在 0.1 左右，相对来说，其对于不同质量分数的摩擦系数调控效果最好。

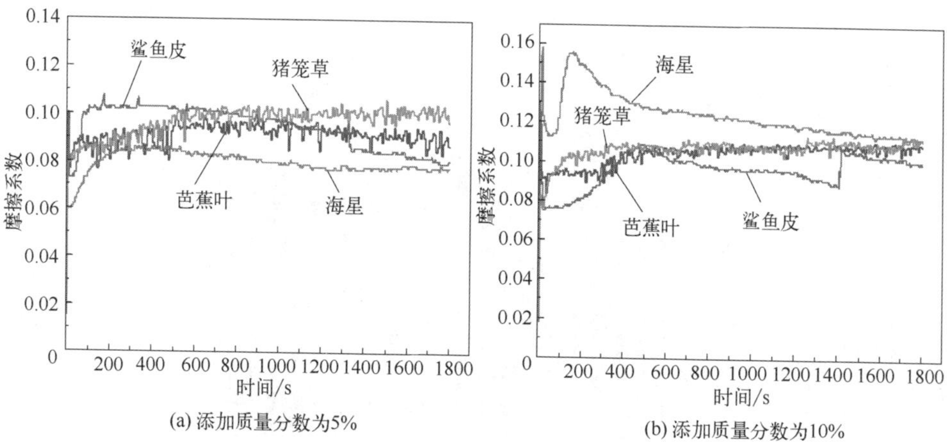

(a) 添加质量分数为5%　　(b) 添加质量分数为10%

图 3.21

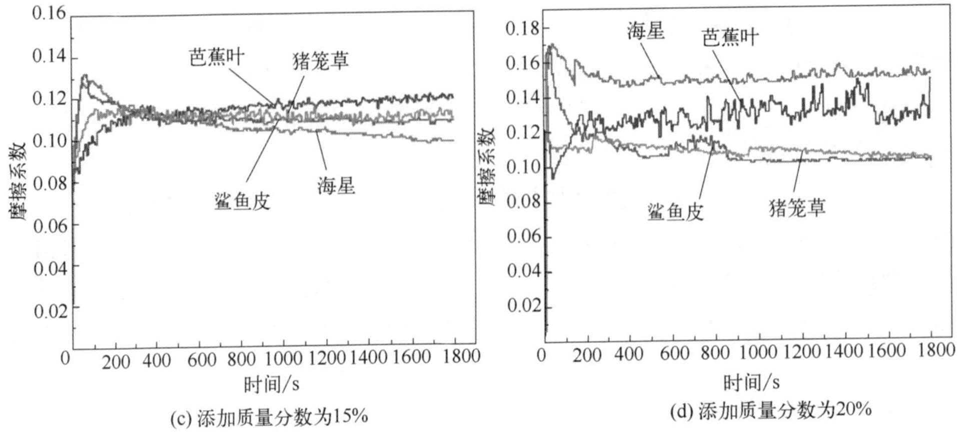

图 3.21 织构协同 ZnO 改性 UHMWPE 的摩擦系数

图 3.22 展示了不同表面织构协同不同质量分数的 ZnO 改性 UHMWPE 复合材料的平均摩擦系数。由图可知，在平均摩擦系数方面，芭蕉叶织构的摩擦系数在 0.09～0.13，随着 ZnO 添加量的增加，摩擦系数不断增大。其中，UHMWPE+5%ZnO 的摩擦系数最低。海星织构的摩擦系数在 0.08～0.15，随着 ZnO 质量分数的增加呈现先增大后减少再增大的趋势，UHMWPE+5%ZnO 的摩擦系数最低，为 0.08 左右。鲨鱼皮织构的摩擦系数在 0.09～0.11，添加不同质量分数的 ZnO 纳米颗粒对 UHMWPE 材料的摩擦系数较为接近，差异不大，主要原因可能是鲨鱼皮织构的表面调控作用。猪笼草织构的摩擦系数在 0.1～0.11，添加不同含量的 ZnO 纳米颗粒对 UHMWPE 材料的摩擦系数影响不大，与鲨鱼皮织构类似。总体上看，添加质量分数为 5%ZnO 的 UHMWPE 样品的摩擦系数相对更低，其中平均摩擦系数最大的是猪笼草仿生织构改性后的表面，摩擦系数为 0.1，而其余改性表面的摩擦系数均小于 0.1，摩擦系数最小的是海星织构。添加质量分数为 10%ZnO

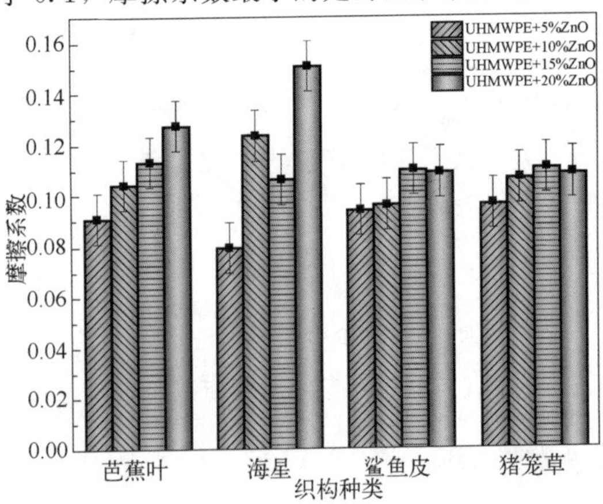

图 3.22 织构协同 ZnO 改性 UHMWPE 的平均摩擦系数

的 UHMWPE 样品的摩擦系数相对较高，其中平均摩擦系数最大的是海星仿生织构改性后的表面，为 0.12，而其余改性表面的摩擦系数均大于 0.1，最小的是鲨鱼皮织构，相比而言，10%质量分数 ZnO 改性 UHMWPE 的摩擦系数比 5%质量分数 ZnO 改性 UHMWPE 的摩擦系数大。添加质量分数为 15%ZnO 的 UHMWPE 样品的摩擦系数相对较高，其中平均摩擦系数最大的是芭蕉叶仿生织构改性后的表面，为 0.11，而其余改性表面的摩擦系数均大于 0.1，最小的是海星织构。添加质量分数为 20%ZnO 的 UHMWPE 样品的摩擦系数普遍较高，其中平均摩擦系数最大的是海星织构改性后的表面，为 0.15，最小的是鲨鱼皮织构。

总体上，海星织构在添加 20%ZnO 时，摩擦系数最高，表明 ZnO 的添加对摩擦系数有显著影响。芭蕉叶、鲨鱼皮、猪笼草织构在不同 ZnO 比例下的摩擦系数变化不大，表明这些织构能够对 ZnO 的添加起到较好的调控作用。

图 3.23 是不同仿生织构协同不同质量分数的 ZnO 纳米颗粒改性 UHMWPE 的磨损率。由图可知，芭蕉叶表面织构协同不同质量分数 ZnO 纳米颗粒改性 UHMWPE 的磨损率都相对较高，且不同质量分数之间的磨损率差异较大，说明在芭蕉叶织构改性时，ZnO 纳米颗粒的质量分数对磨损率的影响较小。海星织构协同不同质量分数的 ZnO 纳米颗粒改性 UHMWPE 复合材料的磨损率显著降低，其中质量分数为 10%和 15%的磨损率相对较高，而质量分数为 5%和 20%的磨损率较低。鲨鱼皮织构协同 ZnO 纳米颗粒改性 UHMWPE 时的磨损率和海星织构类似，在 $1\times10^{-4}\sim1.5\times10^{-4}\,mm^3/(N\cdot m)$。添加不同质量分数 ZnO 的磨损率差异不大，说明鲨鱼皮织构协同 ZnO 纳米颗粒改性 UHMWPE 时，对磨损率的影响较小。猪笼草织构协同不同质量分数 ZnO 纳米颗粒改性 UHMWPE 时，磨损率相对于其他织构而言有一定升高，且不同质量分数的磨损率差异不大，所以猪笼草织构协同 ZnO 纳米颗粒改性时，纳米颗粒的质量分数对磨损率的影响能够得到控制。

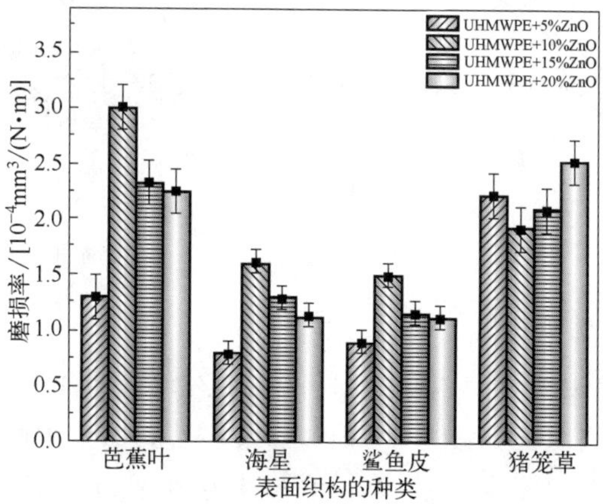

图 3.23　织构协同 ZnO 纳米颗粒改性 UHMWPE 的磨损率

海星织构和鲨鱼皮织构协同 ZnO 纳米颗粒改性 UHMWPE 时表现出较低的磨损率，说明这两种仿生织构对提高 UHMWPE 的耐磨性有较好的效果。猪笼草织构和芭蕉叶织构的磨损率较高，而且不同质量分数的 ZnO 纳米颗粒协同芭蕉叶织构时的磨损率差异较大。海星织构协同 ZnO 纳米颗粒改性 UHMWPE 的磨损率，与其他仿生织构相比，质量分数的变化影响较小。

(2) 表面微观形貌分析

图 3.24 是芭蕉叶织构协同不同质量分数的 ZnO 改性 UHMWPE 材料的共聚焦三维形貌图像，芭蕉叶织构在各种质量分数下，磨痕中均可以看到有大量织构残留。就磨痕深度来看，质量分数为 5%和 10%的磨痕明显比质量分数为 15%和 20%时浅。

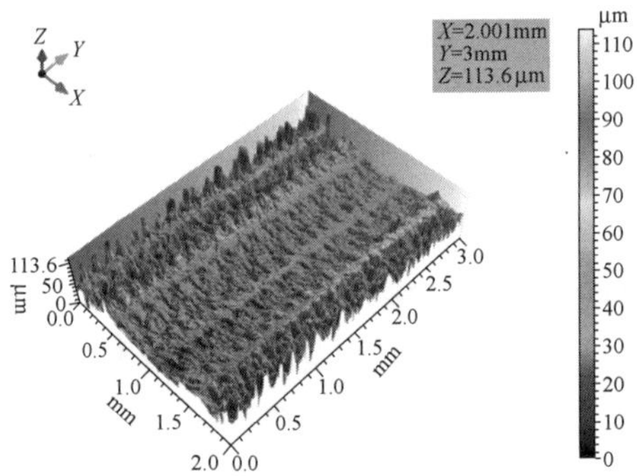

(a) 芭蕉叶+5%ZnO

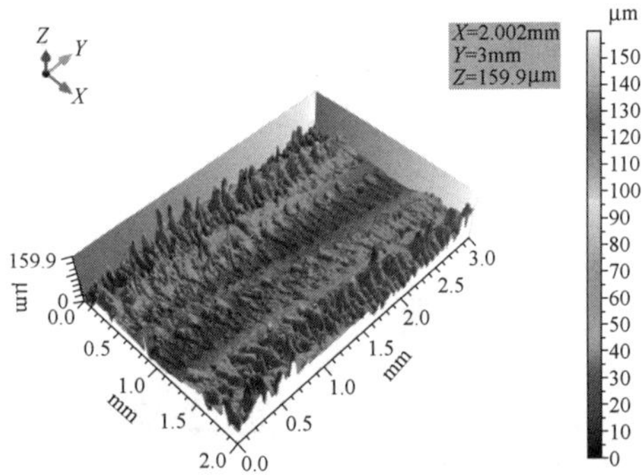

(b) 芭蕉叶+10%ZnO

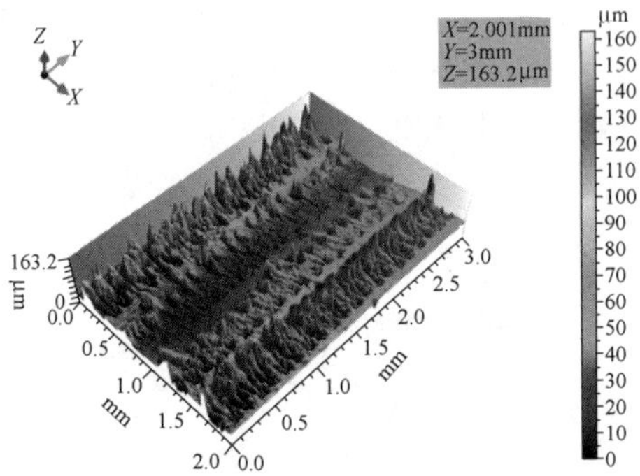

(c) 芭蕉叶+15%ZnO

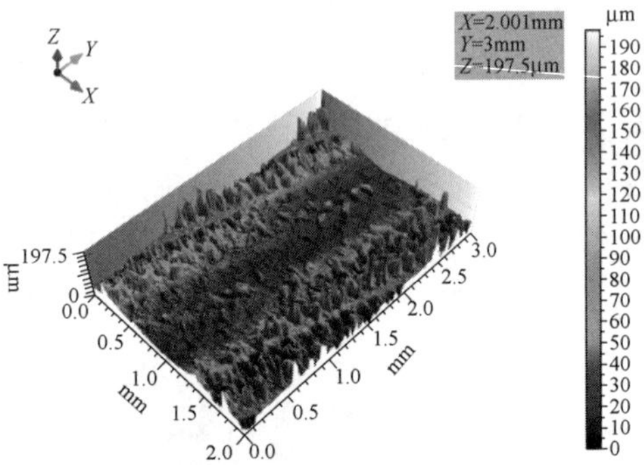

(d) 芭蕉叶+20%ZnO

图 3.24 芭蕉叶织构协同 ZnO 改性 UHMWPE 的摩擦磨损三维形貌图

图 3.25 是海星织构协同不同质量分数的 ZnO 改性 UHMWPE 材料的共聚焦三维形貌图像，当质量分数为 5%时，磨痕较浅，磨痕中的织构虽有磨损但轮廓清晰可见；当质量分数为 10%时，磨痕中存在残留的织构，只是织构较浅，且磨痕边缘由于材料挤压与塑性流动形成凸起；当质量分数为 15%时，墨痕深

度变深，残留织构的高度更低；当质量分数为 20%时，磨损轮廓和质量分数为 15%时相差不大，磨损后仍然有织构残留。

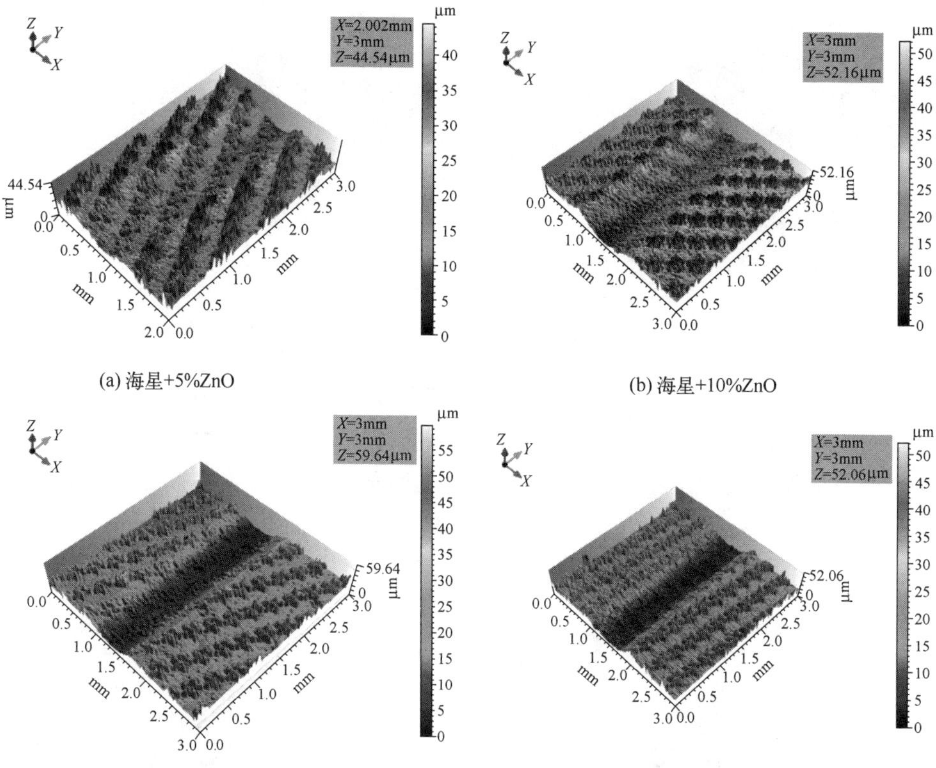

(a) 海星+5%ZnO　(b) 海星+10%ZnO

(c) 海星+15%ZnO　(d) 海星+20%ZnO

图 3.25　海星织构协同 ZnO 改性 UHMWPE 的摩擦磨损三维形貌图

图 3.26 是鲨鱼皮织构协同不同质量分数的 ZnO 改性 UHMWPE 材料的共聚焦三维形貌图像，在质量分数为 5%时，磨损轮廓的深度较浅，磨痕中织构清

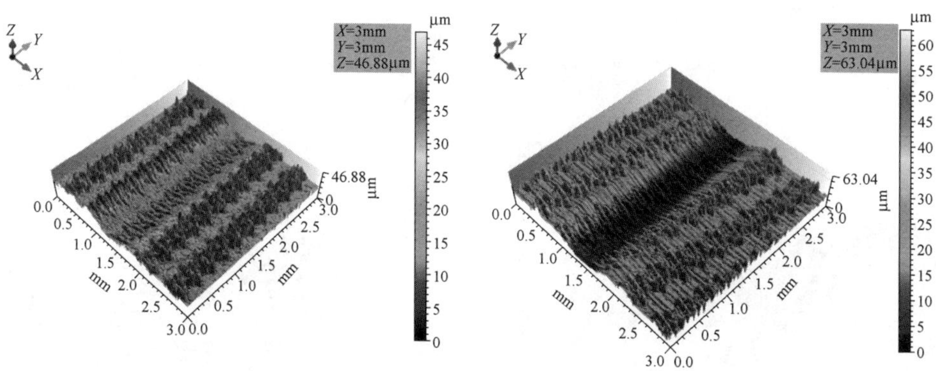

(a) 鲨鱼皮+5%ZnO　(b) 鲨鱼皮+10%ZnO

图 3.26

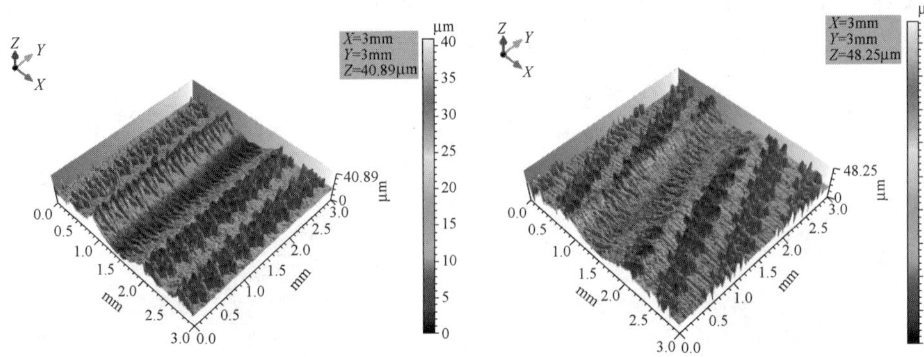

(c) 鲨鱼皮+15%ZnO　　(d) 鲨鱼皮+20%ZnO

图 3.26　鲨鱼皮织构协同 ZnO 改性 UHMWPE 的摩擦磨损三维形貌图

晰可见；当质量分数为 10%时，磨损深度相较于 5%时有一定加深，残留织构变浅；当质量分数为 15%时，磨损轮廓边缘由于材料塑性流动而出现凸起，织构被磨损得更加严重；当质量分数为 20%时，磨损轮廓中的织构被显著破坏，开始出现由于材料塑性流动形成的深浅不一的高低区域。

图 3.27 是猪笼草织构协同不同质量分数的 ZnO 改性 UHMWPE 材料的共

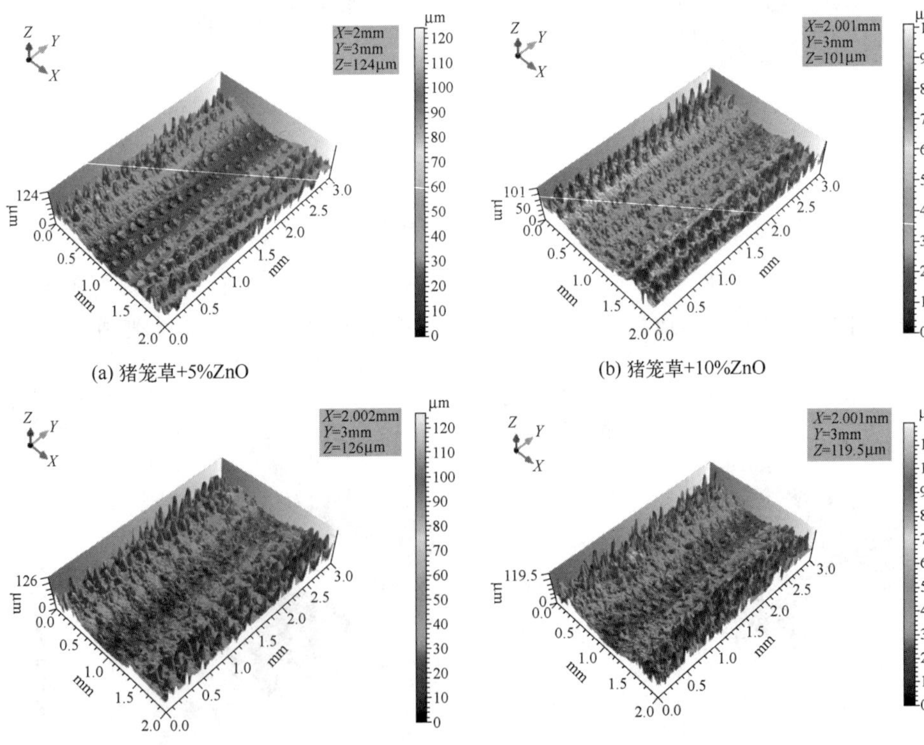

(a) 猪笼草+5%ZnO　　(b) 猪笼草+10%ZnO

(c) 猪笼草+15%ZnO　　(d) 猪笼草+20%ZnO

图 3.27　猪笼草织构协同 ZnO 改性 UHMWPE 的摩擦磨损三维形貌图

聚焦三维形貌图像，当质量分数为 5%时，磨痕较浅；在质量分数为 10%时，织构开始被破坏；当质量分数为 15%时，只能看到织构的部分残留，无法看出其形状特征；当质量分数为 20%时，磨痕开始出现犁沟状划痕，织构被严重破坏。

图 3.28 是芭蕉叶织构协同 ZnO 纳米颗粒改性 UHMWPE 材料的磨损表面微

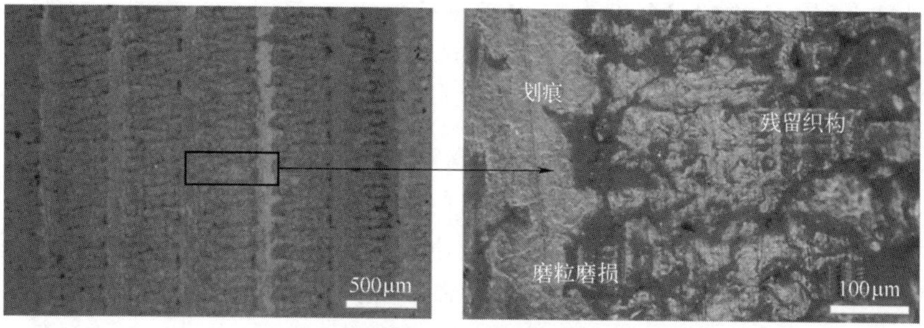

(a) UHMWPE+5%ZnO

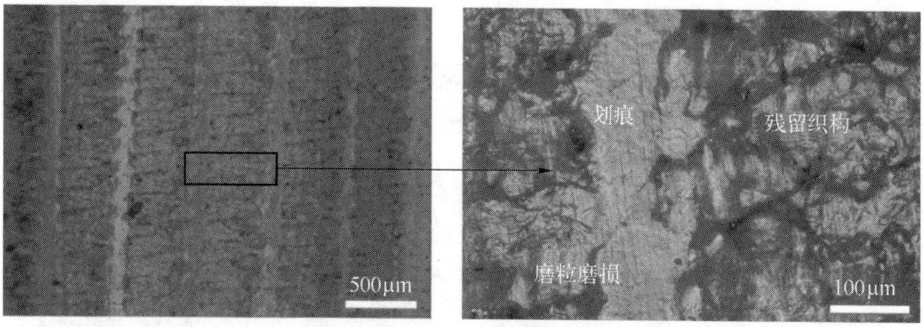

(b) UHMWPE+10%ZnO

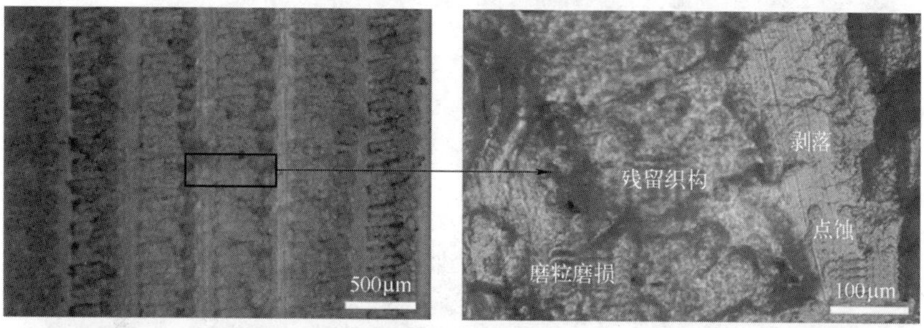

(c) UHMWPE+15%ZnO

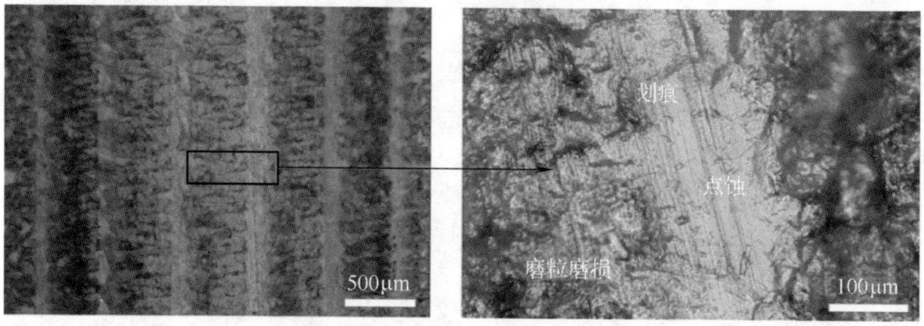

(d) UHMWPE+20%ZnO

图 3.28　芭蕉叶织构协同 ZnO 纳米颗粒改性 UHMWPE 材料的磨损表面

观图。由图可知，经过芭蕉叶织构协同 ZnO 纳米颗粒改性 UHMWPE 后，与未改性的 UHMWPE 相比，表面的划痕明显变浅。当质量分数为 5%时，磨痕较浅，磨痕内部依然存在凸起的织构；当质量分数为 10%时，磨痕和 5%时的深度相差不大，但是能够看到明显的划痕；当质量分数为 15%时，微观图中能够清晰看到裂纹和波纹状的材料凸起；当质量分数为 20%时，磨痕明显变深，内部的磨粒磨损更加明显，织构出现明显的破坏。

图 3.29 为海星织构协同 ZnO 纳米颗粒改性 UHMWPE 材料的磨损表面微观图。由图可知，当质量分数为 5%时，可以看见表面存在很明显的划痕，而且还有材料堆积而形成的凸起，还能清晰看到残留的织构；当质量分数为 10%时，磨损轮廓中由磨粒磨损产生的磨痕变少，但是出现了裂纹和剥落情况；当质量分数为 15%时，划痕比 5%时少，而且没有观察到剥落，织构也较完整；当质量分数为 20%时，出现较深的犁沟，划痕较深，出现大片剥落，而且织构被严重破坏。

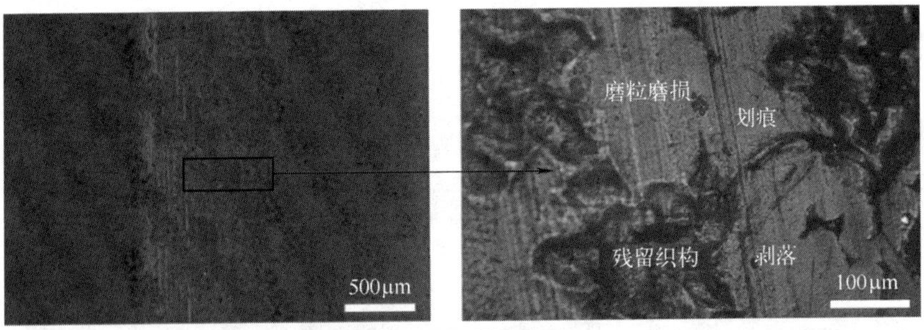

(a) UHMWPE+5%ZnO

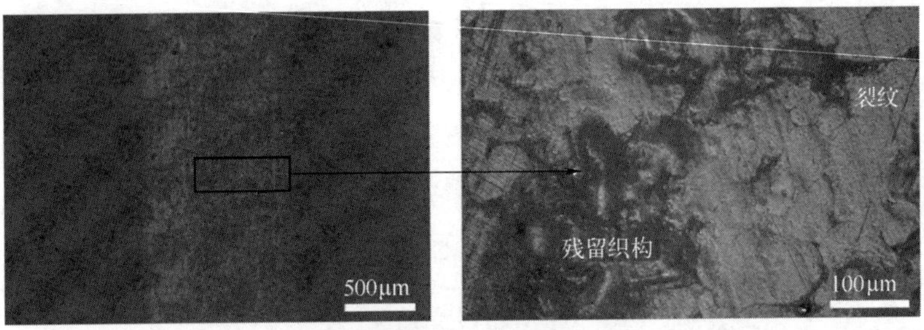

(b) UHMWPE+10%ZnO

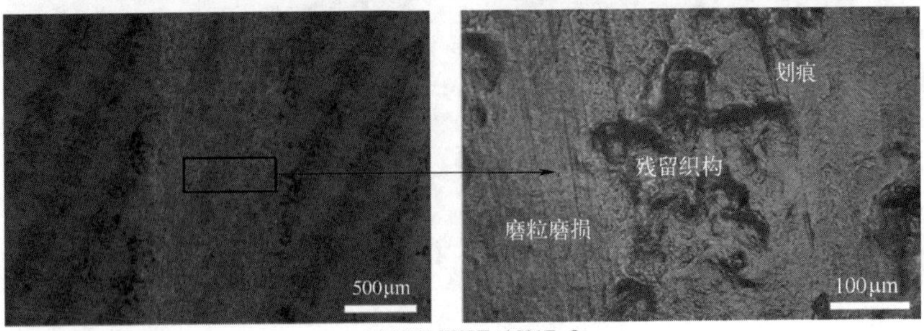

(c) UHMWPE+15%ZnO

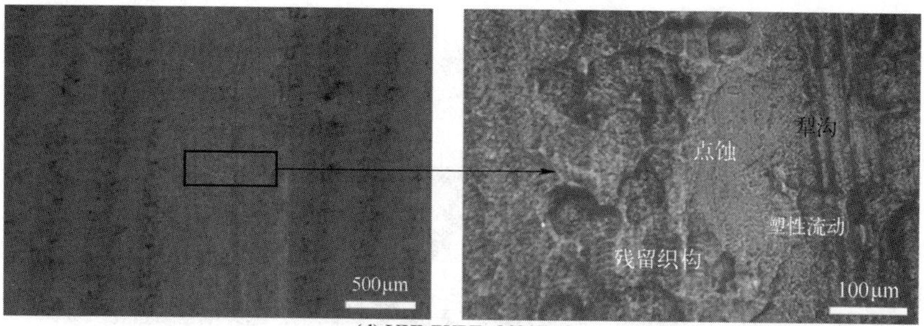

(d) UHMWPE+20%ZnO

图 3.29　海星织构协同 ZnO 纳米颗粒改性 UHMWPE 材料的磨损表面

图 3.30 为鲨鱼皮织构协同 ZnO 纳米颗粒改性 UHMWPE 材料的磨损表面微观图。由图可知，当质量分数为 5%时，材料表面有犁沟状的划痕，织构的外部区域发生磨损；当质量分数为 10%时，可以看到材料表面划痕变少，偶尔有

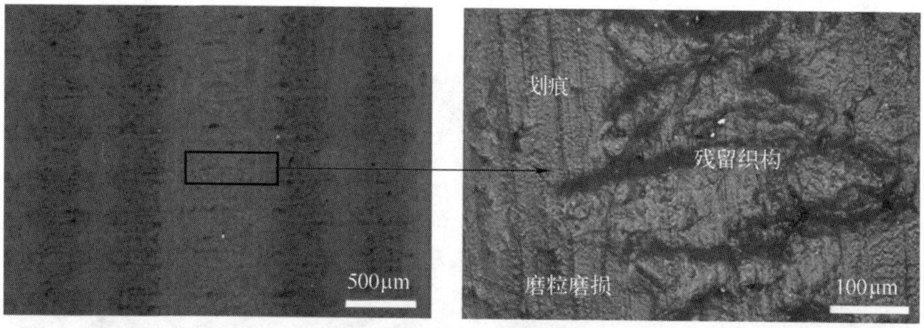

(a) UHMWPE+5%ZnO

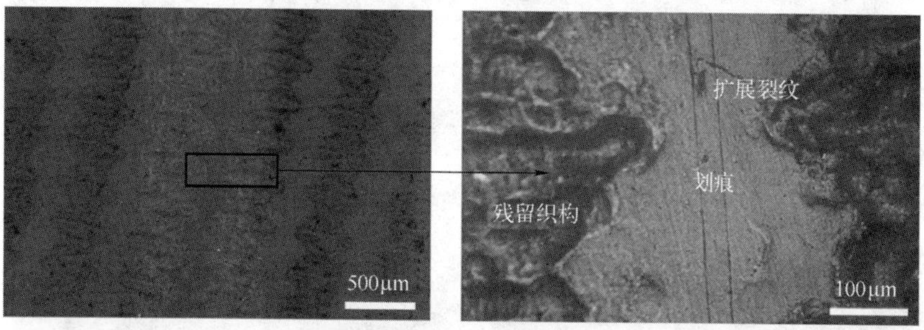

(b) UHMWPE+10%ZnO

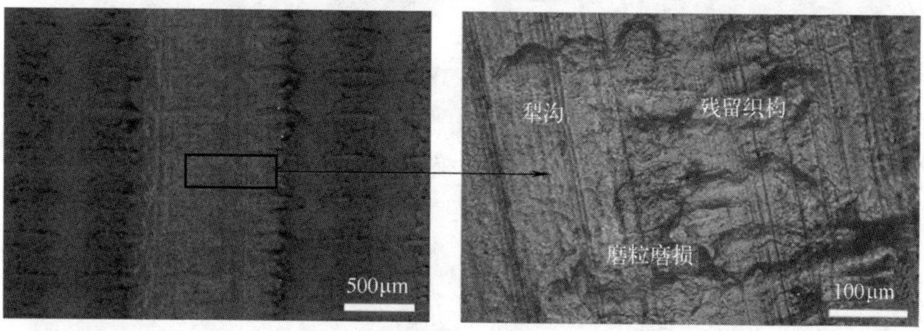

(c) UHMWPE+15%ZnO

图 3.30

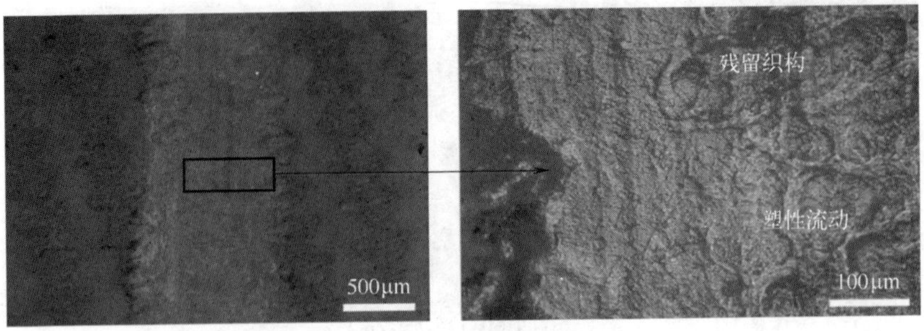

(d) UHMWPE+20%ZnO

图 3.30 鲨鱼皮织构协同 ZnO 纳米颗粒改性 UHMWPE 材料的磨损表面

一两条犁沟出现；当质量分数为 15%时，划痕变多，出现大量的犁沟，而且织构被显著破坏；在质量分数为 20%时，出现由于材料发生塑性流动而产生的波纹状突起，虽然还有织构存在，但是织构已经被磨损得较浅。

图 3.31 为猪笼草织构协同 ZnO 纳米颗粒改性 UHMWPE 材料的磨损表面

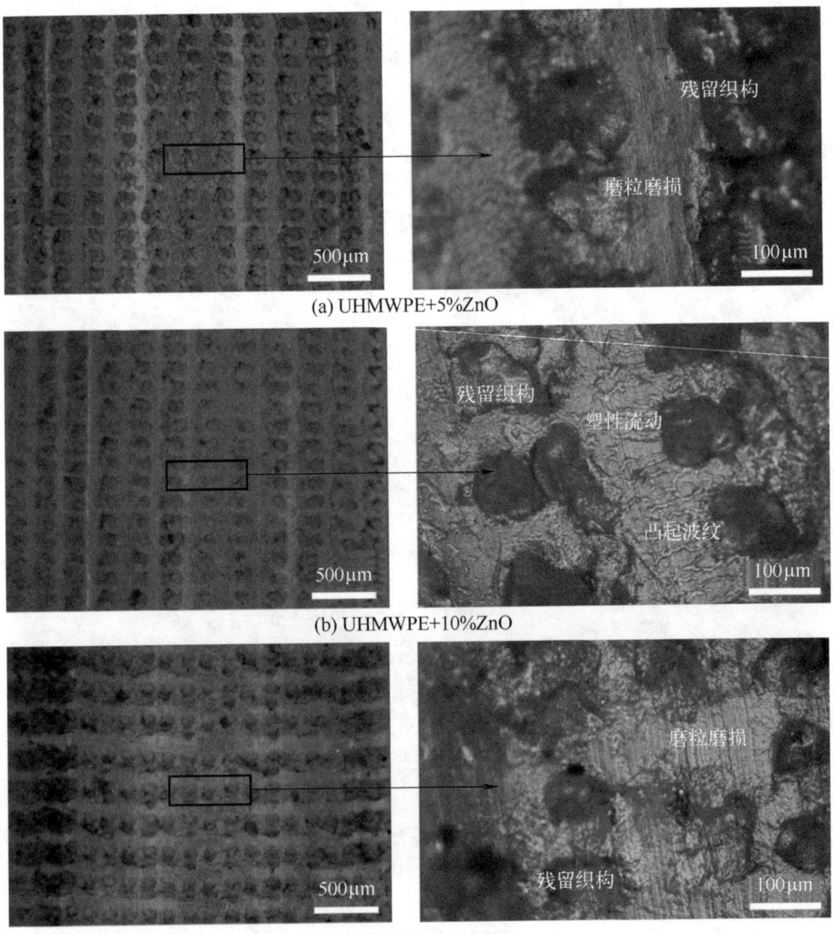

(c) UHMWPE+15%ZnO

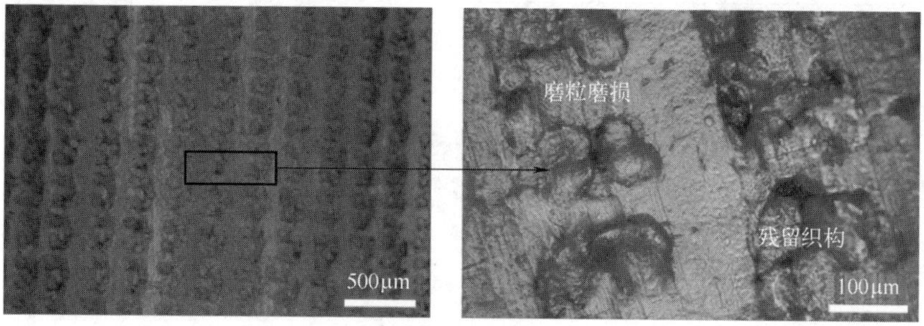

(d) UHMWPE+20%ZnO

图 3.31　猪笼草织构协同 ZnO 纳米颗粒改性 UHMWPE 材料的磨损表面

微观图。由图可知，当添加纳米颗粒质量分数为 5%时，表面出现不规则的纹理；当质量分数为 10%时，表面出现划痕和裂纹；当质量分数为 15%时，表面出现大量划痕；当质量分数为 20%时，表面划痕变少，但是织构受到明显的破坏使织构变得很浅。

在不同表面织构协同 ZnO 纳米颗粒改性 UHMWPE 时，通过超景深显微镜放大磨损轮廓分析其磨损机制，可以看出主要存在磨粒磨损、材料塑性流动和剥落，主要原因在于添加的纳米颗粒在质量分数较高时容易发生团聚，使得在摩擦时存在“三体磨损”，出现划痕和较深的犁沟，再就是表面织构的储屑能力有限，在与纳米颗粒协同改性 UHMWPE 时，只有在特定的质量分数下效果才最佳，而且在往复摩擦试验机下进行模拟试验，材料受到交变的摩擦力，使得材料出现疲劳磨损，从而出现裂纹和剥落，而且产生的温度无法瞬间降低使材料在较高温度下发生塑性变形。

3.3.3　织构/TiO_2 协同摩擦学性能

(1) 摩擦系数及磨损率分析

图 3.32 是织构协同 TiO_2 改性 UHMWPE 材料摩擦试验的摩擦系数-时间图。从图中可以看出，不同表面织构协同 TiO_2 在摩擦试验中的摩擦系数表现存在显著差异。在四种质量分数下，所有样品在试验初期（0～200s）摩擦系数迅速上升，随后趋于稳定。这是由于 UHMWPE 表面织构以及 TiO_2 处于摩擦副的磨合初期。具体来看，图 3.32 (a) 是 TiO_2 质量分数为 5%的摩擦系数-时间图，在试验后期，芭蕉叶织构、海星织构和鲨鱼皮织构的摩擦系数有不同程度的上升，海星织构和鲨鱼皮织构上升尤为明显，猪笼草织构的摩擦系数较为稳定。图 3.32 (b) 是 TiO_2 质量分数为 10%的摩擦系数-时间图，所有织构的摩擦系数都有较大变动，相对来说，芭蕉叶织构和鲨鱼皮织构的摩擦系数在稳定磨损阶段波动小于海星织构和猪笼草织构，其中猪笼草织构在 600～1400s 这一段时间比较稳定，其余时间波动较大，而海星织构的摩擦系数则一直处于爬升阶段。

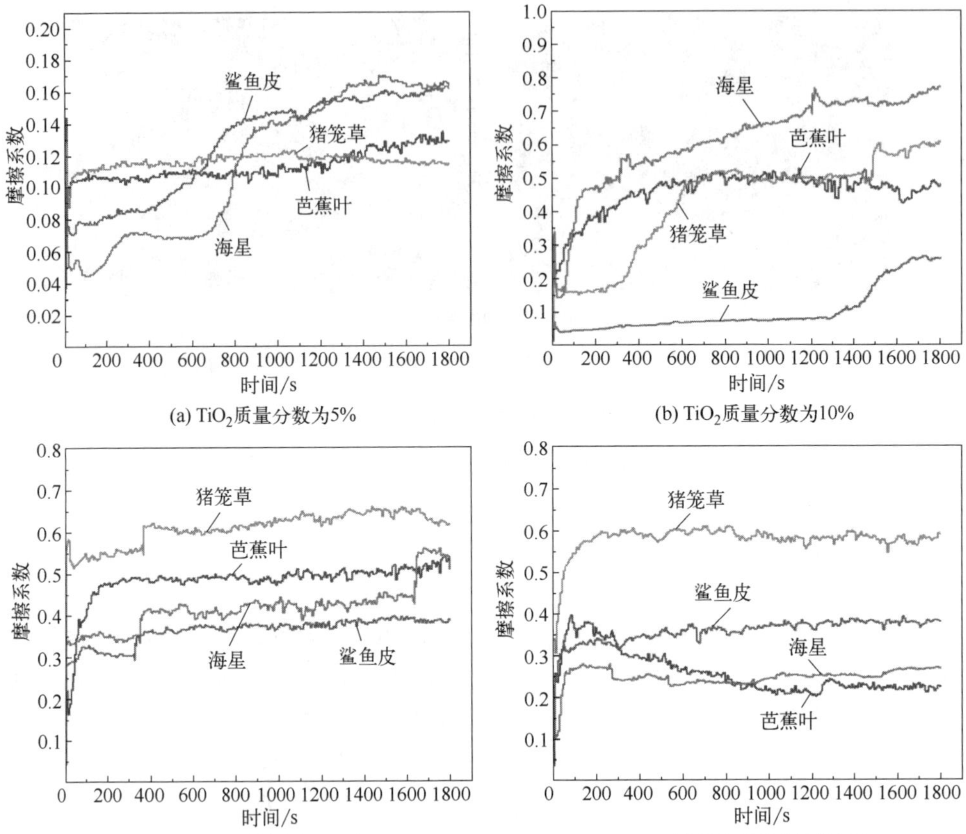

(a) TiO_2质量分数为5%

(b) TiO_2质量分数为10%

(c) TiO_2质量分数为15%

(d) TiO_2质量分数为20%

图 3.32　织构协同 TiO_2 改性 UHMWPE 材料的摩擦系数-时间图

图 3.32（c）是 TiO_2 质量分数为 15%的摩擦系数-时间图，摩擦系数的波动没有质量分数为 10%的波动大，其中四种织构中波动最大的是海星织构，摩擦系数最低的是鲨鱼皮织构，摩擦系数最大的是猪笼草织构，摩擦系数最为稳定的是芭蕉叶织构。图 3.32（d）是 TiO_2 质量分数为 20%的摩擦系数-时间图，芭蕉叶织构的摩擦系数从 200s 开始持续降低到 1300s 时有略微上升，然后稳定，海星织构的摩擦系数在稳定磨损阶段逐渐下降，直到摩擦试验后期有略微上升，鲨鱼皮织构和猪笼草织构的摩擦系数较为稳定，但是摩擦系数大于芭蕉叶织构和海星织构。

总体上，芭蕉叶织构协同各种质量分数 TiO_2 改性 UHMWPE 在整个试验过程中摩擦系数相对较低且稳定性较好，表明其对于 UHMWPE 材料摩擦系数的调控较好，具有较好的摩擦性能。海星织构在 TiO_2 含量低时摩擦系数的波动较大，在含量较高时摩擦系数较为稳定。鲨鱼皮织构在 TiO_2 含量为 5%时波动较大，在 TiO_2 含量为 10%、15%、20%时的表现都较稳定，而且摩擦系数低。猪笼草织构的变化最大，猪笼草织构协同 5% TiO_2 改性 UHMWPE 的摩擦系数在试验后期保持在 0.12 左右；猪笼草织构协同 10% TiO_2 改性 UHMWPE 的摩擦系数前后差异大，稳定磨损阶段开始摩擦系数为 0.15 左右，最后达到 0.6 左右；猪笼草织构协同 15% TiO_2 改性 UHMWPE 的摩擦系数在 0.6 左右，是所有织构中摩擦系数最大的；猪笼草织构协同 20% TiO_2 改性 UHMWPE 的摩擦系数稳定在 0.55 左右，在织构改性中处于最大值。结果表明，鲨鱼皮织构在协同 TiO_2 纳米颗粒的摩擦试验中表现最佳，具有较低且稳定的摩擦系数。

图 3.33 为织构协同 TiO_2 纳米颗粒改性 UHMWPE 的平均摩擦系数。在芭蕉叶协同不同质量分数的 TiO_2 纳米颗粒改性 UHMWPE 时，质量分数为 5%时摩擦系数最低，约为 0.1。随着 TiO_2 含量的增加，摩擦系数逐渐增大，但添加质量分数为 20%时摩擦系数又开始降低，约为 0.25。在海星织构协同 TiO_2 纳米颗粒改性时，质量分数为 5%时的摩擦系数约为 0.1。当质量分数为 10%时，摩擦系数最高，约为 0.6。随着 TiO_2 含量的进一步增加，摩擦系数有所下降，在质量分数为 20%时摩擦系数约为 0.25。鲨鱼皮织构协同 TiO_2 纳米颗粒改性时，质量分数为 5%时摩擦系数约为 0.1。当 TiO_2 质量分数为 10%时摩擦系数略低，约为 0.09。质量分数为 15%和 20%时摩擦系数相近，约为 0.35。在猪笼草织构协同 TiO_2 纳米颗粒改性时，质量分数为 5%时摩擦系数最低，约为 0.1，在其他质量分数下摩擦系数较大。总体上看，在织构方面，鲨鱼皮织构的减摩效果较好，摩擦系数的稳定性较好；在添加纳米颗粒方面，当 TiO_2 的质量分数为 5%时，材料的耐磨性普遍较好。可能的原因是 TiO_2 改性 UHMWPE 后材料的脆性增大，在摩擦磨损时，容易发生材料脱落，而鲨鱼皮织构的结构中存在较大沟槽，储存磨屑的能力强于其他织构。纳米颗粒添加质量分数较大时，UHMWPE 材料变得更脆，磨损率更高。

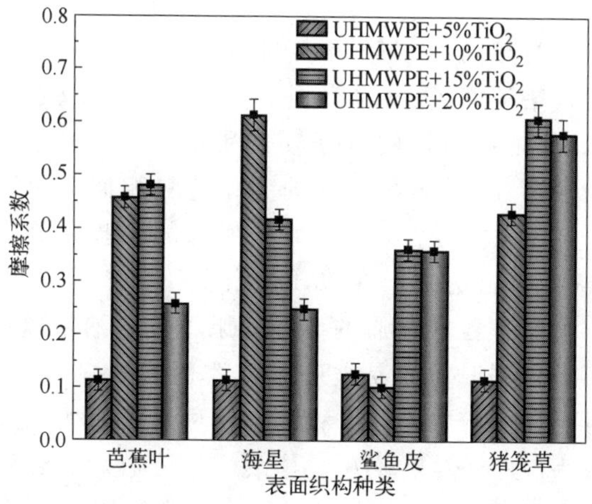

图 3.33　织构协同 TiO_2 改性 UHMWPE 的平均摩擦系数

图 3.34 是不同织构协同 TiO_2 纳米颗粒改性 UHMWPE 材料的平均磨损率。从织构种类的角度分析，在相同的 TiO_2 质量分数下，不同织构改性的 UHMWPE 材料的磨损率有所不同。鲨鱼皮表面织构改性，与其他三种织构相比，UHMWPE 复合材料磨损率较低，而猪笼草织构改性的 UHMWPE 材料磨损率相对较高。从纳米颗粒的质量分数进行分析，芭蕉叶和海星织构的磨损率随 TiO_2 含量的增加呈现相似的变化趋势。在芭蕉叶表面织构改性时，随着含量的增加，磨损率先增加后减小；在海星织构表面改性时，随着 TiO_2 含量的增加，磨损率先增加后减小；在鲨鱼皮织构改性时，随着 TiO_2 添加量的增加，磨损率逐渐增大，在 5%和 10%时磨损率较低，在 15%和 20%时磨损率较大；在猪笼草织构表面改性时，除了 TiO_2 含量为 5%时材料的磨损率较小，其余都较大。

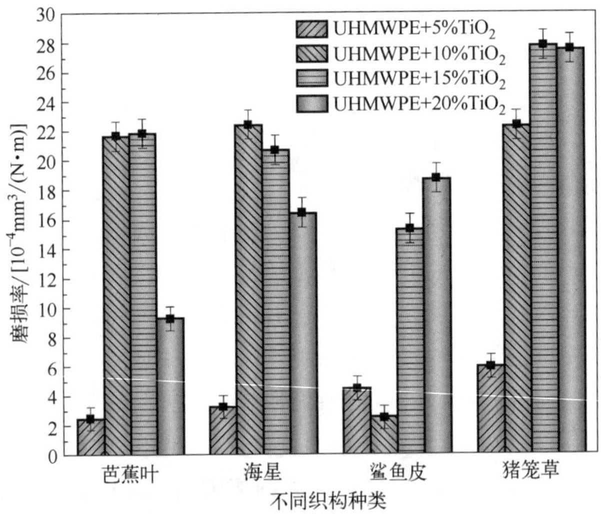

图 3.34 织构协同 TiO_2 改性 UHMWPE 的平均磨损率

综合来看，织构类型对磨损率的影响为：鲨鱼皮织构表现出较低的磨损率，耐磨性能最优；猪笼草织构的磨损率普遍较高，仅在 TiO_2 质量分数为 5%时磨损率较低，但是在同一质量分数下和其他织构相比仍然较大；芭蕉叶和海星织构的磨损率随 TiO_2 含量增加的变化趋势相似，均呈现先升高后降低的趋势。对同一织构来说，芭蕉叶和海星织构的磨损率在 TiO_2 质量分数为 10%和 15%时最高，可能是由于在该质量分数下，织构与纳米颗粒的协同作用不好，织构对于纳米颗粒和磨屑的储存效果不佳，纳米颗粒使得织构的脆性增加，在受到摩擦力作用时更容易被破坏；鲨鱼皮织构的磨损率随 TiO_2 含量增加逐渐增大，且在质量分数为 15%和 20%时急剧增加；猪笼草织构的磨损率仅仅在质量分数为 5%时效果较好，其余质量分数均导致较高的磨损率。所以对于 TiO_2 改性 UHMWPE，在少量添加时材料的脆性不大，协同织构改性具有更好的减摩耐磨效果。

（2）表面微观形貌分析

通过共聚焦轮廓仪扫描得到的织构协同 TiO_2 纳米颗粒的摩擦磨损形貌三维轮廓图，可以观察到不同样品在摩擦试验后的磨损情况。

图3.35为芭蕉叶织构协同 TiO_2 改性 UHMWPE 的磨损轮廓图。由图可知，当 TiO_2 质量分数为5%时，磨损深度较浅，各区域较为均匀，磨痕中能够看到织构的存在；随着 TiO_2 质量分数增加，磨损轮廓变得更深，织构被完全磨损；而且当 TiO_2 质量分数为20%时，磨损轮廓边缘开始出现较大的沟槽。

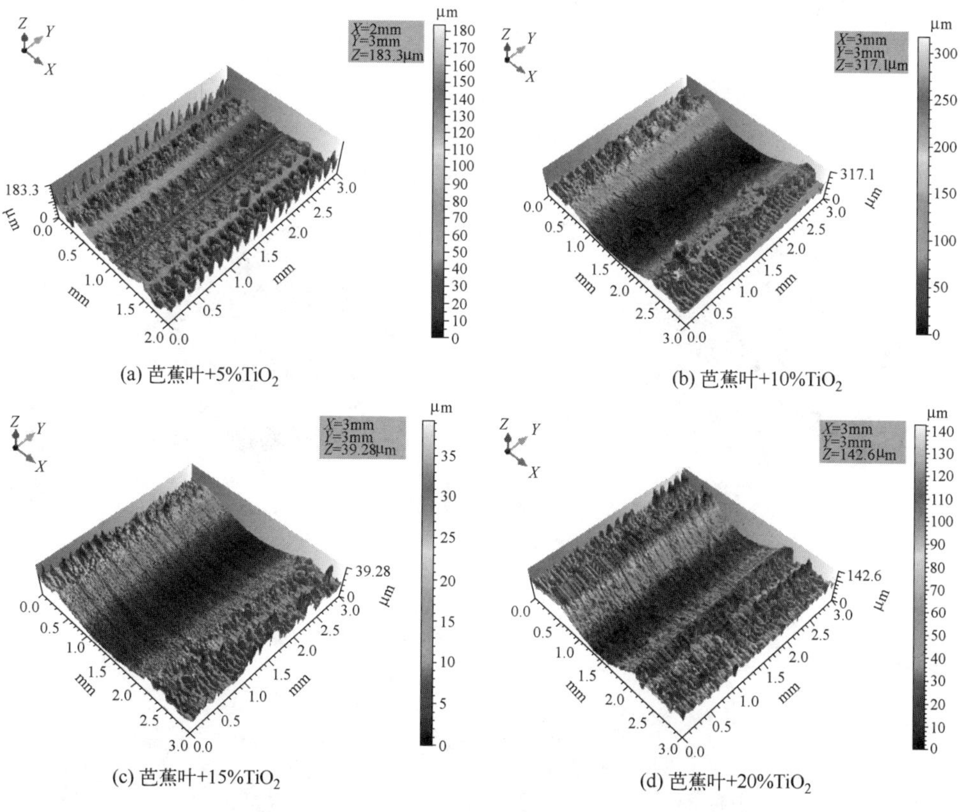

图3.35 芭蕉叶织构协同 TiO_2 改性 UHMWPE 的磨损轮廓图

图3.36为海星织构协同 TiO_2 改性 UHMWPE 的磨损轮廓图。与芭蕉叶织构协同改性类似，当 TiO_2 质量分数为5%时，磨痕较浅；而 TiO_2 质量分数为10%和15%时磨痕较深；在 TiO_2 质量分数为20%时有一定改善。

图3.37为鲨鱼皮织构协同 TiO_2 改性 UHMWPE 的磨损轮廓图。可见，在 TiO_2 质量分数为5%时，织构受到严重破坏，而且内部出现犁沟状划痕；当 TiO_2 质量分数为10%时，磨痕中出现大量不规则的凸起；在 TiO_2 质量分数为

15%时，织构被完全破坏，磨痕内部变得光滑，能够发现内部存在平行于摩擦方向的划痕；当 TiO_2 质量分数为 20%时，划痕减少，磨痕内部较为光滑，能够看到少许的凸起。

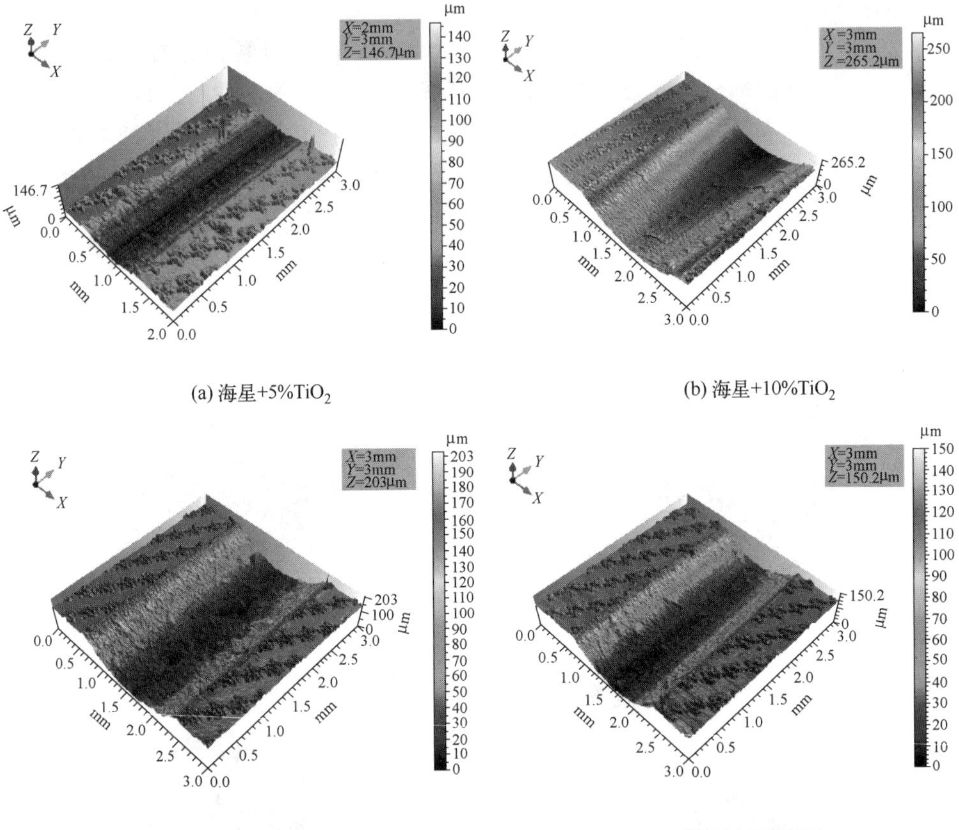

(a) 海星+5%TiO_2　(b) 海星+10%TiO_2

(c) 海星+15%TiO_2　(d) 海星+20%TiO_2

图 3.36　海星织构协同 TiO_2 改性 UHMWPE 的磨损轮廓图

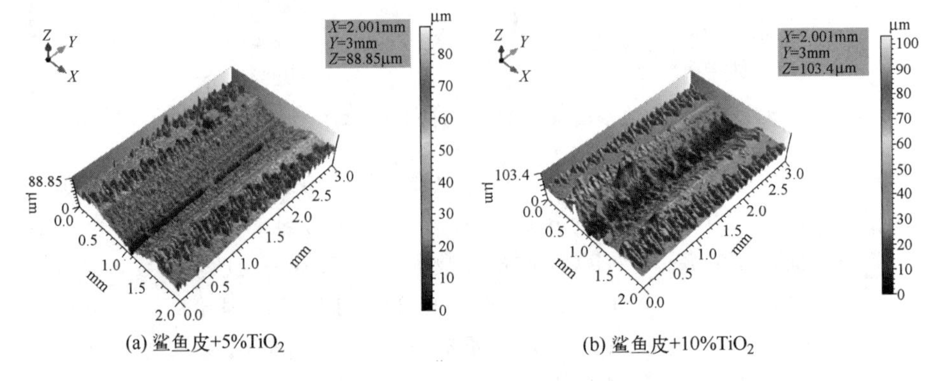

(a) 鲨鱼皮+5%TiO_2　(b) 鲨鱼皮+10%TiO_2

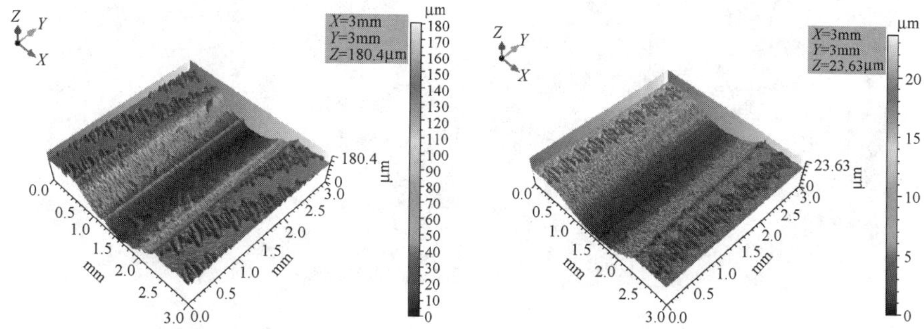

(c) 鲨鱼皮+15%TiO_2　　(d) 鲨鱼皮+20%TiO_2

图 3.37　鲨鱼皮织构协同 TiO_2 改性 UHMWPE 的磨损轮廓图

图 3.38 为猪笼草织构协同 TiO_2 改性 UHMWPE 的磨损轮廓图。由图可知，除了纳米颗粒含量为 5％时磨痕较浅，其他含量的磨痕都较深。而且在 TiO_2 质量分数较高时，磨痕中看不到织构，已经被完全磨损。主要原因在于 UHMWPE 经过 TiO_2 纳米颗粒改性后，材料变得硬而脆，使得表面织构容易发生应力集中，故其耐磨性不高，添加 TiO_2 质量分数低时有更好的效果。

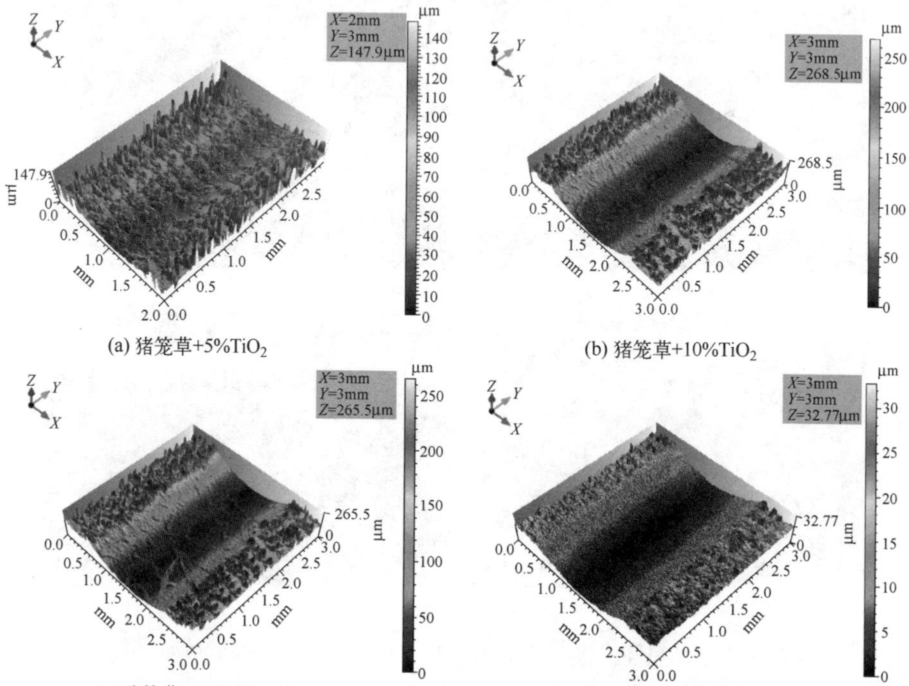

(a) 猪笼草+5%TiO_2　　(b) 猪笼草+10%TiO_2

(c) 猪笼草+15%TiO_2　　(d) 猪笼草+20%TiO_2

图 3.38　猪笼草织构协同 TiO_2 改性 UHMWPE 的磨损轮廓图

经过超景深显微镜拍摄，得到织构协同纳米颗粒改性 UHMWPE 材料表面在磨损后的微观形貌图。图 3.39 为芭蕉叶织构协同 TiO_2 改性 UHMWPE 的微

(a) UHMWPE+5%TiO_2

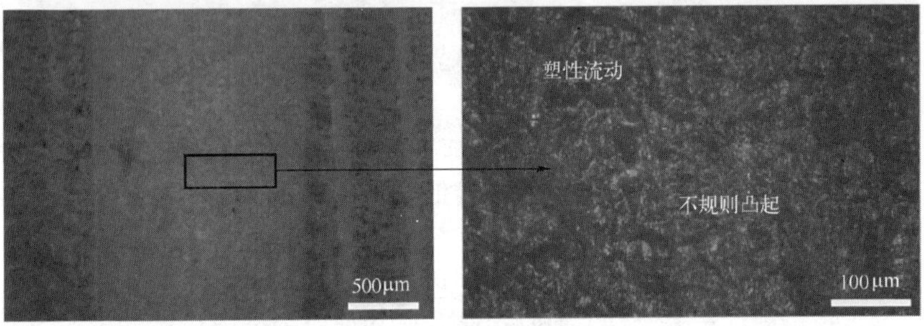

(b) UHMWPE+10%TiO_2

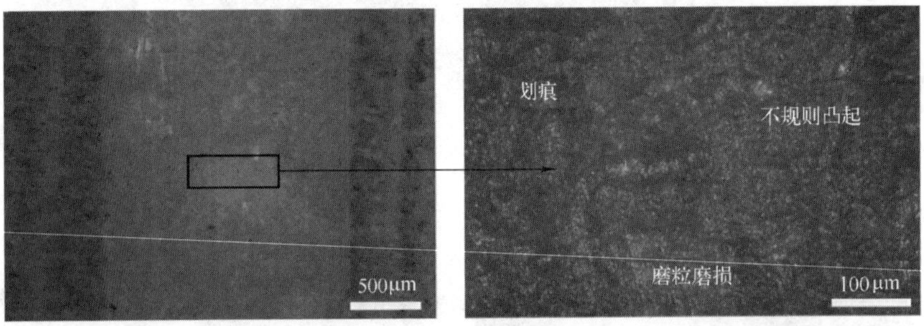

(c) UHMWPE+15%TiO_2

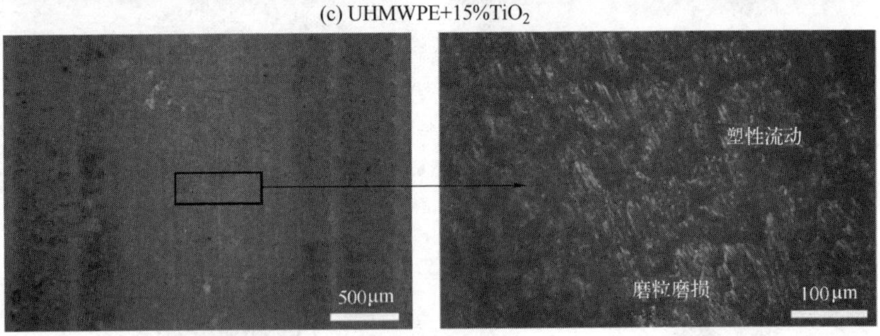

(d) UHMWPE+20%TiO_2

图 3.39 芭蕉叶织构协同 TiO_2 改性 UHMWPE 的磨损微观形貌图

观形貌图，其中，左图为磨损痕迹放大 100 倍，右图为放大 500 倍。在放大 100 倍下观测时表面较为规则，可以看到明显的仿生织构及磨痕，磨损痕迹看起来比较均匀，表明磨损过程比较稳定，没有剧烈的冲击或不均匀的应力分布。在放大 500 倍下观测发现，磨损表面具有不规则的纹理和明显的材料去除痕迹；可以看到一些较深的沟槽和不均匀的磨损区域，而且可以看到一些较深的犁沟，表明磨损过程中可能有较大的磨粒产生。在 TiO_2 质量分数为 10%时，可以看到一些不规则的波纹凸起和材料去除痕迹，表明磨损过程中存在局部应力集中或材料的不均匀性，而且材料发生了塑性流动。在 TiO_2 质量分数为 15%时，磨损情况与 10%时类似，表面存在不规则的波纹，摩擦导致材料塑性流动。在 TiO_2 质量分数为 20%时，表面除了有波纹外，还存在划痕，磨损更加严重。

图 3.40 是海星织构协同 TiO_2 改性 UHMWPE 材料的磨损微观形貌图。在放大 500 倍的微观图中，可以看到大量的划痕以及一些较大的材料碎片和不规则的磨损痕迹，表明磨损过程中可能有较大的材料去除。这些碎片可能是由于疲劳裂纹的扩展和剥落形成的。在 TiO_2 质量分数为 5%时，主要磨损形式为磨粒磨损，存在很多的清晰划痕；在其他质量分数下能够观测到表面主要是波纹状的磨

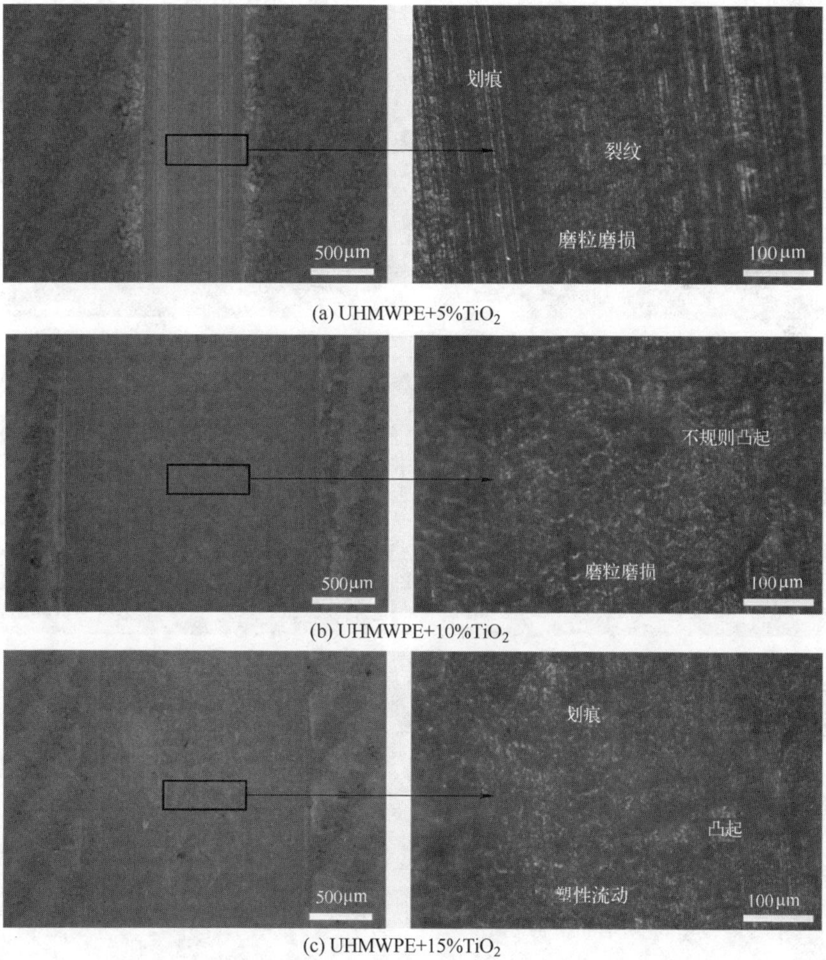

图 3.40

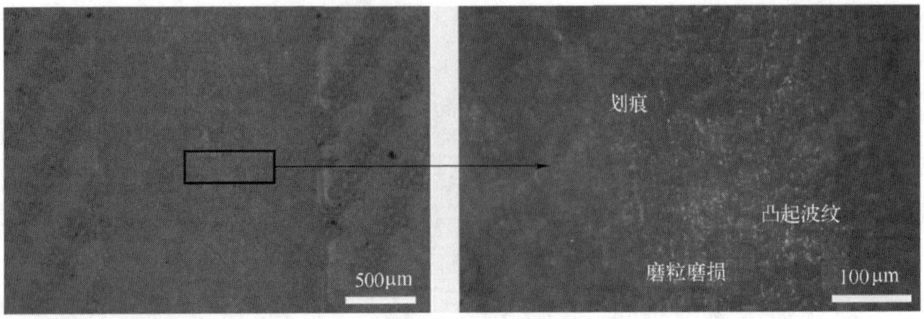

(d) UHMWPE+20%TiO_2

图 3.40　海星织构协同 TiO_2 改性 UHMWPE 的磨损微观形貌图

痕，主要的磨损为材料的塑性流动，可能包括磨粒磨损、疲劳磨损和冲击磨损等多种机制的共同作用。

图 3.41 是鲨鱼皮织构协同 TiO_2 改性 UHMWPE 材料的磨损微观形貌图。

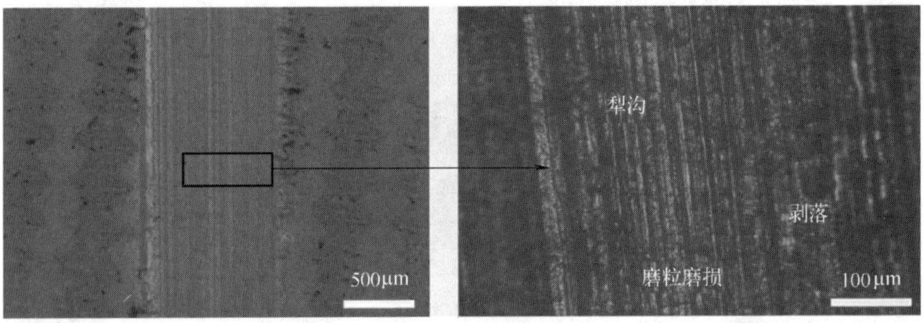

(a) UHMWPE+5%TiO_2

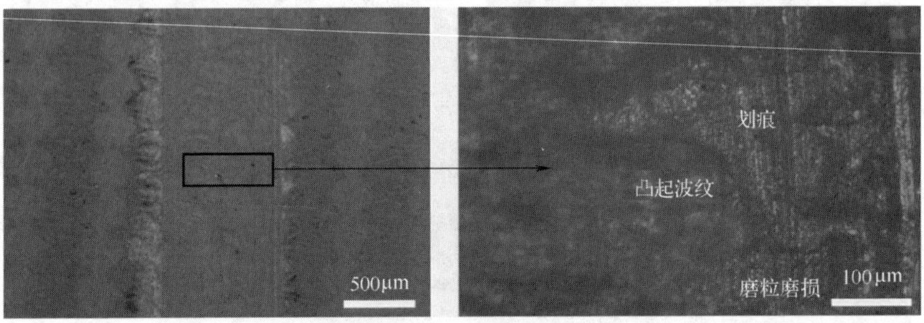

(b) UHMWPE+10%TiO_2

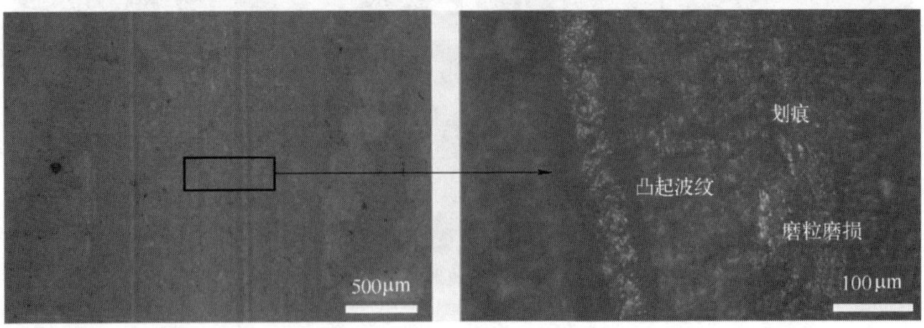

(c) UHMWPE+15%TiO_2

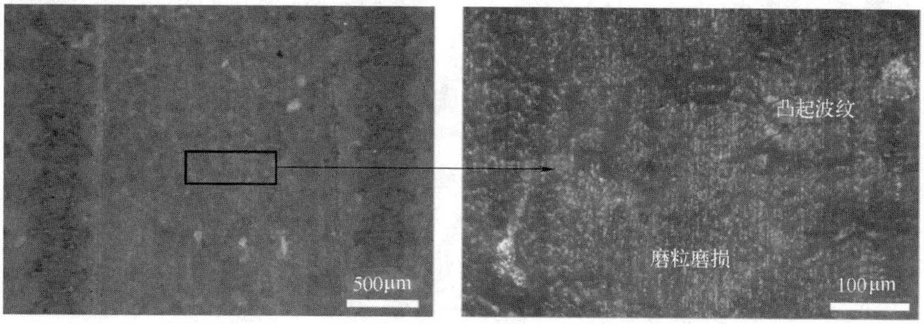

(d) UHMWPE+20%TiO_2

图 3.41　鲨鱼皮织构协同 TiO_2 改性 UHMWPE 磨损微观形貌图

在 TiO_2 质量分数为 5%和 20%时，能够清晰地看到磨痕中存在大量平行于摩擦方向的犁沟划痕；在 TiO_2 质量分数为 10%和 15%时，主要是存在不规则的波纹凸起。原因在于当质量分数低时，摩擦界面间纳米颗粒较少，在干摩擦条件下形成润滑膜困难，故而磨粒磨损严重。而在 TiO_2 质量分数为 20%时，纳米颗粒添加过量，使得纳米颗粒团聚，形成硬质颗粒，出现磨粒磨损。

图 3.42 是猪笼草织构协同 TiO_2 改性 UHMWPE 材料的磨损微观形貌图。在 TiO_2 质量分数为 5%时，在放大 500 倍的微观图中，能够清晰地看到材料表面还存在织构，以及磨痕存在裂纹。在 TiO_2 质量分数为 10%和 15%时，材料表面很少见到犁沟及裂纹，主要是材料发生塑性流动而形成了波纹。这是由于纳

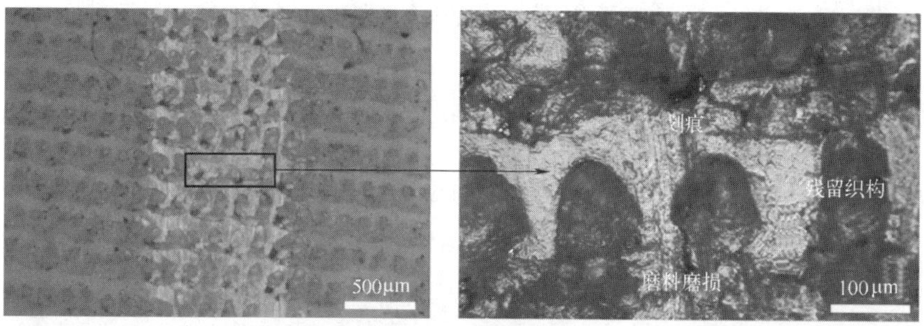

(a) UHMWPE+5%TiO_2

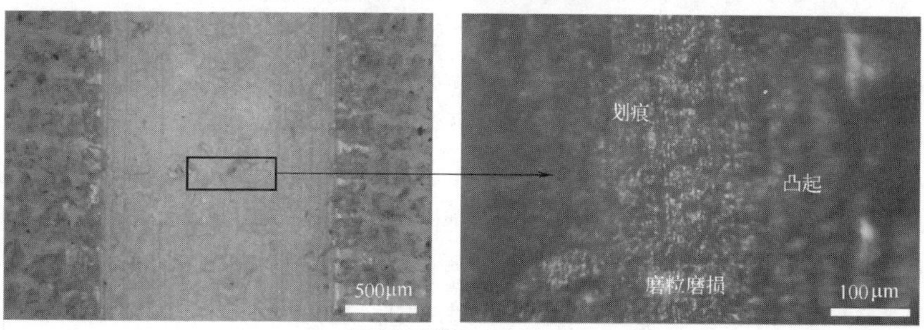

(b) UHMWPE+10%TiO_2

图 3.42

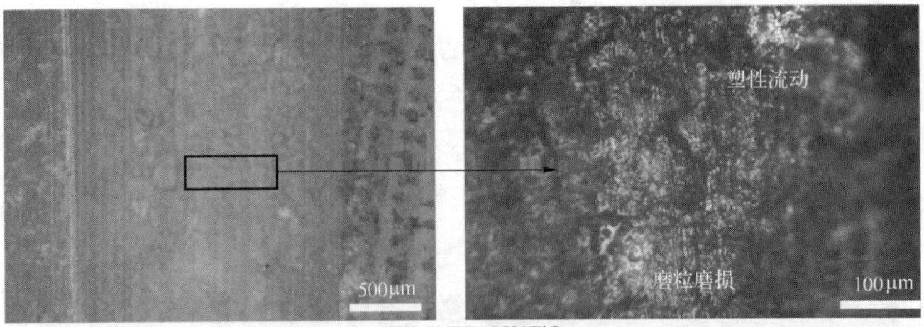

(c) UHMWPE+15%TiO_2

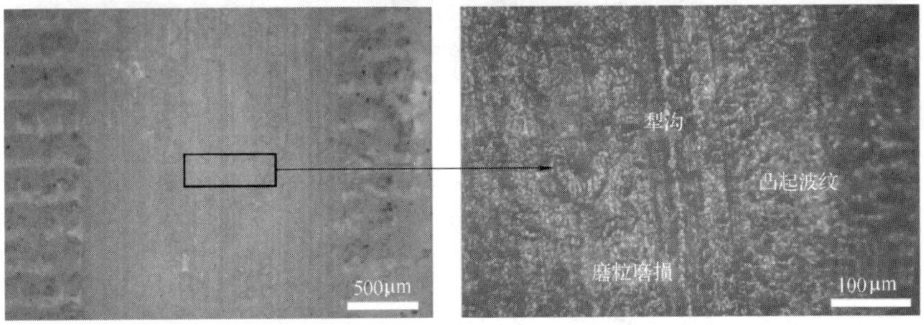

(d) UHMWPE+20%TiO_2

图 3.42 猪笼草织构协同 TiO_2 改性 UHMWPE 的磨损微观形貌图

米颗粒在摩擦过程中形成润滑膜使得磨粒磨损减少，但是由于摩擦产生的温度无法快速降低，故容易使材料发生软化，出现塑性流动产生的波纹凸起。在 TiO_2 质量分数为 20%时，材料表面出现大量的犁沟划痕。

3.3.4 织构/SiO_2 协同摩擦学性能

(1) 摩擦系数及磨损率分析

图 3.43 是织构协同 SiO_2 改性 UHMWPE 材料的摩擦系数-时间图。图 3.43 (a) 为添加 SiO_2 质量分数为 5%时各种表面织构改性的摩擦系数-时间图，在添加 SiO_2 的质量分数为 5%的 UHMWPE 样品中，芭蕉叶织构的摩擦系数在经过剧烈磨损阶段达到稳定磨损阶段后，呈现先增大后减小的趋势，在四种织构中摩擦系数较低。海星织构在经过剧烈磨损阶段后，一直到试验结束摩擦系数都较稳定且处于较低水平。鲨鱼皮织构的摩擦系数在经过剧烈磨损阶段之后，在稳定磨损阶段其摩擦系数稳步降低，到试验后期和芭蕉叶织构的摩擦系数相近。猪笼草织构总体看来波动较大，而且摩擦系数相较于其他织构也较大。但是总体上看，各种织构在质量分数为 5%时的减摩效果相差不大，其摩擦系数都在 0.1 左右。图 3.43 (b) 为添加 SiO_2 质量分数为 10%时各种表面织构改性的摩擦系数-时间图，在 SiO_2 含量为 10%的 UHMWPE 样品中，芭蕉叶织构的摩擦系数在四种织构中处于中间水平，具有一定的减摩效果。海星织构在四种仿生织构中，摩擦系数最低，减摩效果最好。鲨鱼皮织构的摩擦系数在四种织构中最大。猪笼草织构

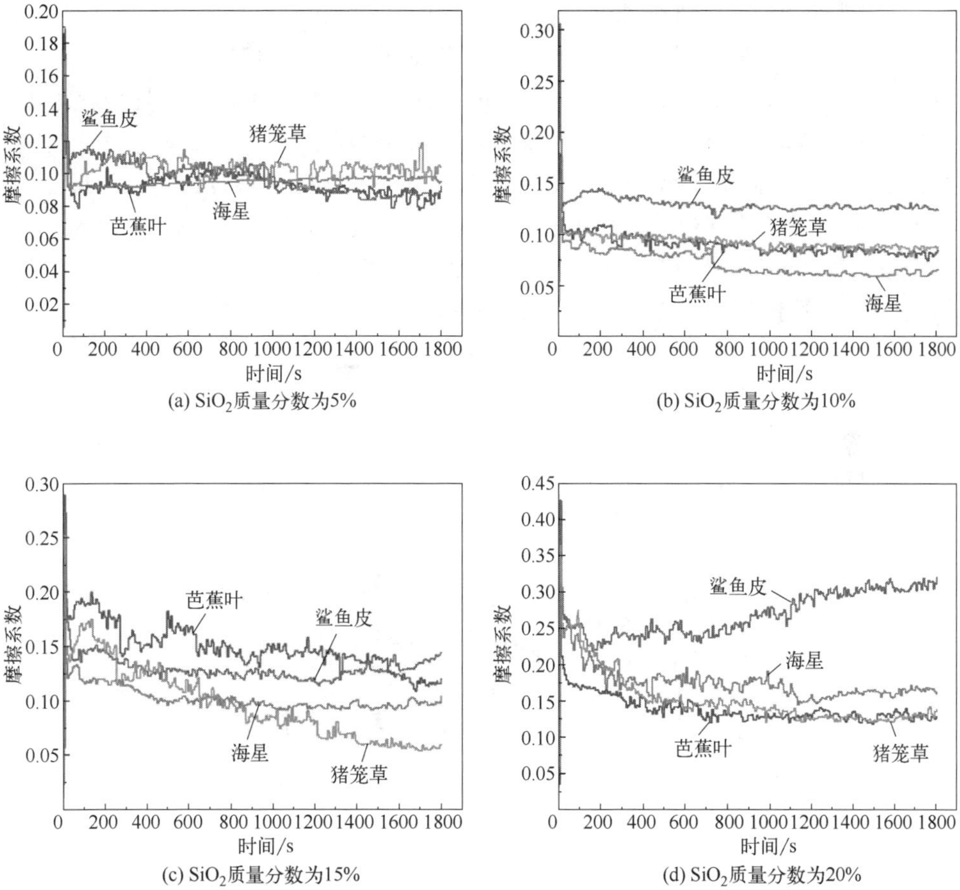

图 3.43　织构协同 SiO_2 改性 UHMWPE 材料的摩擦系数

的摩擦系数和芭蕉叶织构的摩擦系数相差不大，处于中间水平。图 3.43（c）为添加 SiO_2 质量分数为 15%时各种表面织构改性的摩擦系数-时间图，在 SiO_2 含量为 15%的 UHMWPE 样品中，芭蕉叶织构的摩擦系数随着时间的增加逐渐降低，但是在四种织构中较大，海星织构的摩擦系数在稳定磨损开始阶段处于最低水平，然后随着摩擦试验的继续基本上能够保持稳定。鲨鱼皮织构在稳定磨损阶段摩擦系数基本比较稳定，到试验后期摩擦系数略有升高。猪笼草织构的摩擦系数在稳定磨损阶段一直呈现降低的趋势。图 3.43（d）为添加 SiO_2 质量分数为 20%时各种表面织构改性的摩擦系数，在 SiO_2 含量为 20%的 UHMWPE 样品中，芭蕉叶织构的摩擦系数处于较低水平，但是相对于添加质量分数为 5%和 10% SiO_2 的摩擦系数大了约 0.05，其他织构与添加含量较低的材料相比都有所上升。四种仿生织构中，芭蕉叶织构的摩擦系数最低，其次是猪笼草织构，然后是海星织构，而鲨鱼皮织构的摩擦系数一直呈现上升趋势，直到试验结束依旧处于上升阶段。总的来说，在添加的 SiO_2 含量较高时，摩擦系数要高一些，而且稳定性不如添加 SiO_2 含量低时，波动幅度也大出很多。

图 3.44 是织构协同 SiO_2 改性 UHMWPE 材料的平均摩擦系数图。对于芭蕉叶织构来说，协同不同质量分数的 SiO_2 的摩擦系数相对较低，且变化不大。对于海星织构来说，摩擦系数在添加不同质量分数 SiO_2 的条件下有明显变化，尤其是质量分数为 15%和 20%时，摩擦系数显著增加。鲨鱼皮织构在协同 20% SiO_2 时摩擦系数达到最大值，明显高于添加其他质量分数 SiO_2 改性 UHMWPE 的摩擦系数。猪笼草织构的摩擦系数在添加不同质量分数的 SiO_2 时变化不大，但整体上略高于芭蕉叶织构。

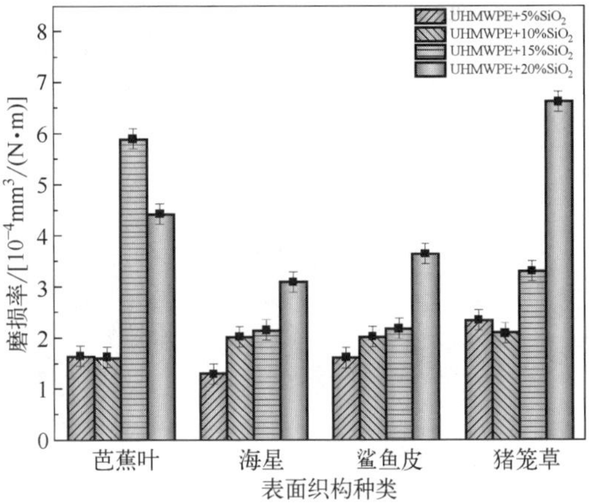

图 3.44　织构协同 SiO_2 改性 UHMWPE 的平均摩擦系数

从添加 SiO_2 含量方面分析，当添加的质量分数为 5%时，在所有仿生织构中，摩擦系数相对较低；当添加的质量分数为 10%时，摩擦系数有所增加，但变化不大；当添加的质量分数达到 15%时，摩擦系数进一步增加，尤其是在海星织构和鲨鱼皮织构中增加得更加显著；当添加的质量分数为 20%时，鲨鱼皮织构的摩擦系数达到最高值。总体上，在大多数仿生织构中，随着 SiO_2 质量分数的增加，摩擦系数呈现出上升的趋势。但是，鲨鱼皮织构中 SiO_2 质量分数的影响趋势和其他织构不同，鲨鱼皮织构对 SiO_2 纳米颗粒的反应最大，摩擦系数的变化最为显著，尤其是在质量分数为 20%时达到最大值。芭蕉叶和猪笼草织构相对稳定，在这些仿生织构中，摩擦系数的变化相对较小，表明它们对 SiO_2 添加比例的变化不太敏感。

总体上看，在 SiO_2 添加质量分数低时，织构对摩擦系数的影响不大，而当 SiO_2 添加量达到 10%后，织构对摩擦系数的影响更加显著，其中鲨鱼皮织构的平均摩擦系数在同一纳米颗粒含量下与其他织构相比均处于较高水平。在所有质量分数上，芭蕉叶的摩擦系数相对较低，且随着质量分数的增加变化幅度不大。

海星织构的摩擦系数在添加质量分数小于 20%时较低，但在质量分数为 20%时显著增加。鲨鱼皮织构的摩擦系数在所有质量分数与其他织构相比都较高，且在质量分数为 20%时达到最大值。猪笼草的摩擦系数在质量分数小于 20%时较低，但在质量分数为 20%时显著增加。

图 3.45 是织构协同 SiO_2 改性 UHMWPE 材料的磨损率图，包括四种仿生织构与四种质量分数的 SiO_2 协同改性 UHMWPE 复合材料的磨损率。从添加的 SiO_2 质量分数看，随着 SiO_2 质量分数的增加（从 5%到 20%），磨损率在不同织构中有不同的表现，与海星织构、鲨鱼皮织构、猪笼草织构协同会增加，与芭蕉叶织构协同会减少。具体而言，芭蕉叶织构协同 15% SiO_2 的磨损率明显高于其他质量分数，其他三种仿生织构在协同 20% SiO_2 时磨损率最大。主要的原因在于当 SiO_2 质量分数为 20%时，纳米颗粒容易团聚使得材料不均匀，而且经过摩擦后容易脱落而在摩擦表面形成磨粒磨损使得磨损率增加。

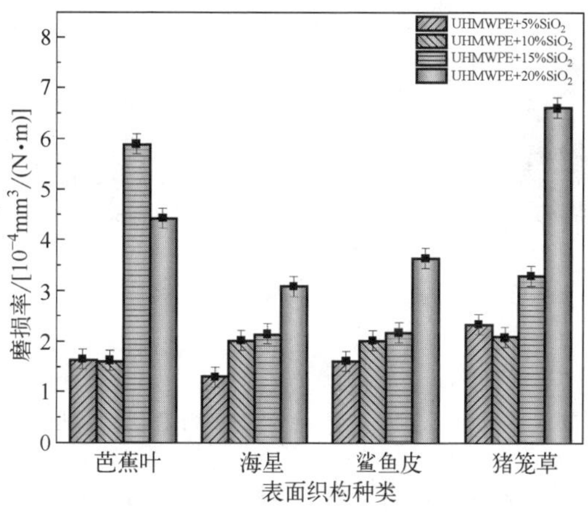

图 3.45　织构协同 SiO_2 改性 UHMWPE 的磨损率

从仿生织构种类分析，芭蕉叶织构的磨损率相较于其他织构高一些，尤其是在 SiO_2 质量分数为 15%和 20%的情况下。海星和鲨鱼皮织构下的磨损率相对较低，且不同质量分数之间的差异较小。猪笼草织构的磨损率在 SiO_2 质量分数为 20%时显著增加。SiO_2 添加的质量分数对 UHMWPE 的磨损率有显著影响，但这种影响在不同表面织构下表现不同，总的看来，高质量分数的 SiO_2 会导致磨损率显著增加，尤其是芭蕉叶织构表现得更加明显。

(2) *表面微观形貌分析*

图 3.46 是芭蕉叶织构协同 SiO_2 改性 UHMWPE 进行摩擦试验后通过三维共聚焦扫描得到的三维形貌图。可以发现，不同样品之间的磨痕深度分布存在显著差异。当 SiO_2 质量分数为 5%和 10%时，磨痕中能够发现织构；

当 SiO_2 质量分数为 15%时，磨损轮廓明显变宽，而且织构也被破坏，能够清晰地看到有划痕的存在；当 SiO_2 质量分数为 20%时，磨痕中存在不规则的凸起。

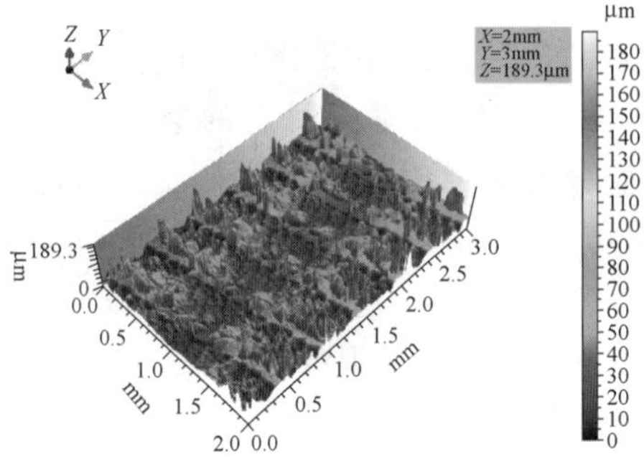

(a) 芭蕉叶+5%SiO_2

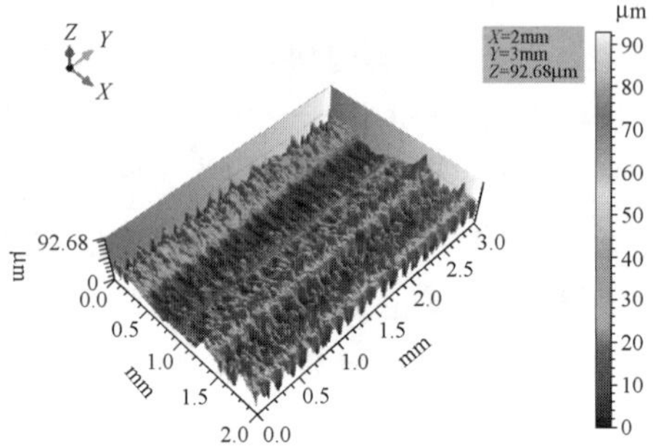

(b) 芭蕉叶+10%SiO_2

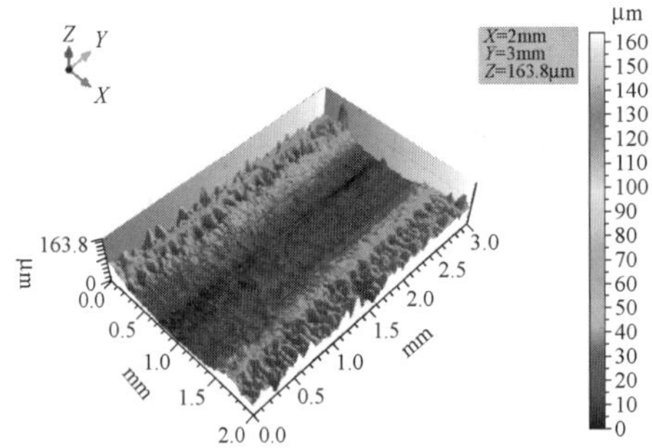

(c) 芭蕉叶+15%SiO_2

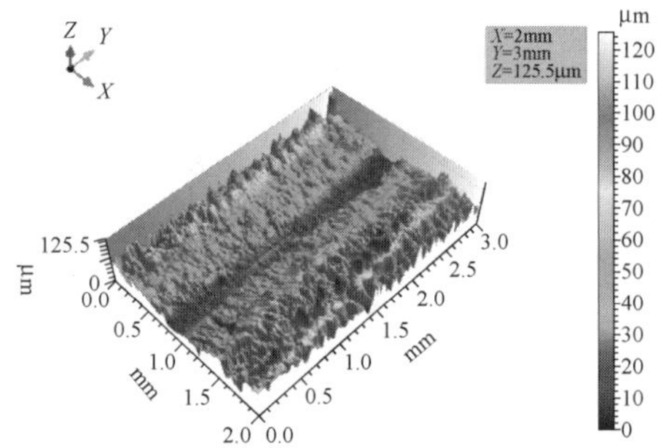

(d) 芭蕉叶+20%SiO_2

图 3.46 芭蕉叶织构协同 SiO_2 改性 UHMWPE 的摩擦磨损三维形貌图

图 3.47 为海星织构协同 SiO_2 改性 UHMWPE 的摩擦磨损三维形貌图。当 SiO_2 质量分数为 5%时，磨痕内部还能够看到海星织构，且磨痕较浅；当 SiO_2 质量分数为 10%时，磨痕中残留的织构变浅，磨损轮廓变宽，深度相较于 5%有

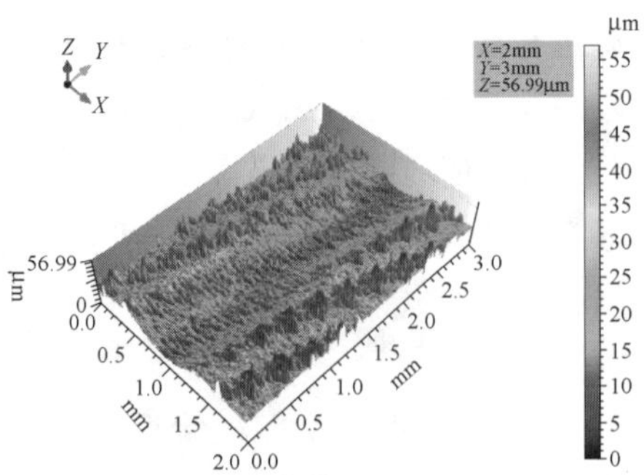

(a) 海星+5%SiO_2

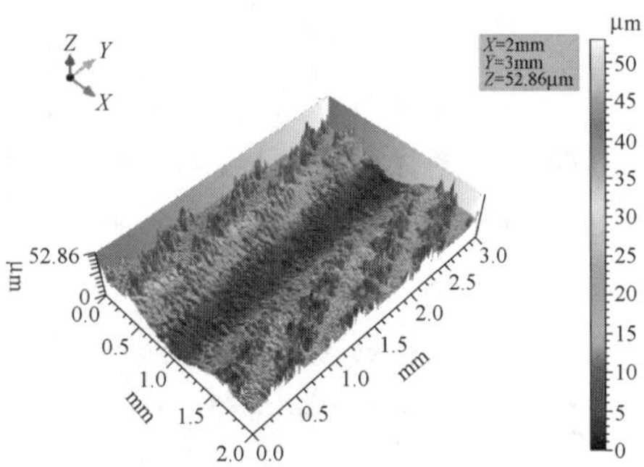

(b) 海星+10%SiO_2

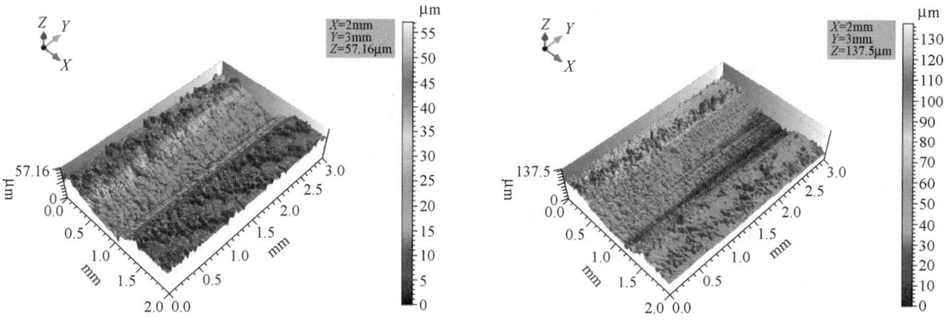

(c) 海星+15%SiO_2　　(d) 海星+20%SiO_2

图 3.47　海星织构协同 SiO_2 改性 UHMWPE 的摩擦磨损三维形貌图

一点变深；当 SiO_2 质量分数为 15%时，磨损形貌三维轮廓图显示织构被严重破坏，材料表面发生流动，在磨损轮廓周围形成凸起；当 SiO_2 质量分数为 20%时，磨痕明显变深，且在内部出现由于磨粒磨损而形成的犁沟。

图 3.48 为鲨鱼皮织构协同 SiO_2 改性 UHMWPE 的摩擦磨损三维形貌图。当 SiO_2 质量分数为 5%时，磨痕较浅、宽度较窄，磨痕内部存在织构；当 SiO_2 质量分数为 10%时，磨痕内部仍然存在织构残留，但是其内部有划痕出现；当

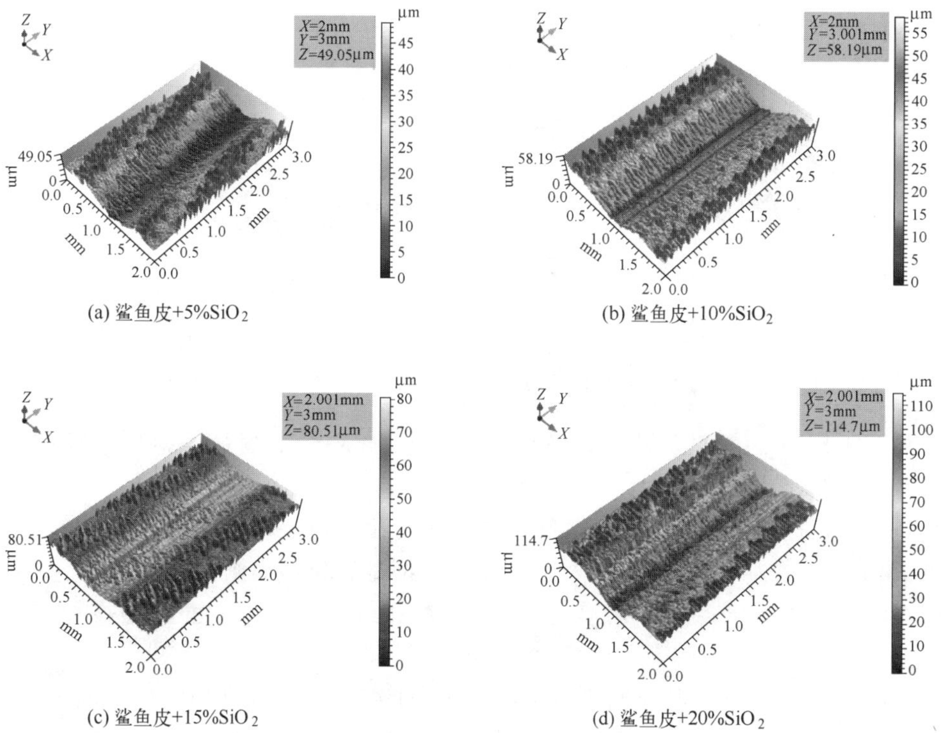

(a) 鲨鱼皮+5%SiO_2　　(b) 鲨鱼皮+10%SiO_2

(c) 鲨鱼皮+15%SiO_2　　(d) 鲨鱼皮+20%SiO_2

图 3.48　鲨鱼皮织构协同 SiO_2 改性 UHMWPE 的摩擦磨损三维形貌图

SiO_2 质量分数为 15%时，划痕中依然能够发现织构残留，但是织构十分浅，而且内部有犁沟；当 SiO_2 质量分数为 20%时，磨痕中出现多条较深的犁沟，且织构已经被完全破坏。

图 3.49 为猪笼草织构协同 SiO_2 纳米颗粒改性 UHMWPE 的摩擦磨损三维形貌图。当 SiO_2 质量分数为 5%和 10%时，磨痕较浅且有织构残留；当 SiO_2 质量分数为 15%时，织构已经被破坏，在材料中出现划痕；当 SiO_2 质量分数为 20%时，磨损形貌中的犁沟变深，且划痕内部存在塑性流动使得磨痕中一些地方低，一些地方高。

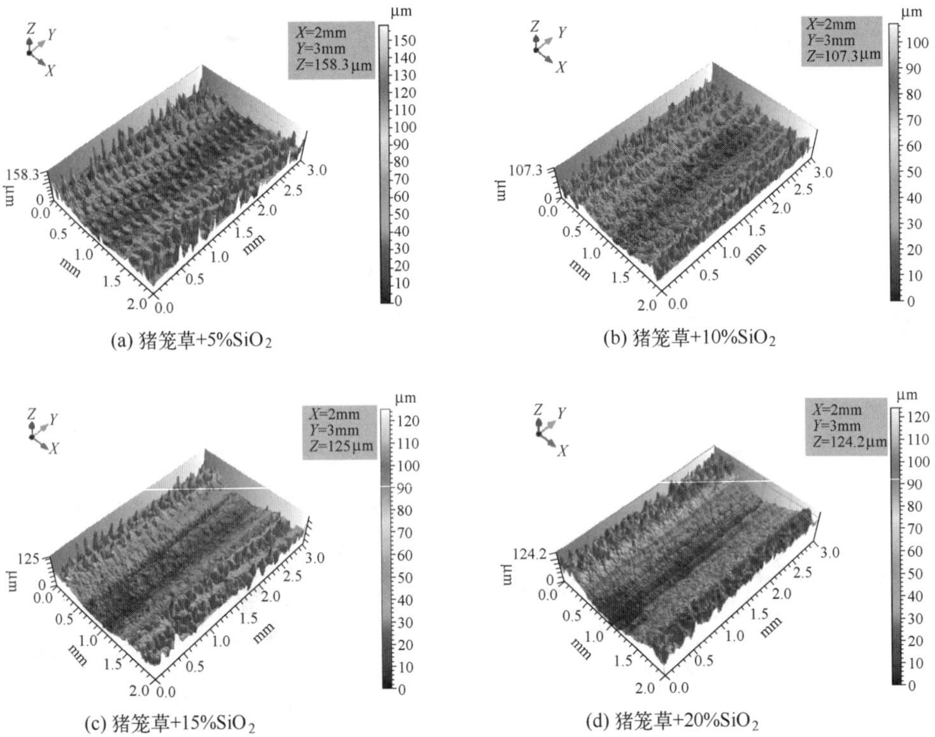

(a) 猪笼草+5%SiO_2　(b) 猪笼草+10%SiO_2

(c) 猪笼草+15%SiO_2　(d) 猪笼草+20%SiO_2

图 3.49 猪笼草织构协同 SiO_2 改性 UHMWPE 的摩擦磨损三维形貌图

图 3.50 为芭蕉叶织构协同 SiO_2 改性 UHMWPE 材料的磨损痕迹微观图。当 SiO_2 质量分数为 5%时，可见划痕中存在少量明显的犁沟，织构磨损不严重；当 SiO_2 质量分数为 10%时，磨痕中的犁沟变少，但是出现了点蚀和剥落；当 SiO_2 质量分数为 15%时，磨痕中出现大片的剥落和不规则的波纹状凸起；当 SiO_2 质量分数为 20%时，磨痕出现大量凹坑和凸起，主要是由于材料塑性流动而形成的。

图 3.51 是海星织构协同 SiO_2 改性 UHMWPE 材料的磨损痕迹微观图。当 SiO_2 质量分数为 5%时，磨痕中存在很多的划痕及点蚀；当 SiO_2 质量分数为 10%

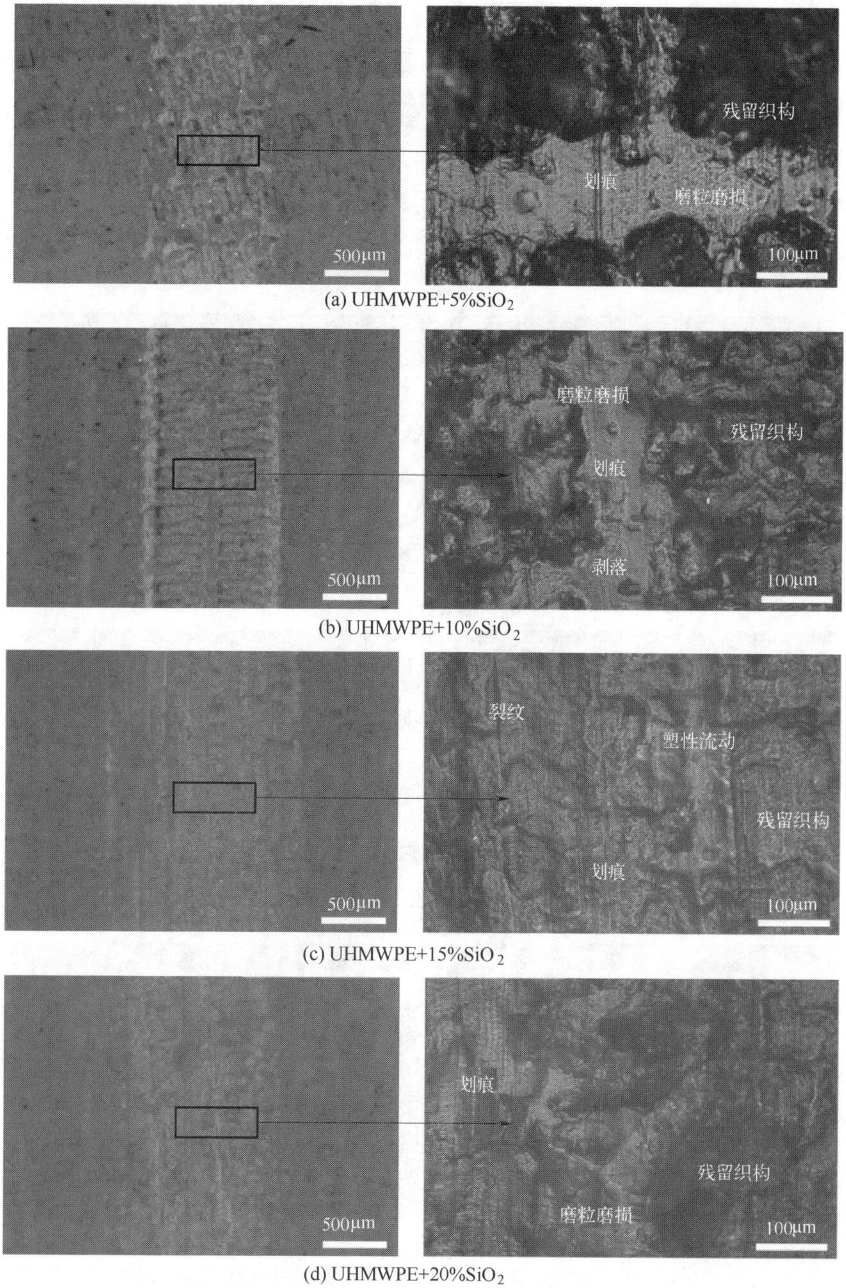

图 3.50　芭蕉叶织构协同 SiO_2 改性 UHMWPE 的磨损微观图

时，表面点蚀减少，但是出现较深划痕；当 SiO_2 质量分数为 15%时，磨痕中出现大量的沟槽和不规则凸起，材料塑性流动变大，织构破坏严重；当 SiO_2 质量分数为 20%时，磨痕中的沟槽进一步加深，织构完全被磨损。

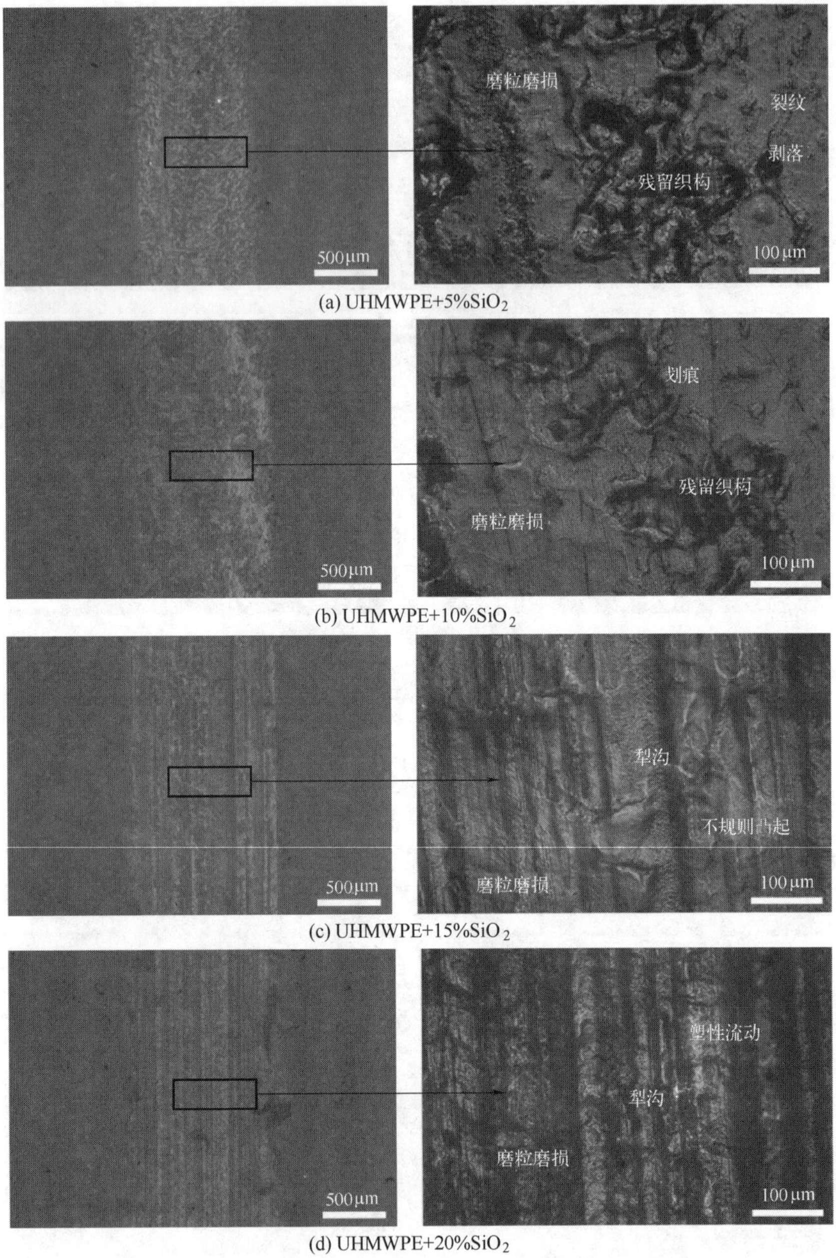

图 3.51 海星织构协同 SiO_2 改性 UHMWPE 的磨损微观图

图 3.52 是鲨鱼皮织构协同 SiO_2 改性 UHMWPE 材料的磨损痕迹微观图。当 SiO_2 质量分数为 5%时，材料磨痕较浅，存在一些点蚀形成的凹坑，织构清晰可见；当 SiO_2 质量分数为 10%时，磨痕中出现较深的凹槽；当 SiO_2 质量分数为 15%时，磨痕中的凹槽进一步加深，同时出现由于材料塑性流动形成的凸

起；当 SiO_2 质量分数为 20%时，磨痕中较为平整，出现大量的不规则波纹，织构完全被破坏。

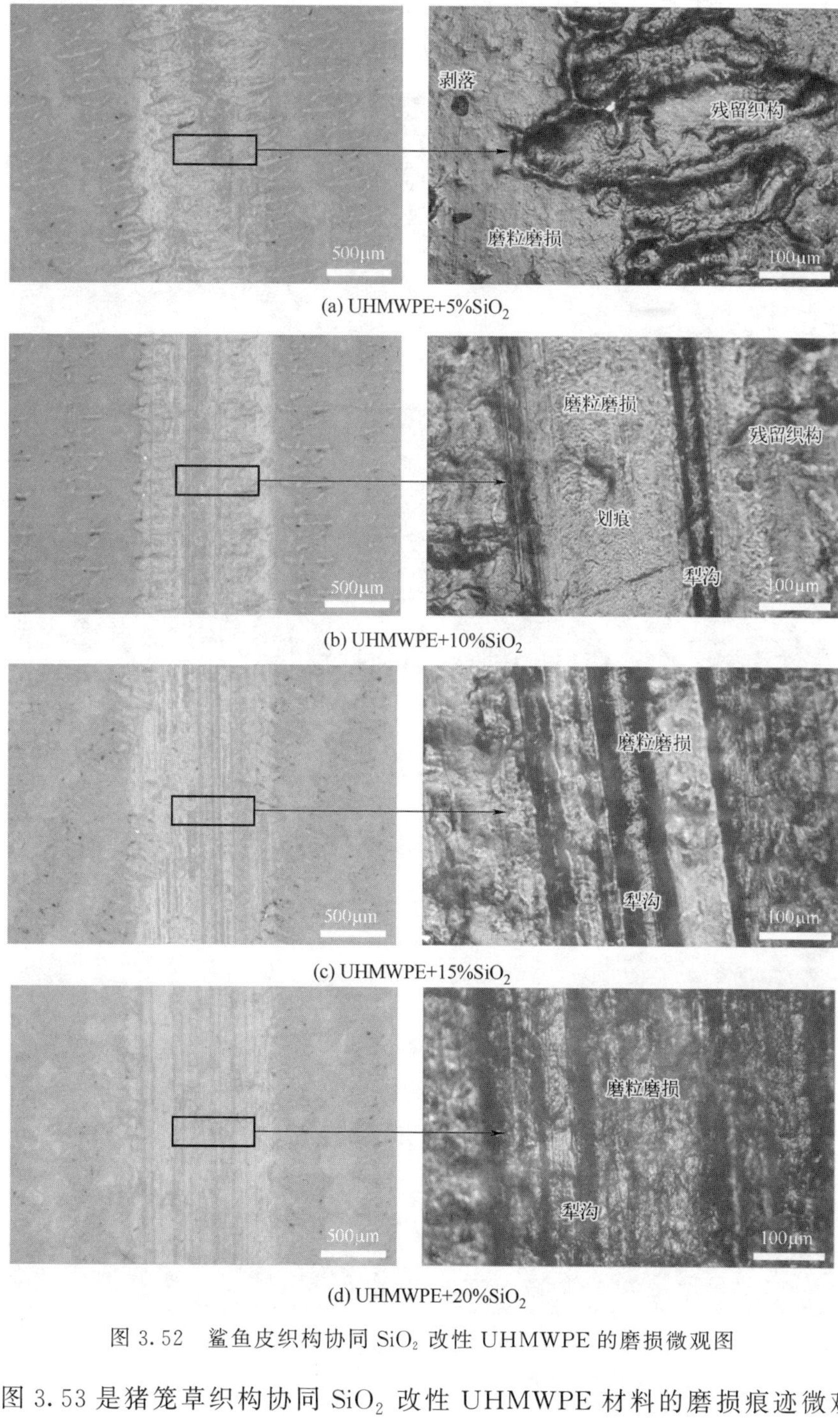

(a) UHMWPE+5%SiO_2

(b) UHMWPE+10%SiO_2

(c) UHMWPE+15%SiO_2

(d) UHMWPE+20%SiO_2

图 3.52　鲨鱼皮织构协同 SiO_2 改性 UHMWPE 的磨损微观图

图 3.53 是猪笼草织构协同 SiO_2 改性 UHMWPE 材料的磨损痕迹微观图。

当 SiO_2 质量分数为 5%时，磨痕表面较为平整，织构非常明显；当 SiO_2 质量分数为 10%时，材料表面的织构相对于 5%时被摩擦得更浅；当 SiO_2 质量分数为 15%时，磨痕中能够观察到大量的犁沟和不规则的凸起；当 SiO_2 质量分数为 20%时，磨痕中的划痕较浅，未见到大块的凸起。

(a) UHMWPE+5%SiO_2

(b) UHMWPE+10%SiO_2

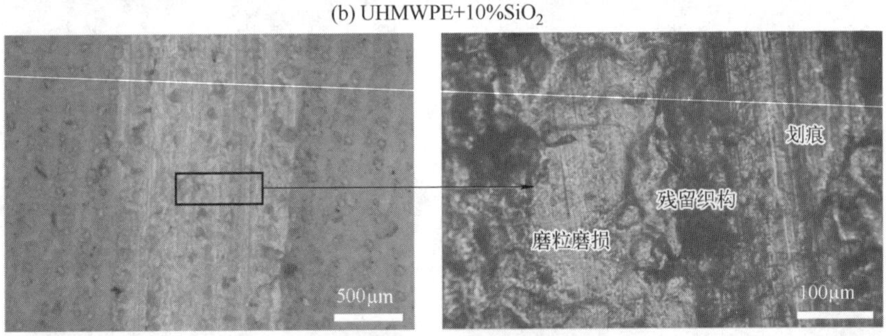

(c) UHMWPE+15%SiO_2

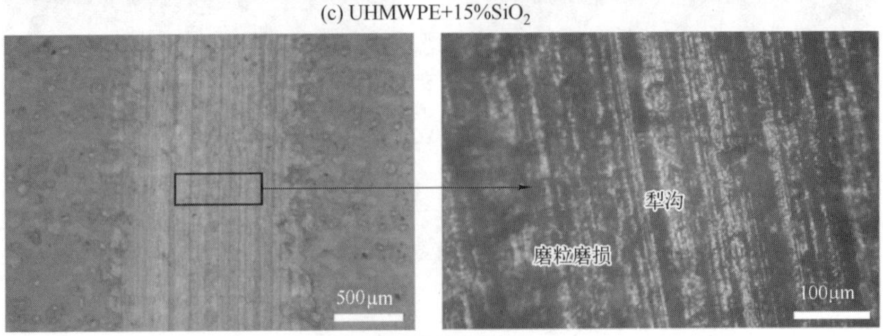

(d) UHMWPE+20%SiO_2

图 3.53　猪笼草织构协同 SiO_2 改性 UHMWPE 的磨损微观图

本章小结

超高分子量聚乙烯（UHMWPE）因其优异的力学性能被广泛应用于多个领域，但其表面疏水性和摩擦学性能仍需改进。本章采用仿生织构与纳米颗粒协同调控 UHMWPE 性能，通过接触角测试、摩擦试验等表征手段评估材料性能。主要结论如下：

① 仿生织构改性使 UHMWPE 接触角提升 48.7%，其中芭蕉叶织构（133.446°）和猪笼草织构（132.737°）效果最佳，形成 Cassie-Baxter 态，减小了固液接触面积。海星织构和鲨鱼皮织构使摩擦系数降低 61%，海星织构磨损率最低 [$0.8\times10^{-4}mm^3/(N\cdot m)$]。纳米颗粒改性中，$SiO_2$ 使接触角提升至 113.588°，效果优于 TiO_2 和 ZnO。

② 猪笼草织构+5%ZnO 接触角达 125°（提升 41%），鲨鱼皮织构摩擦系数最低（0.08）。ZnO 通过弥散强化提升材料性能，当含量为 15%～20%时磨损机制以黏着磨损为主。海星织构+5%ZnO 使磨损率降低 78%。

③ 芭蕉叶织构+15%TiO_2 接触角达 126.129°，疏水性能最优；鲨鱼皮织构+5%TiO_2 摩擦系数最低，耐磨性最佳。猪笼草织构整体表现较差。

④ 芭蕉叶织构+10%SiO_2 接触角达 138.883°（提升 51.9%），疏水性能提升最显著。疏水性能呈现两种变化趋势：芭蕉叶织构和猪笼草织构先升后降，海星织构和鲨鱼皮织构呈“V”形变化。

⑤ 芭蕉叶织构在低 SiO_2 含量时摩擦性能最优，鲨鱼皮织构对含量变化最敏感。SiO_2 含量为 20%时各织构均出现严重磨损损伤。仿生织构形貌与纳米颗粒配比是提升性能的关键因素。

· 参考文献 ·

[1] Aritra G, Sara B, June Z B, et al. Enhancing dropwise condensation through bioinspired wettability patterning [J]. Langmuir: the ACS Journal of Surfaces and Colloids, 2014, 30 (43): 13103-13115.

[2] 周开林. 表面微结构对界面黏附和防结冰性能的影响机理研究 [D]. 绵阳：西南科技大学，2024.

[3] Zhao H Y, Liu J X, Chang S Y, et al. Triple biomimetic surfaces with patterned anisotropic wettability for multiscale droplets manipulation [J]. Nano Letters, 2025, 25 (14): 5638-5645.

[4] 李云凯，王优强，菅光霄，等. 仿生猪笼草结构的水润滑轴承摩擦学性能有限元分析研究 [J]. 摩擦学学报，2021，41 (03)：344-356.

[5] 张鹏飞，张德远，陈华伟. 猪笼草内表面微观结构及其浸润性研究 [J]. 农业机械学报，2014，45 (01)：341-345.

[6] 张建. BN/SiCw 和仿生微织构对 UHMWPE 摩擦性能改性研究 [D]. 成都：西华大学，2023.

[7] 黄钜斌. 食肉植物猪笼草的减摩机理研究及仿生制备 [D]. 长春：吉林大学，2018.

[8] 曹凤香，王亚楠，吴坤尧. 纳米颗粒 TiO_2 和 SiO_2 对碳纤维/超高分子量聚乙烯复合材料力学和摩擦学性能

的影响 [J]. 润滑与密封，2021，46 (04)：94-99.

[9] 葛正浩，张卫敏. 纳米材料填充改性对 PTFE 复合材料性能的影响综述 [J]. 塑料工业，2021，49 (12)：12-17，66.

[10] 王菁，胡锦青，李圣军，等. ZnO 及其复合材料在抗菌塑料中的研究进展 [J]. 工程塑料应用，2023，51 (11)：161-167.

[11] 王敏，李西春，廖广明. POM 生产技术及改性研究进展 [J]. 工程塑料应用，2022，50 (12)：155-162.

[12] 刘莹莹，刘继云，于磊，等. 硅烷偶联剂对 Nano-ZnO/PLA 复合材料抑菌性能与热降解性的影响 [J]. 塑料，2014，43 (02)：63-67.

[13] Souza V G L，Rrodrigues C，Valente S，et al. Eco-friendly ZnO/chitosan bionanocomposites films for packaging of fresh poultry meat [J]. Coatings，2020，10 (2)：110.

[14] 汪雨微，欧宝立，鲁忆. 功能化纳米 TiO_2/环氧树脂超疏水防腐复合涂层的制备与性能 [J]. 复合材料学报，2021，38 (12)：3971-3985.

[15] Sohrabi B，Mansouri F，Khalifan S Z. The study of glass superhydrophobicity by modified SiO_2-hexadecyltrimethoxysilane (SiO_2-m-HDTMS) nanoparticles and mixture of surfactants [J]. Progress in Organic Coatings，2019，131：73-81.

[16] 周婧，孙凯雯，陈鑫，等. 二氧化硅透明疏水涂层及其自清洁性能 [J]. 材料科学与工程学报，2023，41 (03)：445-450.

[17] 苏羽航，林渊智，毛健全，等. PE/PP/微米 SiO_2 消光热封膜的研制及其性能研究 [J]. 中国塑料，2025，39 (03)：41-47.

第4章

金属基仿生复合表面的摩擦适配性设计

4.1 试验设计与协同改性方法

4.1.1 铸铁表面仿生织构化处理

大量研究表明，仿生表面微织构能有效提升材料表面性能，如鲨鱼皮、芭蕉叶、猪笼草、动物鳞片等。海洋贝类（如珍珠贝、鲍鱼）在长期的泥沙磨蚀环境中演化出独特的耐磨表面结构，其表面分布着错综复杂的生长纹与微米级脊-谷交替图案，如扇贝壳的放射状沟槽与鲍鱼壳的螺旋波纹，这些天然几何织构通过动态调控摩擦接触行为实现高效抗磨损，其表面微结构沿贝壳底部向外缘偏转延伸，形成扇形图案，能有效抑制材料剥落，为高磨损工况下的机械部件（如船舶螺旋桨、钻井工具）提供了“自然-工程”跨尺度耐磨解决方案。

模仿海洋贝壳类生物表面扇形带有沟壑的纹路，以及参考其他具有耐磨性的表面微织构，设计了四种表面织构图案，包括正方形、矩形、矩形波浪纹以及仿生贝壳纹，如图4.1所示。织构表面参数设计了织构宽度 X 为0.2mm、0.4mm

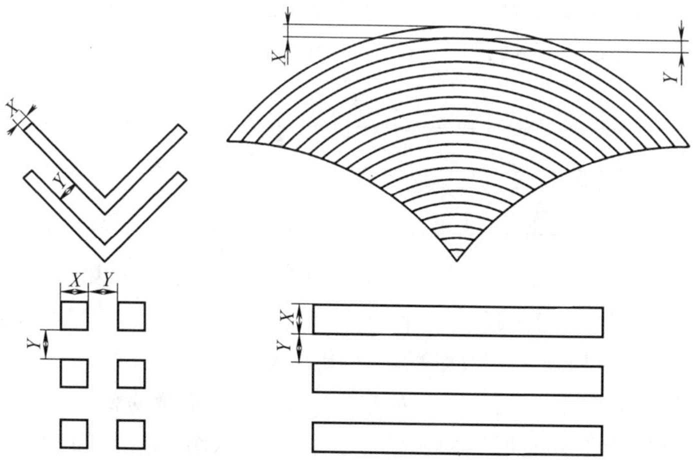

图4.1 不同织构形状示意图

以及 0.6mm 三个宽度等级，织构间距 Y 为 0.2mm、0.4mm 以及 0.6mm 三个间距等级。

将处理好的各个样品从干燥箱中取出，根据设计好的图案采用设置好激光参数的激光打标机加工表面织构，然后使用光谱共聚焦显微镜来观察激光加工后的表面织构二维形貌。激光加工后的织构形貌如图 4.2 所示。

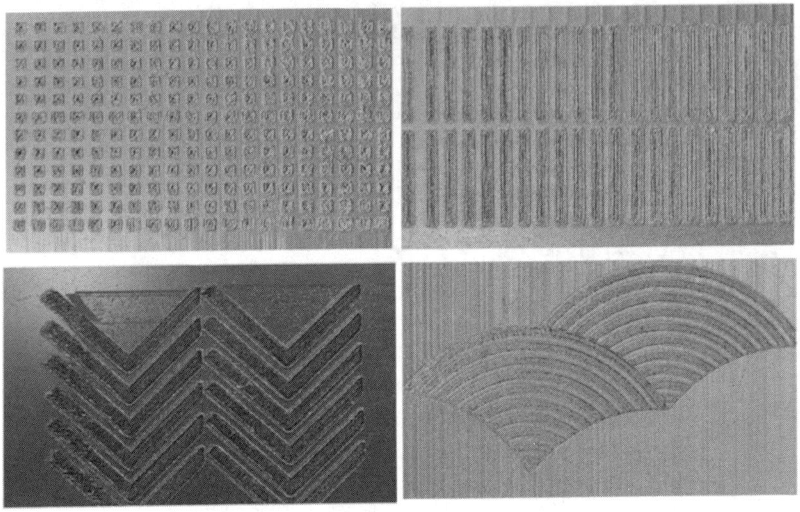

图 4.2　织构形貌图

4.1.2　微纳颗粒润滑体系的构建

本书采用的固体润滑涂层配方为水性聚氨酯复合纳米颗粒润滑涂层，其主要由纳米颗粒润滑剂、聚氨酯黏结剂和增强相组成。选用 MoS_2、BN 纳米颗粒作为润滑添加剂，尺寸均为 20～30nm。两种纳米颗粒的化学性质都比较稳定，在摩擦以及高温环境中不易发生分解和化学反应。本试验忽略两种纳米颗粒的化学性质对摩擦磨损性能的影响，所选材料的物理性质如表 4.1 所示。

表 4.1　所选材料的物理性质

材料	尺寸	硬度(莫氏)	颜色	密度	熔点
MoS_2	20nm	1.0～1.5	蓝灰至黑色	4.80 g/cm^3	1185℃
BN	30nm	1.0～2.0	白色	2.1～2.3g/cm^3	约 3000℃

PTFE 纳米微粉、MoS_2 以及 BN 购自阿拉丁生化科技有限公司（上海），水性聚氨酯购自吉田化工有限公司。首先，在烧杯中加入 40g 水性聚氨酯乳液，再称取 1g PTFE 微粉加入水性聚氨酯乳液中，放入磁力搅拌器搅拌 30min 得到含有 PTFE 微粉的黏性润滑剂，然后称取 1g MoS_2 纳米微粉倒入烧杯中磁力搅拌 1h，使其充分分散在水性聚氨酯乳液中。将制得的纳米颗粒黏性润滑剂用纳米软毛刷均匀涂抹在含有织构的样品表面，利用滚轮刷充分地将制备的乳液紧密压

入表面织构中。将涂有纳米颗粒润滑剂的样品放入电热鼓风干燥箱中，温度设定为 50℃，时间设定为 5h，使其完全固化，取出样品后常温冷却，再用 1500＃和 2000＃的金刚石砂纸抛光 5min，用 W0.5 金刚石研磨膏抛光样品，最后用超声清洗机清洗样品表面，得到表面织构复合 MoS_2 纳米颗粒润滑涂层。含有 BN 纳米颗粒的涂层制备过程与上述过程一致。对照组为光滑的表面样品和只带有仿生纹理的表面样品。

本书使用 MWF-02 型往复式摩擦磨损试验机进行往复摩擦磨损试验，以分析表面结构/纳米颗粒固体润滑剂的摩擦磨损行为。每次试验后导出试验数据以便后续分析，每组样品进行三次试验，舍弃误差超过 10％的试验组重新补充试验，取三组试验的有效平均值。图 4.3 所示为钢丝绳与曳引轮接触的示意图，钢丝绳采用多股钢丝缠绕而成，从剖面可以看出，每股钢丝跟曳引轮的接触方式为点面接触，故采用钢丝绳材料——钢球，曳引轮材料——球墨铸铁平面来模拟真实曳引轮-钢丝绳工作情况，上摩擦副是一个直径为 6mm 的 304 不锈钢钢球，模拟钢丝绳，下摩擦副为 QT600-3 球墨铸铁材料，尺寸为 30mm×10mm（直径×高）。试验前，将样品置于无水乙醇烧杯中超声清洗 10min 后干燥。将试样固定在 MWF-02 型往复式摩擦磨损试验机的夹具中。试验过程中试验参数设定为：法向载荷为 30N，往复频率为 2Hz，往复位移为 8mm，试验时间为 1800s。试验结束后，机载计算机自动获得摩擦系数变化曲线。

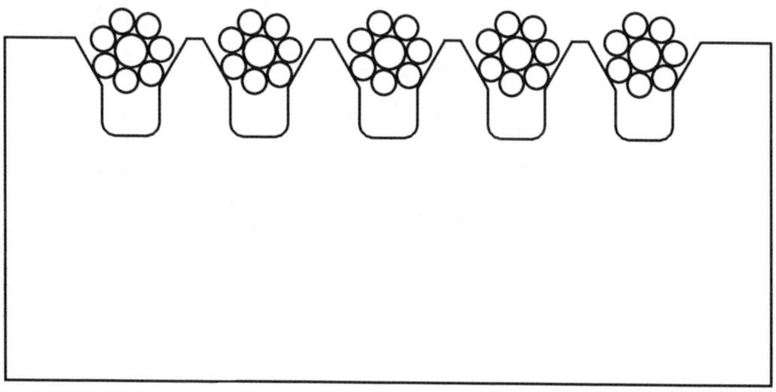

图 4.3　钢丝绳与曳引轮接触的示意图

4.2　单一织构的摩擦磨损特性

4.2.1　凹坑织构的耐磨特性

（1）摩擦系数分析

在 MWF-02 型往复式摩擦磨损试验机上测试了样品表面的摩擦学性能，图 4.4 显示了凹坑织构的摩擦系数随时间的变化曲线以及五组样品的平均摩擦系数。三次摩擦磨损试验的摩擦系数曲线相似，选取 600～1800s 作为计算平均摩擦系数的范围。

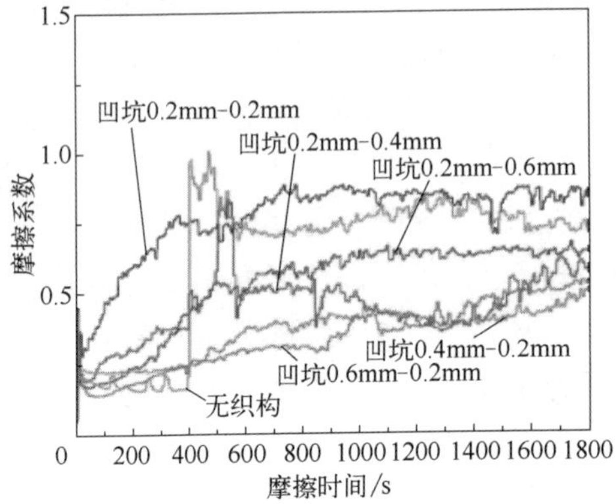

(a)

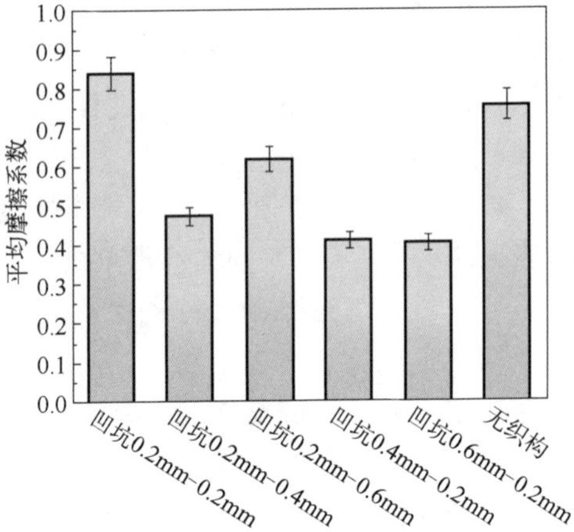

(b)

图 4.4 凹坑织构的摩擦系数与五组样品的平均摩擦系数

QT600-3 原样的摩擦系数曲线在 0～400s 内变化平稳，后在短时间内迅速上升，说明与摩擦副间经过较短时间就进入剧烈磨合阶段，经历了 400～600s 的剧烈磨损后，摩擦系数趋于稳定，稳定在 0.755 左右，磨痕宽度为 1.9mm，磨损面积最大，摩擦磨损在六个样品中表现最差。与 QT600-3 原样相比，凹坑 0.2mm-0.2mm 试样摩擦系数不降反增，平均摩擦系数为 0.838，相比原样增加了 11%，但剧烈磨损阶段消失，转变为摩擦系数逐渐上升最后趋于稳定，这是由于过小的织构无法有效分散接触区域的局部应力，当织构尺寸远小于接触斑点的特征尺寸时，实际接触面积几乎不受影响，导致摩擦副仍以粗糙峰接触为主。凹坑 0.4mm-0.2mm 试样与凹坑 0.6mm-0.2mm 试样的摩擦系数降低最为显著，平均摩擦系数分别为 0.410、0.403，分别降低了 45.7%、46.6%，且两者减摩效果稳定，摩擦系数无剧烈变化。凹坑 0.2mm-0.6mm 试样减摩效果与其他凹坑织构减摩效果存在较大差异，摩擦系数逐渐上升后，在 450～550s 剧烈磨损后摩擦系数趋于稳定，剧烈磨损时间比原样减少一半，摩擦系数减少 17.9%。对于凹坑织构，影响减摩效果的主要是织构大小，过小对减摩效果不好。

(2) *磨损率及表面微观形貌分析*

应用扫描电子显微镜对摩擦试验后的样品进行表征，得到如图 4.5 所示的表面形貌图。图 4.5 (a) 为 QT600-3 原样的磨损形貌，表面磨损严重，出现了较多较深的划痕，且划痕表面含有较多裂纹，磨粒已经剥落，磨损表面凹凸不平。从图 4.5 (a) 可以观察到，试样表面存在大量磨屑和磨粒，这些磨屑和磨粒会进一步造成材料表面磨损。从其余凹坑织构化试样可以观察到，试样表面虽存在一些划痕，但磨粒与磨屑大量减少，凹坑织构内部存在磨屑和磨粒，起到了捕捉、储存磨粒和磨屑的作用，进而减小磨损。凹坑 0.2mm-0.4mm 和凹坑 0.2mm-0.6mm 试样由于间距较大，表面划痕以及剥落形成的凹坑较多［图 4.5 (c)、(d)］；凹坑 0.4mm-0.2mm 和凹坑 0.6mm-0.2mm 试样较大，表面划痕较浅、剥落较少，凹坑织构发挥了重要作用［图 4.5 (e)、(f)］。

(a) 无织构试样

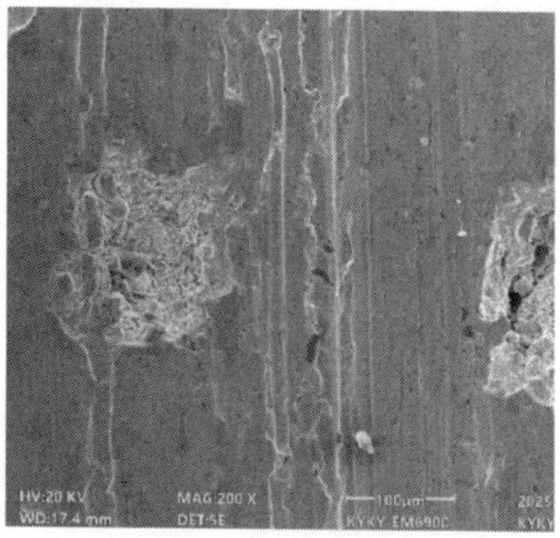

(b) 凹坑0.2mm－0.2mm

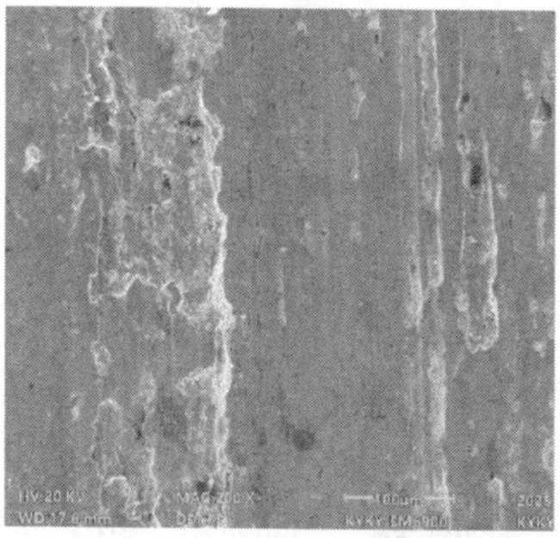

(c) 凹坑0.2mm－0.4mm

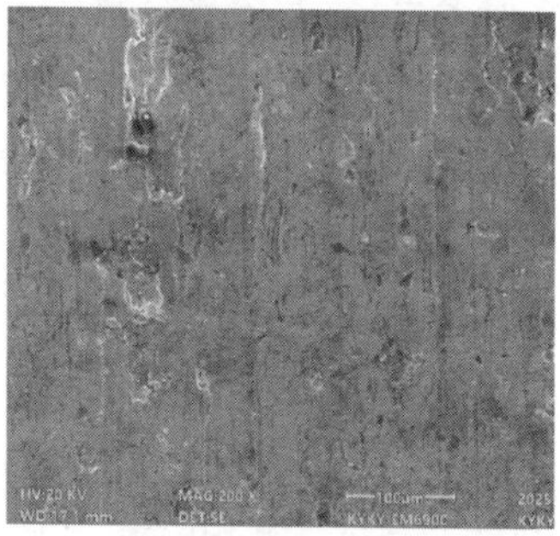

(d) 凹坑0.2mm－0.6mm

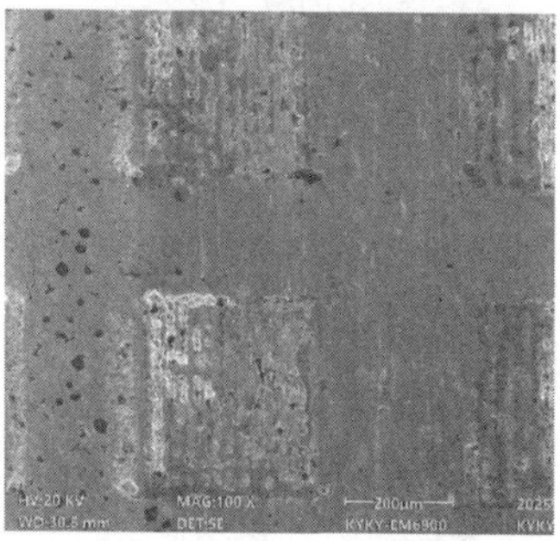

(e) 凹坑0.4mm－0.2mm

(f) 凹坑0.6mm－0.2mm

图 4.5　表面形貌图

对磨损表面的三维形貌分析有助于了解表面织构的摩擦学行为和磨损机理。选用进行摩擦磨损试验后的 QT600-3 球墨铸铁曳引轮样品，采用激光共聚焦显微镜扫描样品表面三维形貌，得到磨痕宽度和磨损率，结果如图 4.6 所示。

在六组样品中，QT600-3 原样的磨损率最高，达到了 92.79 $\times 10^{-5}$ mm^3/

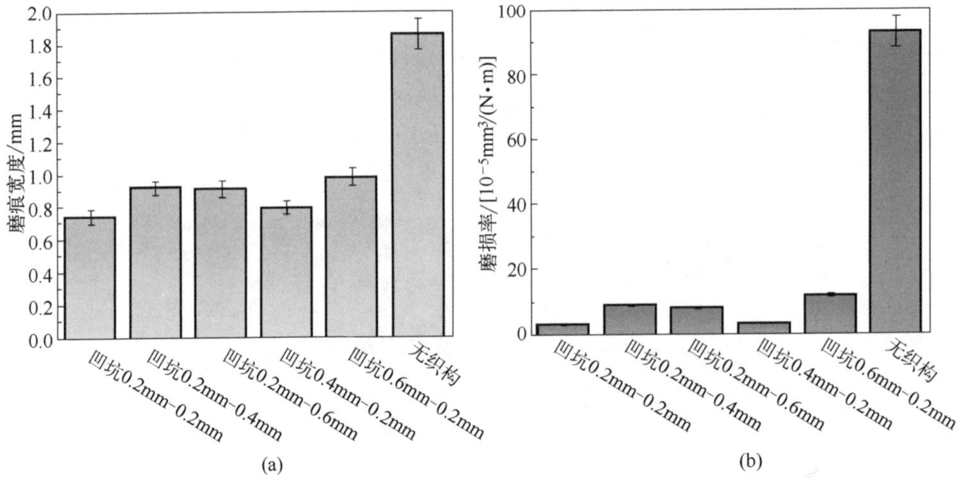

图 4.6 磨痕宽度和磨损率

(N·m)，同时 QT600-3 原样的最大磨痕宽度为 1.86mm，原样表面可以明显地看见一条深且宽的凹槽划痕，在摩擦磨损试验中，原样表面存在大量磨屑，与实际工况类似。可以明显地看出，凹坑织构能有效降低 QT600-3 球墨铸铁曳引轮试样的磨痕宽度，大幅降低磨损率。凹坑 0.2mm-0.2mm 试样的磨痕宽度为 0.74mm，相比原样降低了 60.2%，磨损率仅为 $3.55\times10^{-5}mm^3/(N\cdot m)$，相比原样降低了 96.2%；凹坑 0.2mm-0.4mm 试样的磨痕宽度为 0.93mm，相比原样降低了 50.0%，磨损率为 $9.22\times10^{-5}mm^3/(N\cdot m)$，相比原样降低了 90.1%；凹坑 0.2mm-0.6mm 试样的磨痕宽度为 0.91mm，相比原样降低了 51.1%，磨损率为 $8.22\times10^{-5}mm^3/(N\cdot m)$，相比原样降低了 91.1%；凹坑 0.4mm-0.2mm 试样的磨痕宽度为 0.79mm，相比原样降低了 57.5%，磨损率为 $3.36\times10^{-5}mm^3/(N\cdot m)$，相比原样降低了 96.4%；凹坑 0.6mm-0.2mm 试样的磨痕宽度为 0.98mm，相比原样降低了 47.3%，磨损率为 $11.97\times10^{-5}mm^3/(N\cdot m)$，相比原样降低了 87.1%；凹坑 0.6mm-0.2mm 试样的磨痕宽度最宽，磨损率也是所有凹坑织构中最大的，说明大尺寸凹坑会影响耐磨性能。

图 4.7 为 QT600-3 球墨铸铁曳引轮试样凹坑织构在不同织构参数下常温摩擦磨损后的磨痕三维轮廓。可以清晰地看见，无织构［图 4.7（a）］的试样磨痕宽且深，平均深度达到了 111μm，凹坑织构化试样磨痕宽度以及深度均小于无织构试样，凹坑织构的磨痕深度比无织构试样小得多，经过 1800s 摩擦试验后，织构依旧存在；凹坑 0.4mm-0.2mm 试样的磨痕深度最小，平均磨痕深度为 2.89μm；凹坑 0.2mm-0.2mm 试样的平均磨痕深度为 17.71μm；凹坑 0.2mm-0.4mm 试样的平均磨痕深度为 10.74μm；凹坑 0.2mm-0.6mm 试样的平均磨痕深度为 12.49μm；凹坑 0.6mm-0.2mm 试样的平均磨痕深度为 14.33μm。

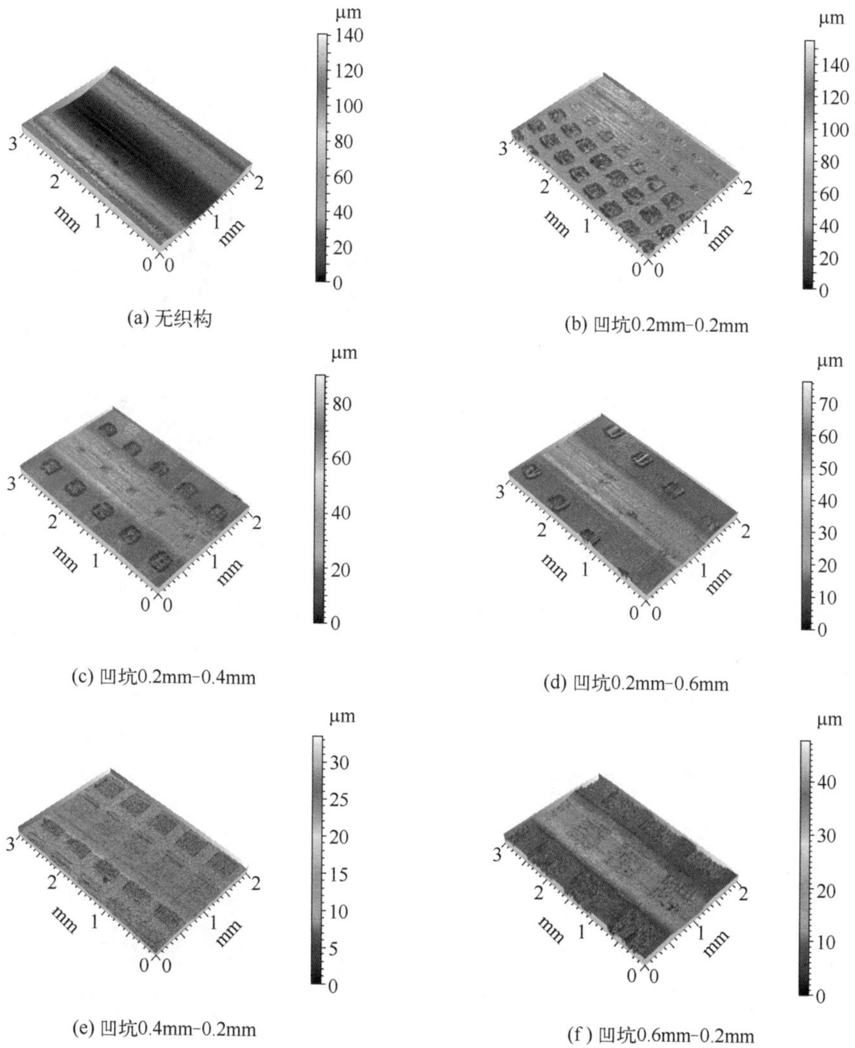

(a) 无织构　(b) 凹坑0.2mm-0.2mm

(c) 凹坑0.2mm-0.4mm　(d) 凹坑0.2mm-0.6mm

(e) 凹坑0.4mm-0.2mm　(f) 凹坑0.6mm-0.2mm

图 4.7　不同织构参数常温摩擦磨损后的磨痕三维轮廓

4.2.2 沟槽织构的耐磨特性

(1) 摩擦系数分析

本节对不同参数的沟槽织构进行摩擦磨损试验，得到图 4.8 所示的摩擦系数变化曲线及平均摩擦系数。每个样品进行的三次摩擦磨损试验的摩擦系数曲线相似，选取 600～1800s 作为平均摩擦系数的计算范围。

由图 4.8 可以看出，与 QT600-3 原样相比，沟槽织构摩擦系数变化平稳无突变，沟槽 0.2mm-0.6mm 试样减摩效果最差，平均摩擦系数为 0.721，只降低了 4.5%。这是因为间距过大会使织构之间的区域承受较高压力，当织构间距大

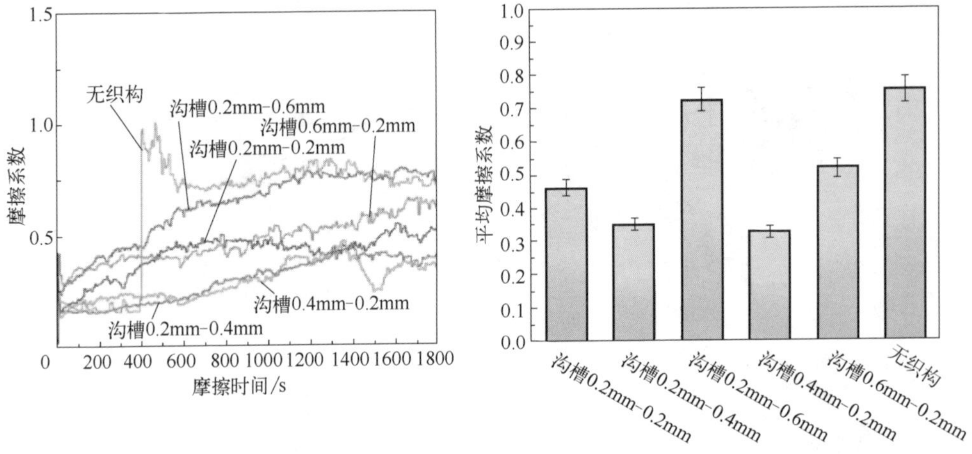

(a) (b)

图 4.8 沟槽织构的摩擦系数与五组样品的平均摩擦系数

于接触斑点的特征尺寸时，织构对压力分布的调控作用几乎消失，无织构区域仍以粗糙峰接触为主，导致摩擦系数与光滑表面接近，减摩效果微弱。沟槽0.2mm-0.4mm 和沟槽 0.4mm-0.2mm 试样的减摩效果最好，平均摩擦系数分别为 0.349 和 0.326，分别降低了 53.8%和 56.8%。沟槽 0.2mm-0.2mm 试样和沟槽 0.6mm-0.2mm 试样的减摩效果相近，平均摩擦系数分别为 0.461 和 0.519，平均摩擦系数分别降低了 38.9%和 31.2%。由此可知，沟槽织构的大小和间距都会影响织构摩擦系数。

(2) 磨损率及表面微观形貌分析

应用扫描电子显微镜对沟槽织构摩擦磨损试验后的样品进行表面表征，得到如图 4.9 所示的表面形貌磨损图。从图 4.9（c）、（f）可以看出，当织构间距过大时，磨损形貌接近原样，织构无法有效发挥作用，减摩效果从瞬时摩擦系数变化图中也可以看出。

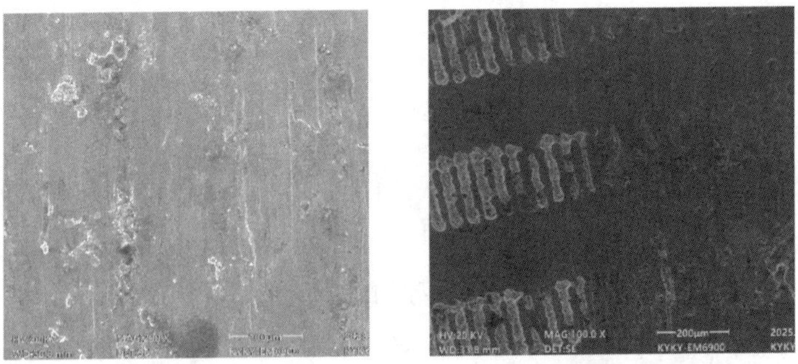

(a) 无织构试样 (b) 沟槽0.2mm-0.2mm

(c) 沟槽0.2mm-0.4mm

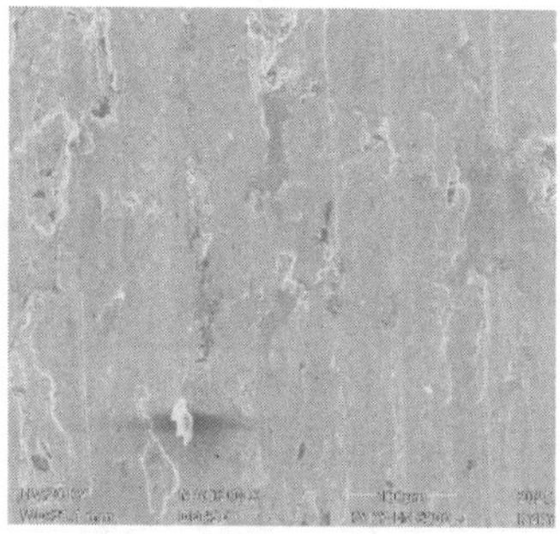

(d) 沟槽0.2mm-0.6mm

(e) 沟槽0.4mm-0.2mm

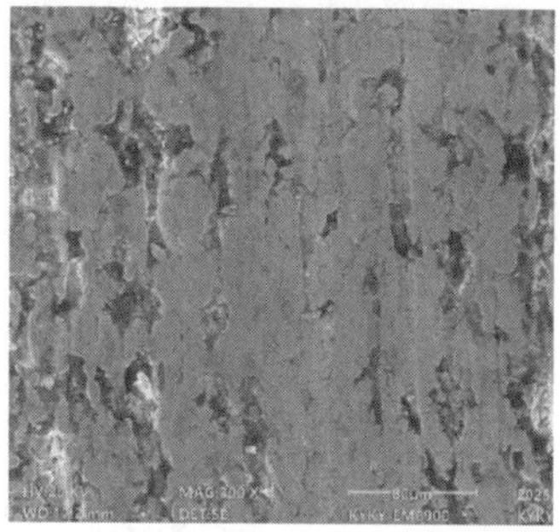

(f) 沟槽0.6mm-0.2mm

图 4.9　表面形貌图

图 4.10 为试验后沟槽织构的磨痕宽度以及磨损率。从图中可以明显地观察到，沟槽织构有效地改善了样品表面的磨损情况，磨痕宽度相比原样有较大程度的降低，原样的磨痕宽度为 1.86mm，沟槽 0.2mm-0.2mm、0.2mm-0.4mm、0.2mm-0.6mm、0.4mm-0.2mm、0.6mm-0.2mm 试样的磨痕宽度分别为 0.92mm、0.76mm、1.12mm、0.69mm、1.06mm，相比原样分别降低了

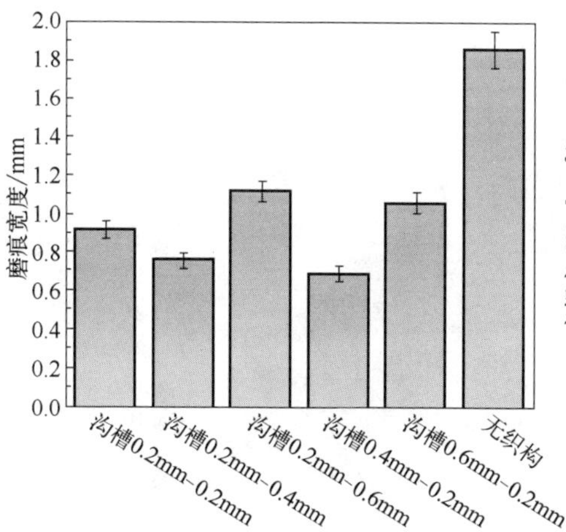

(a)

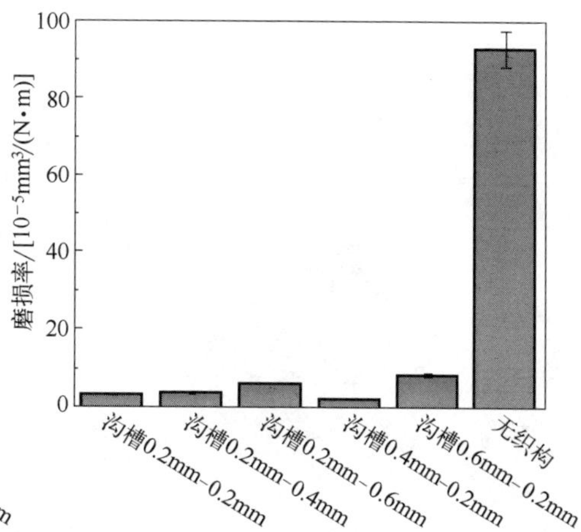

(b)

图 4.10　磨痕宽度和磨损率

50.5%、59.1%、39.8%、62.9%、43.0%。其中，磨损率最高的为沟槽0.6mm-0.2mm试样，磨损率为 $8.12\times10^{-5}mm^3/(N\cdot m)$，相比原样降低了91%；沟槽0.4mm-0.2mm试样磨损率最低，仅为 $1.79\times10^{-5}mm^3/(N\cdot m)$，相比原样降低了98%。沟槽织构的磨损行为同凹坑织构类似，磨损率最高的试样均为织构尺寸为0.6mm-0.2mm的试样，表明间距和织构尺寸都会影响沟槽织构的耐磨效果。

图4.11为QT600-3球墨铸铁曳引轮试样在沟槽织构不同织构参数常温下的磨痕三维轮廓。从图中可以看出，沟槽织构试样的磨痕宽度以及深度均小于无织

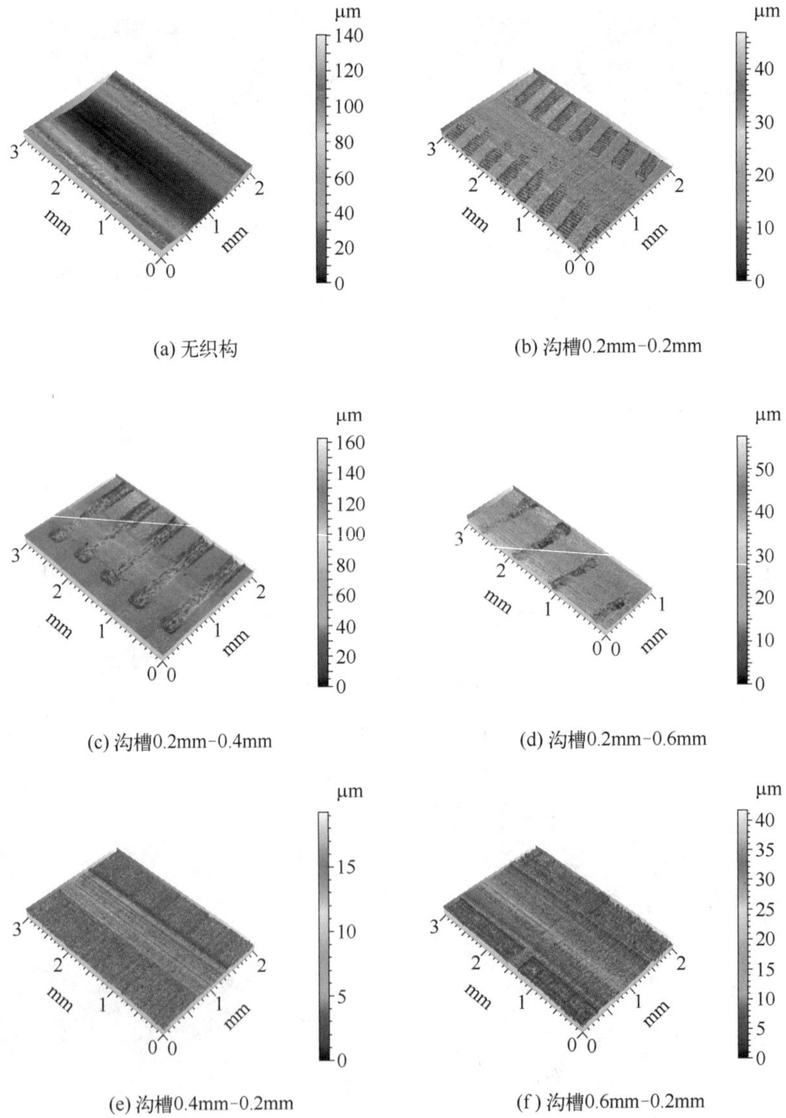

图4.11　不同织构参数常温摩擦磨损后的磨痕三维轮廓

构试样，无织构试样的磨痕深度平均为 111.1μm，沟槽 0.4mm-0.2mm 试样的磨痕深度最小，为 2.47μm。

4.2.3　波浪纹织构的耐磨特性

(1) 摩擦系数分析

本节对不同尺寸参数的波浪纹织构试样进行摩擦磨损实验，观察波浪纹织构试样在干摩擦条件下的摩擦系数以及磨损情况的变化。三次摩擦磨损试验的摩擦系数曲线相似，选取 600～1800s 作为平均摩擦系数的计算范围。

如图 4.12 所示，当织构参数发生改变时，QT600-3 球墨铸铁试样的摩擦系数也发生了相应的变化。从图中可以看出，波浪纹织构均能有效降低摩擦系数；与原样相比，波浪纹织构试样在摩擦磨损阶段并无摩擦系数突变的剧烈磨损阶段，摩擦系数均表现为逐渐上升后趋于平稳。波浪 0.2mm-0.2mm 织构的摩擦系数降低最为明显，平均摩擦系数为 0.331，降低了 56.1%；其次是波浪 0.2mm-0.4mm 试样，平均摩擦系数为 0.478，降低了 36.7%；然后是波浪 0.6mm-0.2mm 试样，平均摩擦系数为 0.547，降低了 27.5%；波浪 0.2mm-0.6mm、波浪 0.4mm-0.2mm 两种试样的减摩效果最差，平均摩擦系数分别为 0.677 和 0.691，分别降低了 10.3%和 8%。这表明对于波浪纹织构来说，间距过大，减摩效果并不明显，平均摩擦系数呈现上升趋势。

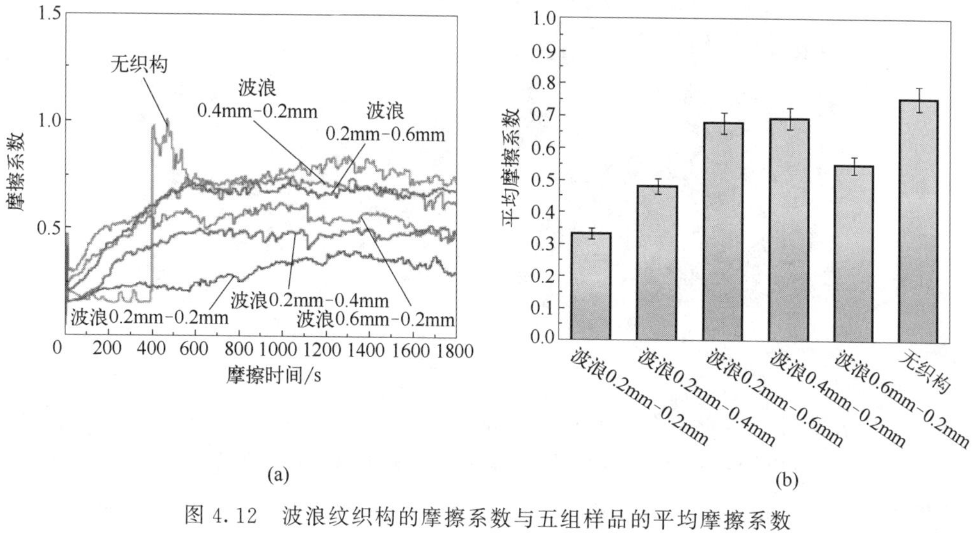

图 4.12　波浪纹织构的摩擦系数与五组样品的平均摩擦系数

(2) 磨损率及表面微观形貌分析

应用扫描电子显微镜对摩擦磨损试验后的样品进行表面表征，得到如图 4.13 所示的波浪纹织构表面形貌磨损对比图。从图中可以看出，波浪纹表面织构试样可以有效减少磨粒与磨屑的产生，耐磨性有所改善，但波浪纹织构形貌的消耗速度高于其他织构，如图 4.13（d）～（f）所示，摩擦区域织构消失，织构间距增大时，磨损形貌接近无织构试样，瞬时摩擦系数也接近无织构试样。

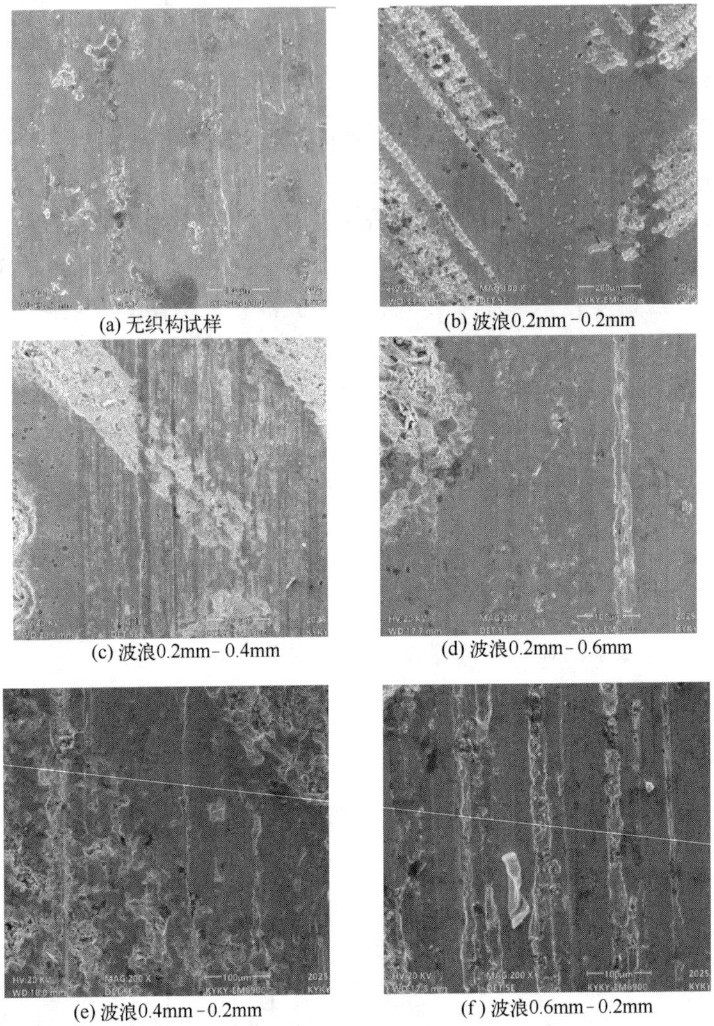

(a) 无织构试样　(b) 波浪0.2mm-0.2mm

(c) 波浪0.2mm-0.4mm　(d) 波浪0.2mm-0.6mm

(e) 波浪0.4mm-0.2mm　(f) 波浪0.6mm-0.2mm

图 4.13　表面形貌图

磨损表面的三维形貌分析有助于了解表面织构的摩擦学行为和磨损机理。对进行摩擦磨损试验后的 QT600-3 球墨铸铁曳引轮样品进行表面表征，采用激光共聚焦显微镜扫描样品表面三维形貌，结果如图 4.14 所示。在所有样品中，原样无织构试样的磨痕宽度最大，磨痕宽度最小的是波浪 0.4mm-0.2mm 试样，仅为 0.58mm，相比原样降低了 68.8%；波浪 0.2mm-0.2mm 试样的磨痕宽度为 0.74，相比原样降低了 60.2%；波浪 0.2mm-0.4mm 试样的磨痕宽度为 0.88mm，相比原样降低了 52.7%；波浪 0.2mm-0.6mm 试样的磨痕宽度为 0.81，相比原样降低了 56.4%；波浪 0.6mm-0.2mm 试样的磨痕宽度为 0.86，

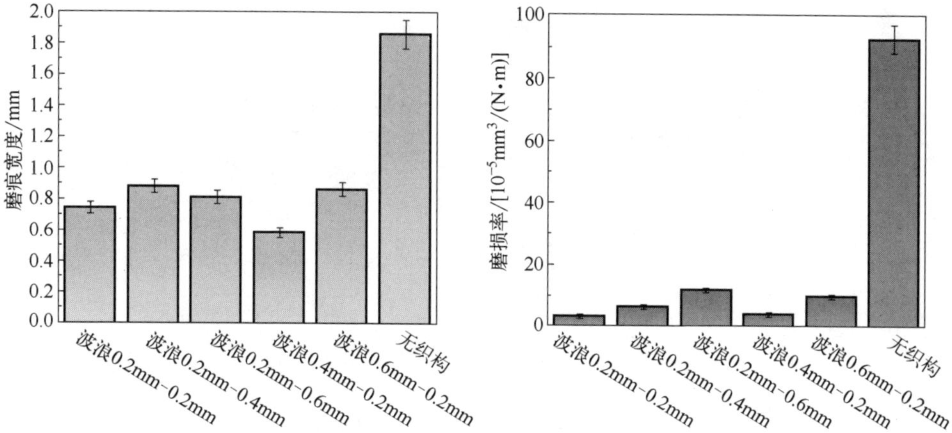

(a)　　　　(b)

图 4.14　磨痕宽度和磨损率

相比原样降低了 53.8%。

所有尺寸的波浪纹试样都能有效地降低磨痕宽度，随着磨痕宽度的降低，磨损率也随之变化。在六组样品中，原样无织构的磨损率最高，波浪 0.2mm-0.6mm 试样的磨损率在五组织构样品中最大，达到了 $9.91\times10^{-5}mm^3/(N\cdot m)$，相比原样降低了 89.3%；波浪 0.2mm-0.2mm 试样的磨损率在五组织构样品中最小，为 $4.09\times10^{-5}mm^3/(N\cdot m)$，相比原样降低了 95.6%；波浪 0.2mm-0.4mm 试样的磨损率为 $6.39\times10^{-5}mm^3/(N\cdot m)$，相比原样降低了 93.1%；波浪 0.4mm-0.2mm 试样的磨损率为 $4.08\times10^{-5}mm^3/(N\cdot m)$，相比原样降低了 95.6%。

图 4.15 为 QT600-3 球墨铸铁曳引轮试样原样波浪纹织构在常温条件下，经不同织构参数摩擦磨损试验后获得的磨痕三维轮廓。由图可知，波浪纹织构能有效地降低磨痕深度以及宽度，波浪 0.2mm-0.2mm 试样的平均磨痕深度为 9.92μm；波浪 0.2mm-0.4mm 试样的平均磨痕深度为 9.90μm；波浪 0.2mm-

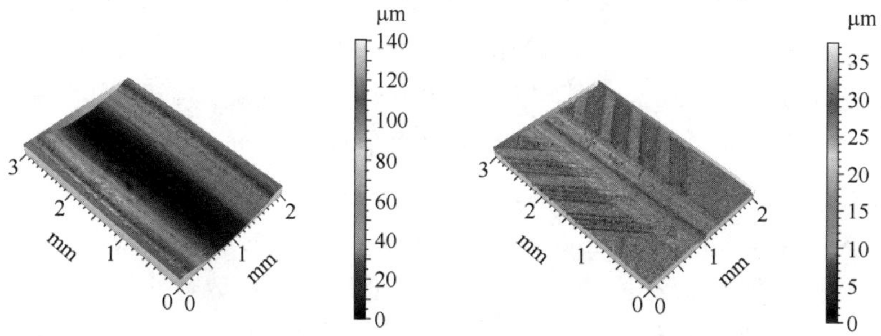

(a) 无织构　　　　(b) 波浪0.2mm-0.2mm

图 4.15

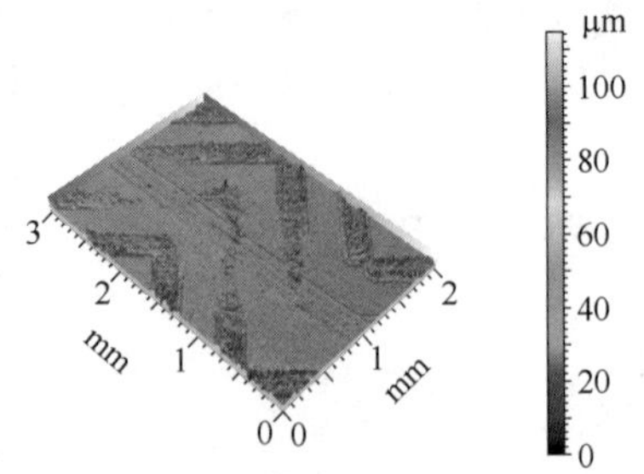

(c) 波浪0.2mm-0.4mm

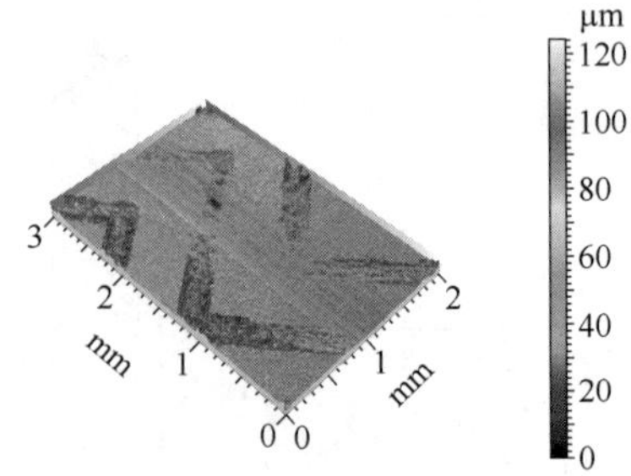

(d) 波浪0.2mm-0.6mm

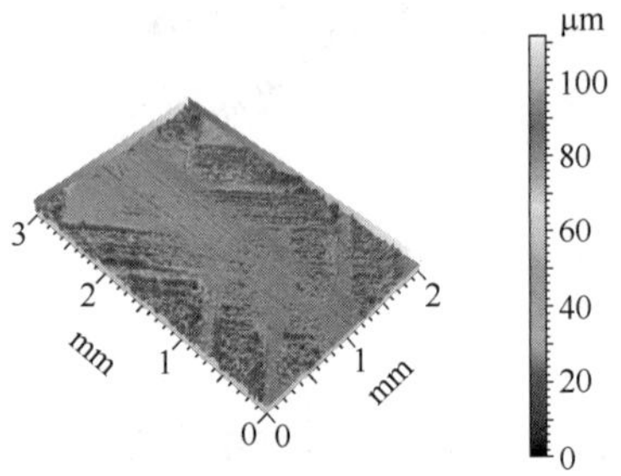

(e) 波浪0.4mm-0.2mm

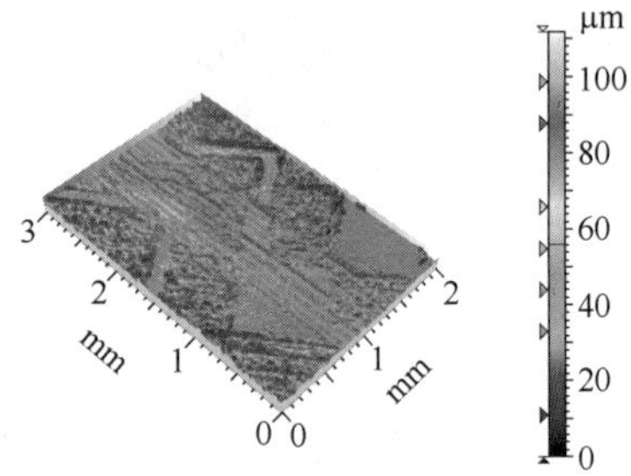

(f) 波浪0.6mm-0.2mm

图 4.15　不同织构参数常温摩擦磨损后的磨痕三维轮廓

0.6mm 试样的平均磨痕深度为 11.36μm；波浪 0.4mm-0.2mm 试样的平均磨痕深度为 8.76μm；波浪 0.6mm-0.2mm 试样的平均磨痕深度为 12.78μm，均远低于无织构试样，但波浪纹织构的织构形貌磨损较快。

4.2.4　仿生贝壳纹织构的耐磨特性

（1）摩擦系数分析

本节将不同参数的仿生贝壳纹织构在 MWF-02 型往复式摩擦磨损试验机上进行摩擦学试验，观察 QT600-3 球墨铸铁试样在干摩擦状态下的摩擦系数变化曲线及平均摩擦系数。由图 4.16 可以看出，当仿生贝壳纹织构参数发生改变时，QT600-3 球墨铸铁试样的摩擦系数也会发生相应的变化。从图中可以看出，贝壳 0.6mm-0.2mm 试样与贝壳 0.2mm-0.2mm 试样呈现出摩擦系数先增大后趋于稳定的趋势，平均摩擦系数取值同上，分别为 0.663 和 0.558，均小于无织构试样，分别降低了 12.2%和 26.1%，贝壳 0.6mm-0.2mm 试样的平均摩擦系数在五组织构样品中最大，这表明过大的织构降低了仿生贝壳纹织构减摩效果。贝壳 0.2mm-0.4mm 试样的平均摩擦系数最小，为 0.366，降低了 51.5%。相比于其他三种织构，仿生贝壳纹织构的摩擦系数主要由织构大小决定，而不是织构间距。仿生贝壳纹织构尺寸参数越大，对摩擦系数的影响就越小。

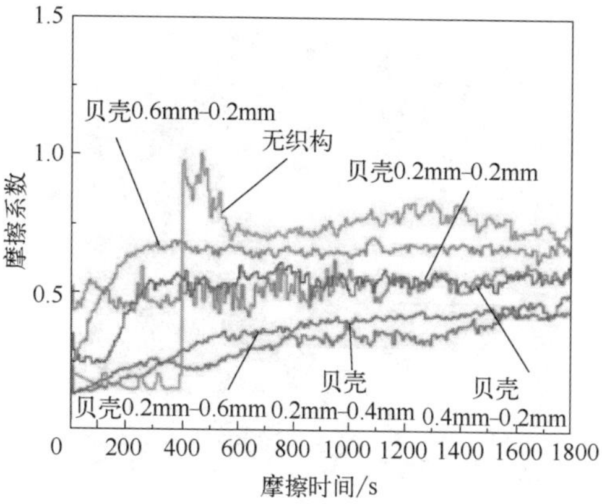

(a)

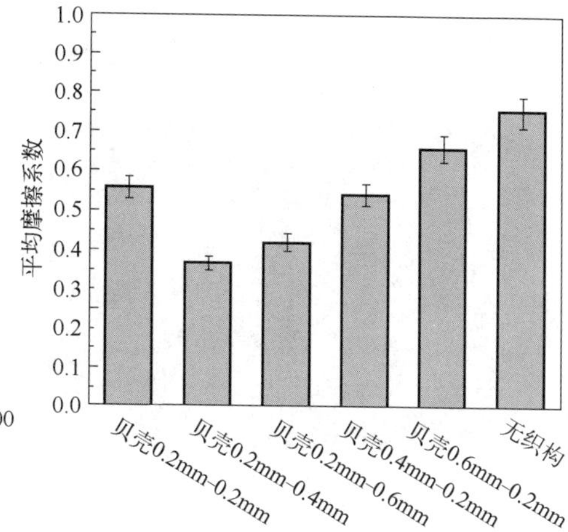

(b)

图 4.16　仿生贝壳纹织构的摩擦系数与五组样品的平均摩擦系数

(2) 磨损率及表面微观形貌分析

应用扫描电子显微镜对摩擦试验后的样品进行表面表征，图 4.17 列出了

(a) 无织构试样

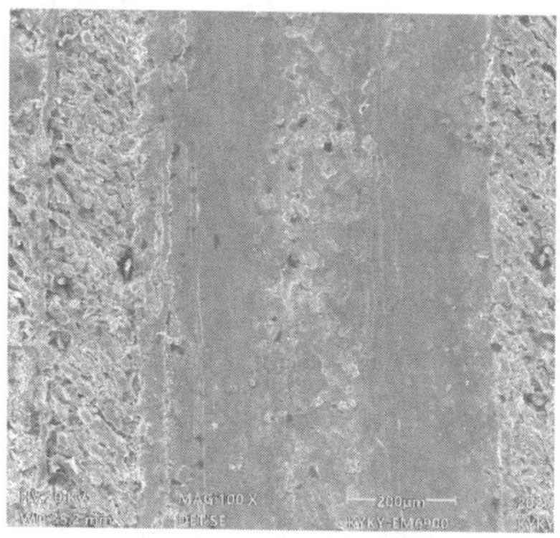

(b) 贝壳0.2mm-0.2mm

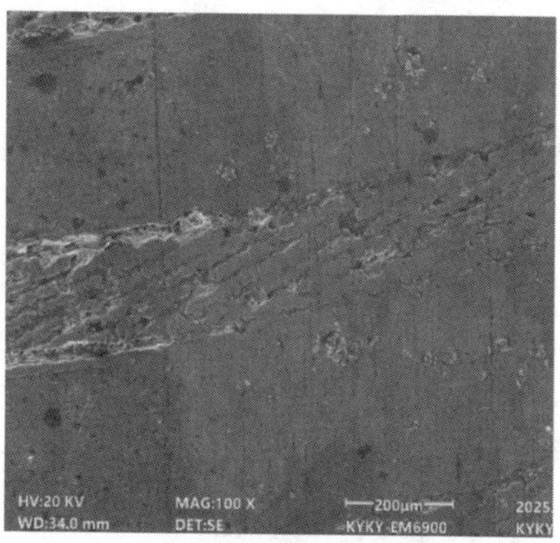

(c) 贝壳0.2mm-0.4mm

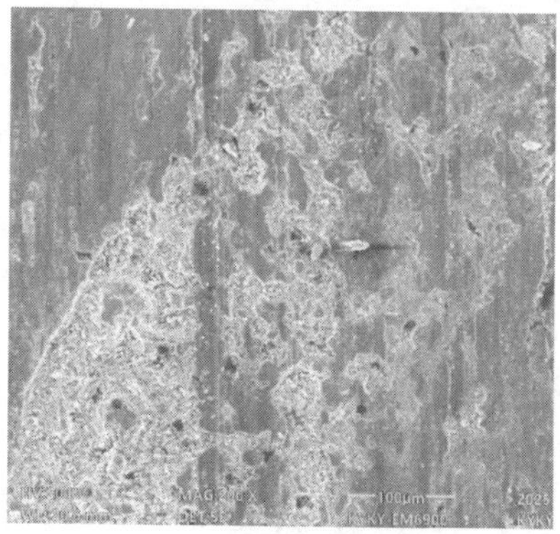

(d) 贝壳0.2mm-0.6mm

图 4.17

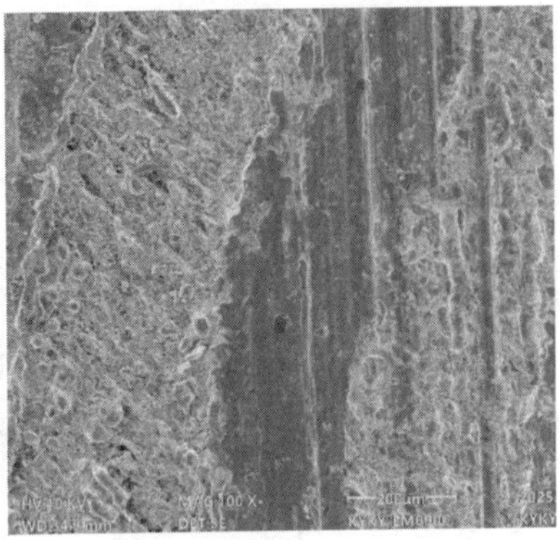

(e) 贝壳0.4mm-0.2mm

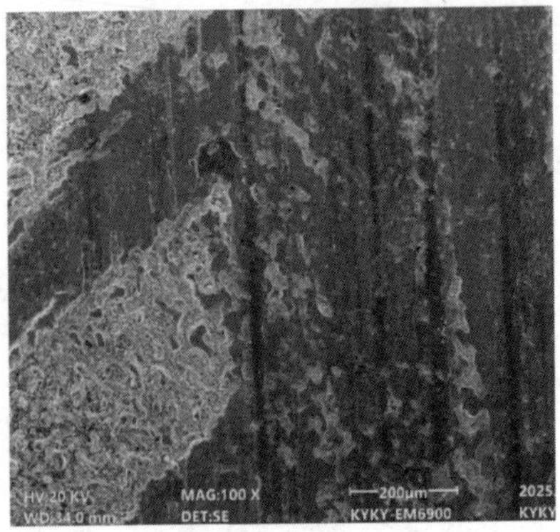

(f) 贝壳0.6mm-0.2mm

图 4.17　表面形貌图

QT600-3 球墨铸铁仿生贝壳纹织构试样在不同尺寸参数下磨痕的电镜图。贝壳 0.2mm-0.2mm 试样的非织构区域分布着较浅的划痕，一些磨粒散布在织构内部，表面磨损轻微。贝壳 0.2mm-0.4mm 试样的表面磨损形貌较好，无织构区域存在少量较浅的划痕以及磨粒，与平均摩擦系数显示的效果相对应。贝壳 0.2mm-0.6mm 试样的表面划痕较多，因为无织构区域面积较大，织构内部存有大量磨粒与磨屑。当织构面积增大时，仿生贝壳纹织构的减摩效果降低，过大的织构面积会导致贝壳表面微结构边缘应力集中加剧，形成大量划痕以及剥落。

图 4.18 为仿生贝壳纹织构试样的磨痕宽度以及磨损率对比图。从图中可以看出，仿生贝壳纹织构同样能有效地降低材料的磨痕宽度以及磨损率。从磨痕宽度可以看出，贝壳 0.2mm-0.2mm 试样的磨痕宽度是五组织构试样中最低的一组，为 0.66mm，相比原样降低了 64.5%；其余四组仿生贝壳纹织构的磨痕宽度几乎一致，贝壳 0.2mm-0.4mm 试样的磨痕宽度为 0.85mm，相比原样降低了 54.3%；贝壳 0.2mm-0.6mm 试样的磨痕宽度为 0.84mm，相比原样降低了 54.8%；贝壳 0.4mm-0.2mm 试样的磨痕宽度为 0.91，相比原样降低了 51.1%；贝壳 0.6mm-0.2mm 试样的磨痕宽度为 0.94，相比原样降低了 49.5%。仿生贝壳纹织构的减摩耐磨效果在织构间距较大的情况下表现最好，贝壳 0.2mm-0.4mm 试样的磨损率为 $1.70\times10^{-5}mm^3/(N\cdot m)$，相比原样降低了 98.2%；贝壳 0.2mm-0.6mm 试样的磨损率为 $2.91\times10^{-5}mm^3/(N\cdot m)$，相比原样降低了 96.9%。仿生贝壳纹织构的减摩耐磨效果在织构较大的情况下效果较差，贝壳 0.4mm-0.2mm 试样的磨损率最大，为 $15.97\times10^{-5}mm^3/(N\cdot m)$，相比原样降低了 82.8%；贝壳 0.6mm-0.2mm 试样的磨损率为 $13.73\times10^{-5}mm^3/(N\cdot m)$，相比原样降低了 85.2%。

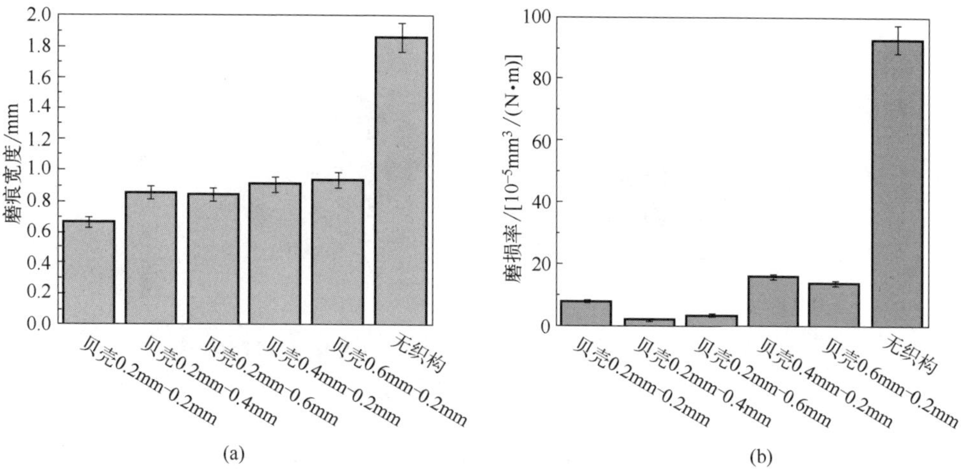

图 4.18　磨痕宽度和磨损率

图 4.19 为 QT600-3 球墨铸铁曳引轮试样在常温摩擦磨损试验条件下，仿生贝壳纹织构试样在不同尺寸参数下的三维轮廓图。从图中可以清晰地看到，相比原样，仿生贝壳纹织构的磨痕宽度、深度均小于无织构试样。贝壳 0.2mm-0.4mm 试样的磨痕深度最小，为 2.297μm；贝壳 0.2mm-0.2mm 试样的磨痕深

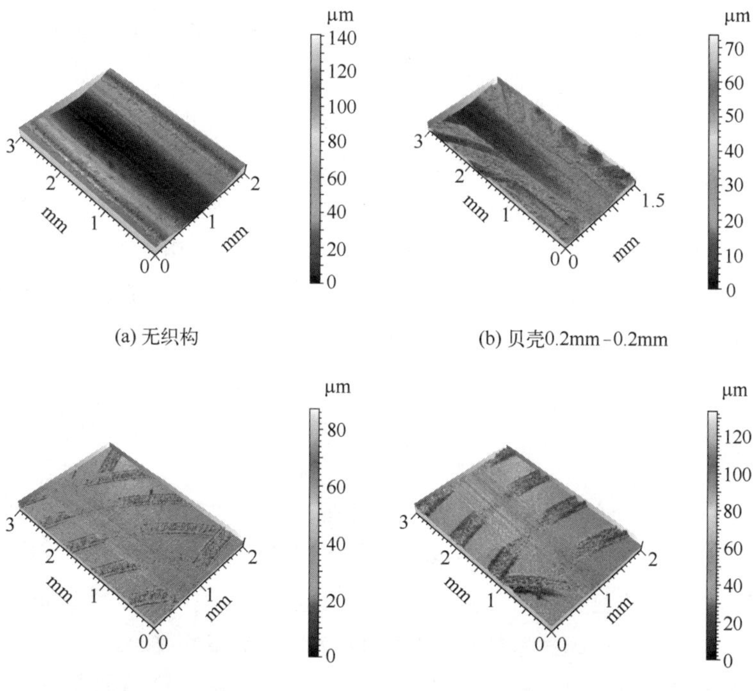

图 4.19

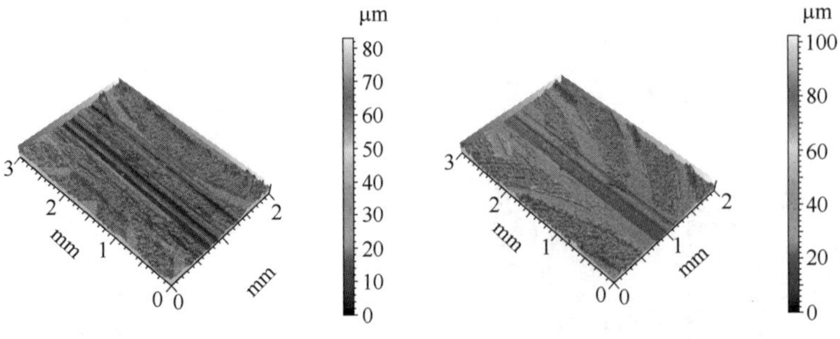

(e) 贝壳0.4mm-0.2mm　　(f) 贝壳0.6mm-0.2mm

图 4.19　不同织构参数常温摩擦磨损后的磨痕三维轮廓

度为 14.07μm；贝壳 0.2mm-0.6mm 试样的磨痕深度为 8.42μm；贝壳 0.4mm-0.2mm 试样的磨痕深度最大，为 26.37μm；贝壳 0.6mm-0.2mm 试样的磨痕深度为 11.09μm，磨痕深度的变化同磨损率的变化规律相同。观察发现，仿生贝壳纹织构的减摩耐磨效果与摩擦运动方向和织构形成的角度有关。

4.3　织构与 PU+ PTFE+ MoS_2 的协同效应

MoS_2 纳米颗粒是一种独特的润滑添加剂，不仅可以应用到润滑液、润滑脂中，也被当作一种改性剂添加到固体润滑涂层中。因电梯曳引轮对曳引力的特殊要求，为了防止打滑，润滑液与润滑脂不能大量应用在电梯曳引轮中。为了进一步研究电梯曳引轮失效延缓技术，本节以无织构无纳米颗粒改性的 QT600-3 曳引轮球墨铸铁原样为参照，通过添加 MoS_2 纳米颗粒改性的方式，对含四种表面织构协同 MoS_2 纳米颗粒的固体润滑涂层进行研究，使用 MWF-02 型往复式摩擦磨损试验机探究织构协同纳米颗粒改性电梯曳引轮与钢丝绳材料之间的摩擦学行为，探索在摩擦磨损过程中织构协同纳米颗粒对 QT600-3 球墨铸铁曳引轮试样摩擦磨损的影响机制。

4.3.1　凹坑织构复合 PU+ PTFE+ MoS_2 的性能

(1) 摩擦系数分析

本节将以不同参数的凹坑织构复合 PU+PTFE+MoS_2 纳米颗粒固体润滑涂层在 MWF-02 型往复式摩擦磨损试验机上进行干摩擦试验。图 4.20 给出了 MoS_2 复合凹坑织构的摩擦系数变化曲线以及平均摩擦系数。

含纳米颗粒涂层的摩擦系数均小于 0.5，摩擦系数较小的是凹坑 0.2mm-0.4mm 试样与凹坑 0.2mm-0.6mm 试样，平均摩擦系数分别为 0.234 和 0.226，平均摩擦系数分别降低了 69.0%和 70.1%，且摩擦系数稳定。其中，摩擦系数

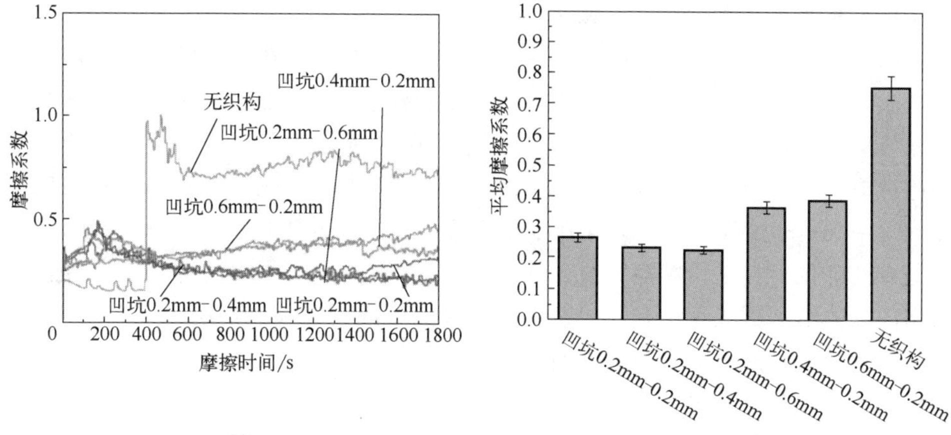

图 4.20 MoS_2 复合凹坑织构的摩擦系数变化曲线及平均摩擦系数

较大的是纳米颗粒复合凹坑 0.6mm-0.2mm 试样和凹坑 0.4mm-0.2mm 试样，平均摩擦系数分别为 0.387 和 0.363，平均摩擦系数降低了 48.7%和 51.9%。造成这种现象的原因可能是，凹坑织构过大导致坑内的纳米颗粒润滑剂难以在坑间形成连续的润滑薄膜，而较小的凹坑中的纳米颗粒润滑剂在压力的作用下能很好地挤出凹坑，从而有利于形成连续的润滑薄膜。当然，织构尺寸并不是越小越好，合适的织构间距也是降低摩擦系数的一个关键因素。凹坑 0.2mm-0.2mm 试样的平均摩擦系数为 0.266，相比织构间距为 0.4mm 与 0.6mm 的试样，减摩效果有所降低。这可能是因为织构间距过小时，润滑膜不连续，应力集中显著，捕获的磨屑可能无法有效排出，反而在接触区形成硬质颗粒堆积，诱发磨粒磨损。

如图 4.21 所示，与未涂层的试样相比，添加了纳米颗粒涂层复合凹坑织构试样的摩擦系数比未涂层试样低；在织构大小一定，间距增加的过程中，纳米颗粒起到了有效的减摩作用，但当织构尺寸增大时，减摩效果下降。

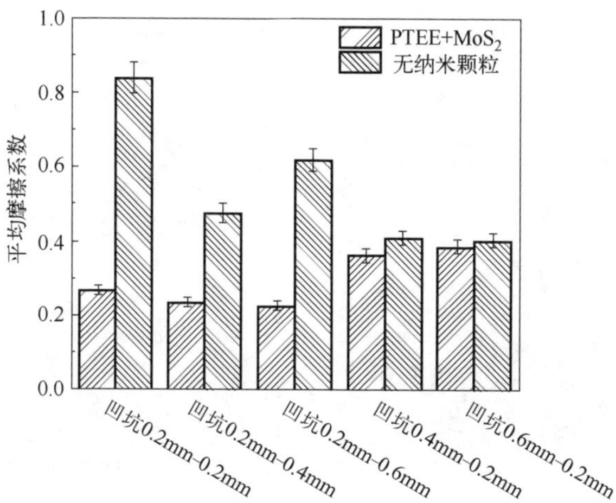

图 4.21 添加纳米颗粒织构与未添加纳米颗粒织构的平均摩擦系数对比图

(2) 磨损率及表面微观形貌分析

图 4.22 给出了 MoS_2 纳米颗粒润滑剂协同凹坑织构在摩擦磨损试验后的磨损状态电镜照片。从图中可以看出，含纳米颗粒的涂层镶嵌在织构内部起到润滑减摩效果。凹坑 0.2mm-0.2mm 试样表面存在少量划痕，纳米颗粒润滑涂层受挤压覆盖在材料表面起到了润滑减摩的效果，凹坑 0.2mm-0.4mm 试样与凹坑 0.2mm-0.6mm 试样表面均只存在少量划痕。在织构间距较大的情况下，纳米颗粒能有效降低材料平均摩擦系数，提高耐磨性。当凹坑织构尺寸增大时，镶嵌在织构内部的纳米颗粒无法有效地挤出凹坑表面形成润滑膜，如图 4.22 (e)、(f) 所示，相较小尺寸凹坑织构，表面划痕增加且质量变差，进一步验证了大尺寸凹坑织构不利于减摩与耐磨性能提升。

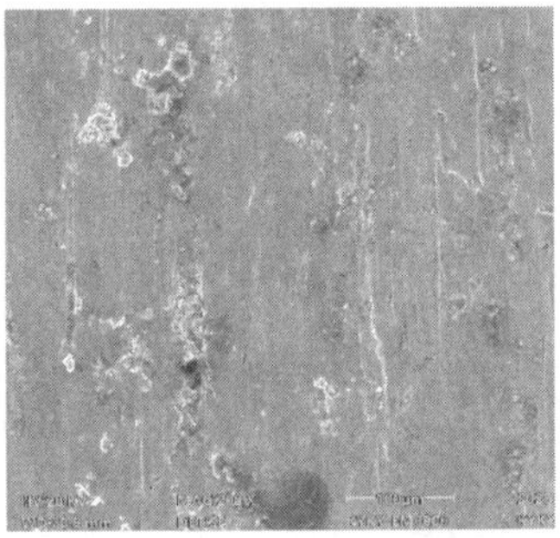

(a) 无织构试样

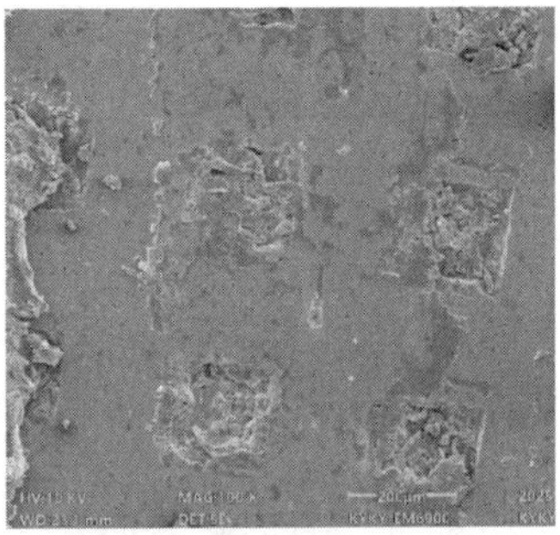

(b) 凹坑0.2mm - 0.2mm

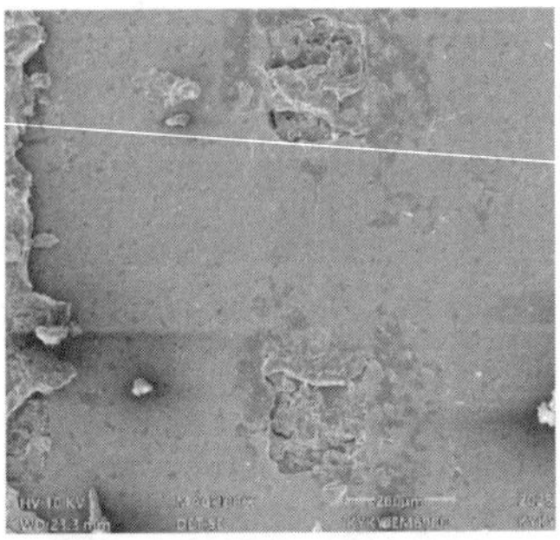

(c) 凹坑0.2mm - 0.4mm

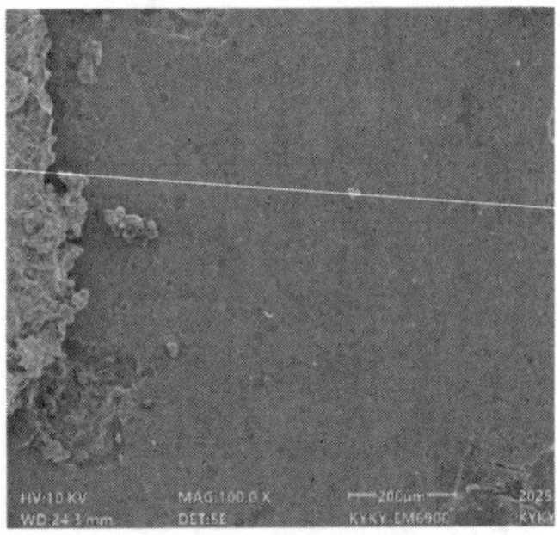

(d) 凹坑0.2mm - 0.6mm

(e) 凹坑0.4mm - 0.2mm

(f) 凹坑0.6mm - 0.2mm

图 4.22　表面形貌图

为了更好地说明 QT600-3 球墨铸铁曳引轮试样在纳米颗粒润滑剂协同凹坑织构下的摩擦学性能，图 4.23 列出了凹坑织构协同 MoS_2 纳米颗粒改性的磨痕宽度以及磨损率变化图。可以明显地看出，添加 MoS_2 能有效地降低磨痕宽度和磨损率。

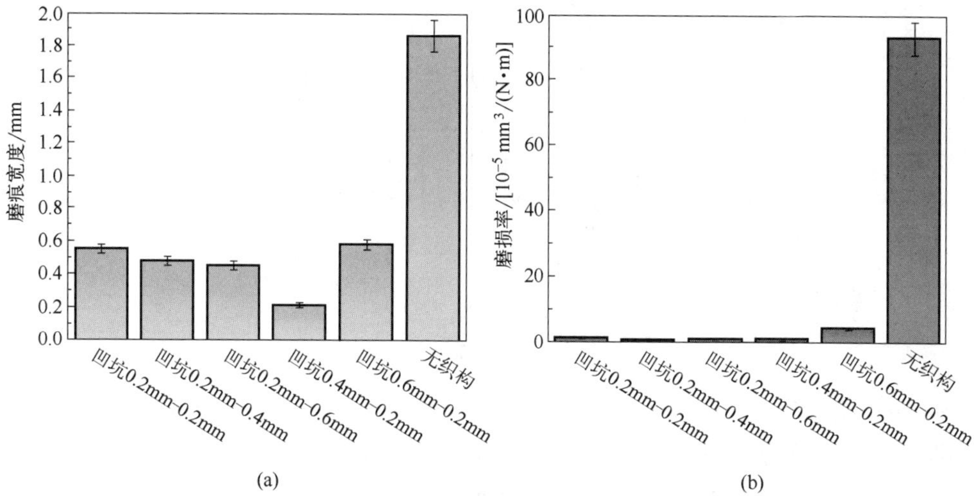

图 4.23　磨痕宽度和磨损率

在添加了 MoS_2 纳米颗粒的凹坑试样中，凹坑 0.4mm-0.2mm 试样的磨痕宽度最低，为 0.21mm，相比原样降低了 88.7%；凹坑 0.2mm-0.2mm 试样的磨痕宽度为 0.55mm，相比原样降低了 70.4%；凹坑 0.2mm-0.4mm 试样的磨痕宽度为 0.48mm，相比原样降低了 74.2%；凹坑 0.2mm-0.6mm 试样的磨痕宽度为 0.45mm，相比原样降低了 75.8%；凹坑 0.6mm-0.2mm 试样的磨痕宽度为 0.58mm，相比原样降低了 68.8%。添加了 MoS_2 纳米颗粒的凹坑试样磨损率降低明显，凹坑 0.2mm-0.2mm 试样的磨损率为 $1.14\times10^{-5}mm^3/(N\cdot m)$，相比原样降低了 98.8%；凹坑 0.2mm-0.4mm 试样的磨损率为 $0.40\times10^{-5}mm^3/(N\cdot m)$，相比原样降低了 99.6%；凹坑 0.2mm-0.6mm 试样的磨损率为 $0.92\times10^{-5}mm^3/(N\cdot m)$，相比原样降低了 99.0%；凹坑 0.4mm-0.2mm 试样的磨损率为 $0.64\times10^{-5}mm^3/(N\cdot m)$，相比原样降低了 99.3%；凹坑 0.6mm-0.2mm 试样的磨损率为 $0.95\times10^{-5}mm^3/(N\cdot m)$，相比原样降低了 99.0%。对于凹坑织构而言，添加 MoS_2 纳米颗粒有效地降低了磨损率，如图 4.24 所示，相比未添加 MoS_2 纳米颗粒的凹坑织构试样，磨损率大幅降低。

图 4.25 是 T600-3 球墨铸铁曳引轮试样在 MoS_2 纳米颗粒协同不同尺寸凹坑织构常温下的磨痕三维轮廓图。从图中可以清晰地看出，表面织构协同纳米颗粒改性固体润滑剂能大大增强样品表面的耐磨性能，原样的磨痕深度为 111μm，而凹坑织构协同纳米颗粒试样的磨损深度远远小于原光滑样品的磨损深度。这是

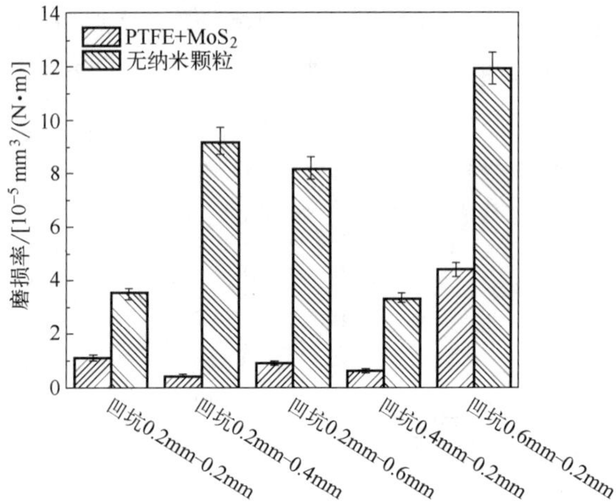

图 4.24 添加纳米颗粒织构与未添加纳米颗粒织构的磨损率对比图

因为织构化样品表面的接触应力更小，剪切应力更小，加上纳米颗粒的润滑作用，导致表面的磨损更小。凹坑 0.2mm-0.4mm 试样的磨痕深度最小，平均磨痕深度为 5.35μm；凹坑 0.2mm-0.2mm 的平均磨痕深度为 13.73μm；凹坑

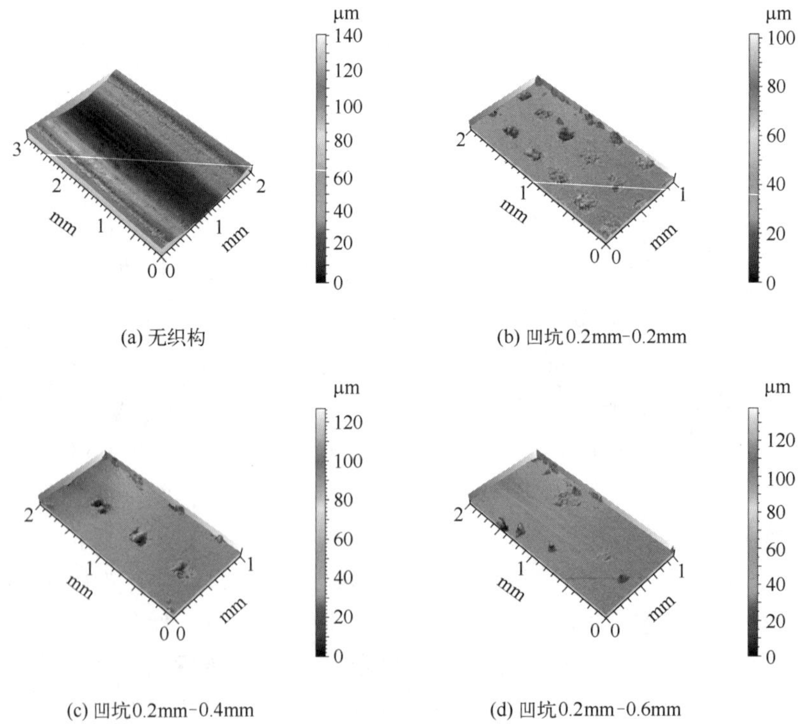

(a) 无织构　(b) 凹坑0.2mm-0.2mm

(c) 凹坑0.2mm-0.4mm　(d) 凹坑0.2mm-0.6mm

图 4.25

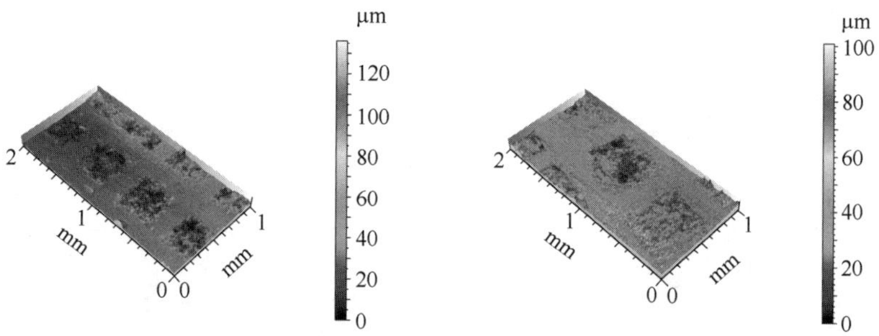

(e) 凹坑0.4mm-0.2mm　　(f) 凹坑0.6mm-0.2mm

图 4.25　MoS_2 纳米颗粒协同不同尺寸凹坑织构常温下的磨痕三维轮廓图

0.2mm-0.6mm 试样的平均磨痕深度为 6.78μm；凹坑 0.6mm-0.2mm 试样的平均磨痕深度达到了 20.95μm。进一步说明凹坑织构的尺寸增加，不利于减摩和提高耐磨性。

4.3.2　沟槽织构复合 PU+ PTFE+ MoS_2 的性能

（1）摩擦系数分析

本节将以不同尺寸参数的沟槽织构复合 PU＋PTFE＋MoS_2 纳米颗粒固体润滑涂层在 MWF-02 型往复式摩擦磨损试验机上进行干摩擦试验。从图 4.26 中摩擦系数变化曲线及平均摩擦系数可以看出，随着纳米颗粒的加入，试样的摩擦系数以及磨损状态有着极大的改善，与原试样相比，添加了纳米颗粒的沟槽试样同样不存在剧烈磨损阶段，摩擦系数变化平稳。沟槽 0.2mm-0.4mm 试样的摩擦系数最低，平均摩擦系数为 0.146，相比原样降低了 80.7%；其次是沟槽 0.2mm-0.6mm 试样，平均摩擦系数为 0.227，相比原样降低了 70.0%；沟槽 0.2mm-0.2mm 试样与沟槽 0.4mm-0.2mm 试样的摩擦系数相似，平均摩擦系数分别为 0.384 和 0.373，相比原样分别降低了 49.1%和 50.6%；沟槽 0.6mm-0.2mm 试样的平均摩擦系数为 0.532，是本组所有织构化试样中最大的一组，相比原试样平均摩擦系数只降低了 29.5%。可以看到，沟槽试样的摩擦系数变化情况与凹坑试样类似，过大的织构尺寸以及过小的织构间距都不足以有效地降低摩擦系数。其原因为，织构过大，纳米颗粒无法在沟槽间形成连续的润滑膜；间距过小，润滑膜不连续，应力集中显著，捕获的磨屑可能无法有效排出，反而在接触区形成硬质颗粒堆积，诱发磨粒磨损。

如图 4.27 所示为沟槽织构添加了纳米颗粒与未添加纳米颗粒的平均摩擦系数对比图。可以看到，沟槽 0.2mm-0.4mm 试样的平均摩擦系数最低，减摩效果最好；在织构间距增大的情况下，添加纳米颗粒能有效地改善试样的摩擦系数，这是因为纳米颗粒能在织构间形成连续的润滑膜。

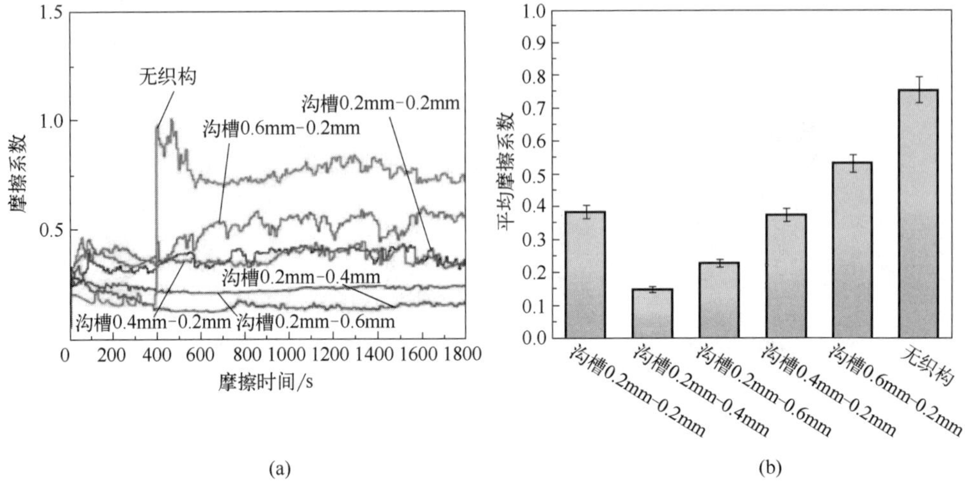

图 4.26 MoS_2 复合沟槽织构摩擦系数变化曲线及平均摩擦系数

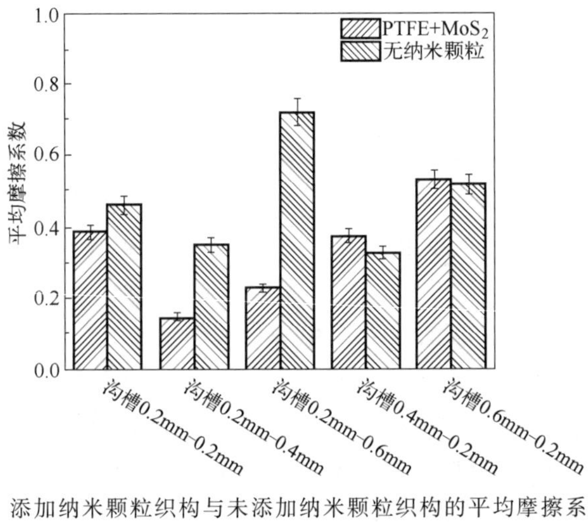

图 4.27 添加纳米颗粒织构与未添加纳米颗粒织构的平均摩擦系数对比图

(2) 磨损率及表面微观形貌分析

图 4.28 为 QT600-3 球墨铸铁曳引轮试样在纳米颗粒与不同参数沟槽织构协同作用下，常温磨痕的表面形貌图。从图中可以看出，沟槽 0.2mm-0.2mm 试样表面存在大量划痕，沟槽内部的纳米颗粒未能有效地铺展到试样表面，导致其未能形成有效润滑，进而导致摩擦系数较大，磨损率增加。沟槽 0.2mm-0.4mm 试样内部的纳米颗粒固体润滑剂在摩擦和剪切力的作用下有效地挤出沟槽内部并铺展到材料表面，形成了稳定的润滑膜，进而使摩擦系数降低，磨损率降低，增加了耐磨性。沟槽 0.2mm-0.6mm 试样的表面润滑膜不连续，润滑效果不如沟槽 0.2mm-0.4mm 试样，这是由于织构间距增大，形成的润滑膜不连续。对于沟槽 0.4mm-0.2mm 试样以及沟槽 0.6mm-0.2mm 试样，两者均未能形成有效

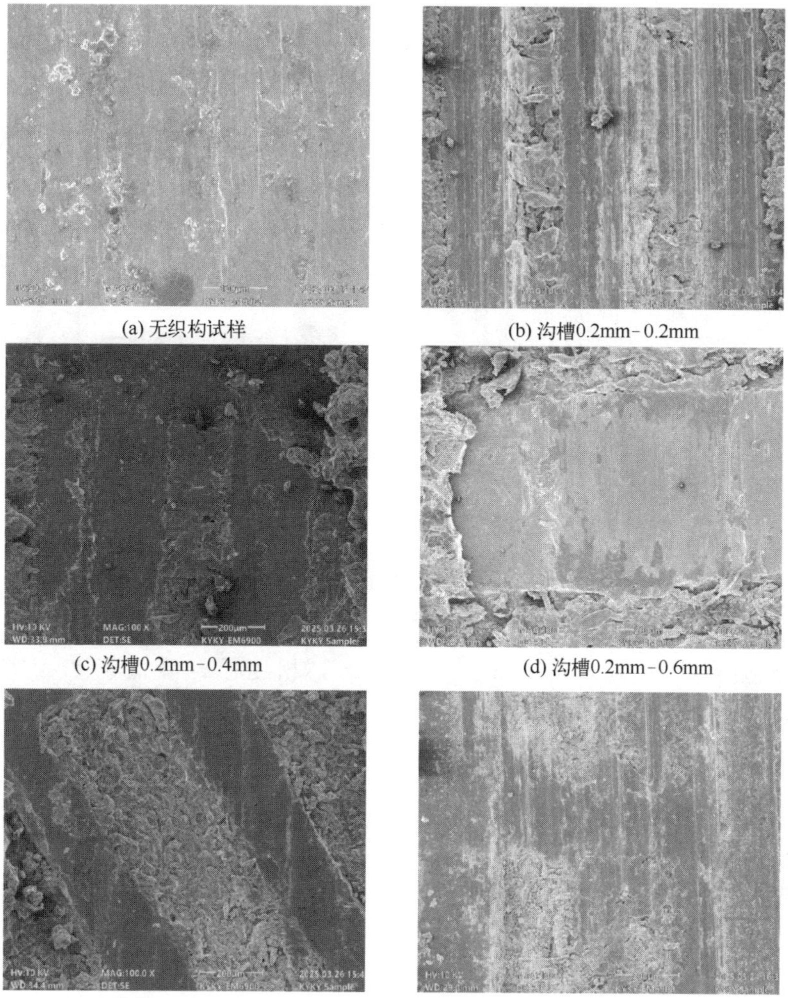

(a) 无织构试样　(b) 沟槽0.2mm-0.2mm

(c) 沟槽0.2mm-0.4mm　(d) 沟槽0.2mm-0.6mm

(e) 沟槽0.4mm-0.2mm　(f) 沟槽0.6mm-0.2mm

图 4.28　表面形貌图

的润滑膜，纳米颗粒固体润滑剂未能有效地挤出沟槽织构内部，钢球与基体直接接触发生黏着磨损。与凹坑织构的受影响参数一致，大的织构尺寸不利于形成有效润滑，不利于减摩和提高耐磨性。

为了更好地说明 QT600-3 球墨铸铁曳引轮试样在纳米颗粒润滑剂协同沟槽织构的摩擦学性能，图 4.29 列出了沟槽织构协同 MoS_2 纳米颗粒改性的磨痕宽度以及磨损率变化图。

可以明显地看出，沟槽织构有效地降低了试样的磨痕宽度以及磨损率。磨痕宽度最低的为沟槽 0.4mm-0.2mm 试样，磨痕宽度为 0.39mm，相比原样降低了 79.0%；其次是沟槽 0.2mm-0.4mm 试样，磨痕宽度为 0.42，相比原样降低了 77.4%；沟槽 0.2mm-0.6mm 试样的磨痕宽度为 0.61mm，相比原样降低了 67.2%；沟槽 0.2mm-0.2mm 试样的磨痕宽度为 0.75mm，相比原样降低了

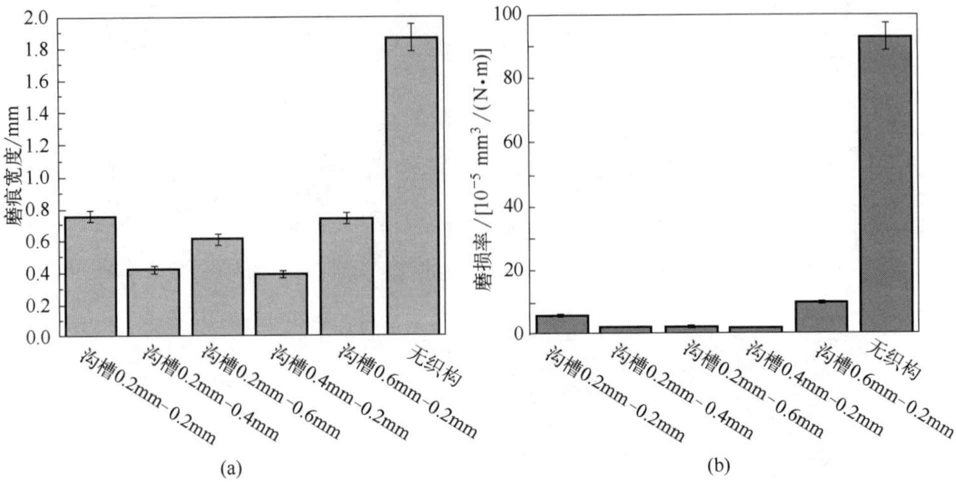

图 4.29 磨痕宽度和磨损率

59.7%；沟槽 0.6mm-0.2mm 试样的磨痕宽度为 0.73mm，相比原样降低了 60.8%。添加了 MoS_2 纳米颗粒的沟槽试样磨损率最大的是沟槽 0.6mm-0.2mm 试样，磨损率为 $9.81\times10^{-5}mm^3/(N\cdot m)$，相比原样降低了 89.4%；沟槽 0.2mm-0.2mm 试样磨损率为 $5.90\times10^{-5}mm^3/(N\cdot m)$，相比原样降低了 93.6%；沟槽 0.2mm-0.4mm 试样磨损率为 $2.31\times10^{-5}mm^3/(N\cdot m)$，相比原样降低了 97.5%；沟槽 0.2mm-0.6mm 试样磨损率为 $1.93\times10^{-5}mm^3/(N\cdot m)$，相比原样降低了 97.9%；沟槽 0.4mm-0.2mm 试样磨损率为 $1.87\times10^{-5}mm^3/(N\cdot m)$，相比原样降低了 98.0%。

图 4.30 为添加了 MoS_2 纳米颗粒与未添加纳米颗粒的沟槽织构磨损率对比

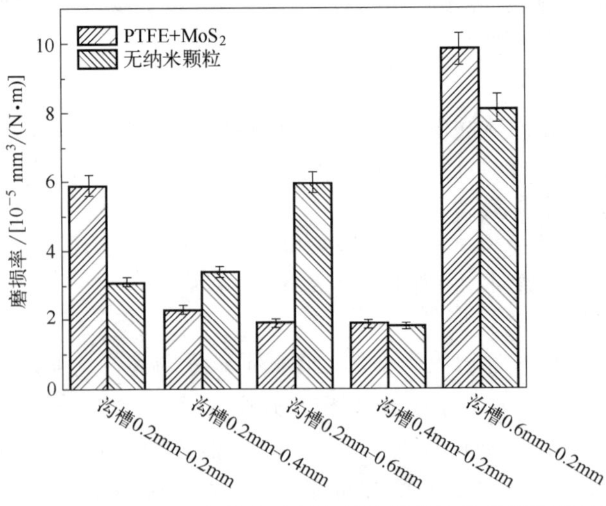

图 4.30 添加纳米颗粒织构与未添加纳米颗粒织构的磨损率对比图

图。由图可知，添加纳米颗粒能有效降低织构间距带来的对磨损率的影响。当沟槽织构过大时，纳米颗粒无法在沟槽之间形成连续的润滑膜，过大的沟槽可能使纳米颗粒沉积在沟槽内，无法及时补充至接触区，导致局部润滑失效。添加了 MoS_2 纳米颗粒的沟槽织构磨损率变化与平均摩擦系数的变化曲线相似。

图 4.31 为 QT600-3 球墨铸铁曳引轮试样在纳米颗粒润滑剂与沟槽织构协同

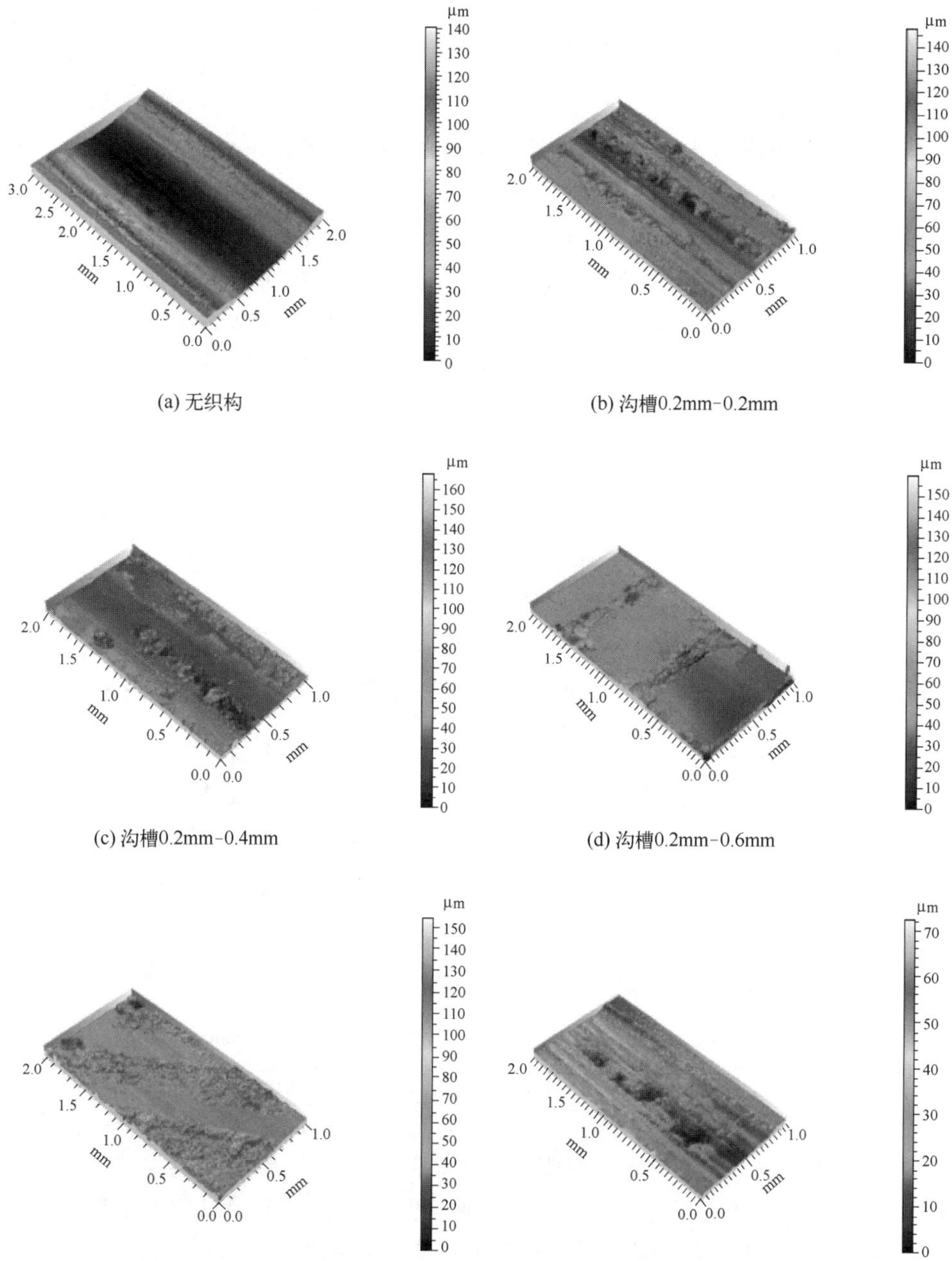

(a) 无织构　(b) 沟槽0.2mm-0.2mm

(c) 沟槽0.2mm-0.4mm　(d) 沟槽0.2mm-0.6mm

(e) 沟槽0.4mm-0.2mm　(f) 沟槽0.6mm-0.2mm

图 4.31　MoS_2 纳米颗粒协同不同尺寸沟槽织构常温下的磨痕三维轮廓图

作用下，常温磨痕的三维轮廓图。可以明显地看出，MoS_2 纳米颗粒协同沟槽织构能有效地改善 QT600-3 球墨铸铁曳引轮试样的摩擦磨损性能，磨痕宽度、深度均得到有效降低。其中沟槽 0.2mm-0.2mm 试样的磨痕深度为 18.56μm，沟槽 0.6mm-0.2mm 试样的磨痕深度为 17.51μm，两者的磨痕深度最深，减摩效果最差，原因同表面形貌图分析。

4.3.3 波浪纹织构复合 PU+ PTFE+ MoS_2 的性能

（1）摩擦系数分析

本节将以不同尺寸参数的波浪纹织构复合 PU＋PTFE＋MoS_2 纳米颗粒固体润滑涂层在 MWF-02 型往复式摩擦磨损试验机上进行干摩擦试验。图 4.32 所示为纳米颗粒协同波浪纹织构在常温条件下的摩擦系数变化曲线及平均摩擦系数。平均摩擦系数最低的是波浪 0.2mm-0.4mm 试样，为 0.276，比原样降低了 63.4%；波浪 0.6mm-0.2mm 试样的平均摩擦系数与波浪 0.2mm-0.2mm 试样的平均摩擦系数相当，分别为 0.372 和 0.400，分别比原样降低了 50.7% 和 47.0%。波浪 0.4mm-0.2mm 试样的减摩效果最差，平均摩擦系数为 0.540，相比原样降低了 28.5%。

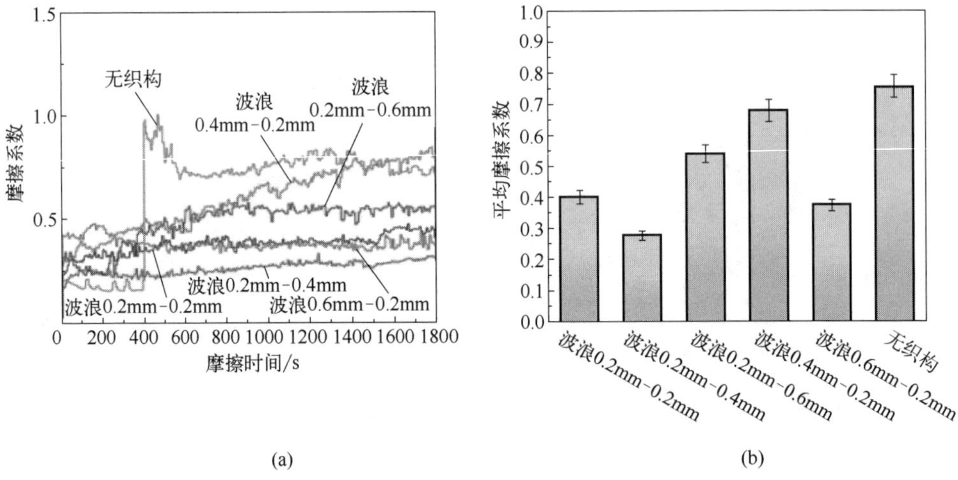

图 4.32 MoS_2 复合波浪纹织构的摩擦系数变化曲线及平均摩擦系数

图 4.33 所示为波浪纹织构添加了 MoS_2 纳米颗粒与未添加纳米颗粒的平均摩擦系数对比图。可以看出，除了在波浪 0.2mm-0.2mm 尺寸下，平均摩擦系数有所增加外，其余尺寸下平均摩擦系数均比未添加 MoS_2 纳米颗粒低。结合二维形貌［图 4.34（b）］可见，其表面存在大量划痕，可能是因为在波浪 0.2mm-0.2mm 尺寸参数下，MoS_2 颗粒在狭窄通道中的迁移能力受限，无法有效补充摩擦界面的润滑膜，涂层的显微硬度较低，磨损表面产生了大量粗且深的犁沟以及剥落，钢球与涂层反复摩擦挤压涂层产生疲劳裂纹，同时摩擦热无法及时消

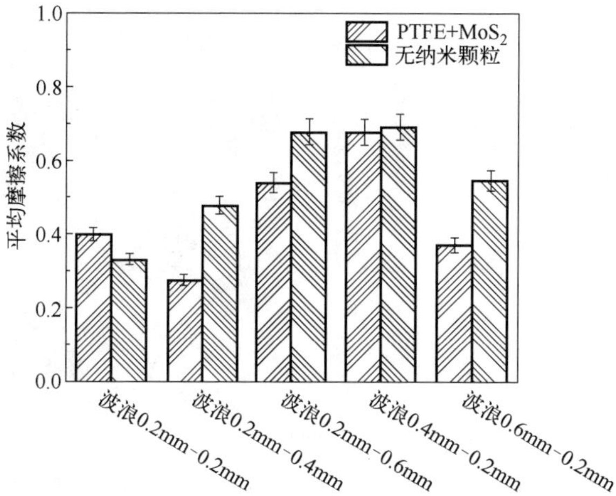

图 4.33　添加纳米颗粒织构与未添加纳米颗粒织构的平均摩擦系数对比图

散，发生黏着磨损，最终导致涂层剥落，此时的磨损形式主要为剧烈的磨粒磨损和黏着磨损。

（2）磨损率及表面微观形貌分析

图 4.34 为 QT600-3 球墨铸铁曳引轮试样在 MoS_2 纳米颗粒润滑剂协同波浪纹织构常温不同织构参数下的磨痕二维电镜图。波浪 0.2mm-0.2mm 试样与波浪 0.2mm-0.4mm 试样磨痕宽度较大，表面存在大量划痕以及磨粒，主要磨损形式为磨粒磨损与黏着磨损。波浪 0.2mm-0.6mm 试样的磨痕宽度最小，磨损率最小，但也未见连续的润滑膜。五组波浪纹织构试样均未形成连续的润滑膜，只在局部区域形成连续润滑膜。这可能与波浪纹织构的独特形状和摩擦磨损角度有关，波浪纹织构夹角存在大面积无织构空白区域，竖向摩擦时无法形成连续的润滑膜。当织构尺寸较大时，内部存储着大量纳米颗粒固体润滑剂，如波浪 0.6mm-0.2mm 试样，润滑形式以边界润滑和混合润滑为主，虽然未形成连续润滑膜，但在摩擦和剪切力的作用下，将纳米颗粒润滑剂挤出后，同样也能起到高效润滑作用。

(a) 无织构试样

(b) 波浪0.2mm-0.2mm

图 4.34

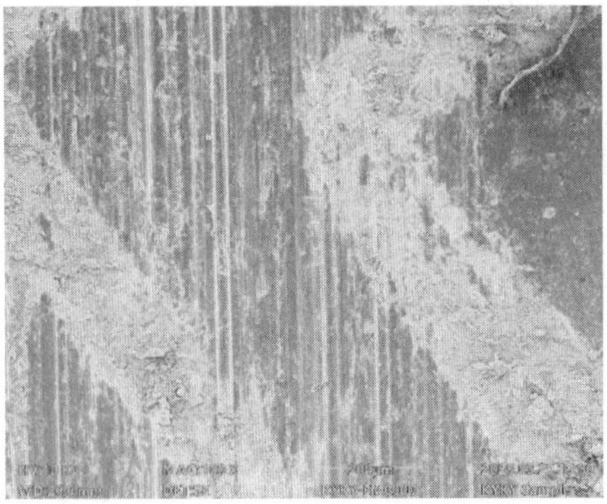

(c) 波浪0.2mm-0.4mm

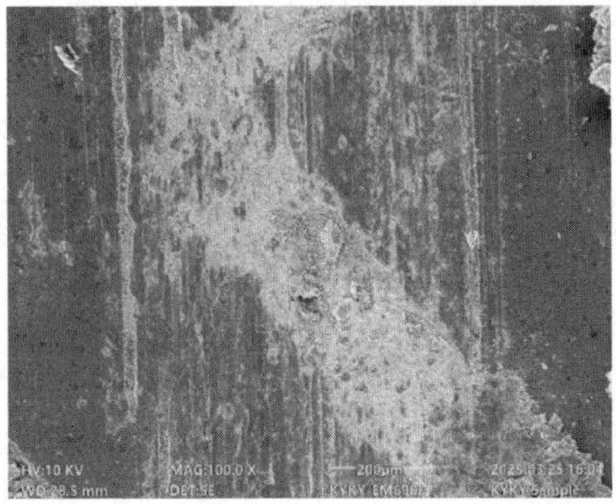

(d) 波浪0.2mm-0.6mm

(e) 波浪0.4mm-0.2mm

(f) 波浪0.6mm-0.2mm

图 4.34　表面形貌图

图 4.35 显示了 MoS_2 纳米颗粒协同波浪纹织构在不同织构参数常温下摩擦试验后的磨痕宽度以及磨损率的变化情况。

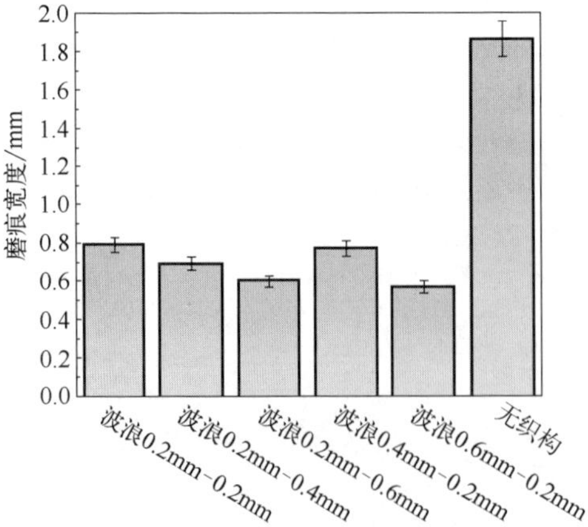

(a)

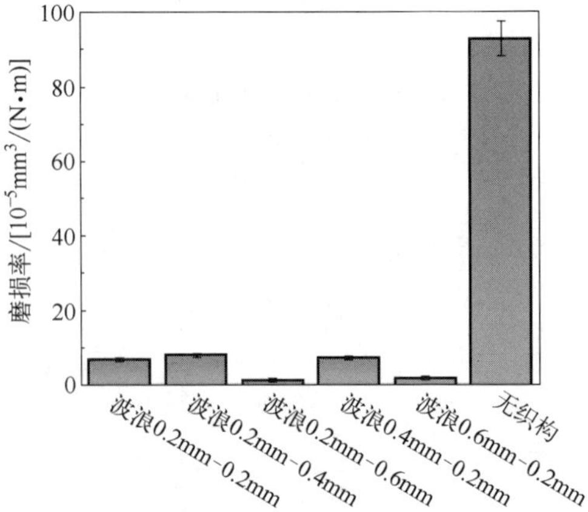

(b)

图 4.35　磨痕宽度和磨损率

可以明显看出，纳米颗粒协同波浪纹织构试样可以明显地降低磨痕宽度和磨损率。磨痕宽度最低的为波浪 0.6mm-0.2mm 试样，磨痕宽度为 0.57mm，相比原样降低了 69.4%；其次是波浪 0.2mm-0.6mm 试样，磨痕宽度为 0.60，相比原样降低了 67.7%；波浪 0.2mm-0.2mm 试样的磨痕宽度为 0.79mm，相比原样降低了 57.5%；波浪 0.2mm-0.4mm 试样的磨痕宽度为 0.69mm，相比原样降低了 62.9%；波浪 0.4mm-0.2mm 试样的磨痕宽度为 0.77mm，相比原样降低了 58.6%。添加了 MoS_2 纳米颗粒的波浪纹试样磨损率最大的是波浪 0.2mm-0.4mm 试样，磨损率为 $7.82\times10^{-5}mm^3/(N\cdot m)$，相比原样降低了 91.6%；波浪 0.2mm-0.2mm 试样磨损率为 $6.59\times10^{-5}mm^3/(N\cdot m)$，相比原样降低了 92.9%；波浪 0.2mm-0.6mm 试样磨损率为 $1.08\times10^{-5}mm^3/(N\cdot m)$，相比原样降低了 98.8%；波浪 0.4mm-0.2mm 试样磨损率为 $7.03\times10^{-5}mm^3/(N\cdot m)$，相比原样降低了 92.4%；波浪 0.4mm-0.2mm 试样磨损率为 $1.54\times10^{-5}mm^3/(N\cdot m)$，相比原样降低了 98.3%。

图 4.36 为添加了 MoS_2 纳米颗粒的波浪纹织构试样同未添加纳米颗粒的波浪纹试样的磨损率对比图。其中，磨损率降低明显的是波浪 0.2mm-0.6mm 织构和波浪 0.6mm-0.2mm 织构，其余三组试样磨损率不降反增。这可能是因为 MoS_2 纳米颗粒与波浪纹织构润滑失效、应力集中与协同效应失衡，当形成有效润滑后，磨损率降低。

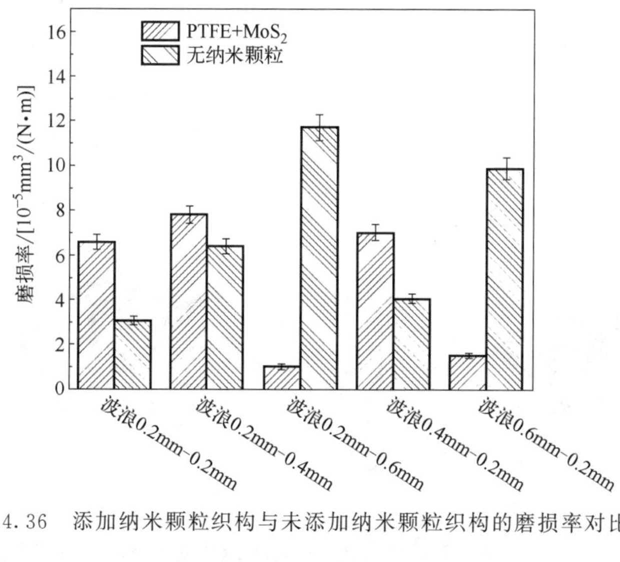

图 4.36　添加纳米颗粒织构与未添加纳米颗粒织构的磨损率对比图

图 4.37 为 QT600-3 球墨铸铁曳引轮试样在常温下，采用 MoS_2 纳米颗粒与不同尺寸波浪纹织构协同作用时的磨痕三维轮廓图。从图中可以看出，纳米颗粒协同波浪纹织构试样可以明显地降低磨痕宽度以及磨痕深度，说明纳米颗粒协同波浪纹织构对减小磨痕宽度有促进作用。波浪 0.2mm-0.6mm 试样的磨痕深度最浅，为 4.19μm。

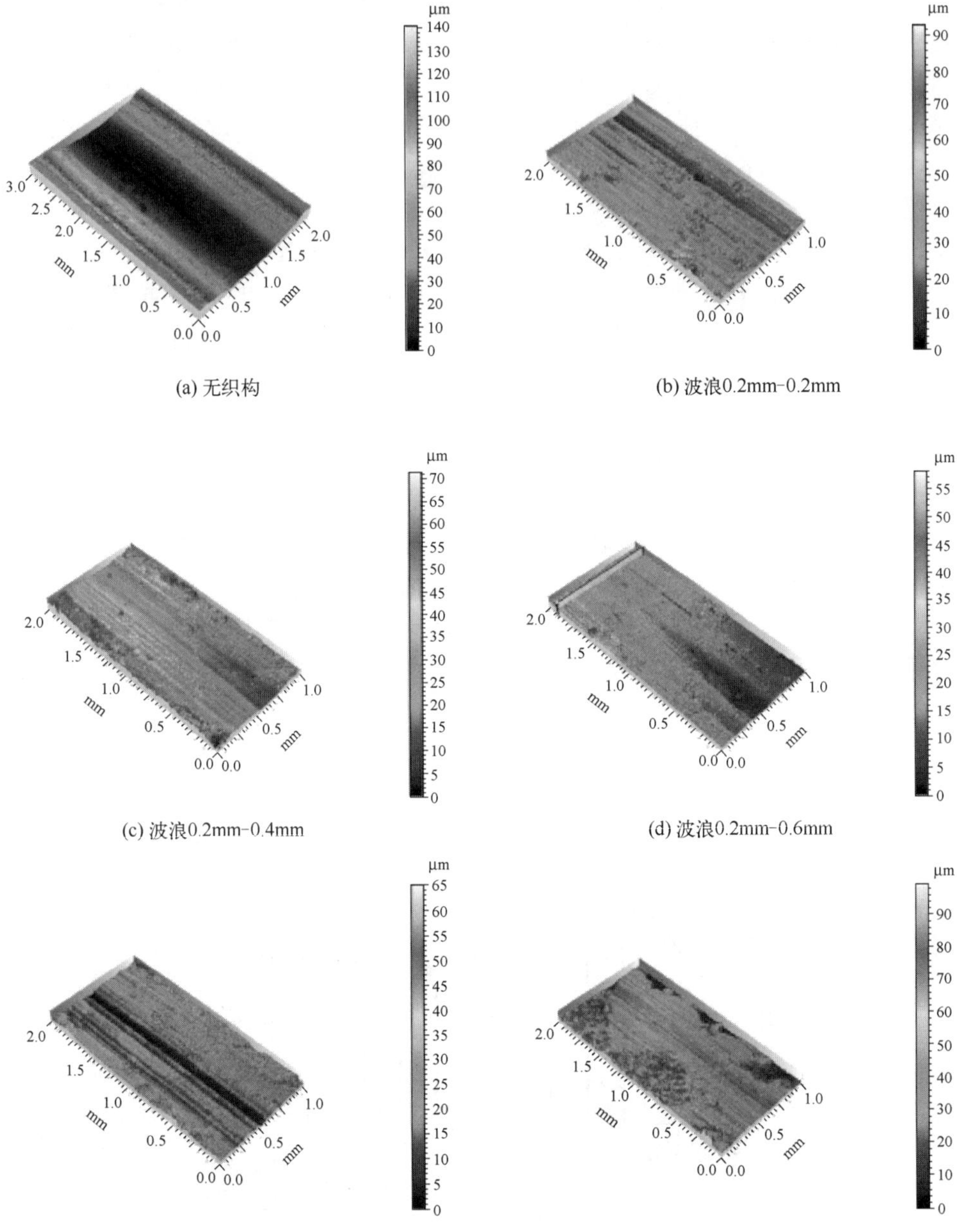

(a) 无织构　(b) 波浪0.2mm-0.2mm

(c) 波浪0.2mm-0.4mm　(d) 波浪0.2mm-0.6mm

(e) 波浪0.4mm-0.2mm　(f) 波浪0.6mm-0.2mm

图 4.37　MoS_2 纳米颗粒协同不同尺寸波浪织构常温下的磨痕三维轮廓图

4.3.4　仿生贝壳纹织构复合 PU+ PTFE+ MoS_2 的性能

（1）摩擦系数分析

本节将以不同尺寸参数的贝壳纹织构复合 PU＋PTFE＋MoS_2 纳米颗粒固体

润滑涂层在 MWF-02 型往复式摩擦磨损试验机上进行干摩擦试验。图 4.38 所示为纳米颗粒协同贝壳纹织构在常温条件下的摩擦系数变化曲线及平均摩擦系数。从图中可以得出，贝壳 0.2mm-0.4mm 试样的摩擦系数最低，平均摩擦系数为 0.232，比无织构试样的平均摩擦系数降低了 69.3%，且摩擦系数变化平稳，其余四组织构试样均无剧烈磨损阶段。贝壳 0.2mm-0.2mm 试样的平均摩擦系数为 0.369，比无织构试样的平均摩擦系数降低了 51.1%；贝壳 0.2mm-0.6mm 试样的平均摩擦系数为 0.474，与无织构相比平均摩擦系数降低了 37.2%；贝壳 0.4mm-0.2mm 试样的平均摩擦系数为 0.392，与无织构相比平均摩擦系数降低了 48.1%；贝壳 0.6mm-0.2mm 试样的平均摩擦系数为 0.439，与无织构相比平均摩擦系数降低了 41.9%。贝壳纹织构与其他三种织构相似，其中，减摩效果最好的织构尺寸同为 0.2mm-0.4mm，存在一定规律性。

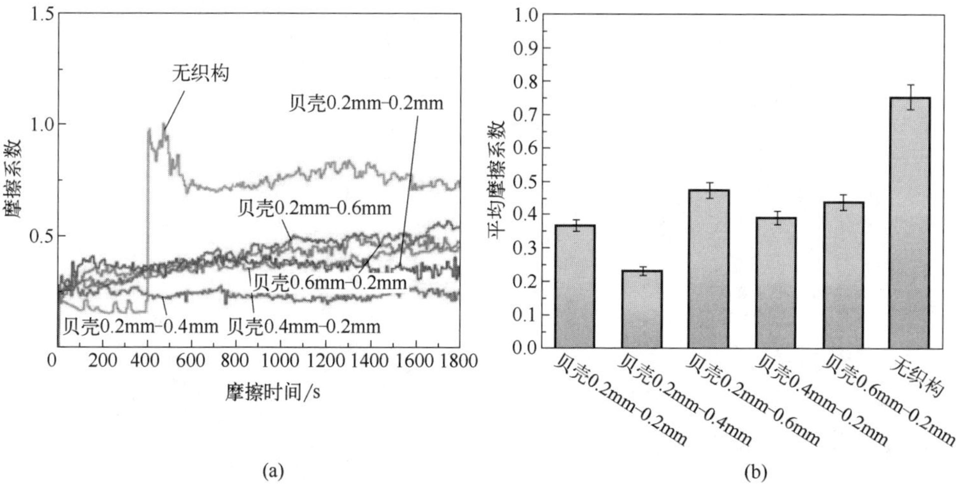

图 4.38　MoS_2 复合贝壳纹织构的摩擦系数变化曲线及平均摩擦系数

图 4.39 所示为贝壳纹织构添加了 MoS_2 纳米颗粒与未添加纳米颗粒的平均

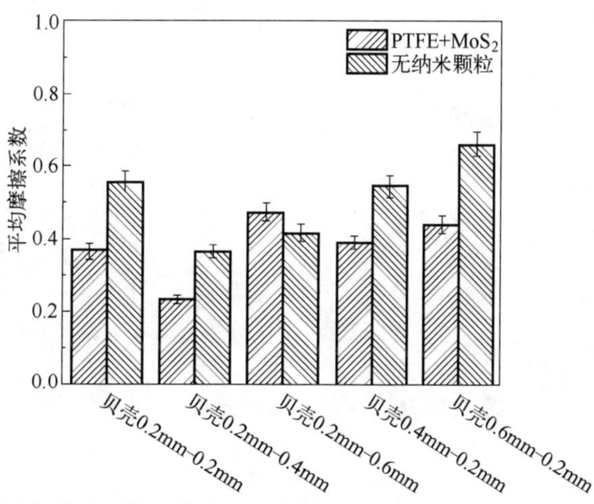

图 4.39　添加纳米颗粒织构与未添加纳米颗粒织构的平均摩擦系数对比图

摩擦系数对比图。从图中可以看出，除贝壳 0.2mm-0.6mm 试样的平均摩擦系数有所升高外，其余试样的平均摩擦系数均小于未添加 MoS_2 纳米颗粒的织构试样。这是因为贝壳纹织构间距增加，导致形成的润滑膜不连续，磨损形式依然以磨粒磨损和黏着磨损为主。

(2) 磨损率及表面微观形貌分析

图 4.40 为 QT600-3 球墨铸铁曳引轮试样在常温下，采用纳米颗粒协同不同尺寸参数的贝壳纹织构进行摩擦磨损试验后获得的磨痕电镜图。从图中可以看出，贝壳纹织构内填充有大量纳米颗粒润滑剂，贝壳 0.2mm-0.2mm 试样内的纳米颗粒固体润滑剂未能有效地从织构内部挤出铺展到试样表面，从而形成有效的润滑，表面存在划痕以及磨粒磨损。从贝壳 0.2mm-0.4mm 试样可以看出，

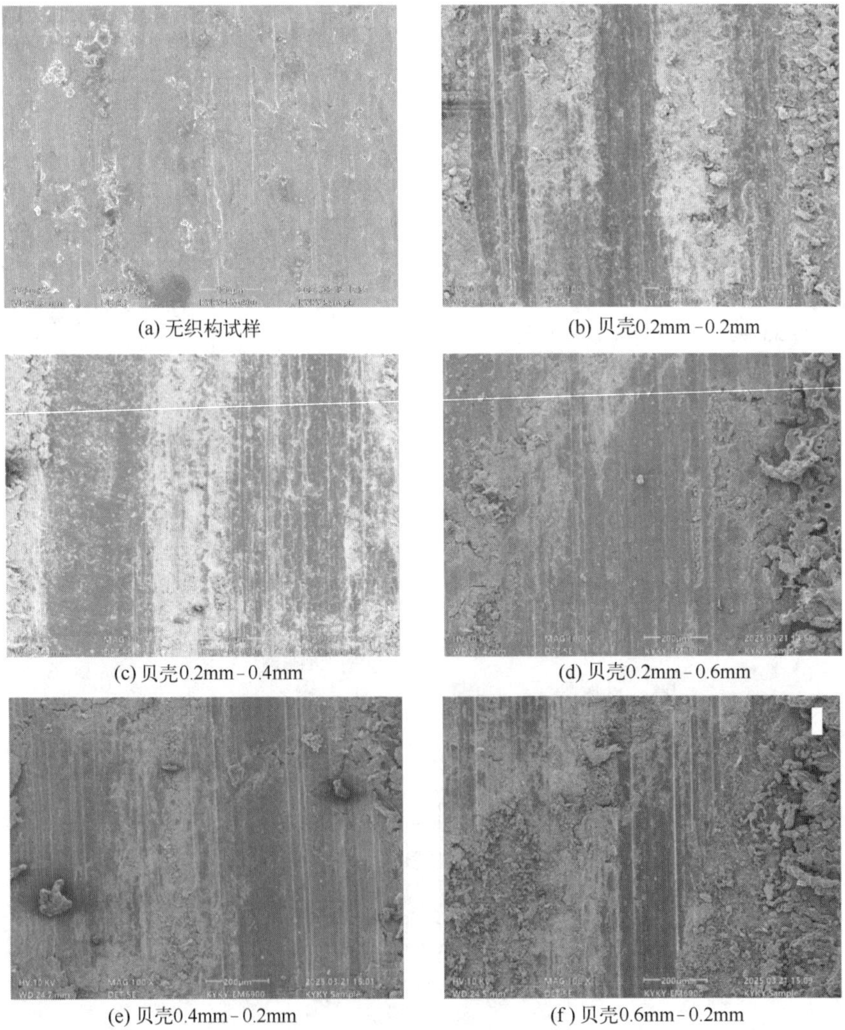

(a) 无织构试样　(b) 贝壳0.2mm-0.2mm　(c) 贝壳0.2mm-0.4mm　(d) 贝壳0.2mm-0.6mm　(e) 贝壳0.4mm-0.2mm　(f) 贝壳0.6mm-0.2mm

图 4.40　表面形貌图

纳米颗粒润滑剂扩散出织构内部，分布在试样表面从而形成了有效润滑，降低了摩擦系数，减小了磨损率。当织构间距增大到 0.6mm 时，纳米颗粒润滑剂未能有效分布到无织构区域，导致其摩擦系数相比间距为 0.4mm 时增大，磨损率也增大。观察贝壳 0.4mm-0.2mm 试样以及贝壳 0.6mm-0.2mm 试样可以看出，纳米颗粒涂层材料在挤压作用下导致材料位错堆积的生成，形成较大尺寸的片状涂层剥离，以及涂层堆积，说明织构增大会加重涂层的疲劳磨损，不易形成有效的润滑，但消耗掉的涂层替代了材料的磨损，降低了磨损率。

图 4.41 为 MoS_2 纳米颗粒协同贝壳纹织构在不同织构参数常温下摩擦试验后的磨痕宽度以及磨损率的变化情况。可以明显地看出，纳米颗粒协同贝壳纹织构试样可以明显地降低磨损率以及磨痕宽度。其中，磨痕宽度最小的是贝壳 0.2mm-0.4mm 试样，磨痕宽度为 0.55mm，相比原样磨痕宽度降低了 70.4%；贝壳 0.2mm-0.2mm 试样，磨痕宽度为 0.75mm，相比原样磨痕宽度降低了 59.7%；贝壳 0.2mm-0.6mm 试样，磨痕宽度为 0.75mm，相比原样磨痕宽度降低了 59.7%；贝壳 0.4mm-0.2mm 试样，磨痕宽度为 0.71mm，相比原样磨痕宽度降低了 61.8%；贝壳 0.6mm-0.2mm 试样，磨痕宽度为 0.71mm，相比原样磨痕宽度降低了 61.8%。磨损率最小的同样是贝壳 0.2mm-0.4mm 织构试样，磨损率为 $3.27\times10^{-5}mm^3/(N\cdot m)$，相比原样降低了 96.5%；贝壳 0.2mm-0.2mm 试样磨损率为 $14.4\times10^{-5}mm^3/(N\cdot m)$，相比原样降低了 84.5%；贝壳 0.2mm-0.6mm 试样磨损率为 $6.37\times10^{-5}mm^3/(N\cdot m)$，相比原样降低了 93.1%；贝壳 0.4mm-0.2mm 试样磨损率为 $13.9\times10^{-5}mm^3/(N\cdot m)$，相比原样降低了 85.0%；贝壳 0.6mm-0.2mm 试样磨损率为 $3.57\times10^{-5}mm^3/(N\cdot m)$，相比原样降低了 96.2%。对于贝壳纹织构而言，其平均摩擦系数、磨损率、磨痕宽度最小的试样均为贝壳 0.2mm-0.4mm 试样。

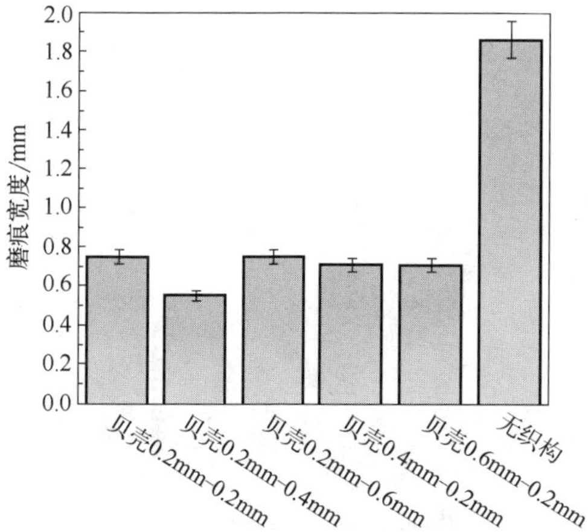

(a)

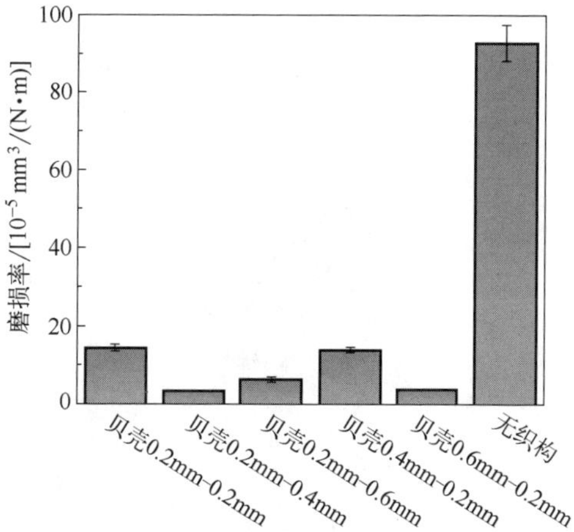

(b)

图 4.41　磨痕宽度和磨损率

图 4.42 为添加了 MoS_2 纳米颗粒的贝壳纹织构试样与未添加纳米颗粒的贝壳纹织构试样的磨损率对比图。从图中可以看出，添加 MoS_2 纳米颗粒后，磨损率增加，这说明添加 MoS_2 纳米颗粒无法消除织构间距对磨损率的影响，但能消除织构大小参数对磨损率的影响。对于贝壳 0.6mm-0.2mm 试样，添加 MoS_2 纳米颗粒后磨损率明显降低。

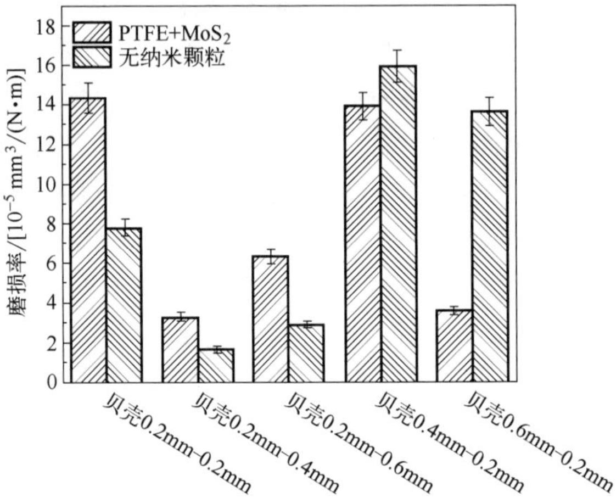

图 4.42　添加纳米颗粒织构与未添加纳米颗粒织构的磨损率对比图

图 4.43 为 QT600-3 球墨铸铁曳引轮试样在纳米颗粒润滑剂与不同尺寸参数贝壳纹织构协同作用下，常温摩擦磨损的三维轮廓图。从图中可以看出，贝壳纹织构协同 MoS_2 纳米颗粒能有效降低磨痕宽度及深度。贝壳 0.2mm-0.2mm 试样的平均磨痕深度为 23.2μm；贝壳 0.4mm-0.2mm 试样的平均磨痕深度为 16.89μm。贝壳 0.4mm-0.2mm 试样的磨痕深度是五组织构试样中最大的，磨损区域未形成良好的自润滑层，导致钢球与基材直接接触，磨损深度和磨痕宽度增加，使两组试样的磨损率较大。

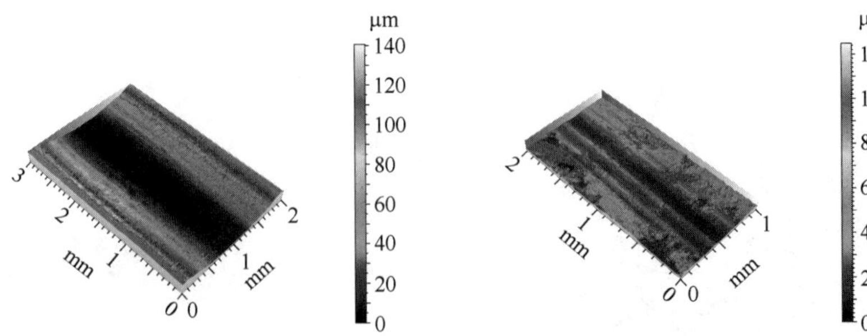

(a) 无织构　　(b) 贝壳0.2mm-0.2mm

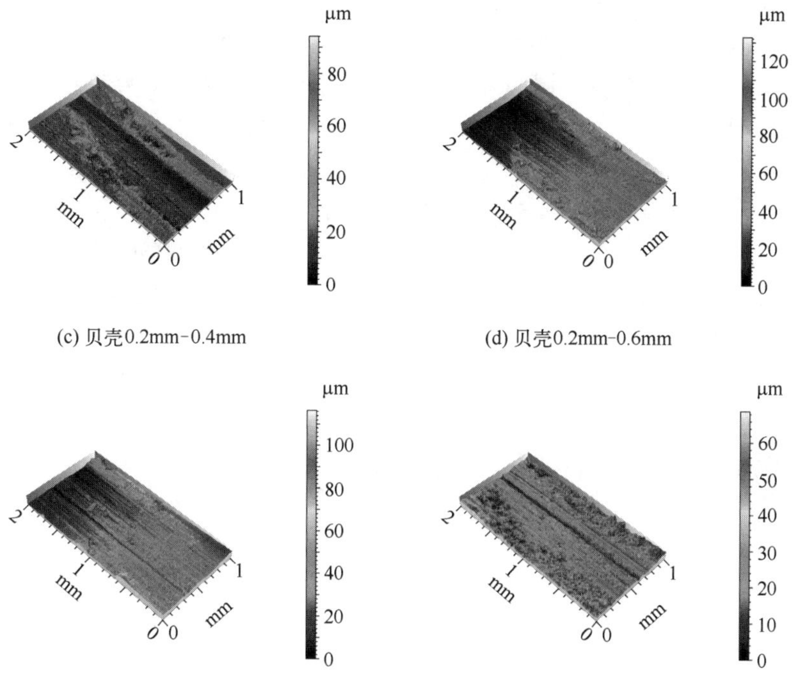

(c) 贝壳0.2mm-0.4mm　(d) 贝壳0.2mm-0.6mm

(e) 贝壳0.4mm-0.2mm　(f) 贝壳0.6mm-0.2mm

图 4.43　MoS_2 纳米颗粒协同不同尺寸贝壳纹织构常温下的磨痕三维轮廓图

4.4　织构与 PU+ PTFE+ BN 纳米颗粒的协同效应

BN 纳米颗粒（六方氮化硼纳米粒子）是一种具有独特物理性能和广泛应用潜力的纳米材料，其表面光滑且化学惰性高，能有效减少金属表面直接接触，抑制摩擦副间的黏着磨损，可替代传统重金属添加剂（如硫、磷化合物），与植物油、纳米纤维素等生物基材料复合，制备可降解润滑脂，满足环保需求。为了进一步研究电梯曳引轮失效延缓技术，本节以无织构无纳米颗粒改性的 QT600-3 曳引轮球墨铸铁原样为参照，通过添加 BN 纳米颗粒改性的方式，对含四种表面织构协同 BN 纳米颗粒的固体润滑涂层进行研究，使用 MWF-02 型往复式摩擦磨损试验机探究织构协同纳米颗粒改性电梯曳引轮与钢丝绳材料之间的摩擦学行为，探索在摩擦磨损过程中织构协同 BN 纳米颗粒对 QT600-3 球墨铸铁曳引轮试样摩擦磨损的影响机制。

4.4.1　凹坑织构复合 PU+ PTFE+ BN 的性能

(1) *摩擦系数分析*

本节将以不同尺寸参数的凹坑织构复合 PU＋PTFE＋BN 纳米颗粒固体润滑

涂层在 MWF-02 型往复式摩擦磨损试验机上进行干摩擦试验，观察 QT600-3 球墨铸铁曳引轮试样在常温干摩擦状态下的摩擦系数变化曲线及平均摩擦系数。

图 4.44 为纳米颗粒协同凹坑织构在常温条件下的摩擦系数变化曲线及平均摩擦系数。可以看出，添加 BN 纳米颗粒能有效降低平均摩擦系数。在添加 BN 纳米颗粒凹坑织构中，凹坑 0.2mm-0.6mm 试样的平均摩擦系数最低，为 0.306，相比原样降低了 59.5%；凹坑 0.2mm-0.2mm 试样的平均摩擦系数为 0.369，相比原样降低了 51.1%；凹坑 0.2mm-0.4mm 试样的平均摩擦系数为 0.396，相比原样降低了 47.5%；凹坑 0.4mm-0.2mm 试样的平均摩擦系数为 0.394，相比原样降低了 47.8%；凹坑 0.6mm-0.2mm 试样的平均摩擦系数为 0.403，相比原样降低了 46.6%。当使用 BN 作为纳米颗粒固体润滑剂时，凹坑织构的最优尺寸为 0.2mm-0.6mm，与使用 MoS_2 作为纳米颗粒添加剂相比，织构间距增加 0.2mm。这可能与两种纳米颗粒的性质有关。

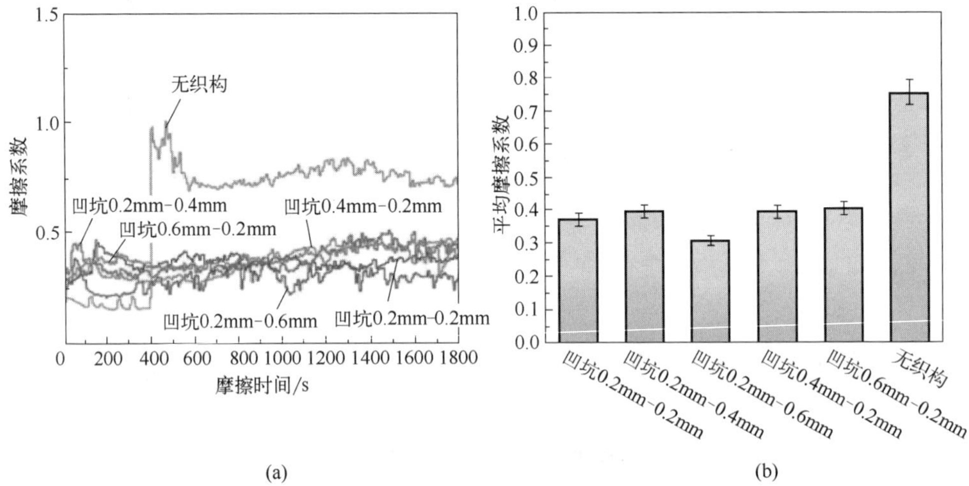

图 4.44 BN 复合凹坑织构摩擦系数变化曲线及平均摩擦系数

图 4.45 为有无添加 BN 纳米颗粒凹坑织构的平均摩擦系数对比图。由图可知，在相同织构条件下添加纳米颗粒能降低平均摩擦系数，但同样也受织构尺寸参数的影响，与添加 MoS_2 纳米颗粒的凹坑织构类似，当凹坑织构的尺寸过大时，纳米颗粒对平均摩擦系数的影响较小。添加纳米颗粒对织构间距变化导致的平均摩擦系数变化影响较大，这是因为纳米颗粒形成的有效润滑膜减轻了织构间距变化带来的影响。

(2) *磨损率及表面微观形貌分析*

图 4.46 为凹坑织构化 QT600-3 球墨铸铁曳引轮试样添加 BN 纳米颗粒固体润滑剂在常温下摩擦磨损试验后的磨痕二维图。可以看出，凹坑织构内部填满了 BN 纳米颗粒润滑剂，添加 BN 纳米颗粒的凹坑织构磨损程度相比未添加纳米颗粒润滑剂的凹坑织构小，凹坑形貌更完整。小的凹坑织构内部自润滑层在摩擦力

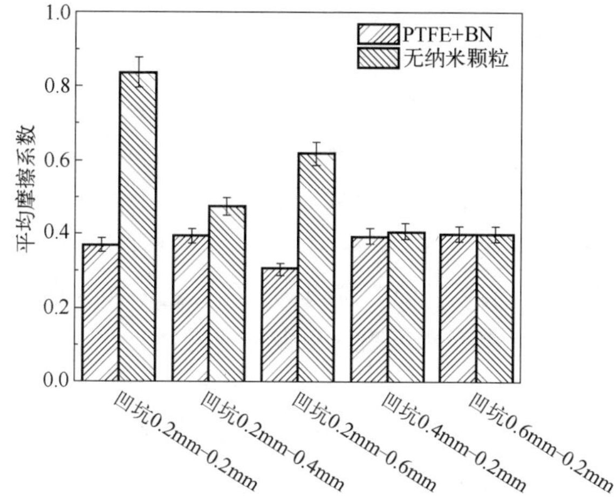

图 4.45　添加纳米颗粒与未添加纳米颗粒织构的平均摩擦系数对比图

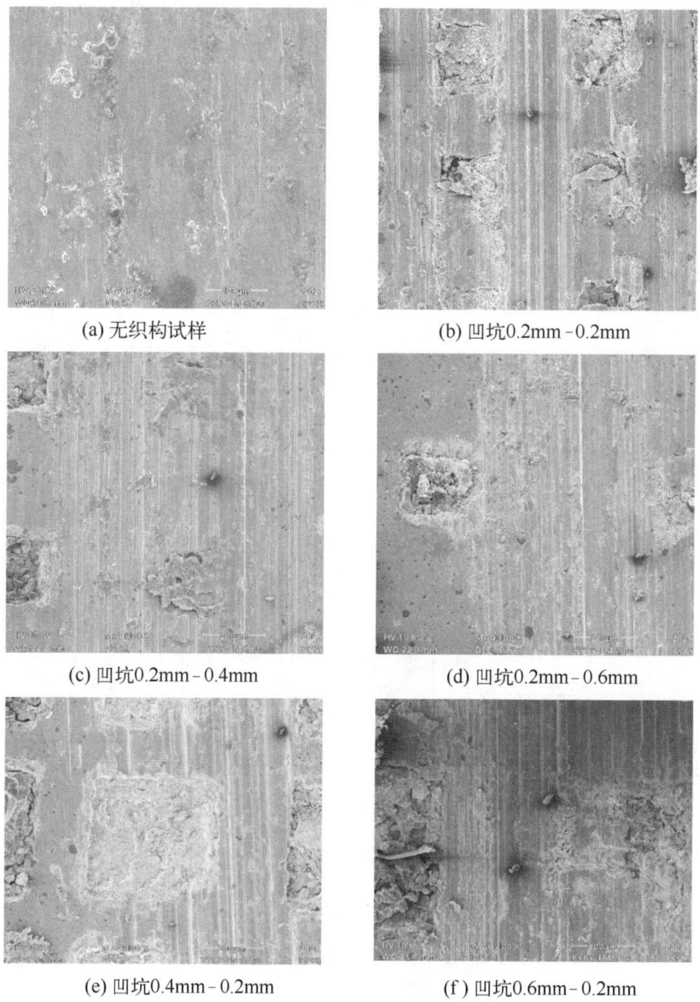

(a) 无织构试样　(b) 凹坑0.2mm - 0.2mm

(c) 凹坑0.2mm - 0.4mm　(d) 凹坑0.2mm - 0.6mm

(e) 凹坑0.4mm - 0.2mm　(f) 凹坑0.6mm - 0.2mm

图 4.46　表面形貌图

和剪切力的作用下，可以清晰地看见涂层被挤出并覆盖在凹坑织构表面及周围形成较为连续的自润滑层，此时的磨损机制为疲劳磨损。当凹坑织构面积增大时[如图 4.46（e）、（f）所示]，凹坑织构内部的自润滑涂层未能有效地挤出凹坑内部形成自润滑层，涂层受挤压堆积在凹坑织构内部，或形成大尺寸的涂层剥落，从平均摩擦系数图也能看出同样规律，添加了纳米颗粒固体润滑剂的凹坑 0.4mm-0.2mm 以及凹坑 0.6mm-0.2mm 试样的平均摩擦系数几乎相等。这一变化规律与添加 MoS_2 纳米颗粒的凹坑织构相同，进一步证明了添加纳米颗粒固体润滑剂的大尺寸凹坑织构不利于减摩和提升耐磨性。

图 4.47 为 BN 纳米颗粒协同凹坑织构在不同织构参数常温下摩擦试验后的磨痕宽度以及磨损率的变化情况。可以看出，BN 纳米颗粒协同凹坑织构试样可以明显地降低磨痕宽度以及磨损率。其中，磨痕宽度最小的是凹坑 0.2mm-0.6mm 试样，磨痕宽度为 0.34mm，相比原样降低了 81.7%；添加 BN 纳米颗粒织构试样中磨痕宽度最大的是凹坑 0.2mm-0.2mm 试样，磨痕宽度为 0.84，相比原样降低了 54.8%，降低幅度最小。凹坑 0.2mm-0.4mm 试样的磨痕宽度为 0.48mm，相比原样降低了 74.2%；凹坑 0.6mm-0.2mm 试样的磨痕宽度为 0.48mm，相比原样降低了 74.2%；凹坑 0.4mm-0.2mm 试样的磨痕宽度为 0.55mm，相比原样降低了 70.4%。添加了 BN 纳米颗粒后，随着织构间距以及织构尺寸的增大，凹坑织构的磨痕宽度都呈现降低趋势，同添加 MoS_2 纳米颗粒的作用效果类似，添加 BN 纳米颗粒可以有效地降低织构间距对磨痕宽度的影响。磨损率最小的是凹坑 0.2mm-0.4mm 试样，磨损率为 $1.05\times10^{-5}mm^3/(N\cdot m)$，相比原样降低了 98.9%；凹坑 0.2mm-0.2mm 试样的磨损率为 $3.74\times10^{-5}mm^3/(N\cdot m)$，相比原样降低了 96.0%；凹坑 0.2mm-0.6mm 试样的磨损率为 $1.47\times10^{-5}mm^3/(N\cdot m)$，相比原样降低了 98.4%。同 MoS_2 纳米颗粒造成的影响类

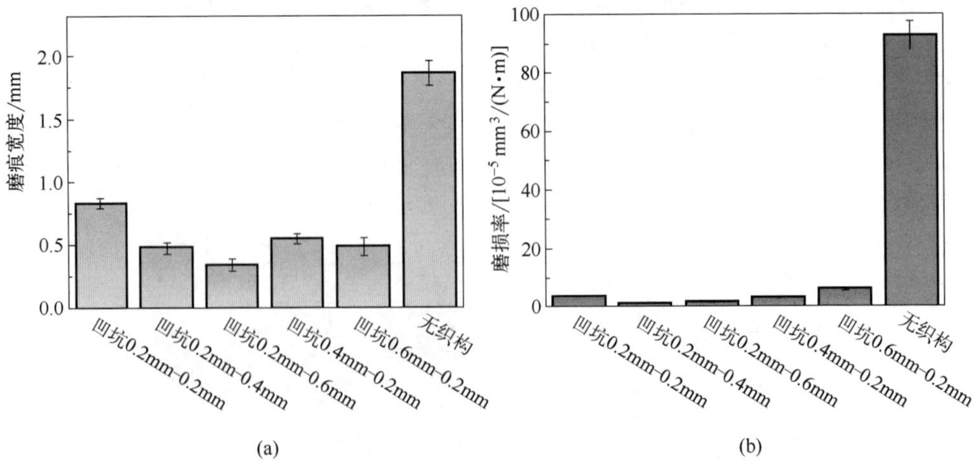

图 4.47 磨痕宽度和磨损率

似，凹坑织构大小造成的影响受 BN 纳米颗粒影响较小，凹坑织构越大，磨损率也相应增加。

图 4.48 为添加 BN 纳米颗粒的凹坑织构与未添加 BN 纳米颗粒的凹坑织构的磨损率对比图。从图中可以看出，添加 BN 纳米颗粒能有效降低磨损率，特别是织构大间距造成的磨损率，这一点与添加 MoS_2 纳米颗粒类似。

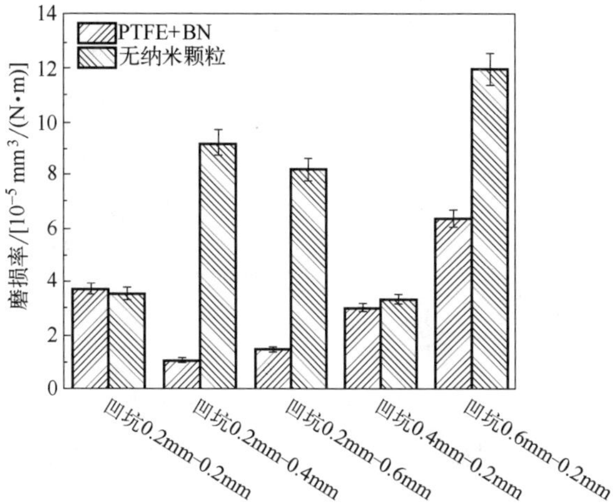

图 4.48　添加纳米颗粒织构与未添加纳米颗粒织构的磨损率对比图

图 4.49 为凹坑织构化 QT600-3 球墨铸铁曳引轮试样添加 BN 纳米颗粒固体润滑剂在常温下摩擦磨损试验后的磨损形貌三维图。可以看出，凹坑 0.2mm-0.2mm 试样、凹坑 0.4mm-0.2mm 试样以及凹坑 0.6mm-0.2mm 试样的表面质量差，平均磨痕深度分别为 13.73 μm、8.89μm 和 20.95μm，相比凹坑 0.2mm-0.4mm 试样和凹坑 0.6mm-0.2mm 试样的磨痕深度较深，而凹坑 0.2mm-0.4mm 试样和凹坑 0.2mm-0.6mm 试样的平均磨痕深度分别为 5.35μm 和 6.78μm。进一步说明了添加 BN 纳米颗粒在织构间距增加的情况下能有效降低摩擦系数，减小磨损率。

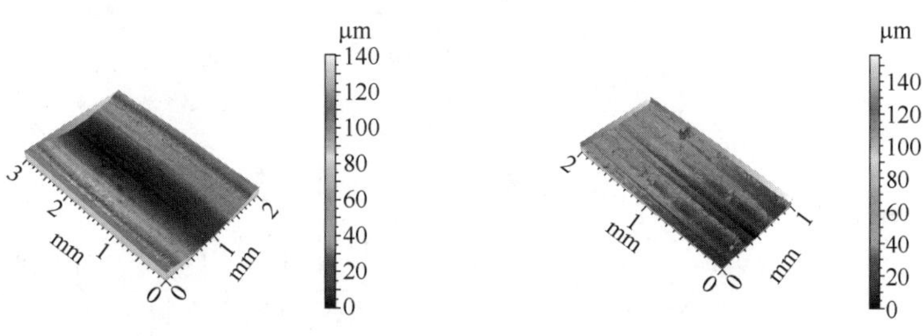

(a) 无织构　(b) 凹坑0.2mm-0.2mm

图 4.49

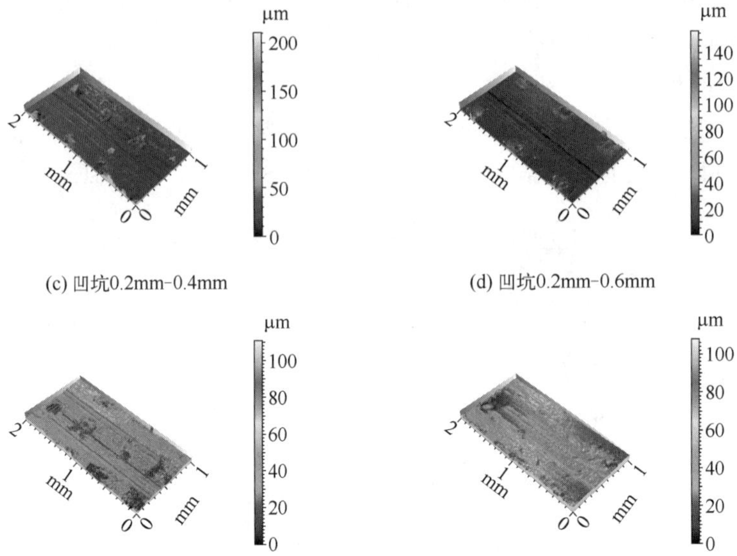

(c) 凹坑0.2mm-0.4mm　(d) 凹坑0.2mm-0.6mm

(e) 凹坑0.4mm-0.2mm　(f) 凹坑0.6mm-0.2mm

图 4.49　BN 纳米颗粒协同不同尺寸凹坑织构常温下的磨痕三维轮廓图

4.4.2 沟槽织构复合 PU+ PTFE+ BN 的性能

(1) 摩擦系数分析

本节将以不同尺寸参数的沟槽织构复合 PU+PTFE+BN 纳米颗粒固体润滑涂层在 MWF-02 型往复式摩擦磨损试验机上进行干摩擦试验。图 4.50 所示为 BN 颗粒协同沟槽织构在常温条件下的摩擦系数变化曲线及平均摩擦系数。其中，平均摩擦系数最低的为沟槽 0.2mm-0.4mm 试样，平均摩擦系数为 0.293，

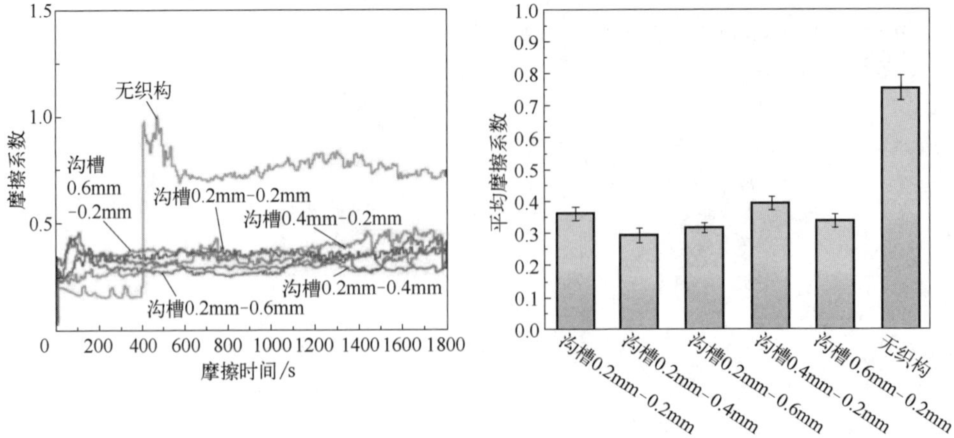

(a)　(b)

图 4.50　BN 复合沟槽织构摩擦系数变化曲线及平均摩擦系数

与无织构试样相比降低了 61.2%。其余四组试样的平均摩擦系数相近，沟槽 0.2mm-0.2mm 试样的平均摩擦系数为 0.360，与无织构试样相比降低了 52.3%；沟槽 0.2mm-0.6mm 试样的平均摩擦系数为 0.315，与无织构试样相比降低了 58.3%；沟槽 0.4mm-0.2mm 试样的平均摩擦系数为 0.391，与无织构试样相比降低了 48.2%；沟槽 0.6mm-0.2mm 试样的平均摩擦系数为 0.338，与无织构试样相比降低了 55.2%。沟槽试样的平均摩擦系数均小于凹坑试样，由此可知沟槽试样的效果优于凹坑试样。添加 BN 纳米颗粒的沟槽试样减摩效果最优的是沟槽 0.2mm-0.4mm 试样。

图 4.51 为有无添加 BN 纳米颗粒沟槽织构的平均摩擦系数对比图。可以看出，添加 BN 纳米颗粒的沟槽织构可以有效降低织构间距对摩擦系数的影响。添加 BN 纳米颗粒的沟槽 0.2mm-0.6mm 试样的平均摩擦系数相比未添加纳米颗粒的试样降低了 56.3%。但添加 BN 纳米颗粒对织构尺寸带来的影响较小，与 MoS_2 纳米颗粒类似，甚至在沟槽 0.4mm-0.2mm 试样中，平均摩擦系数有所增加。

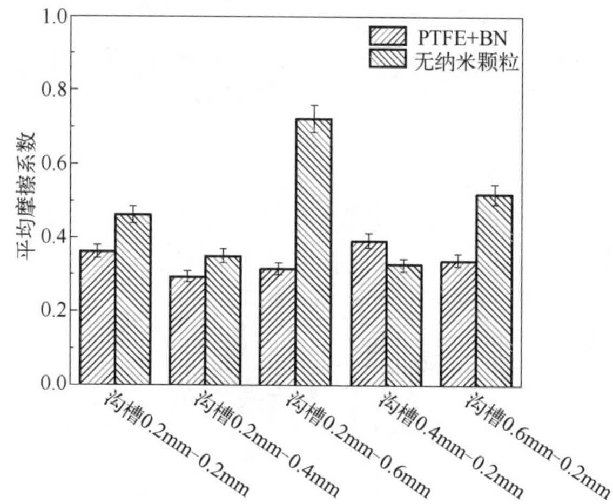

图 4.51　添加纳米颗粒与未添加纳米颗粒织构的平均摩擦系数对比图

(2) *磨损率及表面微观形貌分析*

图 4.52 为沟槽织构化 QT600-3 球墨铸铁曳引轮试样添加 BN 纳米颗粒固体润滑剂在常温下摩擦磨损试验后的磨痕二维图。由图可知，沟槽织构内部有效地填充了含 BN 纳米颗粒的固体润滑剂。从图 4.52（b）可以看出，沟槽 0.2mm-0.2mm 试样内部 BN 纳米颗粒固体润滑剂未能有效提供至磨损区域，导致钢球与基体直接接触，形成宽度较大的磨损区域，这可能与摩擦运动进入方向和沟槽织构分布方向有关，沟槽 0.2mm-0.2mm 试样沟槽织构竖向分布，同摩擦方向一致，竖直方向上固体润滑剂未能有效提供润滑，出现较为明显的犁沟与划痕。沟槽 0.2mm-0.4mm 试样与沟槽 0.2mm-0.6mm 试样在摩擦力与剪切力的作用下，沟槽内部纳米颗粒固体润滑剂有效地分布在基体表面形成自润滑层，磨痕犁

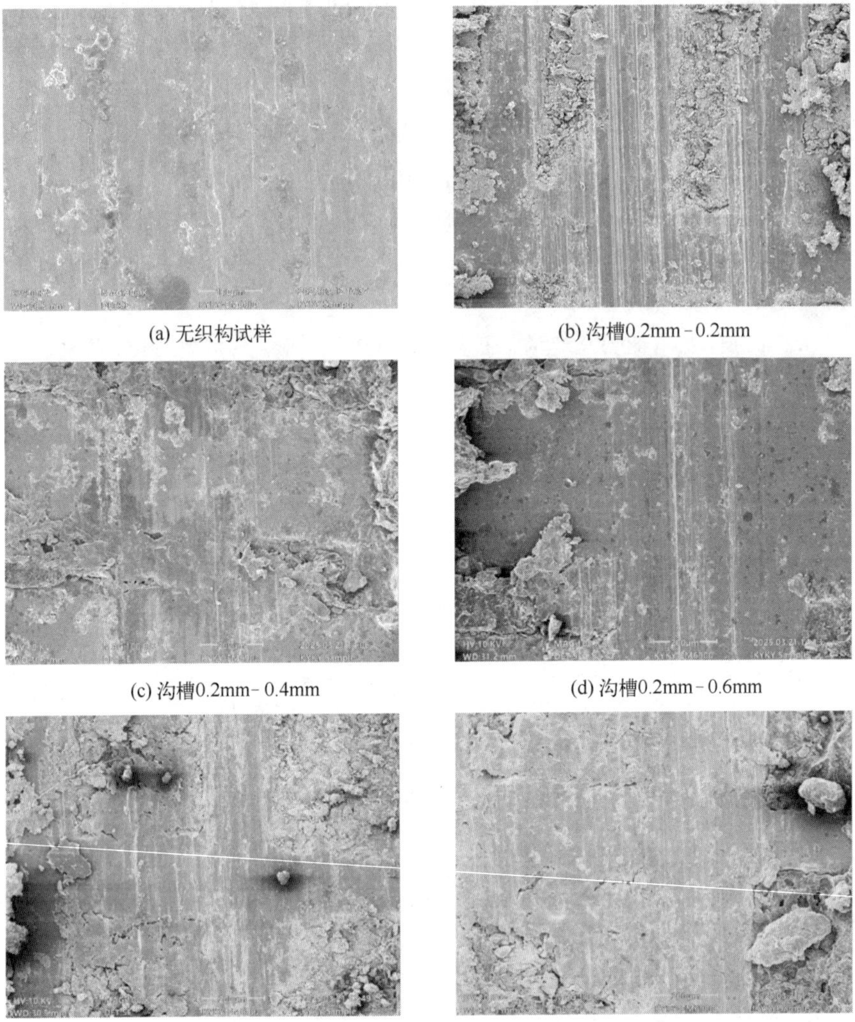

(a) 无织构试样
(b) 沟槽0.2mm-0.2mm
(c) 沟槽0.2mm-0.4mm
(d) 沟槽0.2mm-0.6mm
(e) 沟槽0.4mm-0.2mm
(f) 沟槽0.6mm-0.2mm

图 4.52 表面形貌图

沟数量明显少于沟槽 0.2mm-0.2mm 试样，磨粒磨损与黏着磨损较轻。沟槽 0.4mm-0.2mm 试样与沟槽 0.6mm-0.2mm 试样由于存在较大织构，织构内部留存大量纳米颗粒自润滑涂层，自润滑涂层受挤压发生严重塑性变形，但未能有效分布在基体表面，过大的织构面积阻碍了纳米颗粒自润滑层的挤出形成膜，织构周围形成的部分润滑膜剥离了织构表面形成片状剥离涂层，从侧面说明较大的沟槽织构尺寸不易形成有效的自润滑涂层，并且加重了织构内部的涂层消耗。磨损形貌分析表明，最优的沟槽织构尺寸为 0.2mm-0.4mm，磨损率、磨痕宽度以及平均摩擦系数最低。

图 4.53 为 BN 纳米颗粒协同沟槽织构在不同织构参数常温下摩擦试验后的

磨痕宽度以及磨损率的变化情况。可以明显看出，BN 纳米颗粒协同沟槽织构试样可以明显地降低磨痕宽度以及磨损率。沟槽 0.2mm-0.2mm 试样的磨痕宽度最大，为 0.70mm，相比原样降低了 62.4%；其次是沟槽 0.6mm-0.2mm 试样，磨痕宽度为 0.69mm，相比原样降低了 62.9%。BN 纳米颗粒效果与 MoS_2 类似，磨痕宽度最大的均为 0.2mm-0.2mm 和 0.6mm-0.2mm 这两个尺寸，原因与 MoS_2 纳米颗粒相同，过大的织构尺寸导致织构之间无法形成连续有效的润滑膜，导致减摩效果下降。磨损率最大的为沟槽 0.6mm-0.2mm 试样，磨损率为 $7.56\times10^{-5}mm^3/(N\cdot m)$，相比原样降低了 91.9%；沟槽 0.2mm-0.6mm 试样磨损率为 $2.28\times10^{-5}mm^3/(N\cdot m)$，相比原样降低了 97.5%；沟槽 0.2mm-0.2mm 试样磨损率为 $4.66\times10^{-5}mm^3/(N\cdot m)$，相比原样降低了 95.0%；沟槽 0.2mm-0.4mm 试样磨损率为 $1.25\times10^{-5}mm^3/(N\cdot m)$，相比原样降低了 98.7%；沟槽 0.4mm-0.2mm 试样磨损率为 $2.36\times10^{-5}mm^3/(N\cdot m)$，相比原样降低了 97.5%。这说明添加了 BN 纳米颗粒的沟槽织构试样，减摩耐磨效果与 MoS_2 相似。

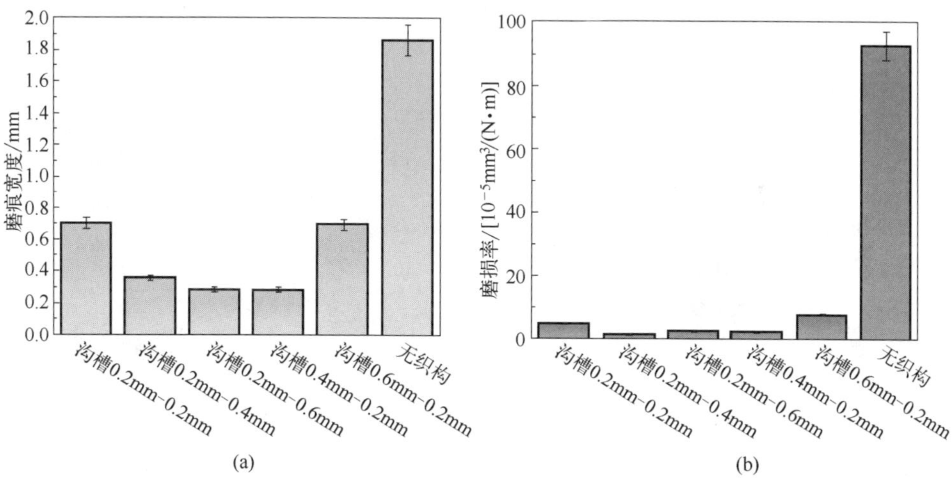

图 4.53　磨痕宽度和磨损率

图 4.54 所示为沟槽织构协同 BN 纳米颗粒改性固体润滑剂同无 BN 纳米颗粒织构的磨损率对比图。从图中可以看出，添加 BN 纳米颗粒的沟槽织构在大间距的条件下降低磨损率效果良好，与添加 MoS_2 的变化情况相同。当织构增大时，添加 BN 纳米颗粒改性固体润滑剂的减摩效果不佳，原因见二维形貌分析。

图 4.55 为沟槽织构化 QT600-3 球墨铸铁曳引轮试样添加 BN 纳米颗粒固体润滑剂在常温下摩擦磨损试验后的磨损形貌三维图。其中，沟槽 0.2mm-0.4mm 试样的平均磨痕深度最小，为 2.32μm，从侧面证明沟槽 0.2mm-0.4mm 试样的减摩耐磨性能最好。

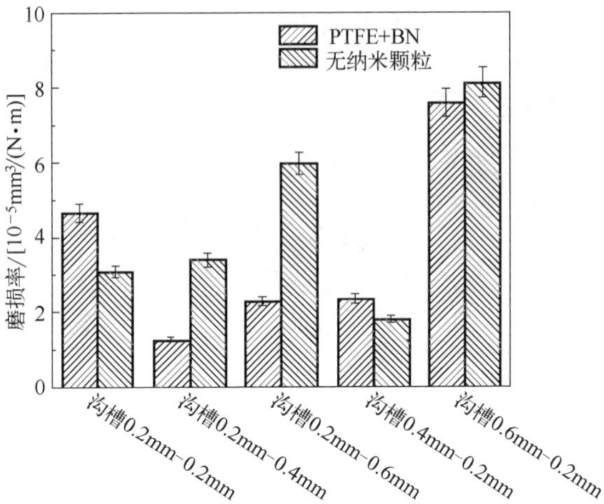

图 4.54 添加纳米颗粒织构与未添加纳米颗粒织构的磨损率对比图

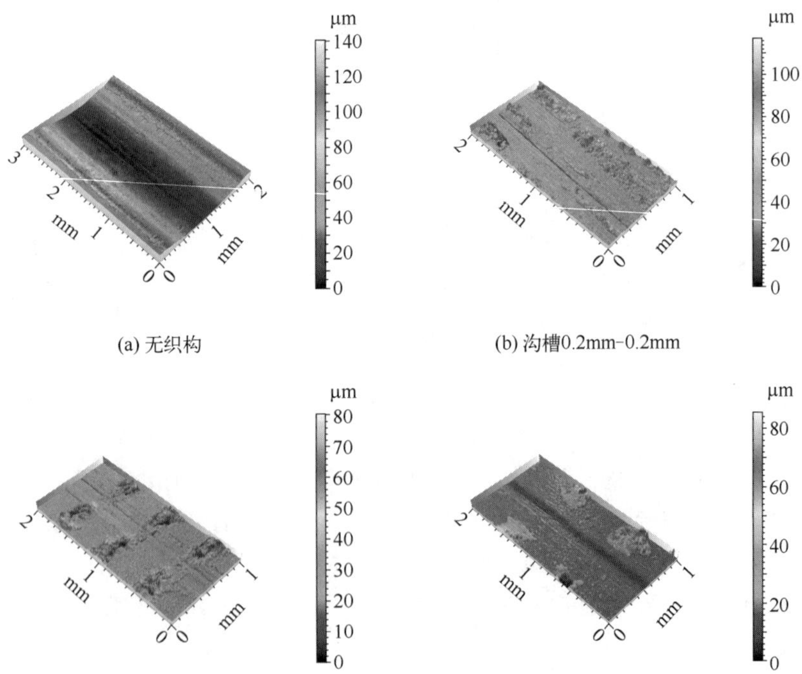

(a) 无织构

(b) 沟槽0.2mm-0.2mm

(c) 沟槽0.2mm-0.4mm

(d) 沟槽0.2mm-0.6mm

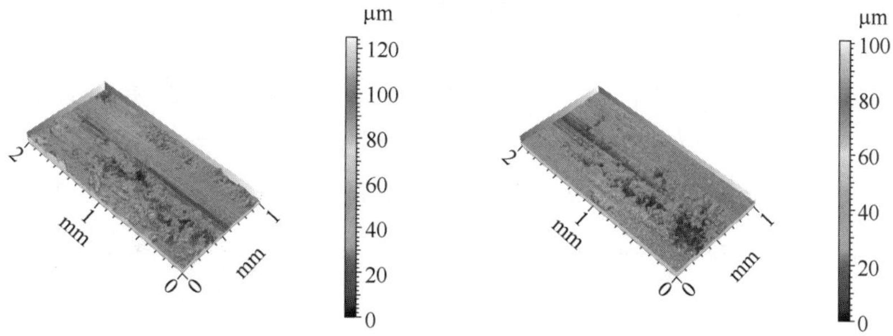

(e) 沟槽0.4mm-0.2mm　　(f) 沟槽0.6mm-0.2mm

图 4.55　BN 纳米颗粒协同不同尺寸沟槽织构常温下的磨痕三维轮廓图

4.4.3　波浪纹织构复合 PU+ PTFE+ BN 的性能

(1) 摩擦系数分析

本节将以不同尺寸参数的波浪纹织构复合 PU＋PTFE＋BN 纳米颗粒固体润滑涂层在 MWF-02 型往复式摩擦磨损试验机上进行干摩擦试验，观察 QT600-3 球墨铸铁曳引轮试样在常温干摩擦状态下的摩擦系数变化曲线和平均摩擦系数。

图 4.56 为纳米颗粒协同波浪纹织构在常温条件下的摩擦系数变化曲线和平均摩擦系数。波浪 0.2mm-0.2mm 试样与波浪 0.2mm-0.4mm 试样的减摩效果与其他三种试样相比较差，平均摩擦系数分别为 0.480 和 0.454，相比原样分别降低了 36.4％和 39.9％；波浪 0.2mm-0.6mm 试样的减摩效果最好，平均摩擦系数为 0.315，相比原样降低了 58.3％；波浪 0.4mm-0.2mm 试样的平均摩擦系数为 0.391，相比原样降低了 48.2％；波浪 0.6mm-0.2mm 试样的平均摩擦系数为 0.338，相比原样降低了 55.2％。波浪 0.2mm-0.6mm、波浪 0.4mm-0.2mm

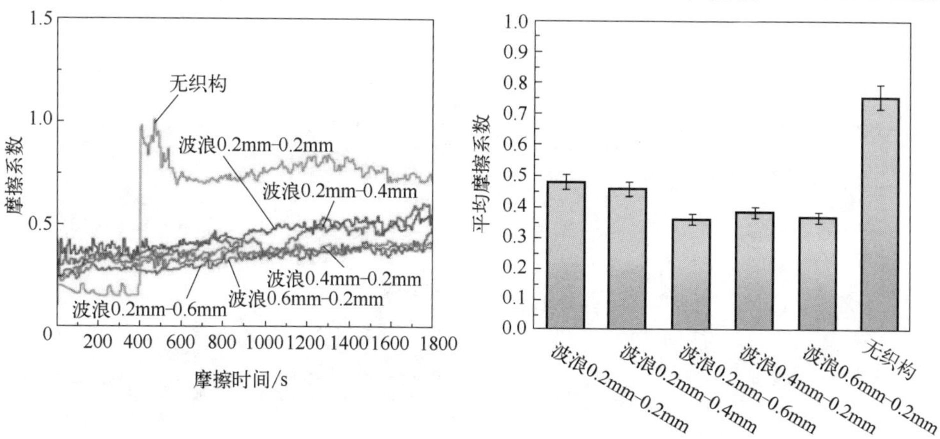

(a)　　(b)

图 4.56　BN 复合波浪纹织构摩擦系数变化曲线及平均摩擦系数

和波浪 0.6mm-0.2mm 这三个尺寸的织构试样摩擦稳定性较好，摩擦系数变化平稳无突变。

图 4.57 所示为有无添加 BN 纳米颗粒波浪纹织构的平均摩擦系数对比图。可以看出，波浪纹织构的影响效果与凹坑以及沟槽不同，添加了 BN 纳米颗粒的波浪纹织构可以有效降低织构大小对摩擦系数的影响。

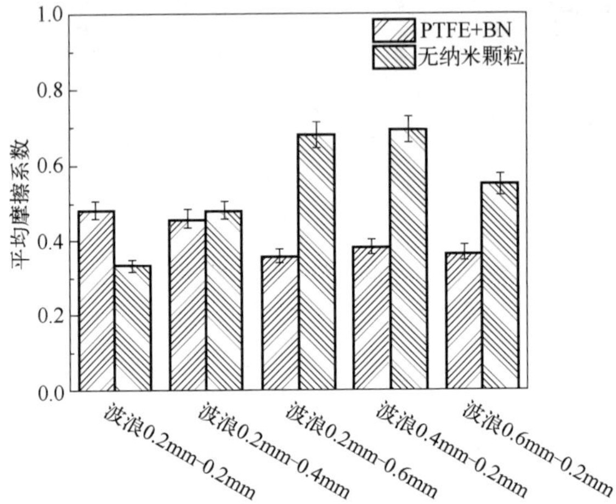

图 4.57 添加纳米颗粒织构与未添加纳米颗粒织构的平均摩擦系数对比图

(2) 磨损率及表面微观形貌分析

图 4.58 为 QT600-3 球墨铸铁曳引轮试样在 BN 纳米颗粒润滑剂协同波浪纹织构在常温下的磨痕二维电镜图。可以看出，含 BN 纳米颗粒固体润滑剂的波浪纹织构磨痕宽度较大，表面存在大量犁沟和划痕以及剥离的自润滑涂层。这与波浪纹织构独特的形状有关，波浪纹织构存在独特的波浪形夹角，同一波浪纹织构竖直方向上织构间距逐渐增大，沿着波浪方向进行摩擦运动时，靠近波浪尖端的区域能有效形成润滑膜，但远离波浪尖端的部分则无法形成有效的自润滑层。因

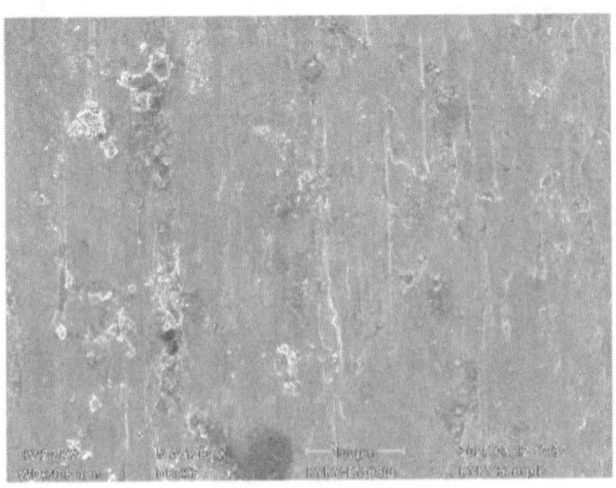

(a) 无织构试样

(b) 波浪0.2mm- 0.2mm

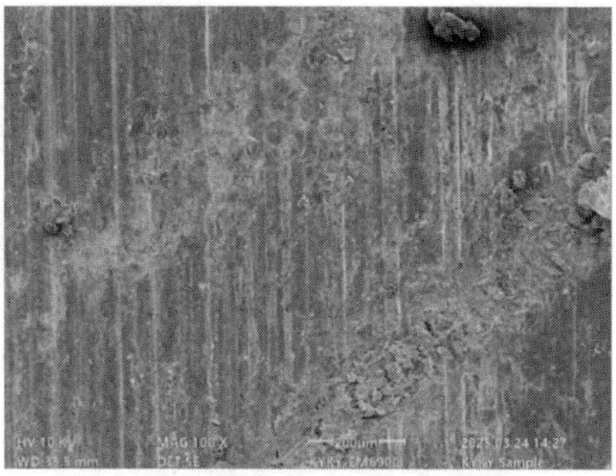

(c) 波浪0.2mm - 0.4mm

(d) 波浪0.2mm - 0.6mm

(e) 波浪0.4mm - 0.2mm

(f) 波浪0.6mm - 0.2mm

图 4.58　表面形貌图

为对于单个波浪织构而言，远离波浪尖端的区域面积较大，单个波浪纹织构内部的固体润滑剂无法有效覆盖该区域形成有效的自润滑层，导致磨痕数量增加，磨痕宽度较大。

图 4.59 为 BN 纳米颗粒协同波浪纹织构在不同织构参数常温下摩擦试验后的磨损率变化情况。可以明显看出，BN 纳米颗粒协同波浪纹织构试样可以明显地降低磨损率，但磨痕宽度降低较少。添加 BN 纳米颗粒的波浪纹织构试样磨痕宽度是所有添加 BN 纳米颗粒织构试样中最宽的。波浪 0.2mm-0.2mm 试样的磨痕宽度为 1.02，相比原样降低了 45.2%；波浪 0.2mm-0.4mm 试样的磨痕宽度为 1.00，相比原样降低了 46.2%；波浪 0.2mm-0.6mm 试样的磨痕宽度为 1.17mm，相比原样降低了 37.1%；波浪 0.4mm-0.2mm 试样的磨痕宽度为 1.25mm，相比原样降低了 32.8%；波浪 0.6mm-0.2mm 试样的磨痕宽度为 1.30mm，相比原样降低了 30.1%。对于 BN 纳米颗粒协同波浪纹织构而言，波浪 0.6mm-0.2mm 试样的磨损率最大，为 $14.79\times10^{-5}mm^3/(N\cdot m)$，相比原样降低了 84.1%；波浪 0.2mm-0.2mm 试样的磨损率为 $7.26\times10^{-5}mm^3/(N\cdot m)$，相比原样降低了 92.2%；波浪 0.2mm-0.6mm 试样的磨损率为 $7.57\times10^{-5}mm^3/(N\cdot m)$，相比原样降低了 91.8%；波浪 0.4mm-0.2mm 试样的磨损率为 $4.35\times10^{-5}mm^3/(N\cdot m)$，相比原样降低了 95.3%。

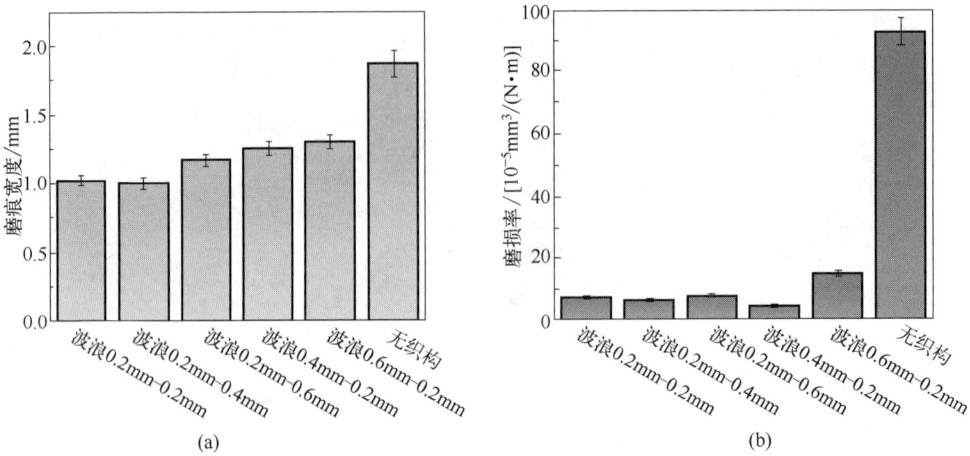

图 4.59 磨痕宽度和磨损率

图 4.60 为波浪纹织构协同 BN 纳米颗粒改性固体润滑剂同无纳米颗粒织构的磨损率对比图。从图中可以看出，波浪纹织构协同 BN 纳米颗粒改性的固体润滑剂的减摩效果并不佳，这也同二维形貌分析的结果相同，添加 BN 纳米颗粒在波浪纹织构间未能形成有效润滑。

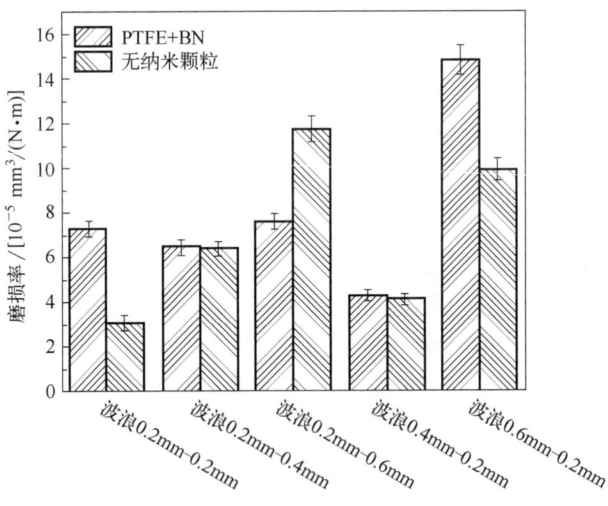

图 4.60 添加纳米颗粒织构与未添加纳米颗粒织构的磨损率对比图

图 4.61 显示了 QT600-3 球墨铸铁曳引轮试样以 BN 纳米颗粒协同波浪纹织构在不同织构参数常温下的磨痕三维轮廓。纳米颗粒协同波浪纹织构试样可以降低磨痕宽度但不如其他织构协同纳米颗粒的作用明显。独特的波浪纹织构形状对磨痕深度影响较小，波浪纹织构的平均磨痕深度同其他织构试样相差不大，波浪 0.2mm～0.4mm 试样的平均磨痕深度最小，为 5.95μm；平均磨痕深度最大的为波浪 0.4mm～0.2mm，为 12.23μm。

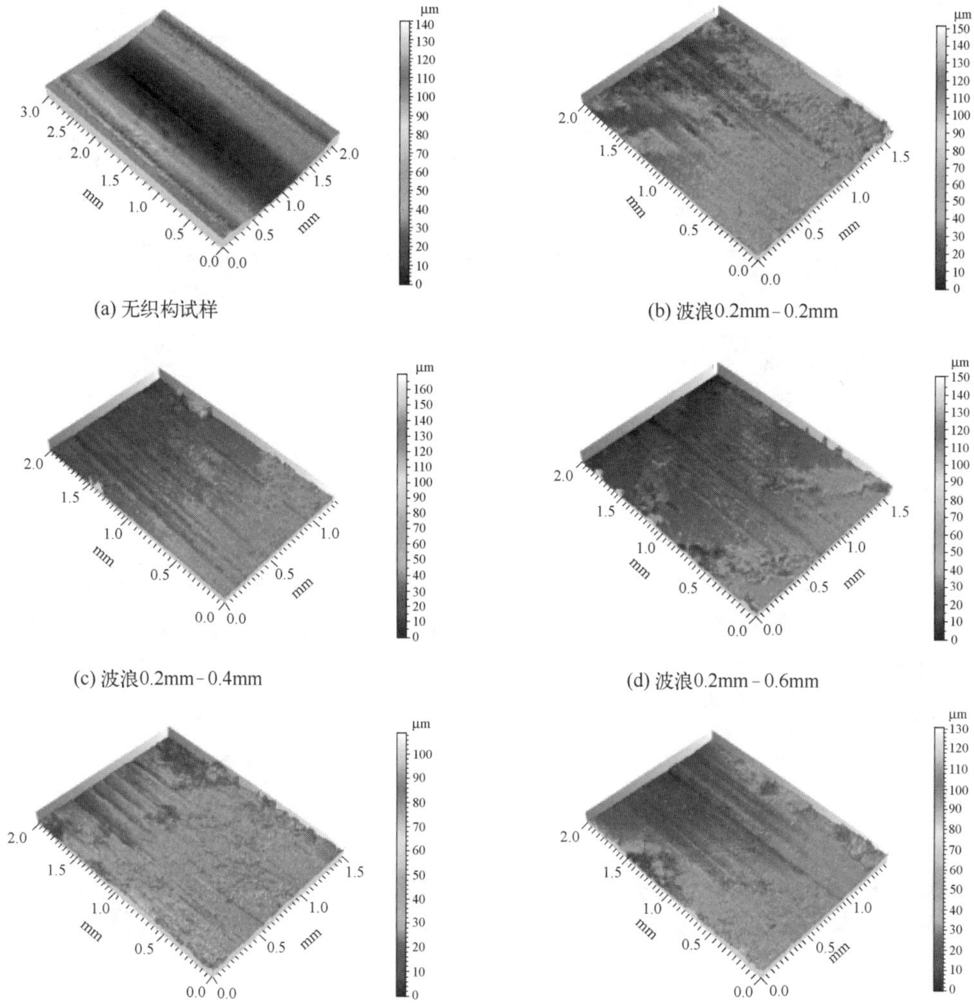

(a) 无织构试样　(b) 波浪0.2mm-0.2mm

(c) 波浪0.2mm-0.4mm　(d) 波浪0.2mm-0.6mm

(e) 波浪0.4mm-0.2mm　(f) 波浪0.6mm-0.2mm

图 4.61　BN 纳米颗粒协同不同尺寸波浪纹织构常温下的磨痕三维轮廓图

4.4.4　仿生贝壳纹织构复合 PU+PTFE+BN 的性能

(1) 摩擦系数分析

本节将不同尺寸参数的贝壳织构复合 PU+PTFE+BN 纳米颗粒固体润滑涂层在 MWF-02 型往复式摩擦磨损试验机上进行干摩擦试验，观察 QT600-3 球墨铸铁曳引轮试样在常温干摩擦状态下的摩擦系数变化曲线及平均摩擦系数。

图 4.62 所示为纳米颗粒协同贝壳织构在常温条件下的摩擦系数变化曲线和平均摩擦系数。由图可以看出，随着纳米颗粒的加入，试样的摩擦系数有着极大的改善。贝壳 0.2mm-0.2mm 试样的减摩效果不如其他四组，其平均摩擦系数为 0.432，相比原样降低了 42.7%。其次是贝壳 0.2mm-0.4mm 试样，平均摩擦

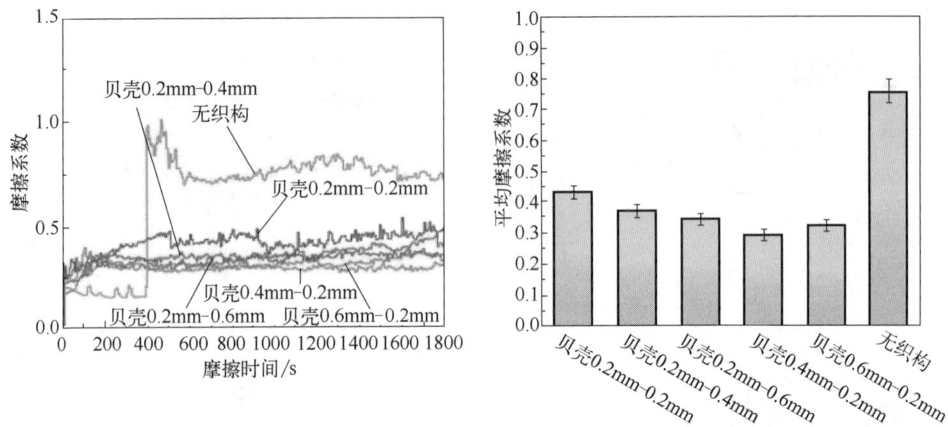

图 4.62　BN 复合贝壳织构摩擦系数变化曲线及平均摩擦系数

系数为 0.370，相比原样降低了 50.1%。贝壳织构尺寸参数为 0.2mm-0.2mm 以及 0.2mm-0.4mm 的摩擦系数表现类似波浪纹织构，两者同等参数条件下在五组样品中减摩效果最差。贝壳 0.4mm-0.2mm 试样的减摩效果最佳，平均摩擦系数为 0.292，相比原样降低了 61.3%。其次是贝壳 0.6mm-0.2mm 织构，平均摩擦系数为 0.318，相比原样降低了 57.8%。

图 4.63 所示为贝壳织构有无添加 BN 纳米颗粒的平均摩擦系数对比图，可以看出，添加了 BN 纳米颗粒的贝壳织构能有效降低摩擦系数，但对于贝壳织构而言，BN 纳米颗粒能有效降低织构尺寸对平均摩擦系数的影响，与凹坑和波浪纹织构相反，这表明，影响不同织构的减摩效果的主要参数不同，凹坑以及波浪这类几何图形织构受间距影响较大，仿生贝壳织构受织构尺寸的影响较大。

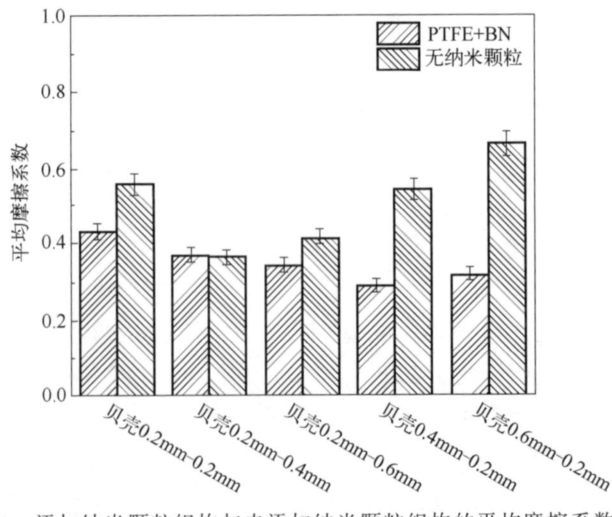

图 4.63　添加纳米颗粒织构与未添加纳米颗粒织构的平均摩擦系数对比图

（2）磨损率及表面微观形貌分析

图 4.64 列出了 QT600-3 球墨铸铁曳引轮试样在 BN 纳米颗粒润滑剂协同贝壳织构在常温下的磨痕二维电镜图，贝壳织构内部有效地填充了 BN 纳米颗粒自润滑涂层，贝壳 0.2mm-0.2mm 试样的犁沟以及划痕数量最少，通过观察发现，随着贝壳织构内部间距增大，贝壳织构的划痕以及犁沟明显增加，这是因为在摩擦运动方向上，贝壳织构内的未织构区域与钢球接触的面积较大，在 0.2-

(a) 无织构试样

(b) 贝壳0.2mm-0.2mm

(c) 贝壳0.2mm-0.4mm

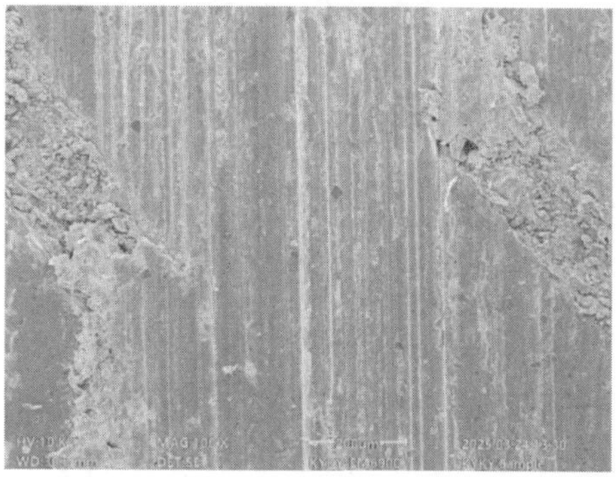

(d) 贝壳0.2mm-0.6mm

(e) 贝壳0.4mm-0.2mm

(f) 贝壳0.6mm-0.2mm

图 4.64　表面形貌图

0.2mm 尺寸下，不锈钢球与织构区域接触面积大于间距为 0.4mm 以及 0.6mm 两种贝壳织构。当织构大小增加时，内部的大量 BN 纳米颗粒润滑剂挤出形成自润滑层，使摩擦系数降低，与凹坑和沟槽织构不同，独特的贝壳织构在大织构尺寸下，内部的自润滑涂层能有效地挤出织构内，但同样存在织构过大导致的涂层疲劳剥离以及涂层堆积现象。

图 4.65 显示了 BN 纳米颗粒协同贝壳织构在不同织构参数常温下摩擦试验后的磨损率以及磨痕宽度变化情况，可以明显地看出，纳米颗粒协同贝壳织构试样可以明显地降低磨损率以及磨痕宽度。对于添加 BN 纳米颗粒的贝壳织构而言，随着织构的宽度以及织构大小的增加，磨痕宽度随之增加。磨痕宽度最低的为贝壳 0.2mm-0.2mm 试样，磨痕宽度为 0.27mm，相比原样降低了 85.5%；贝壳 0.2mm-0.4mm 试样的磨痕宽度为 0.65mm，相比原样降低了 65.0%；贝壳 0.2mm-0.6mm 试样的磨痕宽度为 0.70mm，相比原样降低了 62.3%；贝壳 0.4mm-0.2mm 的磨痕宽度为 0.84mm，相比原样降低了 54.8%；贝壳 0.6mm-0.2mm 试样的磨痕宽度为 0.95mm，相比原样降低了 48.9%。贝壳 0.2mm-0.2mm 试样的磨损率为 $2.17\times10^{-5}mm^3/(N\cdot m)$，相比原样降低了 97.7%；贝壳 0.2mm-0.4mm 试样磨损率为 $4.28\times10^{-5}mm^3/(N\cdot m)$，相比原样降低了 95.4%；贝壳 0.2mm-0.6mm 试样，磨损率为 $3.01\times10^{-5}mm^3/(N\cdot m)$，相比原样降低了 96.8%；贝壳 0.4mm-0.2mm 试样磨损率 $2.68\times10^{-5}mm^3/(N\cdot m)$，相比原样降低了 97.1%；贝壳 0.6mm-0.2mm 试样磨损率 $15.7\times10^{-5}mm^3/(N\cdot m)$，相比原样降低了 83.1%。添加了 BN 纳米颗粒的贝壳织构试样在织构尺寸较大的情况下磨损率较大。这可能与织构类型有关，波浪以及贝壳织构的磨痕宽度均较大。

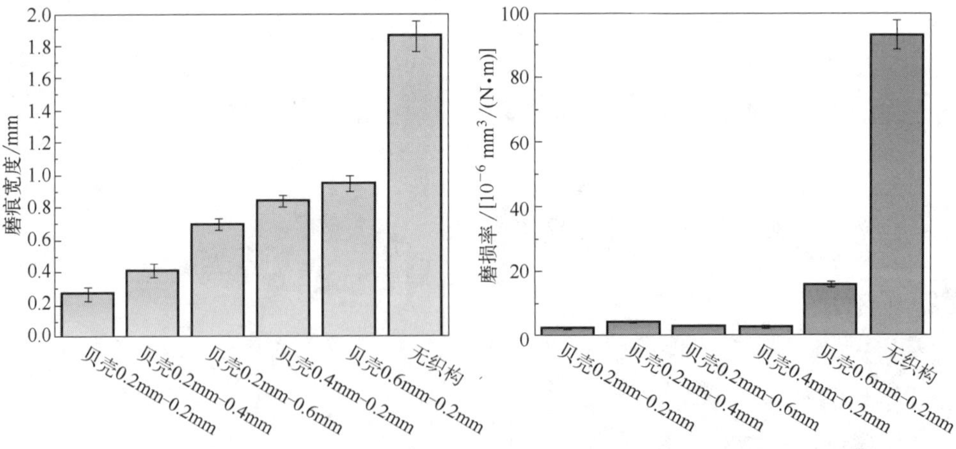

图 4.65 磨痕宽度和磨损率

如图 4.66 所示为贝壳织构协同 BN 纳米颗粒改性固体润滑剂同无纳米颗粒贝壳织构的磨损率对比图，从图中可以看出，贝壳织构协同 BN 纳米颗粒改性的固体润滑剂的减摩效果存在最优尺寸，贝壳 0.2mm-0.2mm 与贝壳 0.4mm-

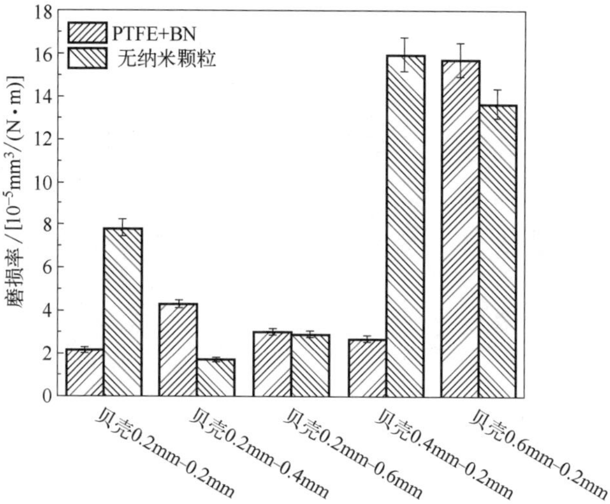

图 4.66　添加纳米颗粒织构与未添加纳米颗粒织构的磨损率对比图

0.2mm 试样的减磨效果最佳。

图 4.67 显示了 QT600-3 球墨铸铁曳引轮试样以 BN 纳米颗粒协同贝壳织构在不同织构参数常温下的磨痕三维轮廓。纳米颗粒协同贝壳织构试样可以明显地降低磨痕宽度，但存在最佳尺寸参数，说明 BN 纳米颗粒协同贝壳织构对磨痕宽度的减少有促进作用。贝壳 0.6mm-0.2mm 试样的磨痕深度最大，为 21.53μm，这是因为大的织构尺寸磨损区域的自润滑层消耗快，纳米颗粒虽能形成局部润滑层，但未形成连续、稳定的润滑膜。在高载荷或长时间摩擦中，润滑膜被快速磨损或挤出，导致基体材料直接接触。此时，贝壳 0.6mm-0.2mm 试样内部储存的纳米颗粒固体润滑剂的供给速度小于磨损区域的消耗速度，出现润滑供给失衡现象，织构也发生大量磨损，出现较为严重的磨粒磨损和黏着磨损，这也是贝壳 0.6mm-0.2mm 试样平均摩擦系数较低，但磨损率最大的原因，贝壳 0.2mm-0.6mm 试样的磨痕深度最小，为 8.24μm。

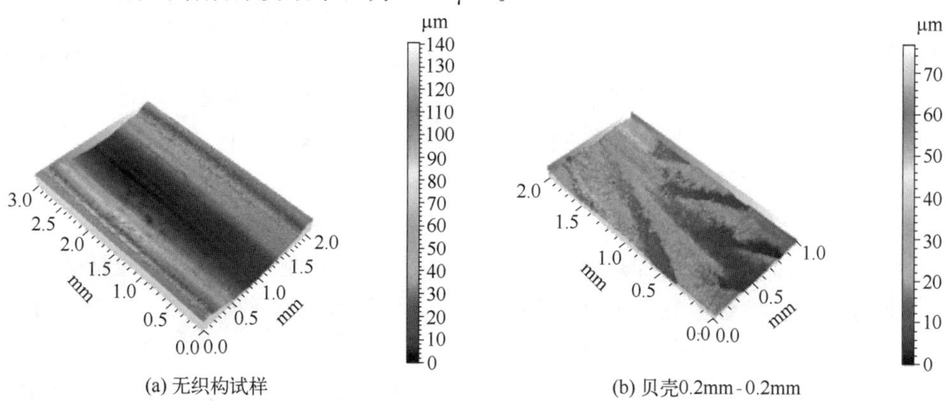

图 4.67

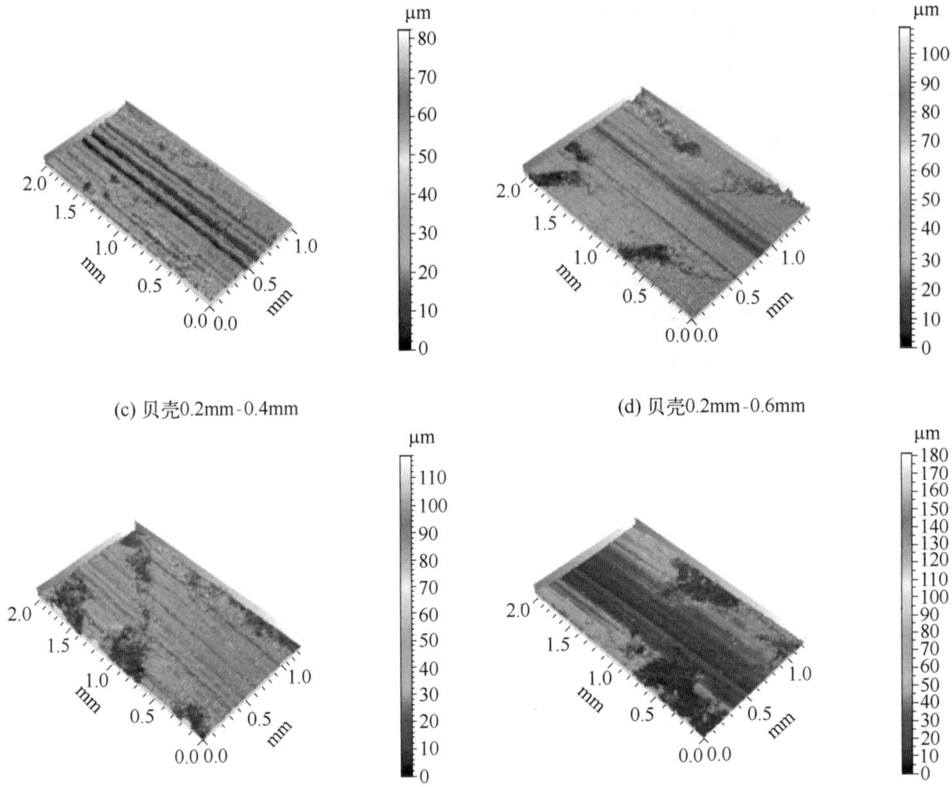

(c) 贝壳0.2mm-0.4mm

(d) 贝壳0.2mm-0.6mm

(e) 贝壳0.4mm-0.2mm

(f) 贝壳0.6mm-0.2mm

图 4.67 BN 纳米颗粒协同不同尺寸贝壳织构常温下的磨痕三维轮廓图

本章小结

本章以 QT600-3 电梯曳引轮球墨铸铁为研究对象，通过宏观以及微观分析研究了曳引轮的失效原因，针对高磨损率的问题，提出织构协同纳米颗粒改性的方案，通过摩擦学试验验证了表面织构以及表面织构协同纳米颗粒改性固体润滑剂对基体摩擦系数、耐磨性的影响，综合分析了四种表面织构的减摩耐磨机理。主要取得的研究进展和结论如下：

① QT600-3 曳引轮失效主要表现为绳槽不均匀磨损，导致摩擦系数变化、滑移量增大，进而引发电梯运行不稳、钢丝绳弹跳等问题。磨损形式包括磨粒磨损、黏着磨损、腐蚀磨损和疲劳磨损，后期以腐蚀和疲劳磨损为主。不均匀磨损持续至报废，严重影响使用寿命。

② 四种表面织构（凹坑、沟槽、波浪、仿生贝壳）均能改善摩擦学性能。凹坑织构（0.6mm-0.2mm）摩擦系数最低；沟槽织构过大尺寸会降低减摩效

果；波浪织构（0.2mm-0.2mm）小尺寸表现最优；仿生贝壳织构磨损率最低，大间距下摩擦系数最优。

③ 织构协同 MoS_2 纳米颗粒显著提升性能：凹坑织构（0.2mm-0.4mm）的摩擦系数降至 0.234（降低 69.0%），磨损率降低 99.5%；沟槽织构（0.2mm-0.4mm）的摩擦系数降至 0.146（降低 80.7%）；波浪纹织构（0.2mm-0.6mm）的摩擦系数降至 0.276（降低 63.4%）；仿生贝壳纹织构（0.2mm-0.4mm）的摩擦系数降至 0.232（降低 69.3%），但间距增大时磨损率激增 94.8%。规则几何（凹坑、沟槽）更适配 MoS_2 的润滑特性。

④ 织构协同 BN 纳米颗粒优化效果显著：凹坑织构（0.2mm-0.6mm）的摩擦系数降至 0.306（降低 59.5%），磨损率降低 98.9%；沟槽织构（0.2mm-0.4mm）的磨痕深度降低 56.6%；波浪纹织构（0.2mm-0.6mm）的摩擦系数降至 0.315（降低 58.3%），但磨损率较高；仿生贝壳纹织构（0.4mm-0.2mm）的摩擦系数降至 0.292（降低 61.3%），但宽度增大时磨损率激增。BN 纳米颗粒效能受织构尺寸严格调控，规则几何（凹坑、沟槽）更利于摩擦-磨损双目标优化。

· 参考文献 ·

[1] 张培耘，张彦虎，华希俊，等. 微织构化表面润滑设计与发展分析 [J]. 表面技术，2021，50 (9)：14-32.

[2] 战祥华. 仿生正弦织构化复合涂层制备及服役性能研究 [D]. 青岛：中国石油大学（华东），2021.

[3] 刘锡尧，王叶，秦乐佳，等. 基于涂层/织构/固体润滑剂协同的金属表面减摩耐磨结构与性能研究进展 [J]. 表面技术，2025，54 (4)：17-37.

[4] Liu Y H，He X Y，Yuan C Q，et al. Antifouling applications and fabrications of biomimetic micro-structured surfaces：a review [J]. Journal of Advanced Research，2024，59：201-221.

[5] Rasheed T，Sorour A A. Unveiling the power of MXenes：solid lubrication perspectives and future directions [J]. Advances in Colloid and Interface Science，2024，329：103186.

[6] 姜云贺. 复合润滑剂填充微织构缸套表面摩擦磨损行为研究 [D]. 大连：大连海事大学，2024.

[7] 张欣博. 复合填充和表面织构对水性聚氨酯涂层的摩擦学性能影响研究 [D]. 广州：华南理工大学，2022.

[8] 张碧波. 二硫化钼固体润滑剂在金属摩擦副中的减摩与抗磨效能分析 [J]. 当代化工研究，2024 (24)：79-81.

[9] Huang Q P，Shi X L，Xue Y W，et al. Synergetic effects of biomimetic microtexture with multi-solid lubricants to improve tribological properties of AISI 4140 steel [J]. Tribology International，2022，167：107395.

[10] Wang Y，Peng W X，Tong H，et al. A biomimetic micro-texture based on shark surface for tool wear reduction and wettability change [J]. Journal of Manufacturing Processes，2024，129：202-214.

[11] Sun J F，Li B，Xing K F，et al. Study on anti-friction mechanism of canna-leaf biomimetic micro-textured fruit tree [J]. Agronomy，2020，10 (12)：1866.

[12] Wang X M，Yang M，Gao T，et al. Lubricant transport mechanism and dynamics model for nepenthes-shaped biomimetic microtexture [J]. Chinese Journal of Mechanical Engineering，2025，38 (1)：36.

[13] Zhang J，Yu Z，Hu J. A study of bionics micro-textures on the surface of HA bio-coatings prepared by nanosecond laser [J]. Ceramics International，2023，49 (8)：11999-12011.

[14] 张东坤，李长河，贾东洲，等．球墨铸铁纳米粒子射流微量润滑磨削性能的实验研究［J］．制造技术与机床，2014（11）：98-103.

[15] Thompson F C，Kustas F M，Crawford G A. Oil-lubricated sliding wear performance of TiSiCN-coated ductile iron［J］. Wear，2023，514：204567.

[16] 王丙旭，胡子瑞，邱丰，等．纳米 $TiC-TiB_2$ 颗粒对球墨铸铁铸态组织和力学性能的影响［J］．铸造技术，2021，42（06）：439-444，455.

[17] 王金国，王志强，任帅，等．Ti 添加量对球墨铸铁组织及力学性能的影响［J］．吉林大学学报（工学版），2020，50（05）：1653-1662.

[18] Li J Z，Shi Y T，Lin Y，et al. Improving tribological performance of metallic coatings：a synergy of gradient structure and solid lubricant modification［J］. Surface and Coatings Technology，2024，477：130366.

[19] Xing Y Q，Deng J X，Wang X S，et al. Effect of laser surface textures combined with multi-solid lubricant coatings on the tribological properties of Al_2O_3/TiC ceramic［J］. Wear，2015，342：1-12.

[20] Yuan Z W，Qin Y，Deng C L，et al. Synergistic effects of surface strengthening and surface micro-texture on aviation spherical plain bearing tribological properties［J］. Proceedings of the Institution of Mechanical Engineers，Part J：Journal of Engineering Tribology，2018，232（7）：797-808.

第5章

复杂工况仿生织构与微纳颗粒协同增强耐磨技术

钛合金（TC4）因其低密度、高强度和优异的耐腐蚀性，被广泛应用于航空航天、车辆制造及医疗器械等领域，但其在钻井环境中的耐磨性仍有待提升。本章采用激光雕刻技术在TC4钻杆试样表面制备仿生微织构，并引入纳米颗粒进行改性。通过MWF-02摩擦试验机，以氮化硅陶瓷球为对磨副，在钙基膨润土水基钻井液润滑条件下进行摩擦磨损试验。以摩擦系数和磨损体积为评价指标，结合磨痕形貌和磨屑分析，系统探究了纳米颗粒类型、添加量及微织构几何参数对TC4钻杆摩擦学性能的影响规律。

5.1 试验设计与协同改性方法

本章分别采用煅烧法制备了C_3N_4纳米颗粒，采用水热法制备了BN@MoS_2、C_3N_4@MoS_2纳米颗粒，用于调配纳米颗粒钻井液，并采用激光雕刻技术加工了含有仿生（猪笼草织构和芭蕉叶织构）微织构图案的钛合金（TC4）钻杆试样。

5.1.1 改性钻井液配制方法

（1）MoS_2的制备

首先，将120mg钼酸铵和210mg硫脲加入30mL蒸馏水中并在室温下搅拌15min。然后，将悬浮液转移到50mL聚四氟乙烯衬里的不锈钢高压釜中，密封，并在200℃下保持24h。接着，将高压釜自然冷却至室温，通过真空过滤收集产物，用乙醇洗涤几次以除去残留物。最后，在70℃真空条件下干燥24h，得到目标产物MoS_2。

（2）C_3N_4的制备

先将10g尿素溶解在30mL去离子水中，在60℃的坩埚中干燥8h，得到白色结晶固体，然后转移到马弗炉中，在15℃/min的加热速率下，在550℃下煅烧 3h。煅烧结束得到浅黄色固体，即为 C_3N_4。

(3) BN@MoS_2、C_3N_4@MoS_2、膨润土@MoS_2 的制备

首先，将 120mg 钼酸铵和 210mg 硫脲加入 30mL 蒸馏水中并在室温下搅拌 15min，之后，向溶液中加入 30mg BN/30mg C_3N_4/30mg 膨润土，随后进行机械搅拌得到悬浮液。将悬浮液转移到 50mL 聚四氟乙烯衬里的不锈钢高压釜中，密封，并在 200℃下保持 24h。接着，将高压釜自然冷却至室温，通过真空过滤收集产物，用乙醇洗涤几次以除去残留物。最后，在 70 ℃真空条件下干燥 24h，得到产物 BN@MoS_2、C_3N_4@MoS_2 和膨润土@MoS_2。

(4) 改性钻井液的制备

将前面制成的纳米颗粒与钙基膨润土共混，控制每一份共混物的质量为 5g，在共混物中加入 100mL 的超纯水，放入机械超声波清洗机中超声分散 30min，保证纳米颗粒的分散性，从而得到各个纳米颗粒改性钻井液。

5.1.2 摩擦学测试方案

在往复距离为 8mm 的 MWF-02 型往复摩擦磨损试验机上对 TC4 钛合金试样进行磨损测试。采用氮化硅陶瓷球与试样组成球-盘摩擦副，试验机频率设定为 2Hz，载荷设定为 30N，时间设定为 1h，温度为常温和 50℃，在模拟水基钻井液的水润滑条件下进行试验。各种含量水基钻井液如表 5.1 所示。

表 5.1 纳米颗粒添加量

钻井液	质量分数			
	0.25%	0.5%	1%	2.5%
BN	B1	B2	B3	B4
C_3N_4	C1	C2	C3	C4
MoS_2	M1	M2	M3	M4
BN@MoS_2	BM1	BM2	BM3	BM4
C_3N_4@MoS_2	CM1	CM2	CM3	CM4

5.2 单一纳米颗粒改性钻井液的性能

长期以来，层状材料一直被视为极具效能的润滑材料。其既可作为固体润滑剂直接涂覆于固体表面，亦可在无需润滑油的环境中作为替代物使用。BN、MoS_2 与 C_3N_4 具有类似的层状结构，其摩擦性能的研究也在近期受到了广泛的关注。

5.2.1 BN 改性润滑液的摩擦学行为

(1) 摩擦系数及磨损率分析

本小节将不同质量的 BN 加入钙基膨润土中进行共混，制得水基钻井液，观

察 TC4 钛合金试样在常温和 50℃时的摩擦系数及磨损量的变化。由图 5.1［图 5.1（a）为常温状态，图 5.1（b）为 50℃］可以看出，当 BN 添加量发生改变时，TC4 钛合金试样的摩擦系数也会发生相应的变化。从图中可以看出，试样的摩擦系数一开始呈现出增加的变化规律，这是由于开始时的适应性摩擦阶段使得刚接触的摩擦面的摩擦系数在较短的时间内增大到一定的程度，填料含量的变化导致 TC4 钛合金试样的摩擦系数和磨损量也出现变化。

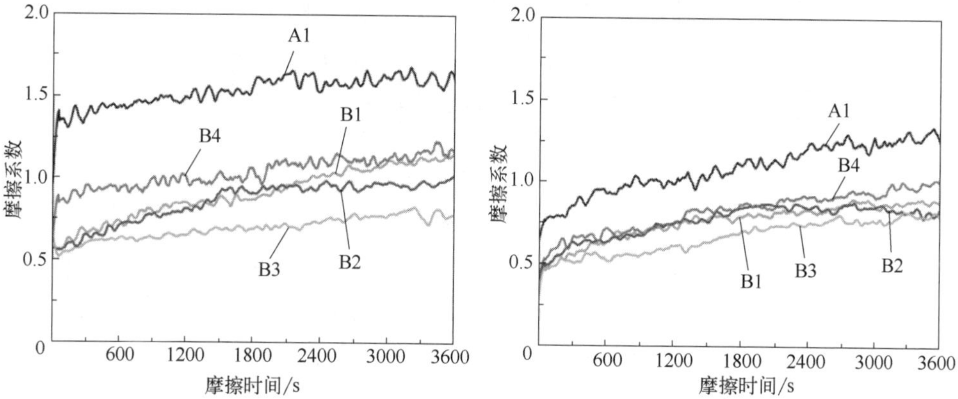

(a) 常温下四种比例BN与原片的摩擦系数　(b) 50℃下四种比例BN与原片的摩擦系数

图 5.1　不同比例 BN/钙基膨润土水基钻井液对 TC4 钛合金的实时摩擦系数

从图中可以看出，无论是在常温状态下还是在 50℃状态下，含有 BN 纳米颗粒的水基钻井液的摩擦系数均低于不含纳米颗粒的水基钻井液。对于含有 BN 纳米颗粒的水基钻井液，在两种温度下摩擦系数均是 B4＞B1＞B2＞B3。这表明 BN 纳米颗粒在水基钻井液中存在最优的含量。50℃条件下的摩擦系数普遍低于常温下的摩擦系数。在 50℃下的摩擦磨损过程中，由于试验温度的提升以及摩擦过程中产生的热量，局部接触点会经历短暂的高温现象，使摩擦接触区域的金属基体变软。在高温下，摩擦副在摩擦磨损过程中可能会出现黏着现象。固体润滑材料 BN 拥有类似于石墨的层状结构，其层与层之间的结合力较弱，这使得它能够有效地润滑，减少高温下摩擦副间的黏着效应。

通过 SM-5000 型超景深三维显示系统测得磨痕的磨损体积，由磨损率计算公式可以算出在不同条件下的磨损率。图 5.2 为不同比例的 BN/钙基膨润土水基钻井液在常温和 50℃情况下的磨损率。从图中可以明显地看出，当 BN 纳米颗粒的添加量小于 2.5％时，50℃情况下的磨损率均小于常温情况下的磨损率，其原因与前面摩擦系数分析的类似。当 BN 纳米颗粒的添加量增加到 2.5％时，50℃情况下的磨损率略高于常温情况下，其原因可能是，纳米 BN 颗粒具有较高的表面能，如果添加过多，它们在润滑液中容易聚集成较大的颗粒。在摩擦过程中，这些大颗粒难以进入摩擦区域形成有效的保护膜。此外，在磨损过程中，这些大颗粒作为外部磨粒，会对钛合金表面造成刮擦，导致其抗磨损性能下降。

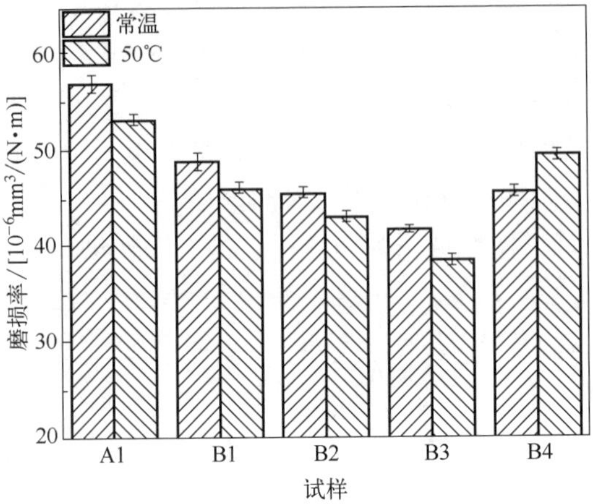

图 5.2 不同比例 BN/钙基膨润土水基钻井液对 TC4 钛合金的磨损率

(2) 表面微观形貌分析

为了清晰地展示 TC4 钛合金试样在未添加纳米颗粒固体润滑剂时的摩擦学特性，图 5.3 展示了未使用纳米颗粒固体润滑剂的 TC4 钛合金试样的三维磨损轮廓。从图中可以明显观察到，试样 A1 显示出宽且深的磨损轨迹，其磨痕的深度和宽度分别为 155μm 和 2mm。这表明在没有纳米颗粒固体润滑剂的情况下，TC4 钛合金材料的减摩和耐磨性能均不佳。50℃下的磨痕相比较常温下的来说深度有所减小，其磨痕深度和宽度分别是 118μm 和 1.7mm，磨损程度较常温下有所减轻。

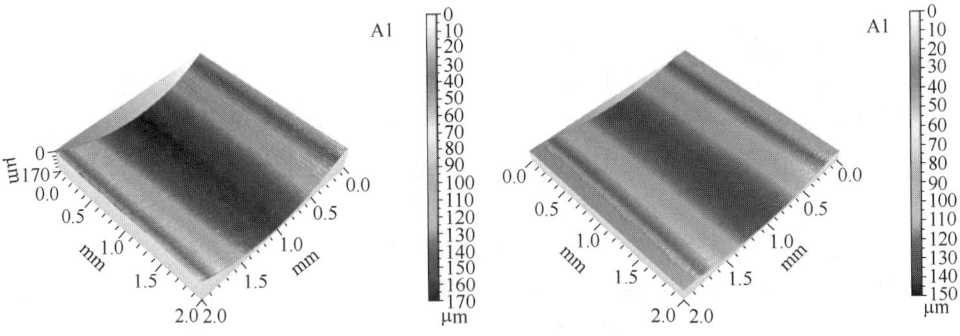

(a) 常温下试样磨损轮廓　　(b) 50℃下试样磨损轮廓

图 5.3 钙基膨润土水基钻井液对 TC4 钛合金的磨损轮廓

图 5.4 给出了试样 A1 在常温和 50℃下磨损表面的光学显微镜形貌图和 SEM 形貌图（左侧为光学显微镜形貌图，右侧为 SEM 形貌图，全文相同，不再赘述）。可以清楚地看出，在温度升高后试样的磨痕宽度有着明显的减小。图 5.4 (a) 为试样 A1 的磨损表面形貌及局部放大图，发现沿滑动方向上出现大量的凹槽与磨屑以及伴随着少量的黏着现象，且磨痕的中部具有较深的凹槽。观

察试样 A1 在常温状态下的 SEM 形貌图可以发现磨痕的两边凹槽较浅，造成这种现象的原因可能是此试验采用球-盘摩擦副，在磨痕中部两摩擦副的接触面积相较磨痕两端较大。当试验温度为 50℃时，由试样 A1 的 SEM 形貌图可以看出磨屑相较在常温状态下时有所减少。这表明温度的提升能够改善试样的磨损性能。在两种温度的情况下，试样 A1 的磨损机制主要表现为磨粒磨损和黏着磨损。

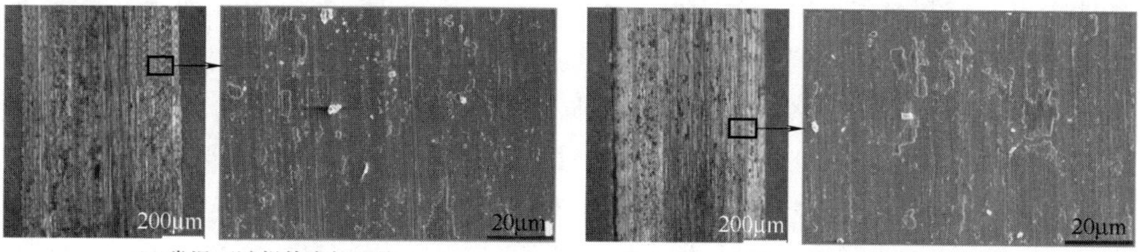

(a) 常温下试样的磨损形貌　(b) 50℃下试样的磨损形貌

图 5.4　钙基膨润土水基钻井液对 TC4 钛合金的磨损形貌

图 5.5 为 TC4 钛合金试样在添加不同质量分数 BN 纳米颗粒固体润滑剂下在常温时磨痕的三维轮廓。从图中可以清楚地看到，试样 B3 表现出的磨损轨迹

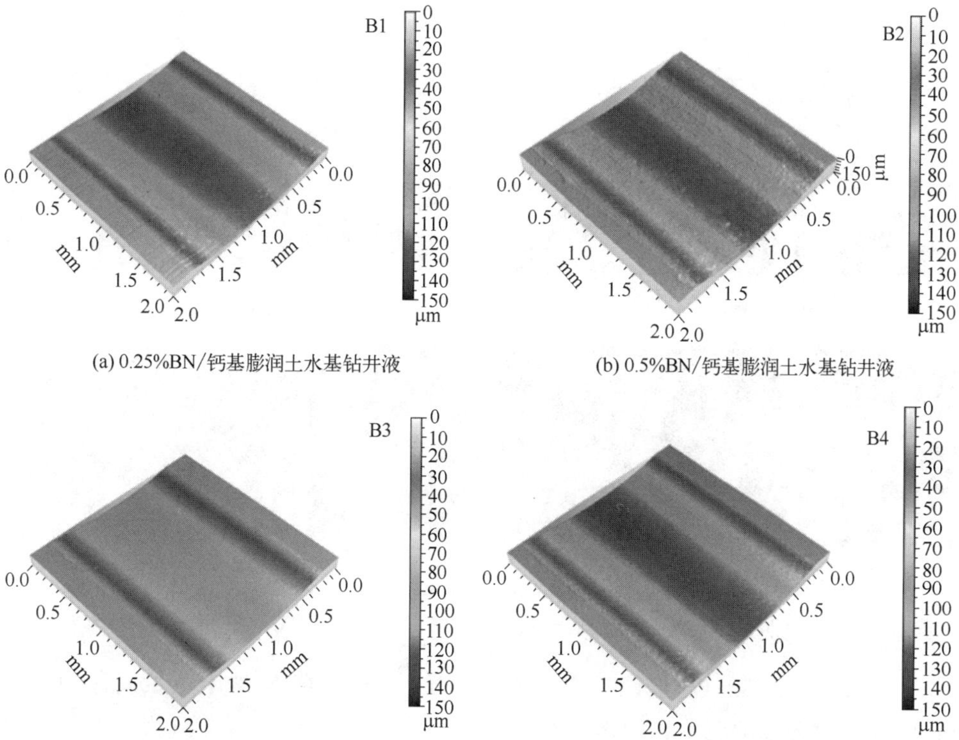

(a) 0.25%BN/钙基膨润土水基钻井液　(b) 0.5%BN/钙基膨润土水基钻井液

(c) 1%BN/钙基膨润土水基钻井液　(d) 2.5%BN/钙基膨润土水基钻井液

图 5.5　不同比例 BN/钙基膨润土水基钻井液在常温下对 TC4 钛合金的磨损轮廓

最为优秀，磨痕深度和宽度分别是 84μm 和 1.46mm，与前面所述的在 BN 纳米颗粒固体润滑剂中 B3 具有较低的摩擦系数和磨损率相对应。试样 B1、B2、B4 的磨痕深度分别是 117μm、116μm、113μm，差异并不明显。相同的是，试样 B1、B2、B4 磨损率的差异也并不明显。

图 5.6 为添加不同质量分数 BN 纳米颗粒固体润滑剂在常温下磨损表面的光学显微镜形貌图（左侧）和 SEM 形貌图（右侧）。由光学显微镜形貌图可以明显地看出 B3 试样的磨痕宽度最小，其 SEM 形貌图显示磨痕的表面存在着大面积的转移膜，这些转移膜可以起到良好的润滑作用，从而降低摩擦过程中摩擦副之间的黏着作用。这也解释了在四种不同的质量分数下，试样 B3 具有优秀摩擦磨损性能的原因。试样 B1 的磨损表面几乎不存在转移膜，犁沟形貌依然存在，但数量相对不含纳米颗粒固体润滑剂工况减少，磨损也得到减轻。图 5.6（d）中的 SEM 形貌照片为试样 B4 在试验过后的 SEM 图像，虽然其犁沟的数量相对于不含纳米颗粒固体润滑剂工况减少，但是犁沟的深度有所增加，磨痕的表面也存在着大量的磨屑，试样表面的破坏程度是四种不同的质量分数中最大的。这表明在四种质量分数下，添加量为 1%BN 纳米颗粒固体润滑剂的钻井液在减摩抗摩方面效果最好，当添加量达到 2.5%时，效果并不理想。同时说明 BN 纳米颗粒固体润滑剂的添加量存在一个最佳的质量分数。

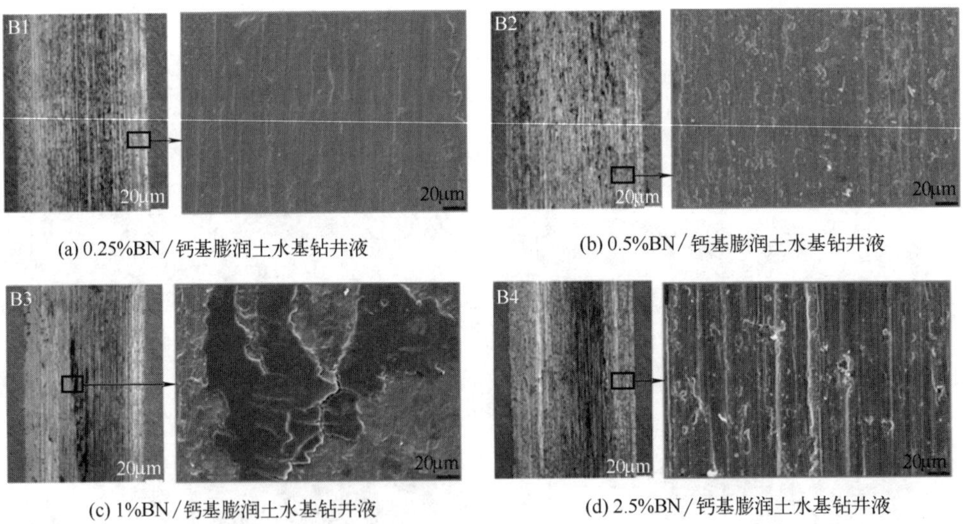

(a) 0.25%BN/钙基膨润土水基钻井液

(b) 0.5%BN/钙基膨润土水基钻井液

(c) 1%BN/钙基膨润土水基钻井液

(d) 2.5%BN/钙基膨润土水基钻井液

图 5.6 不同比例 BN/钙基膨润土水基钻井液在常温下对 TC4 钛合金的磨损形貌

图 5.7 为 TC4 钛合金试样在添加不同质量分数的 BN 纳米颗粒固体润滑剂下在 50℃时磨痕的三维轮廓图。从图中可以清楚地看到，与常温状态下相同的是，试样 B3 表现出的磨损轨迹最为优秀，磨痕深度和宽度分别是 72μm 和 1.42mm，与前面所述的在 BN 纳米颗粒固体润滑剂中 B3 具有较低的摩擦系数

和磨损率相对应。试样 B1、B2、B4 的磨痕深度分别是 84μm、84μm、118μm，试样 B1 与试样 B2 的差异并不明显。但是与常温状态下不同的是，在此温度下试样 B4 表现出来的磨损轨迹较差，造成这种情况的原因可能是纳米颗粒的添加量过多，这些颗粒在摩擦过程中作为第三磨粒刮擦钛合金表面，使试样表现出较差的抗磨损性能。

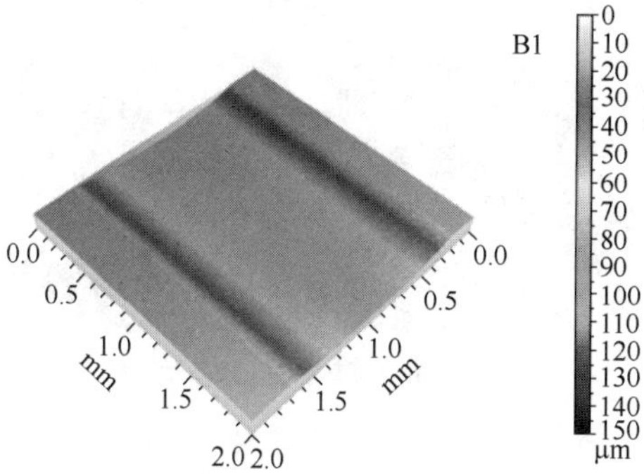

(a) 0.25%BN/ 钙基膨润土水基钻井液

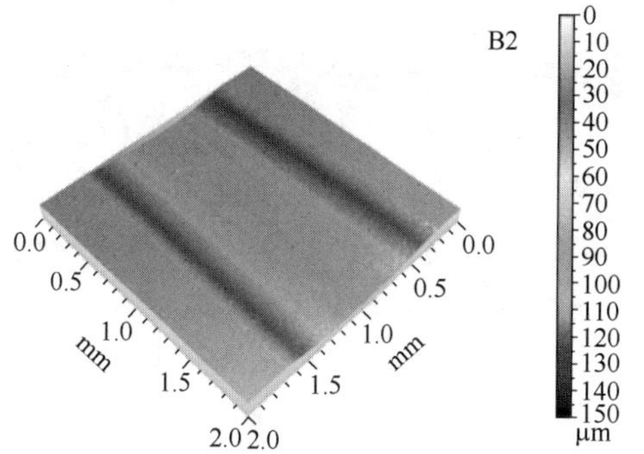

(b) 0.5%BN /钙基膨润土水基钻井液

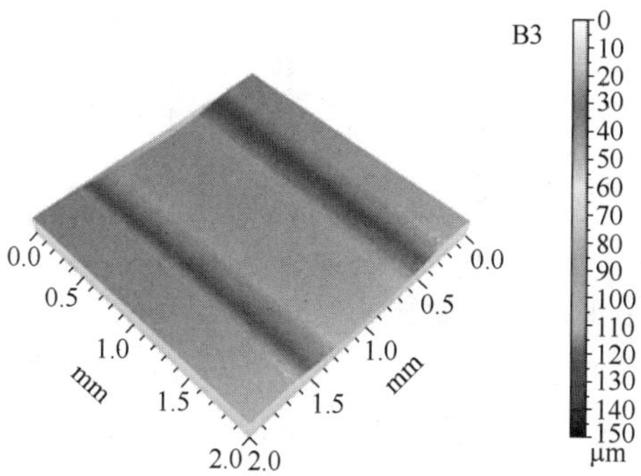

(c) 1%BN/钙基膨润土水基钻井液

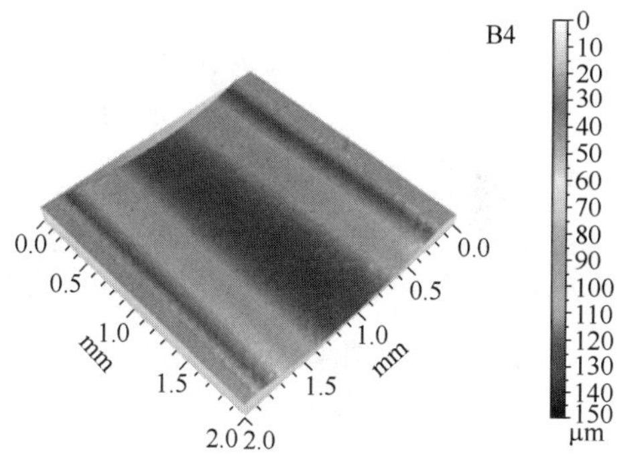

(d) 2.5%BN /钙基膨润土水基钻井液

图 5.7 不同比例 BN/钙基膨润土水基钻井液在 50℃下对 TC4 钛合金的磨损轮廓

图 5.8 为添加有不同质量分数 BN 纳米颗粒固体润滑剂在 50℃下磨损表面的光学显微镜形貌图（左侧）和 SEM 形貌图（右侧）。由光学显微镜形貌图可以明显地看出，试样 B2 和试样 B3 的磨痕宽度相较试样 B1 和试样 B4 有所减小。试样 B3 的磨痕表面存在着大面积的转移膜，情况与在常温状态下进行的试验类似。观察试样 B1、B2、B4 摩擦试验过后磨痕的 SEM 图像，犁沟形貌依然存在，这是由于摩擦过程中产生的硬质磨屑在对磨副之间划伤相对较软的钛合金基体造成的。与常温状态下不同的是新增了大量的黏着物，这是黏着磨损的典型表现。随着温度的升高，在摩擦和温度的耦合作用下，更容易加剧黏着磨损。

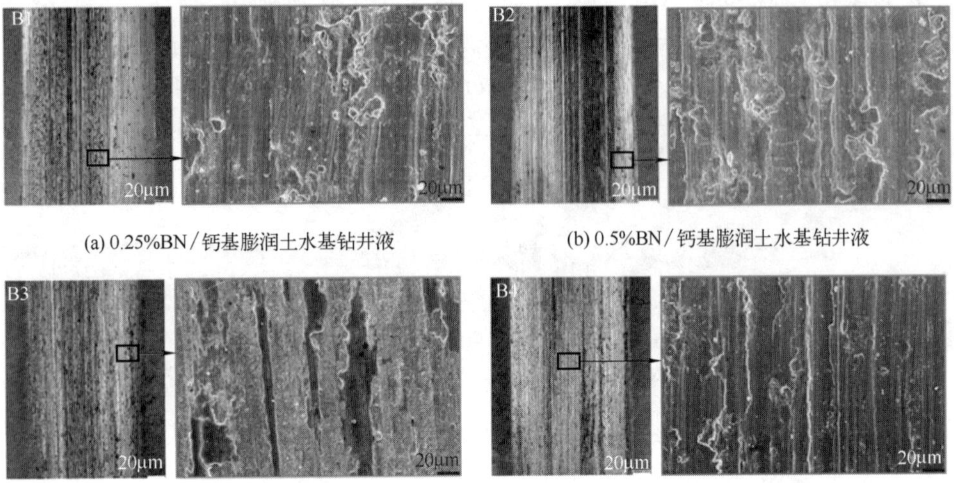

(a) 0.25%BN/钙基膨润土水基钻井液 (b) 0.5%BN/钙基膨润土水基钻井液

(c) 1%BN/钙基膨润土水基钻井液 (d) 2.5%BN/钙基膨润土水基钻井液

图 5.8 不同比例 BN/钙基膨润土水基钻井液在 50℃下对 TC4 钛合金的磨损形貌

5.2.2 MoS_2 改性钻井液的润滑特性

(1) 摩擦系数及磨损率分析

本小节将不同质量的 MoS_2 加入钙基膨润土中进行共混，制得水基钻井液，观察 TC4 钛合金试样在常温和 50℃时的摩擦系数及磨损量的变化。由图 5.9 可以看出，当 MoS_2 添加量发生改变时，TC4 钛合金试样的摩擦系数也会发生相应的变化。试样的摩擦系数一开始先呈现出增加的变化规律，这是由于开始时的适应性摩擦阶段使得刚接触的摩擦面的摩擦系数在较短时间内增大到一定的程度，填料含量的变化导致 TC4 钛合金试样的摩擦系数和磨损量也出现变化。MoS_2/钙基膨润土水基钻井液与 5.2.1 小节 BN/钙基膨润土水基钻井液相同的是，含有纳米颗粒的水基钻井液的摩擦系数均低于不含纳米颗粒的水基钻井液，对于含有 MoS_2 纳米颗粒的水基钻井液在两种温度下摩擦系数均是 M1 的效果最好。当加入的 MoS_2 质量分数较低时，摩擦系数明显低于 MoS_2 质量分数较高的时候，这表明加入少量的 MoS_2 纳米颗粒可以改善润滑效果，提高水基钻井液的减摩抗磨性能，从而降低其摩擦系数。当 MoS_2 添加剂质量分数分别为 0.25%、0.5%、1%和 2.5%时，与基础水基钻井液相比，其摩擦系数分别降低 65%、64%、61%和 62%。当 MoS_2 质量分数高于 0.25%时，无论 MoS_2 添加剂质量分数是 0.5%、1%还是 2.5%，其摩擦系数均无明显差别。

图 5.10 为不同比例的 MoS_2/钙基膨润土水基钻井液在常温和 50℃情况下的磨损率。从图中可以明显地看到，添加 MoS_2 纳米颗粒的水基钻井液的磨损率显著低于基础水基钻井液。这表明加入少量的 MoS_2 纳米颗粒可以改善润滑效果，

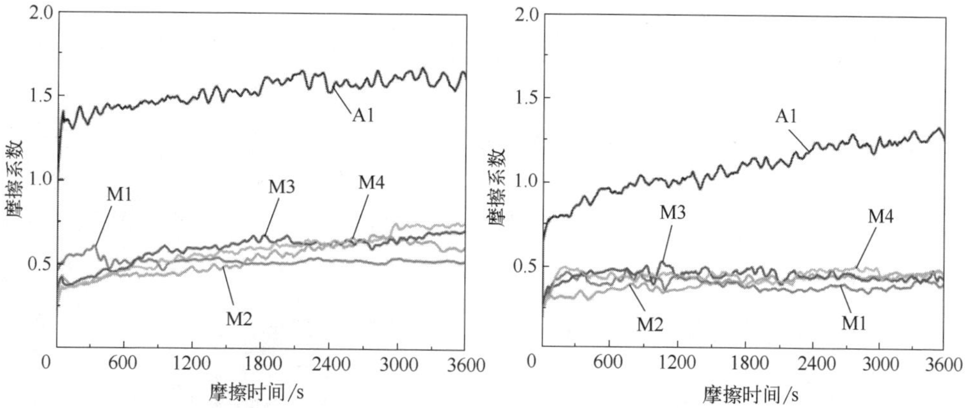

(a) 常温下四种比例MoS_2与原片的摩擦系数　(b) 50℃下四种比例MoS_2与原片的摩擦系数

图 5.9　不同比例 MoS_2/钙基膨润土水基钻井液对 TC4 钛合金的实时摩擦系数

提高钻井液的减摩抗磨性能，从而降低其磨损量。与 BN/钙基膨润土水基钻井液相同的是，MoS_2/钙基膨润土水基钻井液的磨损率在 50℃时均小于常温状态下，造成此种情况的原因与前文类似。与 BN 纳米颗粒不同的是，MoS_2 纳米颗粒的效果明显优于前者，这是因为分散在水基钻井液中的 MoS_2 纳米颗粒在钻井液流动过程中可以随之进入对磨表面的微坑与凹区，并嵌入摩擦副表面粗糙的凹谷中，以填补凹处。当两表面受到压力持续摩擦时，表面凸峰率先接触，当达到材料的屈服极限时，被磨掉的凸峰与细小的 MoS_2 颗粒在反复碾压下形成薄层状混合物，黏附在摩擦表面形成一层比原表面更强韧、更光滑的摩擦保护膜，起到自修复作用。在常温时 M1 的磨损率最低，为 $33.62\times10^{-6}mm^3/(N\cdot m)$，相较于基础水基钻井液 $57.07\times10^{-6}mm^3/(N\cdot m)$ 的磨损率降低了 41%。而且 MoS_2 是片层状结构，除了可以填平凹坑外，还能在微凸体表面形成可滑移的 MoS_2 吸附膜，起到润滑作用，从而降低磨损率。

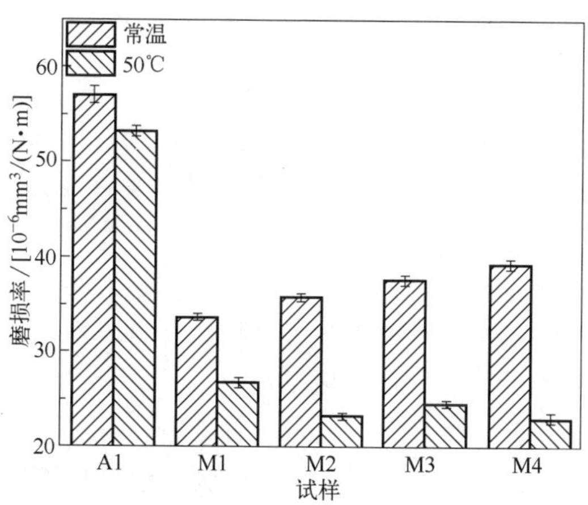

图 5.10　不同比例 MoS_2/钙基膨润土水基钻井液对 TC4 钛合金的磨损率

（2）表面微观形貌分析

图 5.11 为 TC4 钛合金试样在添加不同质量分数 MoS_2 纳米颗粒固体润滑剂下在常温摩擦实验过后磨痕的三维轮廓图。从图中可以清楚地看到，试样 M1 表现出的磨损轨迹最为优秀，磨痕深度和宽度分别是 67μm 和 1.24mm，与前面所述的在 MoS_2 纳米颗粒固体润滑剂中 M1 具有较低的摩擦系数和磨损率相对应。试样 M2、M3、M4 的磨痕深度分别是 73μm、72μm、71μm，几乎相同。

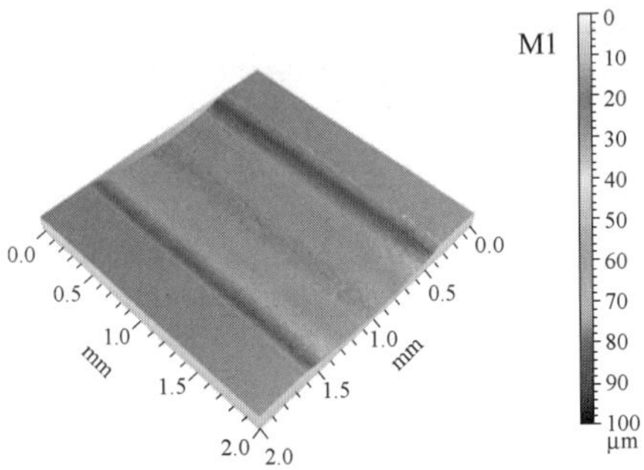

(a) 0.25% MoS_2/钙基膨润土水基钻井液

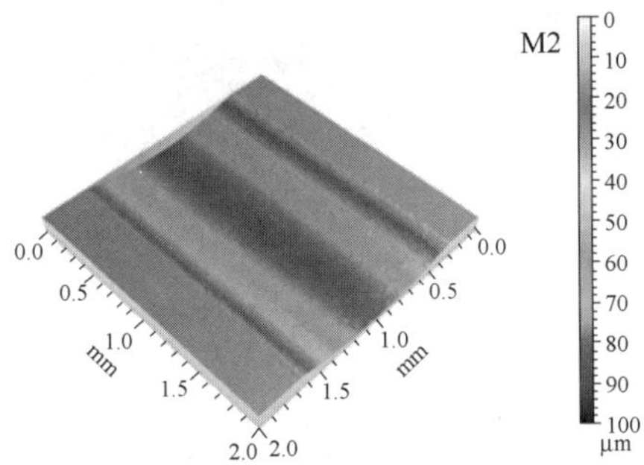

(b) 0.5% MoS_2/钙基膨润土水基钻井液

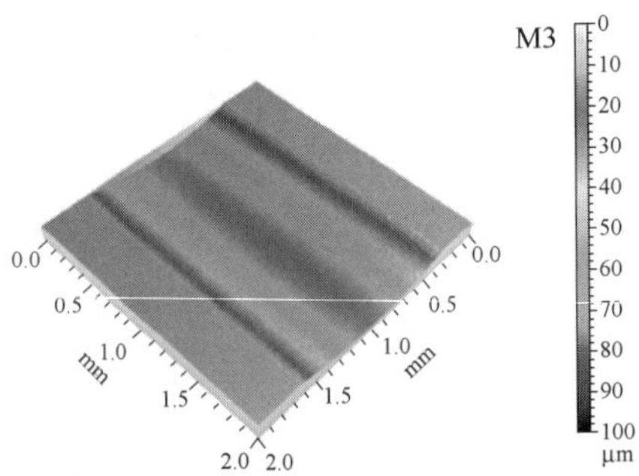

(c) 1% MoS_2/钙基膨润土水基钻井液

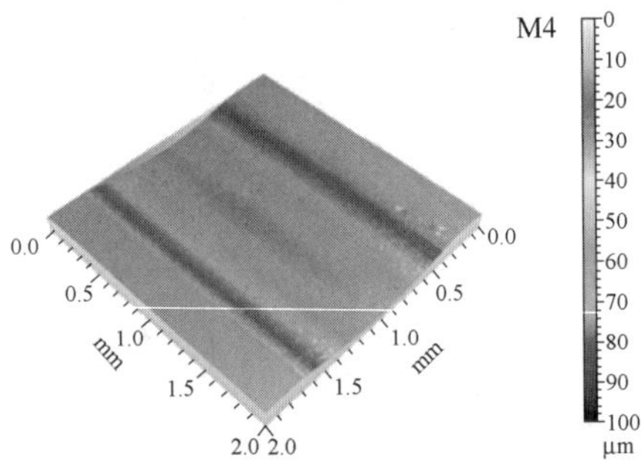

(d) 2.5% MoS_2/钙基膨润土水基钻井液

图 5.11　不同比例 MoS_2/钙基膨润土水基钻井液在常温下对 TC4 钛合金的磨损轮廓

图 5.12 为添加不同质量分数 MoS_2 纳米颗粒固体润滑剂在常温下磨损表面的光学显微镜形貌图（左侧）和 SEM 形貌图（右侧）。由光学显微镜形貌图可以看出，试样摩擦试验过后磨痕的宽度几乎相同。摩擦试验过后的 SEM 图像显示，所有试样表面均存在犁沟。这是由于钛合金基体较软，在摩擦的过程中，氮化硅相较摩擦副表面硬度较高，同时氮化硅表面在强大的剪切力作用下也发生一定的破碎，这些磨屑在后续摩擦试验过程中被对磨材料推动和挤压，形成第三体磨粒加速磨损，从而在钛合金表面形成了沟壑。

图 5.13 为 TC4 钛合金试样在添加不同质量分数 MoS_2 纳米颗粒固体润滑剂下在 50℃摩擦试验过后磨痕的三维轮廓图。从图中可以清楚地看到，试样 M1 表现出的磨损轨迹最为优秀，磨痕深度和宽度分别是 45μm 和 1.02mm，与前面

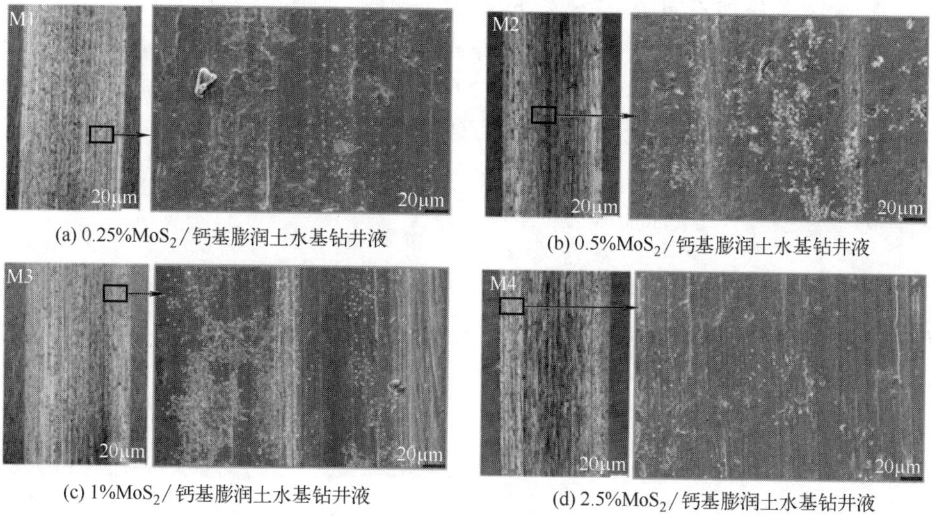

(a) 0.25%MoS_2/钙基膨润土水基钻井液　(b) 0.5%MoS_2/钙基膨润土水基钻井液

(c) 1%MoS_2/钙基膨润土水基钻井液　(d) 2.5%MoS_2/钙基膨润土水基钻井液

图 5.12　不同比例 MoS_2/钙基膨润土水基钻井液在常温下对 TC4 钛合金的磨损形貌

所述的在 MoS_2 纳米颗粒固体润滑剂中 M1 具有较低的摩擦系数和磨损率相对应。同时与常温状态相比，50℃时磨痕宽度和磨痕深度均有不同程度的下降，其中试样 M2、M3、M4 的磨痕深度分别是 57μm、54μm、46μm。

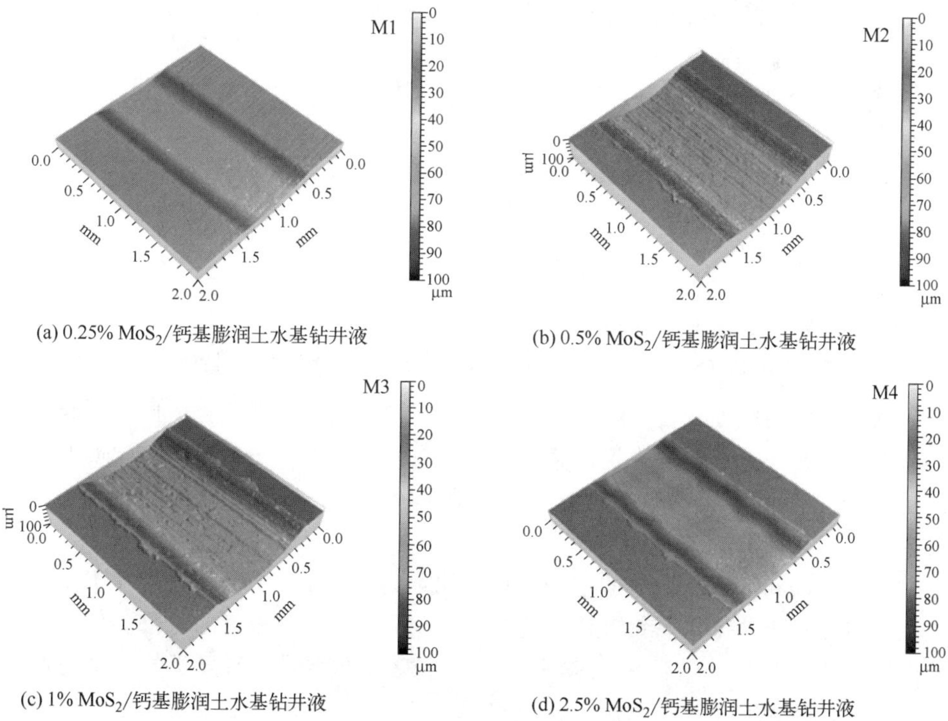

(a) 0.25% MoS_2/钙基膨润土水基钻井液　(b) 0.5% MoS_2/钙基膨润土水基钻井液

(c) 1% MoS_2/钙基膨润土水基钻井液　(d) 2.5% MoS_2/钙基膨润土水基钻井液

图 5.13　不同比例 MoS_2/钙基膨润土水基钻井液在 50℃下对 TC4 钛合金的磨损轮廓

图 5.14 为添加不同质量分数 MoS_2 纳米颗粒固体润滑剂在 50℃下磨损表面的光学显微镜形貌图（左侧）和 SEM 形貌图（右侧）。可以看出，试样 M1 摩擦试验过后磨痕的宽度较试样 M2、M3、M4 窄。试样 M1、M2、M3、M4 在摩擦试验过后的 SEM 图像显示，与常温状态下相同的是，所有试样表面均存在犁沟，磨痕的表面存在着大量的磨粒。TC4 钛合金表面的凸起和磨粒相对较硬，易于被压入更深处，从而加剧磨损。

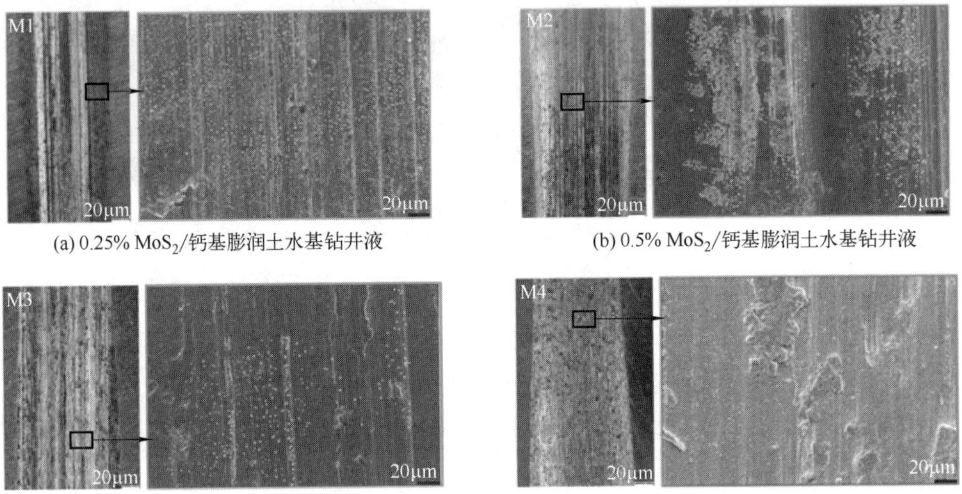

(a) 0.25% MoS_2/钙基膨润土水基钻井液

(b) 0.5% MoS_2/钙基膨润土水基钻井液

(c) 1% MoS_2/钙基膨润土水基钻井液

(d) 2.5% MoS_2/钙基膨润土水基钻井液

图 5.14　不同比例 MoS_2/钙基膨润土水基钻井液在 50℃下对 TC4 钛合金的磨损形貌

5.2.3　C_3N_4 改性钻井液的减摩机制

本小节讨论以 C_3N_4/钙基膨润土水基钻井液为润滑介质的 TC4 钛合金试样在常温和 50℃时的摩擦系数及磨损量的变化。

（1）摩擦系数及磨损率分析

从图 5.15 可以看出，当 C_3N_4 添加量发生改变时，TC4 钛合金试样的摩擦系数也会发生相应的变化。与前两种添加剂不同的是，随着摩擦时间的延长，试样的摩擦系数并没有呈现稳定的状态，而是在逐步上升。造成此种情况的原因可能是，C_3N_4 对金属的附着力不如前两种纳米颗粒，无法达到稳定状态，导致其成膜效率不如前两者。

与 5.2.1 和 5.2.2 小节的纳米颗粒相比，C_3N_4 纳米颗粒的效果并不是那么理想，但相对于基础水基钻井液，C_3N_4 纳米颗粒也具有一定的效果。但是当环境温度为 50℃时，含有纳米颗粒的水基钻井液的改善效果明显不如在常温状态下，可能是因为 C_3N_4 在高温下比较稳定，与 BN、MoS_2 相比，无法在摩擦面发生摩擦化学反应形成有效的润滑保护膜。

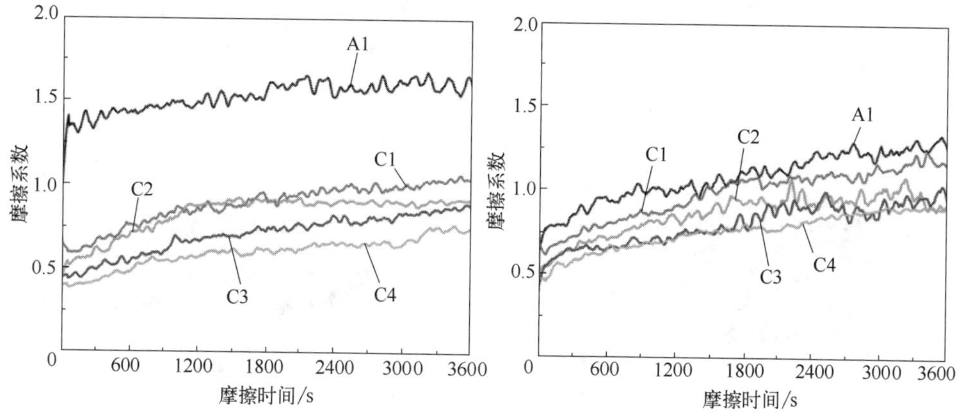

(a) 常温下四种比例C_3N_4与原片的摩擦系数　(b) 50℃下四种比例C_3N_4与原片的摩擦系数

图 5.15　不同比例 C_3N_4/钙基膨润土水基钻井液对 TC4 钛合金的实时摩擦系数

图 5.16 为不同比例的 C_3N_4/钙基膨润土水基钻井液在常温和 50℃情况下的磨损率。可以明显地看出，纳米颗粒的加入对于改善 TC4 钛合金的磨损率并没有产生理想的效果。因为 C_3N_4 并非完全剥离的单片层，且粒径处于微米级，不能完全隔离摩擦副，造成摩擦过程中抗磨效果不理想的情况。

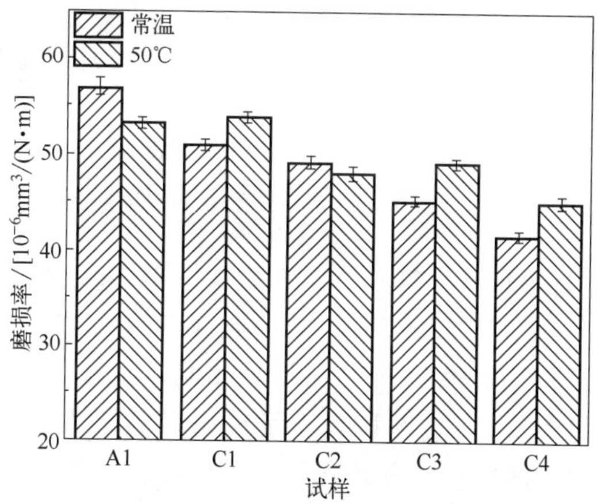

图 5.16　不同比例 C_3N_4/钙基膨润土水基钻井液对 TC4 钛合金的磨损率

其中，改善效果最佳的为试样 C4，其在常温时的磨损率为 $41.63\times10^{-6}mm^3$/(N·m)，相较于基础水基钻井液 $57.07\times10^{-6}mm^3$/(N·m) 的磨损率，降低了 27%，低于 5.2.2 小节中试样 M1 的 41%。

(2) 表面微观形貌分析

图 5.17 为 TC4 钛合金试样在添加有不同质量分数 C_3N_4 纳米颗粒固体润滑剂下在常温摩擦实验过后磨痕的三维轮廓图。从图中可以清楚地看到，试样 C4 表现出的磨损轨迹最为优秀，磨痕深度和宽度分别是 94μm 和 1.5mm，与前面所

述的在 C_3N_4 纳米颗粒固体润滑剂中试样 C4 具有较低的摩擦系数和磨损率相对应。试样 C1、C2、C3 的磨痕深度分别是 117μm、125μm、104μm，可以看出，C_3N_4 纳米颗粒固体润滑剂添加量的不同对 TC4 钛合金试样的磨损具有不同的影响。

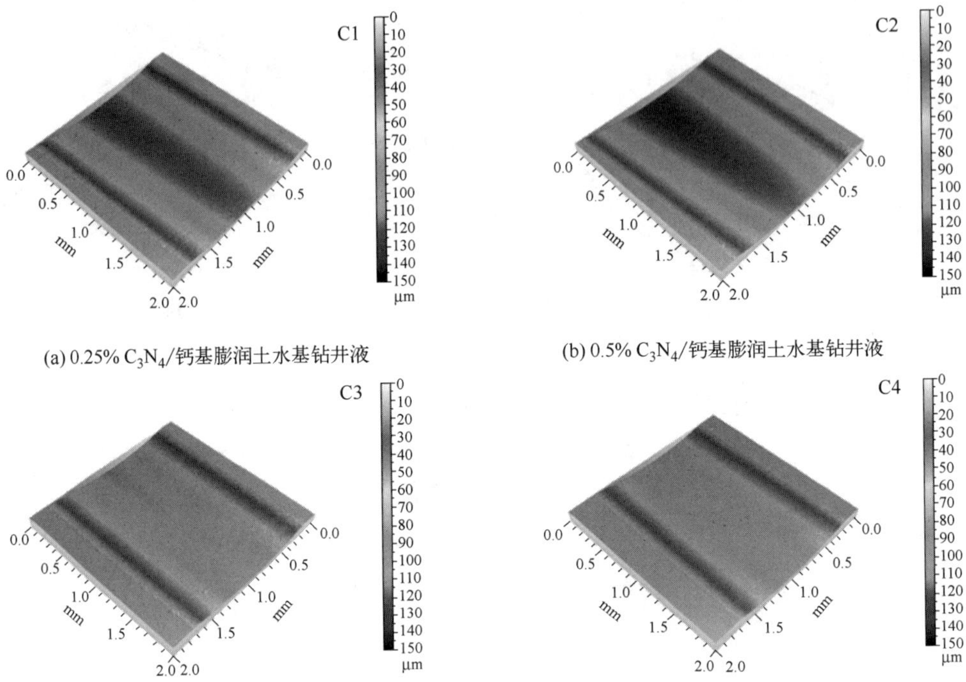

(a) 0.25% C_3N_4/钙基膨润土水基钻井液　(b) 0.5% C_3N_4/钙基膨润土水基钻井液

(c) 1% C_3N_4/钙基膨润土水基钻井液　(d) 2.5% C_3N_4/钙基膨润土水基钻井液

图 5.17　不同比例 C_3N_4/钙基膨润土水基钻井液在常温下对 TC4 钛合金的磨损轮廓

图 5.18 为添加不同质量分数 C_3N_4 纳米颗粒固体润滑剂在常温下磨损表面的光学显微镜形貌图（左侧）和 SEM 形貌图（右侧）。由光学显微镜形貌图可以看出，试样摩擦试验过后磨痕的宽度几乎相同。试样 C1、C2、C3、C4 在摩擦试验过后的 SEM 图像显示，磨痕表面呈现明显的起伏形貌和犁沟切削特征，尽管在磨损试验前对基体进行抛光处理，但材料表面仍存在一定的起伏特征，在摩擦过程中，因氮化硅陶瓷球对磨副硬度较高，黏着节点强度较高，此时材料剥落分离源于次表层剪切，在剪切载荷的作用下材料发生屈服、变形直至破碎和转移，产生大量磨屑。产生的磨屑形成磨粒，在摩擦过程中对材料反复切割，最终在基体表面出现分布相对均匀的犁沟切削特征。

图 5.19 为 TC4 钛合金试样在添加不同质量分数 C_3N_4 纳米颗粒固体润滑剂下在 50℃摩擦实验过后磨痕的三维轮廓图。从图中可以清楚地看到，试样 C4 表现出的磨损轨迹最为优秀，磨痕深度和宽度分别是 69μm 和 1.52mm。与常温状态下相同的是，在 C_3N_4 纳米颗粒固体润滑剂中，试样 C4 具有较低的摩擦系数，和磨损率相对应。试样 C1、C2、C3 的磨痕深度分别是 117μm、96μm、116μm。

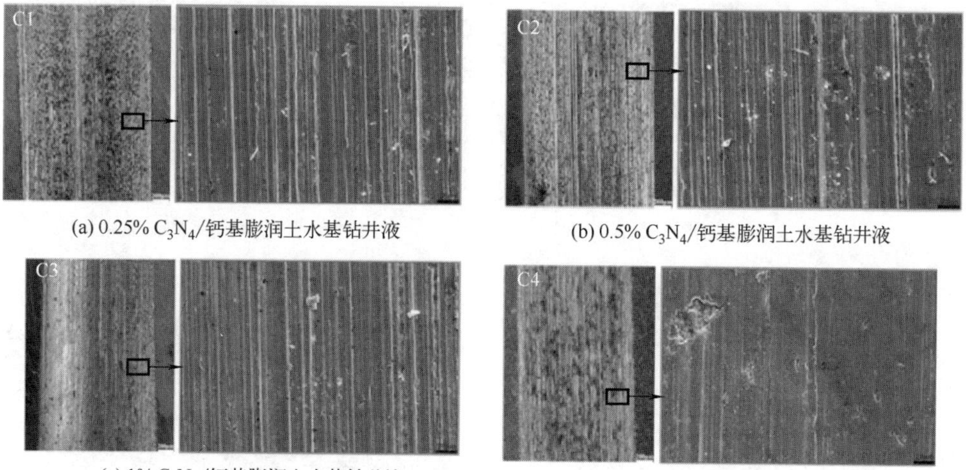

(a) 0.25% C_3N_4/钙基膨润土水基钻井液　(b) 0.5% C_3N_4/钙基膨润土水基钻井液

(c) 1% C_3N_4/钙基膨润土水基钻井液　(d) 2.5% C_3N_4/钙基膨润土水基钻井液

图 5.18　不同比例 C_3N_4/钙基膨润土水基钻井液在常温下对 TC4 钛合金的磨损形貌

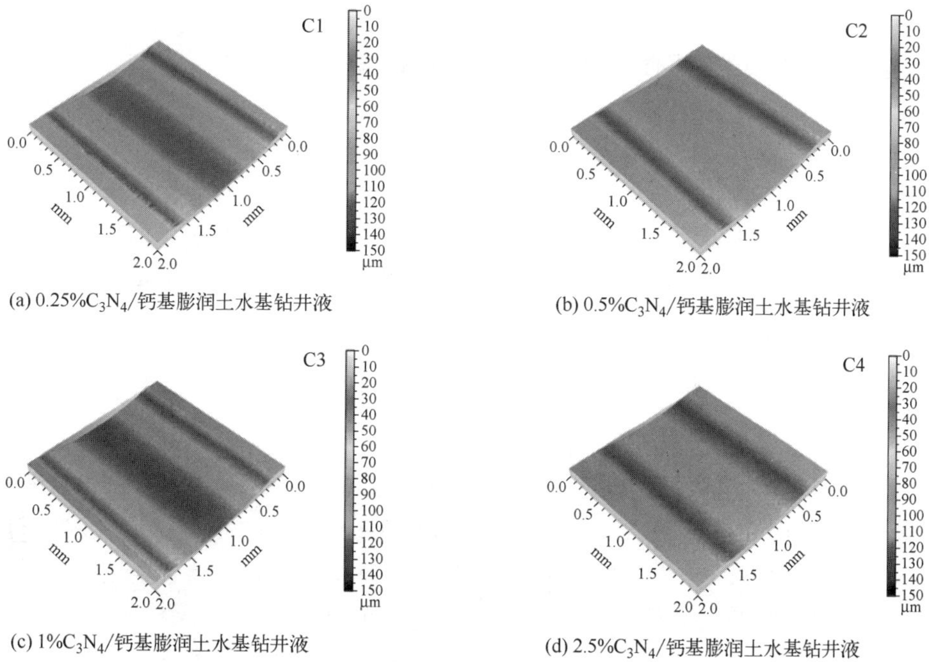

(a) 0.25%C_3N_4/钙基膨润土水基钻井液　(b) 0.5%C_3N_4/钙基膨润土水基钻井液

(c) 1%C_3N_4/钙基膨润土水基钻井液　(d) 2.5%C_3N_4/钙基膨润土水基钻井液

图 5.19　不同比例 C_3N_4/钙基膨润土水基钻井液在 50℃下对 TC4 钛合金的磨损轮廓

图 5.20 为添加不同质量分数 C_3N_4 纳米颗粒固体润滑剂在 50℃下磨损表面的光学显微镜形貌图（左侧）和 SEM 形貌图（右侧）。由光学显微镜形貌图可以看出，试样摩擦试验过后试样 C4 的磨痕宽度最窄。试样 C1、C2、C3、C4 在 50℃摩擦试验过后的 SEM 图像显示，磨痕表面与常温状态下的摩擦试验并无太大差别。磨痕的表面同样存在着大量的磨粒和犁沟，但是在 50℃下的犁沟更为明显。

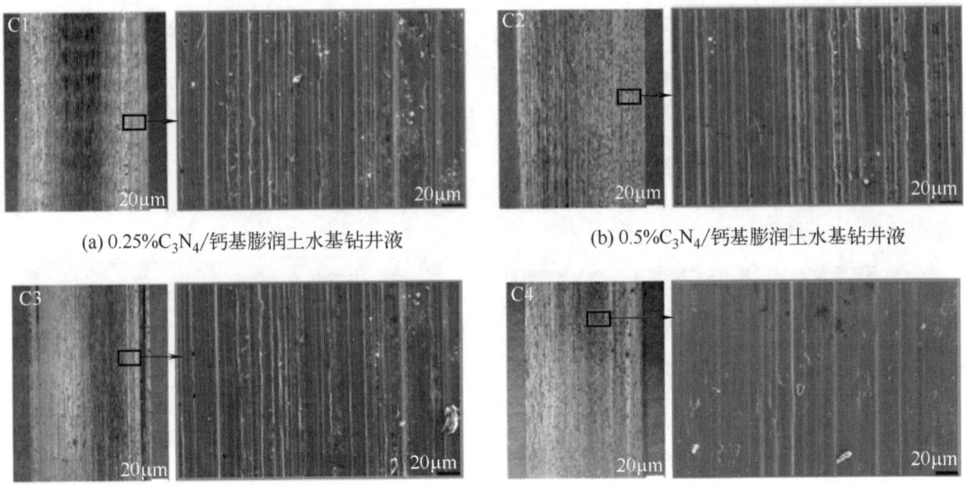

(a) 0.25%C_3N_4/钙基膨润土水基钻井液　(b) 0.5%C_3N_4/钙基膨润土水基钻井液

(c) 1%C_3N_4/钙基膨润土水基钻井液　(d) 2.5%C_3N_4/钙基膨润土水基钻井液

图 5.20　不同比例 C_3N_4/钙基膨润土水基钻井液在 50℃下对 TC4 钛合金的磨损形貌

5.3 微纳组装颗粒改性润滑液的性能

进一步研究表明，单一添加剂的使用在改善复合材料表面特性和力学性能方面存在局限性。为此，研究人员开始关注不同种类纳米颗粒的协同效应，通过混合使用可同时发挥多种粒子的润滑和抗磨优势。基于此，本节采用水热法制备了微纳自组装的 BN@MoS_2 和 C_3N_4@MoS_2 复合纳米颗粒，旨在探究其协同作用机制。

5.3.1 BN@MoS_2 复合颗粒的协同效应

(1) 摩擦系数及磨损率分析

本小节将不同质量的 BN@MoS_2 加入钙基膨润土中进行共混，制得水基钻井液，观察 TC4 钛合金试样在常温和 50℃时摩擦系数及磨损量的变化。由图 5.21 可以看出，当复合纳米颗粒添加量发生改变时，TC4 钛合金试样的摩擦系数也会发生相应的变化。从图中可以看出，无论是在常温下还是在 50℃下，含有 BN@MoS_2 纳米颗粒的水基钻井液的摩擦系数均低于不含纳米颗粒的水基钻井液，同时也低于只对膨润土进行了改性的水基钻井液。对于含有 BN@MoS_2 纳米颗粒的水基钻井液，在两种温度下摩擦系数均是试样 BM4＞BM1＞BM2＞BM3。这表明复合纳米颗粒在水基钻井液中存在最优的含量。与 5.2 节相同的是，BN@MoS_2 纳米颗粒的水基钻井液在 50℃下的摩擦系数同样均小于在常温状态下的。略有不同的是，当摩擦系数越来越低时，摩擦系数曲线也就越来越稳定。此时，纳米颗粒的添加量达到最优值。而固体润滑材料 BN@MoS_2

具有类似石墨的层状结构，层间为分子键结合，结合较弱，可以起到良好的润滑作用，使摩擦过程变得稳定。

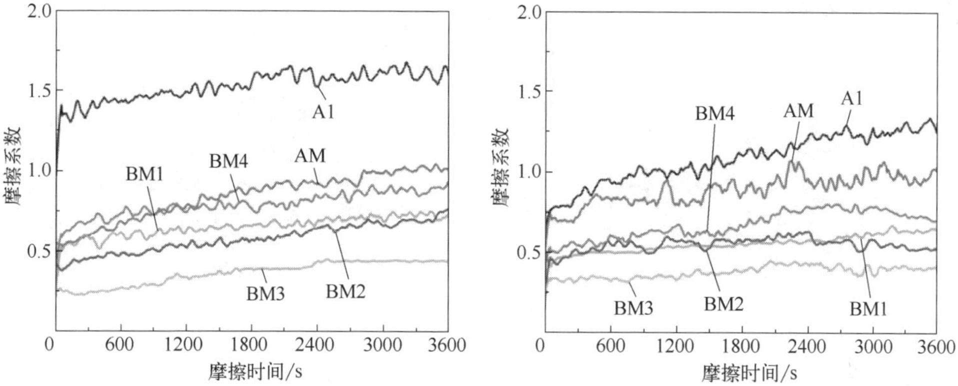

(a) 常温下四种比例BN@MoS_2与原片的摩擦系数　(b) 50℃下四种比例BN@MoS_2与原片的摩擦系数

图 5.21　不同比例 BN@MoS_2/钙基膨润土水基钻井液对 TC4 钛合金的实时摩擦系数

本节采用与 5.2 节相同的方法计算磨损率。图 5.22 为不同比例的 BN@MoS_2/钙基膨润土水基钻井液在常温下和 50℃下的磨损率。从图中可以明显地看出，当 BN@MoS_2 纳米颗粒的添加量小于 2.5%时，50℃下的磨损率均小于常温情况下，BN 的导热率高，可以有效减少摩擦界面的温度，从而增强基体的抗剪切能力，提高其耐磨性。当 BN@MoS_2 纳米颗粒的添加量为 1%时，50℃下的磨损率略高于常温下。在常温下磨损率最低的是试样 BM3，为 $24.37\times10^{-6}mm^3/(N\cdot m)$，相对于未采用纳米颗粒的试样 A1［$57.05\times10^{-6}mm^3/(N\cdot m)$］，降低了 57%。在 50℃时，试样 BM3 同样表现出了最佳的减摩效果。

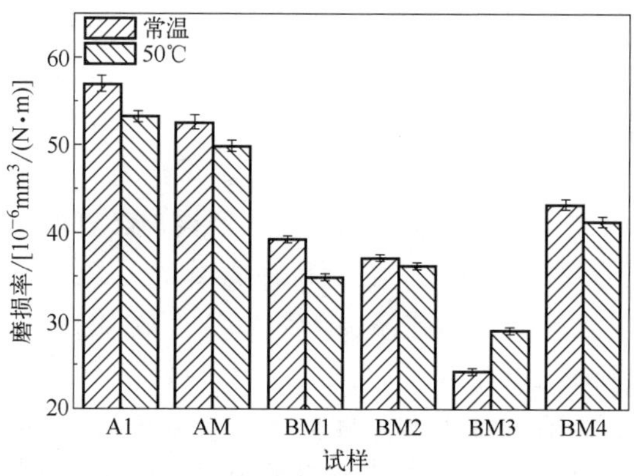

图 5.22　不同比例 BN@MoS_2/钙基膨润土水基钻井液对 TC4 钛合金的磨损率

(2) 表面微观形貌分析

图 5.23 为 TC4 钛合金试样在添加不同质量分数 BN@MoS_2 纳米颗粒固体润滑剂在常温下磨痕的三维轮廓图。从图中可以清楚地看到，试样 BM3 表现出

的磨损轨迹最为优秀，磨痕深度和宽度分别是 46μm 和 1.03mm，与前面所述的在 BN@MoS_2 纳米颗粒固体润滑剂中试样 BM3 具有较低的摩擦系数和磨损率相对应。试样 BM1、BM2、BM4 的磨痕深度分别是 71μm、72μm、108μm。

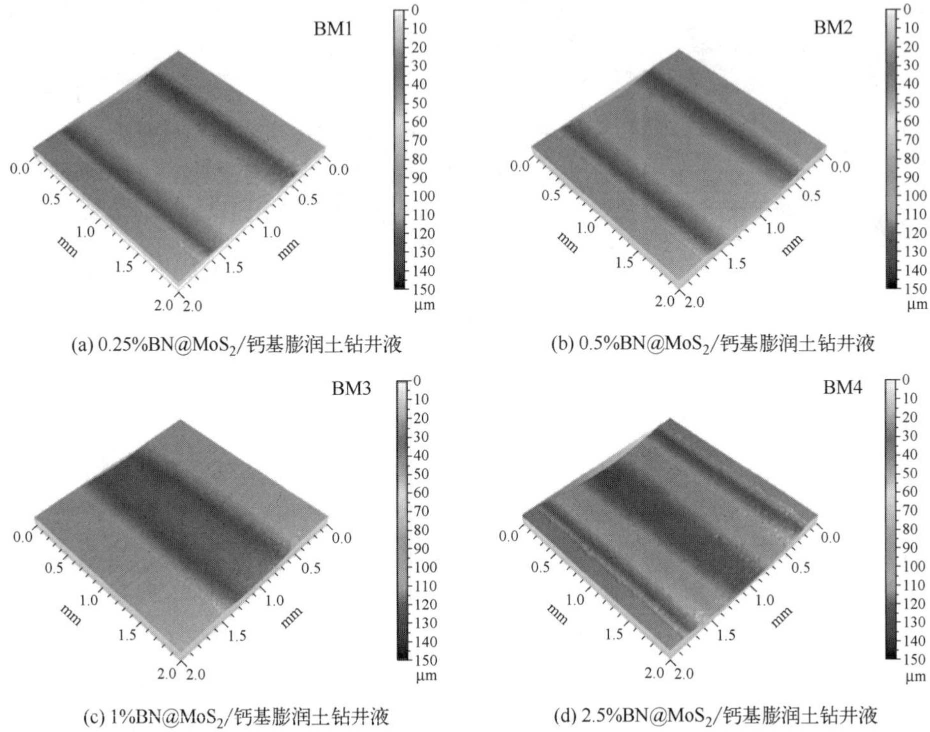

(a) 0.25%BN@MoS_2/钙基膨润土钻井液　(b) 0.5%BN@MoS_2/钙基膨润土钻井液

(c) 1%BN@MoS_2/钙基膨润土钻井液　(d) 2.5%BN@MoS_2/钙基膨润土钻井液

图 5.23　不同比例 BN@MoS_2/钙基膨润土水基钻井液在常温下对 TC4 钛合金的磨损轮廓

图 5.24 为添加不同质量分数 BN@MoS_2 纳米颗粒固体润滑剂在常温下磨损表面的光学显微镜形貌图（左侧）和 SEM 形貌图（右侧）。由光学显微镜形貌图可以看出，试样 BM3 摩擦试验过后磨痕的宽度最窄。试样 BM1、BM2、BM3、BM4 在摩擦试验过后的 SEM 图像显示，试样表面磨损较为严重，存在大量的基体脱落以及沿摩擦方向的犁沟状磨痕，磨损形态表现为黏着磨损及磨粒磨损。其中，试样 BM1、BM2 中的犁沟深度最为明显。

图 5.25 为 TC4 钛合金试样在添加不同质量分数 BN@MoS_2 纳米颗粒固体润滑剂在 50℃下磨痕的三维轮廓图。从图中可以清楚地看到，试样 BM3 表现出的磨损轨迹最为优秀，磨痕深度和宽度分别是 54μm 和 1.1mm。与常温状态下相同的是，在 BN@MoS_2 纳米颗粒固体润滑剂中，试样 BM3 具有较低的摩擦系数和磨损率。试样 BM1、BM2、BM4 的磨痕深度分别是 55μm、77μm、83μm。

图 5.26 为添加不同质量分数 BN@MoS_2 纳米颗粒固体润滑剂协同钙基膨润土水基钻井液在 50℃下磨损表面的光学显微镜形貌图（左侧）和 SEM 形貌图（右侧）。由光学显微镜形貌图可以看出，试样 BM3 在摩擦试验过后与常温状态

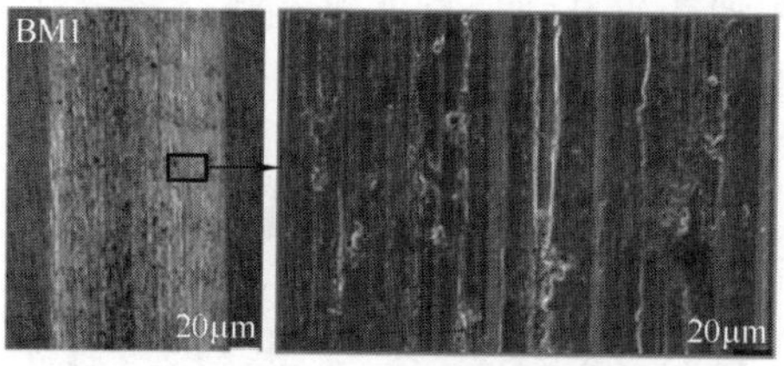

(a) 0.25%BN@MoS_2/钙基膨润土钻井液

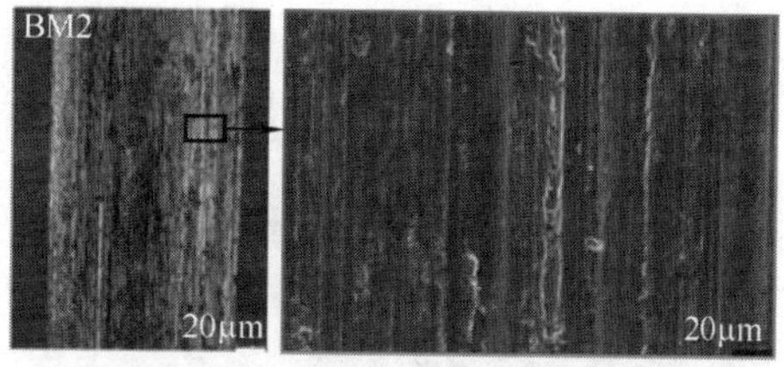

(b) 0.5%BN@MoS_2/钙基膨润土钻井液

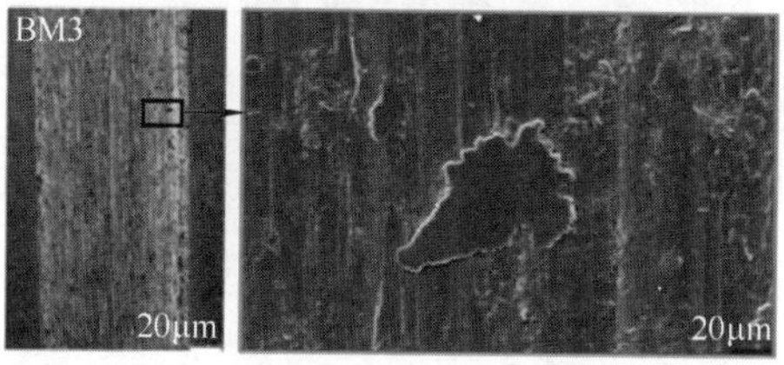

(c) 1%BN@MoS_2/钙基膨润土钻井液

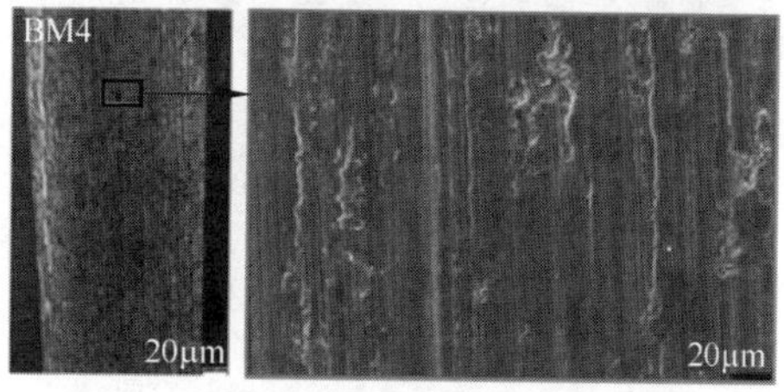

(d) 2.5%BN@MoS_2/钙基膨润土钻井液

图 5.24　不同比例 BN@MoS_2/钙基膨润土水基钻井液在常温下对 TC4 钛合金的磨损形貌

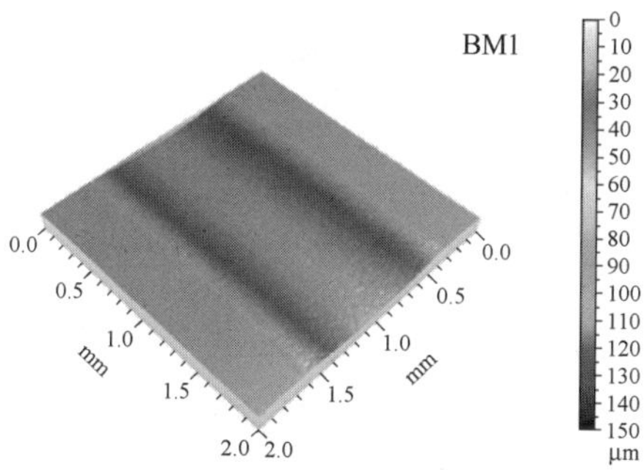

(a) 0.25%BN@MoS_2/钙基膨润土钻井液

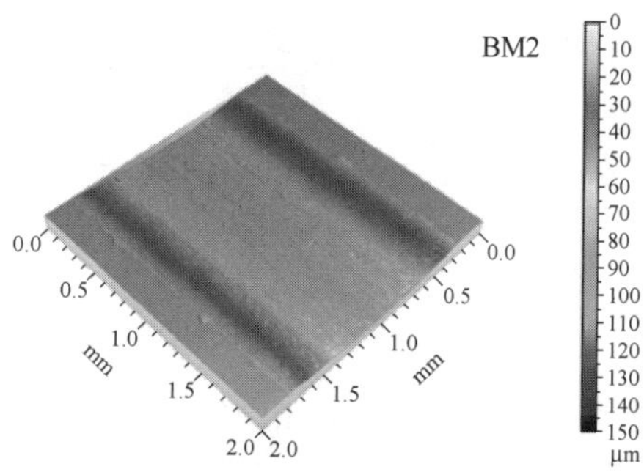

(b) 0.5%BN@MoS_2/钙基膨润土钻井液

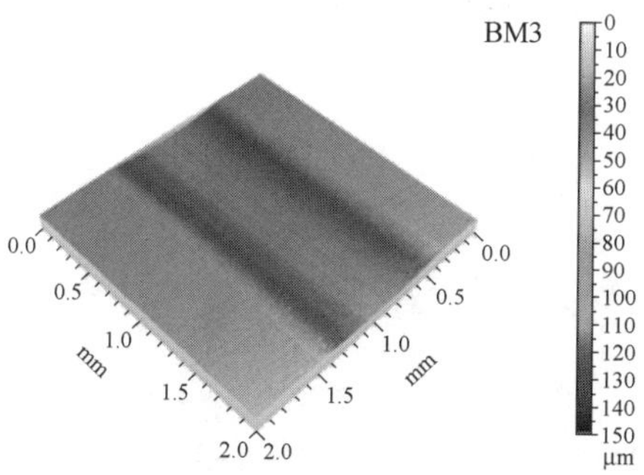

(c) 1%BN@MoS_2/钙基膨润土钻井液

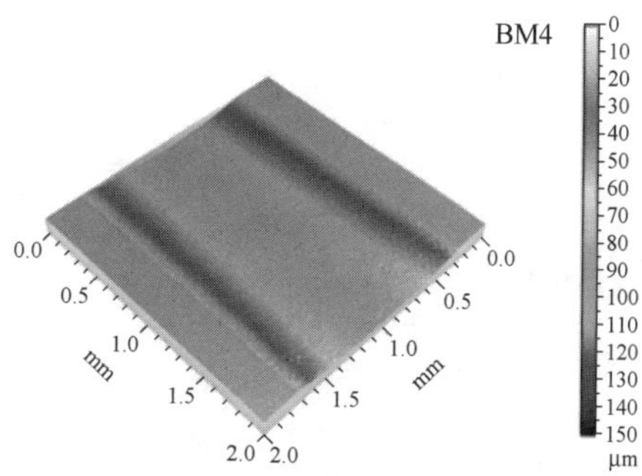

(d) 2.5%BN@MoS_2/钙基膨润土钻井液

图 5.25　不同比例 BN@MoS_2/钙基膨润土水基钻井液在 50℃下对 TC4 钛合金的磨损轮廓

下相同的是磨痕宽度最窄，说明无论是在常温下还是在 50℃下，试样 BM3 都具有最佳的减摩效果。试样 BM1、BM2、BM3、BM4 在摩擦试验过后的 SEM 图像显示，与常温状态相同的是犁沟切削特征依然存在。由试样 BM3 在摩擦试验过后的 SEM 图像可以明显地看出，磨损表面相较其他质量分数的磨损表面较为平整，犁沟的深度也较浅。

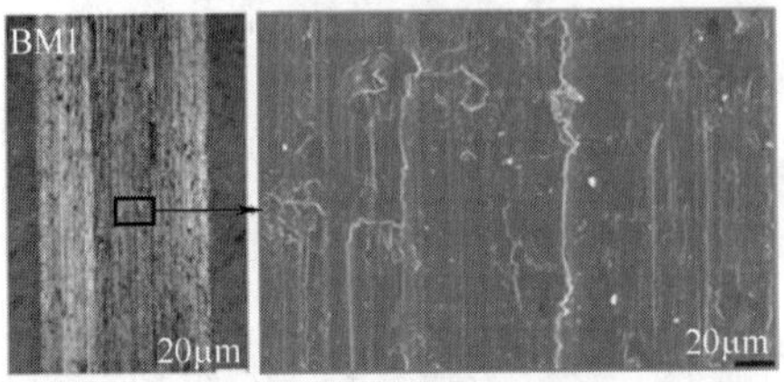

(a) 0.25%BN@MoS_2/钙基膨润土钻井液

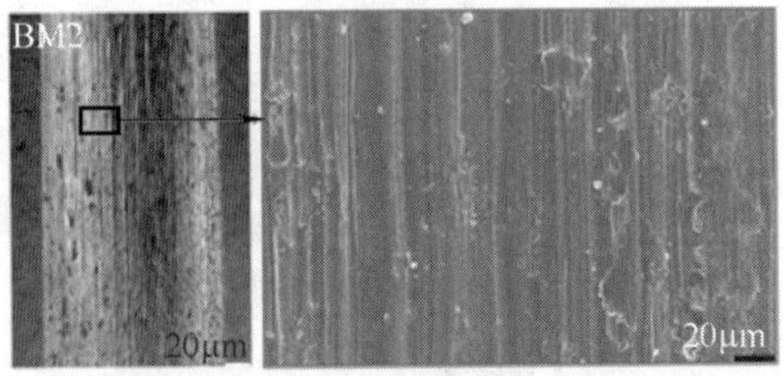

(b) 0.5%BN@MoS_2/钙基膨润土钻井液

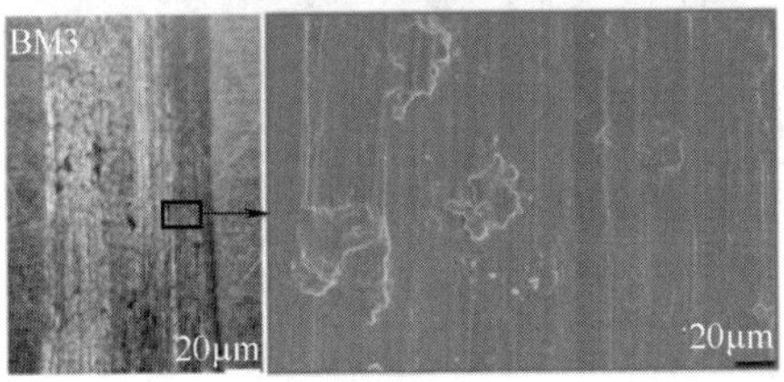

(c) 1%BN@MoS_2/钙基膨润土钻井液

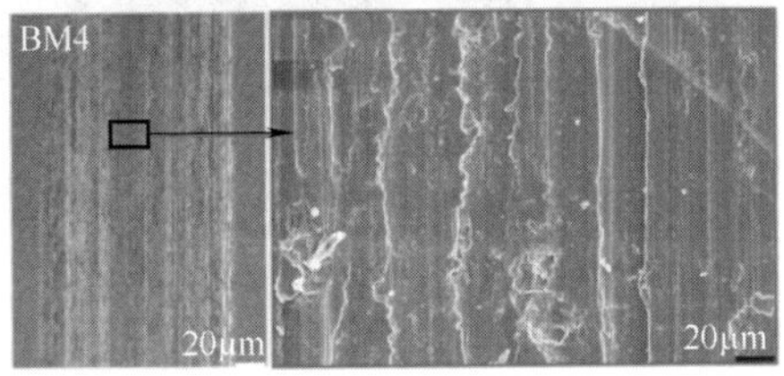

(d) 2.5%BN@MoS_2/钙基膨润土钻井液

图 5.26　不同比例 BN@MoS_2/钙基膨润土水基钻井液在 50℃下对 TC4 钛合金的磨损形貌

5.3.2　C_3N_4@MoS_2 复合颗粒的协同效应

（1）摩擦系数及磨损率分析

本小节将不同质量的 C_3N_4@MoS_2 加入钙基膨润土水基钻井液中进行共混，制得水基钻井液，观察 TC4 钛合金试样在常温下和 50℃下的摩擦系数及磨损量的变化。由图 5.27 可以看出，当复合纳米颗粒添加量发生改变时，TC4 钛合金试样摩擦系数也会发生相应的变化。从图中可以看出，无论是在常温下还是在 50℃下，含有 C_3N_4@MoS_2 纳米颗粒的水基钻井液的摩擦系数均低于不含纳米

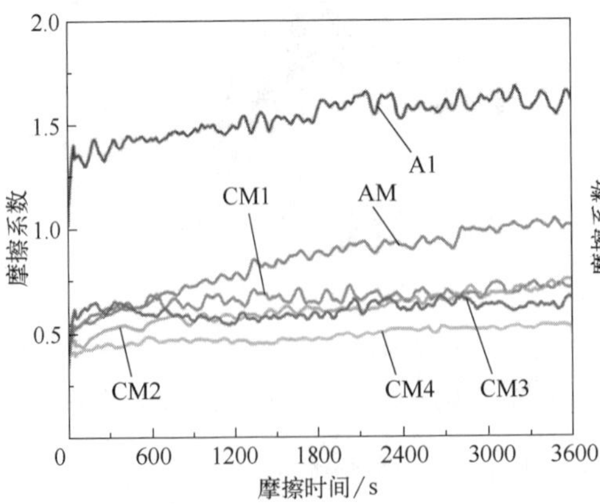

(a) 常温下四种比例C_3N_4@MoS_2与原片的摩擦系数

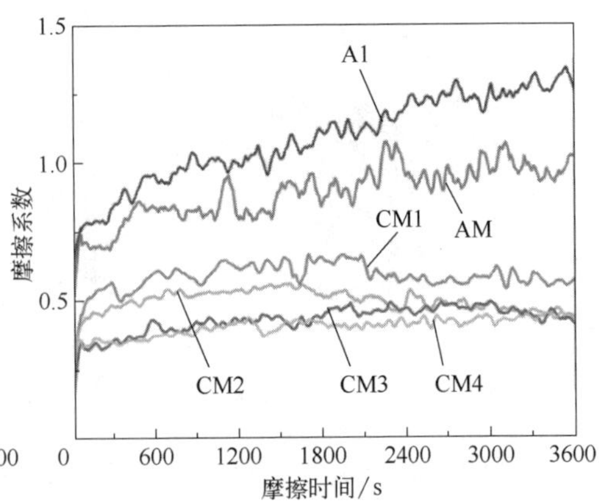

(b) 50℃下四种比例C_3N_4@MoS_2与原片的摩擦系数

图 5.27　不同比例 C_3N_4@MoS_2/钙基膨润土水基钻井液对 TC4 钛合金的实时摩擦系数

颗粒的水基钻井液，同时也低于只对膨润土进行了改性的水基钻井液。对于含有C_3N_4@MoS_2纳米颗粒的水基钻井液，在两种温度下的摩擦系数均是试样CM1最高，试样CM4最低。相同的是，C_3N_4@MoS_2纳米颗粒的水基钻井液在50℃下的摩擦系数同样均小于在常温状态下。在常温下，试样CM1、CM2和CM3摩擦系数的差别并不明显，试样CM4要显著低于其他三者。

图5.28为不同比例的C_3N_4@MoS_2/钙基膨润土水基钻井液在常温和50℃情况下的磨损率。从图中可以明显地看出，常温下的磨损率均高于50℃，在常温下磨损率最低的是试样CM4，为$29.41\times10^{-6}mm^3/(N\cdot m)$，与前一小节中具有最佳减摩效果的试样BM3的磨损率［$24.37\times10^{-6}mm^3/(N\cdot m)$］相比略高。在50℃时磨损率最低的同样是试样CM4，为$25.34\times10^{-6}mm^3/(N\cdot m)$。在常温下，试样CM4与未添加纳米颗粒的钙基膨润土水基钻井液相比，磨损率降低了48%；在50℃时降低了52%。这说明无论在哪种温度下，试样CM4均具有最佳的减摩效果。

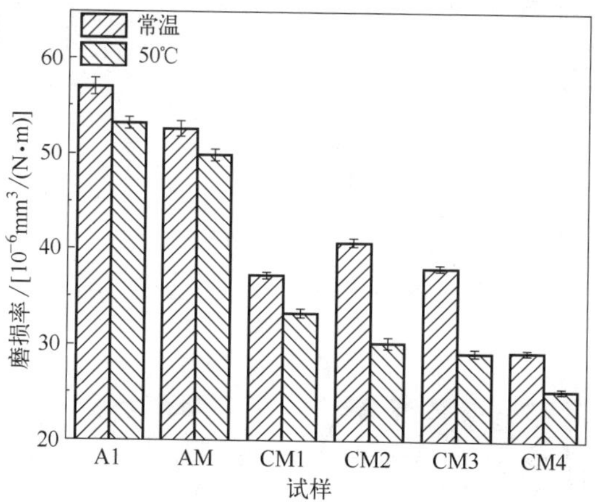

图5.28 不同比例C_3N_4@MoS_2/钙基膨润土水基钻井液对TC4钛合金的磨损率

(2) 表面微观形貌分析

图5.29为TC4钛合金试样添加不同质量分数C_3N_4@MoS_2纳米颗粒固体润滑剂在常温下磨痕的三维轮廓图。从图中可以看出，各个磨痕的三维轮廓差别并不大，试样CM1、CM2、CM3、CM4的最大磨损深度分别为90.48μm、99.53μm、80.84μm、79.3μm。

图5.30为添加不同质量分数C_3N_4@MoS_2纳米颗粒固体润滑剂协同钙基膨润土水基钻井液在常温下对TC4钛合金钻杆的磨损表面光学显微镜形貌图（左侧）和SEM形貌图（右侧）。由光学显微镜形貌图可以看出，试样摩擦试验过后磨痕的宽度差别不大。试样CM1、CM2、CM3、CM4在摩擦试验过后的SEM图像显示，试样表面磨损较为严重，存在大量的基体脱落且脱落面积也较大，磨损机制表现为黏着磨损。与5.3.1节中BN@MoS_2协同的磨损形貌相比，本小节中的犁沟有所减少。

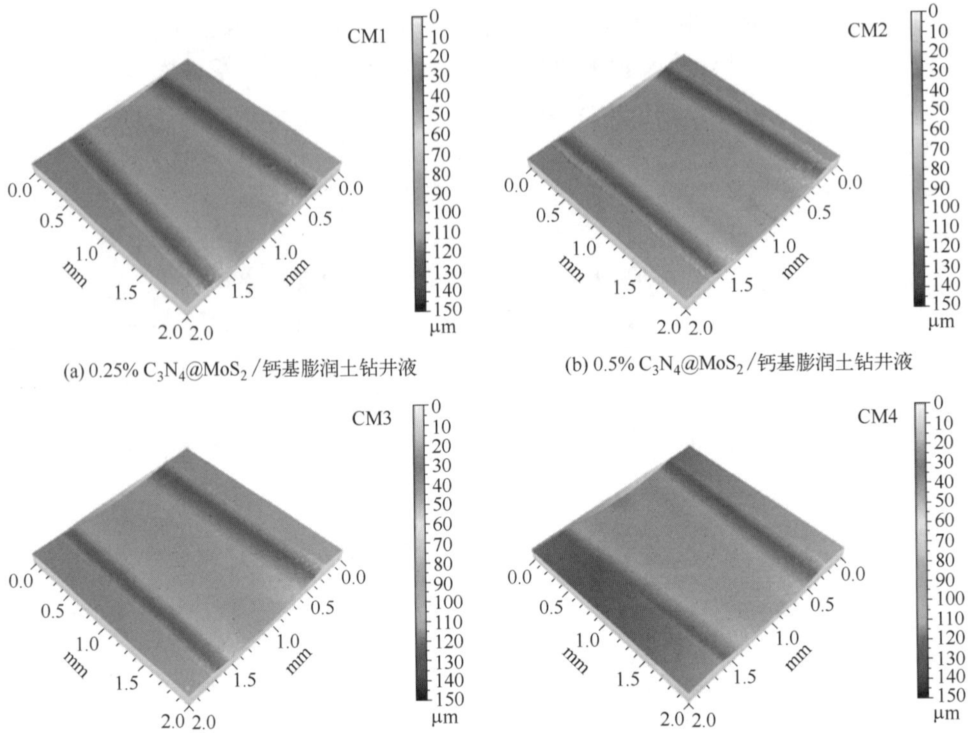

(a) 0.25% C_3N_4@MoS_2/钙基膨润土钻井液
(b) 0.5% C_3N_4@MoS_2/钙基膨润土钻井液
(c) 1% C_3N_4@MoS_2/钙基膨润土钻井液
(d) 2.5% C_3N_4@MoS_2/钙基膨润土钻井液

图 5.29 不同比例 C_3N_4@MoS_2/钙基膨润土水基钻井液在常温下对 TC4 钛合金的磨损轮廓

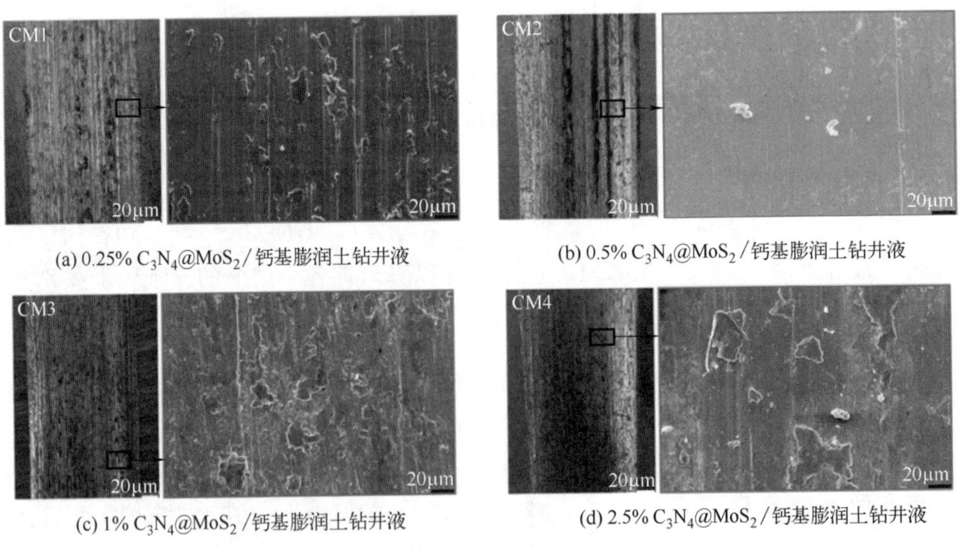

(a) 0.25% C_3N_4@MoS_2/钙基膨润土钻井液
(b) 0.5% C_3N_4@MoS_2/钙基膨润土钻井液
(c) 1% C_3N_4@MoS_2/钙基膨润土钻井液
(d) 2.5% C_3N_4@MoS_2/钙基膨润土钻井液

图 5.30 不同比例 C_3N_4@MoS_2/钙基膨润土水基钻井液在常温下对 TC4 钛合金的磨损形貌

图 5.31 为 TC4 钛合金试样添加不同质量分数 C_3N_4 纳米颗粒固体润滑剂在 50℃下磨痕的三维轮廓图。从图中可以清楚地看到，试样 CM4 表现出的磨损轨迹最为优秀，磨痕深度和宽度分别为 41.96μm 和 1mm。试样 CM1、CM2、CM3 的磨痕深度分别为 64.1μm、52.61μm、75.36μm。

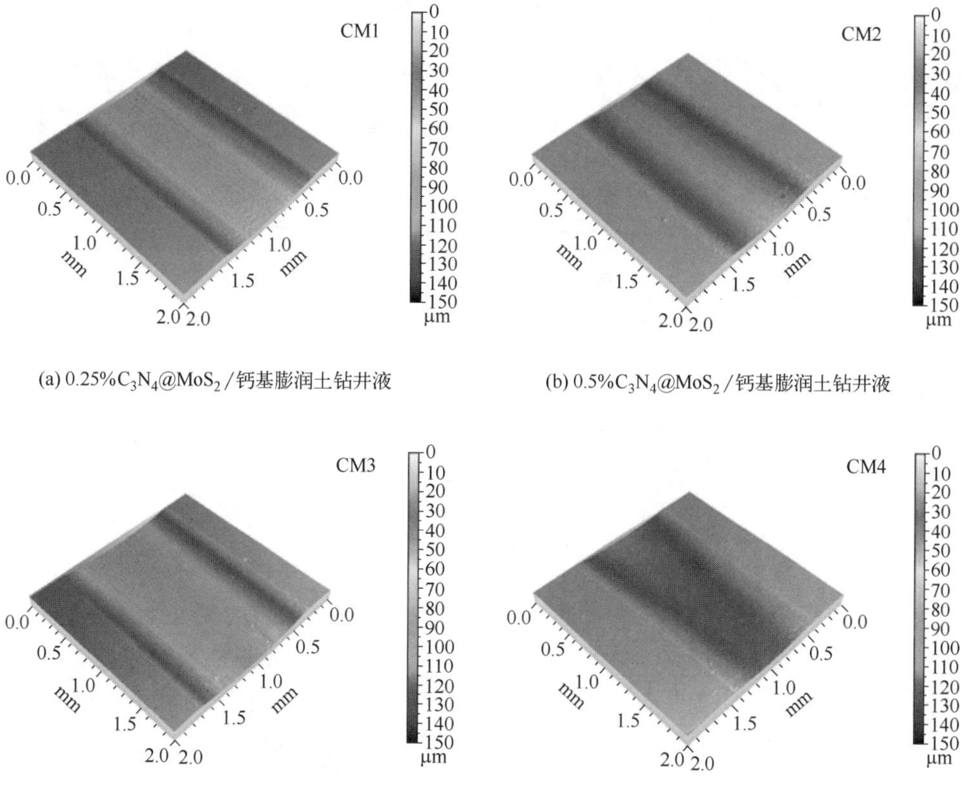

(a) 0.25%C_3N_4@MoS_2/钙基膨润土钻井液　(b) 0.5%C_3N_4@MoS_2/钙基膨润土钻井液

(c) 1%C_3N_4@MoS_2/钙基膨润土钻井液　(d) 2.5%C_3N_4@MoS_2/钙基膨润土钻井液

图 5.31　不同比例 C_3N_4@MoS_2/钙基膨润土水基钻井液在 50℃下对 TC4 钛合金的磨损轮廓

图 5.32 为添加不同质量分数 C_3N_4@MoS_2 纳米颗粒固体润滑剂协同钙基膨润土水基钻井液在 50℃下对 TC4 钛合金钻杆的磨损表面的光学显微镜形貌图（左侧）和 SEM 形貌图（右侧）。由光学显微镜图可以看出，摩擦试验过后，试样 CM4 的磨痕宽度最窄。试样 CM1、CM2、CM3、CM4 在摩擦试验过后的 SEM 图像显示，磨痕表面呈现明显的大面积剥落。由试样 CM4 在摩擦试验过后的 SEM 图像可以看出，在明显的剥落过后，剥落区域出现了较为光滑的区域，降低了试样表面的粗糙度，从而达到了一定的减摩效果。

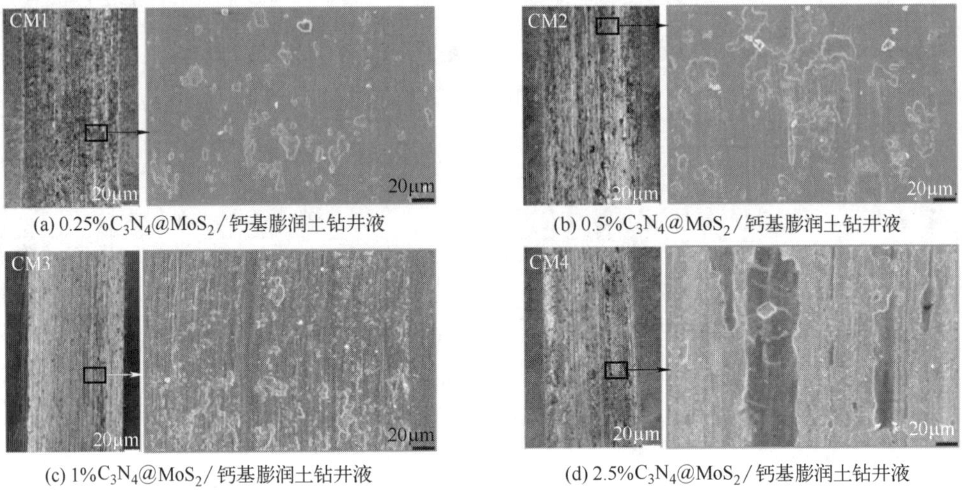

(a) 0.25%C_3N_4@MoS_2/钙基膨润土钻井液　(b) 0.5%C_3N_4@MoS_2/钙基膨润土钻井液

(c) 1%C_3N_4@MoS_2/钙基膨润土钻井液　(d) 2.5%C_3N_4@MoS_2/钙基膨润土钻井液

图 5.32　不同比例 C_3N_4@MoS_2/钙基膨润土水基钻井液在 50℃下对 TC4 钛合金的磨损形貌

5.4 织构协同纳米颗粒的摩擦学优化

5.4.1 TC4 钛合金表面织构的独立影响

（1）摩擦系数及磨损率分析

本小节使用未加入纳米颗粒的钙基膨润土水基钻井液观察表面织构改性的 TC4 钛合金试样在常温下和 50℃下摩擦系数及磨损量的变化。由图 5.33 可以看出，织构尺寸不同，TC4 钛合金试样的摩擦系数也不相同。无论是猪笼草织构还是芭蕉叶织构，其中摩擦系数最大的是横向尺寸为 600μm 的织构，摩擦系数最小的是横向尺寸为 300μm 的织构。造成这种情况的原因可能是，对于较大微坑孔径织构面，其表面的坑间距较大，因此坑内转移出的润滑剂很难在较长距离的坑之间形成连续的润滑薄膜。而孔径较小（如 300μm）的织构面则具有较合适的坑间距，从而有利于连续润滑薄膜的形成。当然并不是越小的织构尺寸越能降低摩擦系数，当织构的尺寸过于小时，不具备储存磨削和润滑剂的功能，难以达到提升摩擦磨损性能。由图可知，两种织构在常温下和 50℃下都是当织构尺寸为 300μm 时摩擦系数最小，猪笼草织构尺寸为 300μm 时在常温下的平均摩擦系数为 1.05，在 50℃下的平均摩擦系数为 0.95。芭蕉叶织构尺寸为 300μm 时，在常温下的平均摩擦系数为 0.91，在 50℃下的平均摩擦系数为 0.89。与前面情况类似的是，当温度升高，摩擦系数会有一定程度的降低。在两种温度下，芭蕉叶织构的摩擦系数均低于猪笼草织构，说明芭蕉叶织构具有更佳的减摩效果。

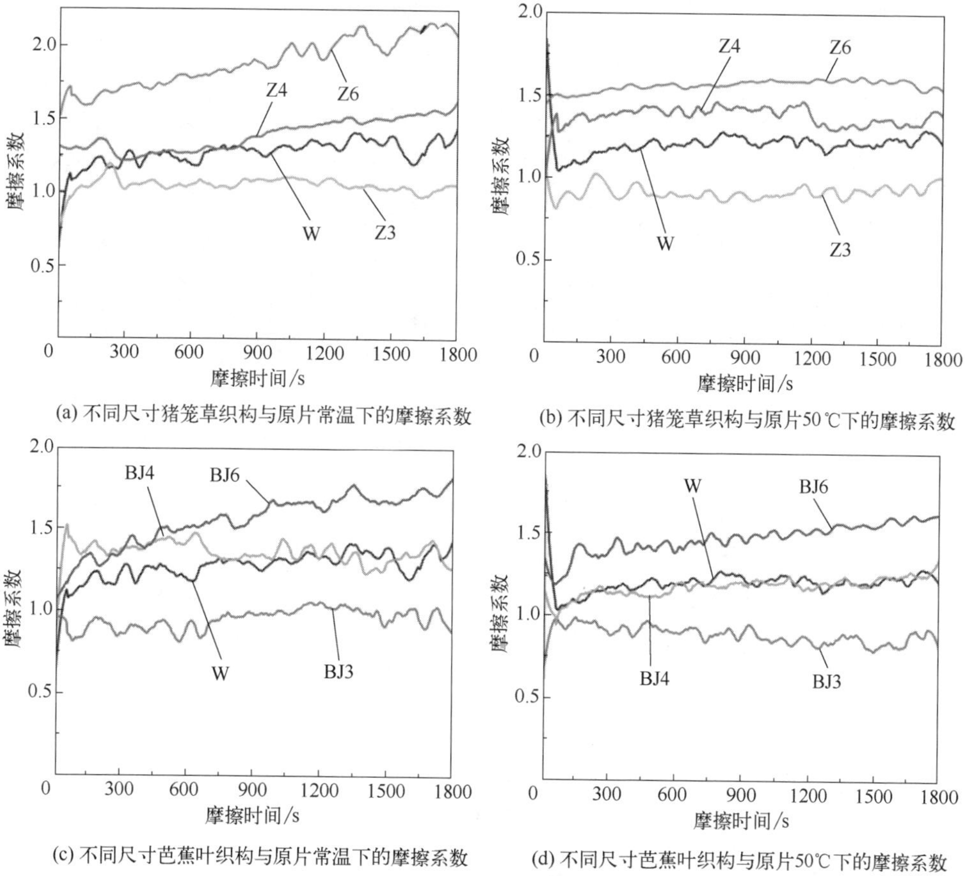

(a) 不同尺寸猪笼草织构与原片常温下的摩擦系数

(b) 不同尺寸猪笼草织构与原片50℃下的摩擦系数

(c) 不同尺寸芭蕉叶织构与原片常温下的摩擦系数

(d) 不同尺寸芭蕉叶织构与原片50℃下的摩擦系数

图 5.33　不同织构协同钙基膨润土水基钻井液对 TC4 钛合金的实时摩擦系数

W—原样；Z—猪笼草；BJ—芭蕉叶；3、4、6—横向尺寸 300μm、450μm、600μm

与前文相同，采用 SM-5000 型超景深三维显示系统测得磨痕的磨损体积，由磨损率计算公式可以算出在不同条件下的磨损率。图 5.34 为猪笼草织构和芭蕉叶织构采用钙基膨润土水基钻井液在常温下和 50℃下的磨损率。从图中可以明显地看出，由于载荷和摩擦时间的减少，未进行织构加工的钛合金的磨损率在常温下由 57.05%减少至 33.61%。当采用猪笼草织构时，常温下的磨损率逐渐上升，说明当采用钙基膨润土水基钻井液时，猪笼草织构并不具有减摩作用。当采用芭蕉叶织构时，横向尺寸为 300μm 的芭蕉叶织构在常温下的磨损率为 29.93%，相比于未采用织构的钛合金 31.15%的磨损率略有降低，但是效果并不明显。

(2) 表面微观形貌分析

为了更好地说明 TC4 钛合金试样采用不同的织构表现出的摩擦学性能，图 5.35 列出了 TC4 钛合金试样以钙基膨润土水基钻井液为润滑液采用不同织构

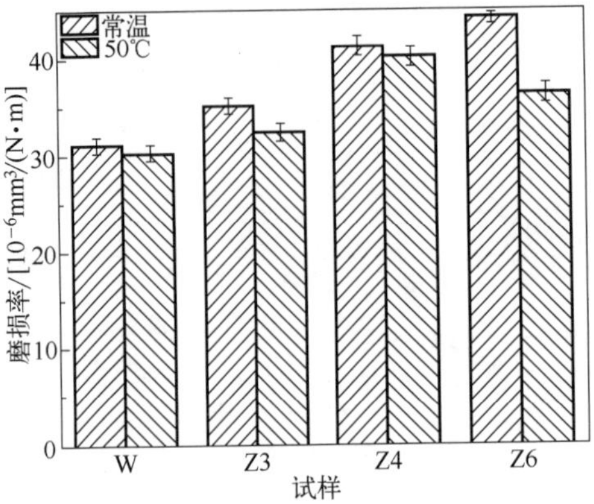

(a) 猪笼草织构与原片在常温和50℃时的磨损率

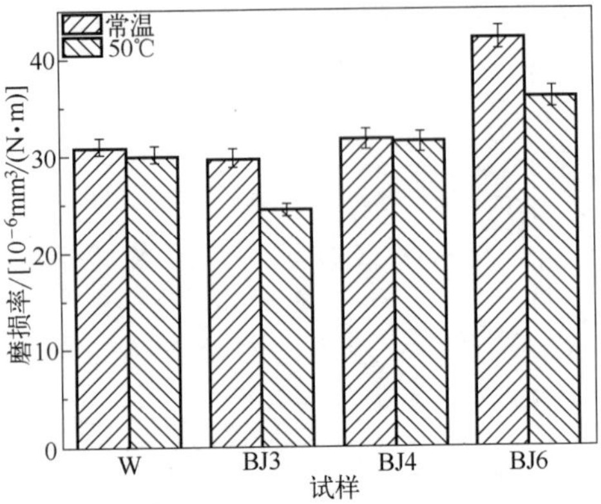

(b)芭蕉叶织构与原片在常温和50℃时的磨损率

图 5.34 不同织构协同钙基膨润土水基钻井液对 TC4 钛合金的磨损

在常温下磨痕的三维轮廓。从图中可以清楚地看到，与猪笼草织构和芭蕉叶织构相比，未经过织构化的试样的磨痕最窄，为 1.1mm，磨痕最宽的是横向尺寸为 600μm 的织构，横向尺寸为 600μm 的猪笼草织构［图 5.35（c）］的磨痕宽度为 1.88mm，横向尺寸为 600μm 的芭蕉叶织构［图 5.35（e）］的磨痕宽度为

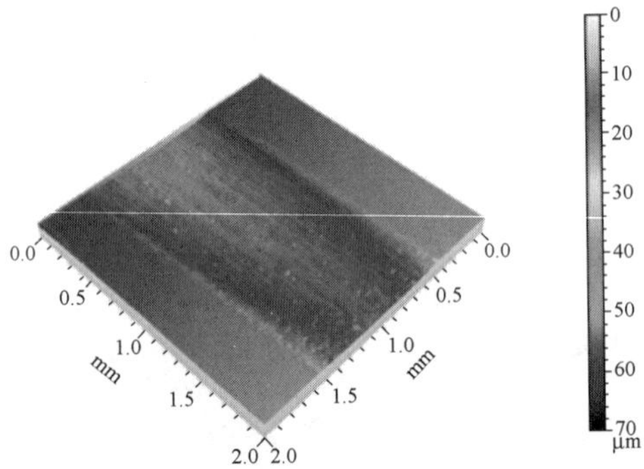

(a) 原片

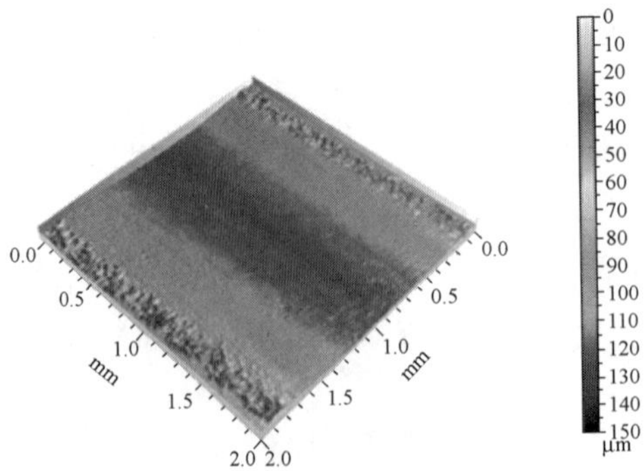

(b) 300μm猪笼草织构

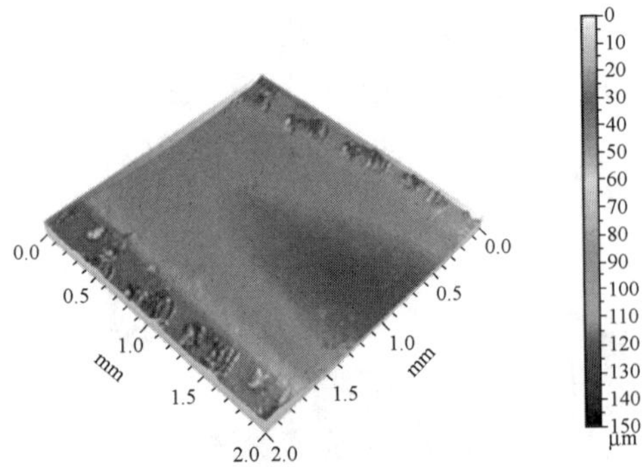

(c) 600μm猪笼草织构

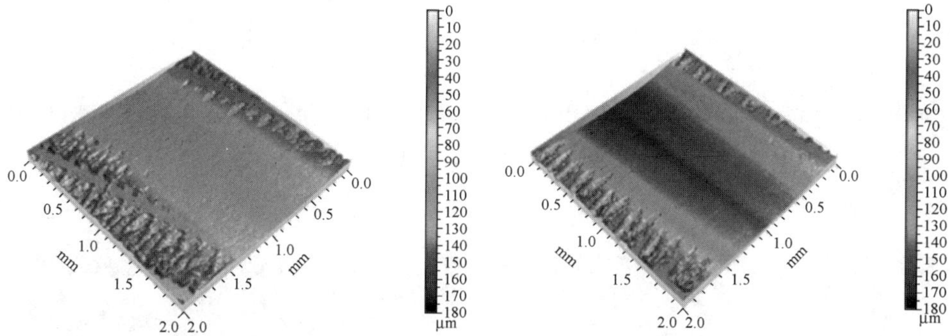

(d) 300μm芭蕉叶织构　　(e) 600μm芭蕉叶织构

图 5.35　不同织构协同钙基膨润土水基钻井液在常温下对 TC4 钛合金的磨损轮廓

1.58mm。造成这个现象的原因可能是激光脉冲热效应等在微织构周围形成火山状的熔融物，这些熔融物结构疏松，与钛合金相比耐磨性较差，在摩擦试验的过程中与陶瓷球的接触部分全部被摩擦殆尽。而且 SM-5000 超景深三维系统是以摩擦表面最高点为 0 点，激光脉冲热效应造成的熔融物使得 0 点有所增高，使得经过织构化的钛合金的磨痕三维轮廓比实际要深。

图 5.36 为横向尺寸为 300μm 的猪笼草织构在常温状态下磨痕的横截面示意图。SM-5000 的 0 点为磨痕表面的最高点，即图中的 B 点，但这是由于激光脉冲热效应造成的熔融物的最高点，并不是磨痕实际的最高点，实际的最高点应由图中的 A 点算起，即横向尺寸为 300μm 的猪笼草织构在常温状态下的磨痕深度为 40μm。

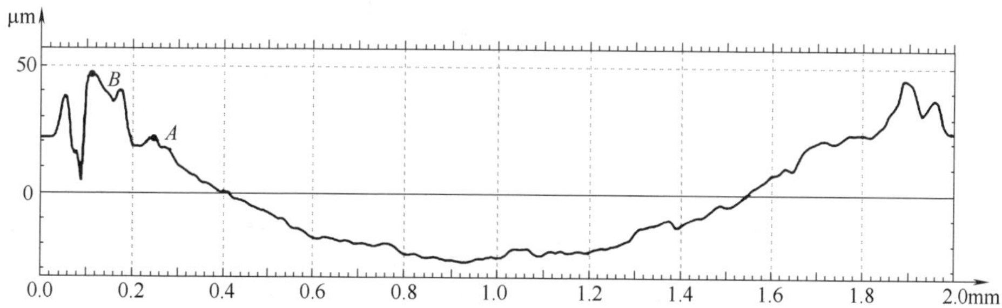

图 5.36　横向尺寸为 300μm 的猪笼草织构的磨损轮廓横截面

图 5.37 为猪笼草织构和芭蕉叶织构采用钙基膨润土水基钻井液在常温下摩擦试验过后的磨损照片，左边的是低倍下的光镜照片，右边的是高倍下的电镜照片。由图中可以明显地看出，无论是横向尺寸为 600μm 的猪笼草织构［图 5.37 (c)］还是横向尺寸为 600μm 的芭蕉叶织构［图 5.37 (e)］，其磨痕宽度均大于横向尺寸为 300μm 的猪笼草织构［图 5.37 (b)］和芭蕉叶织构［图 5.37 (d)］。

同时，横向尺寸为 600μm 的织构磨损更为严重，横向尺寸为 600μm 的猪笼草织构存在大量的黏着磨损与磨粒磨损。采用织构形貌的钛合金［图 5.37（a)］试样的磨损机制主要为黏着磨损以及少量的磨粒磨损，并且磨痕表面存在剥落。芭蕉叶织构在经过摩擦后，无论是 300μm 芭蕉叶织构还是 600μm 芭蕉叶织构，织构依旧存在，但其仍然存在少量的剥落坑，同时在 600μm 芭蕉叶织构中存在少量的犁沟。

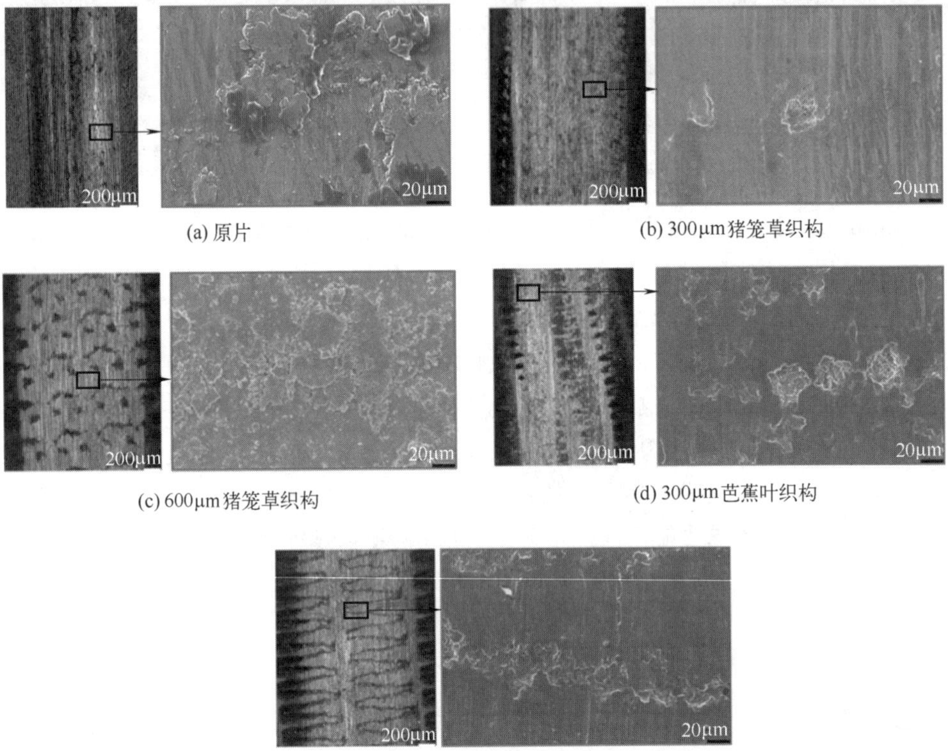

(a) 原片　(b) 300μm猪笼草织构

(c) 600μm猪笼草织构　(d) 300μm芭蕉叶织构

(e) 600μm芭蕉叶织构

图 5.37　不同织构协同钙基膨润土水基钻井液在常温下对 TC4 钛合金的磨损形貌

图 5.38 为 TC4 钛合金试样以钙基膨润土水基钻井液为润滑液采用不同织构在 50℃温度下试验时磨痕的三维轮廓。与常温情况下相同的是，与猪笼草织构和芭蕉叶织构相比，原样的磨痕最窄，为 1.06mm。猪笼草织构和芭蕉叶织构磨痕最宽的是横向尺寸为 600μm 的织构，横向尺寸为 600μm 的猪笼草织构的磨痕宽度为 1.64mm，横向尺寸为 600μm 的芭蕉叶织构的磨痕宽度为 1.5mm。与常温状态下相比，两种织构的磨痕宽度均有不同程度的减小。

图 5.39 为猪笼草织构和芭蕉叶织构采用钙基膨润土水基钻井液在 50℃摩擦试验过后的磨损形貌图，左边的是低倍下的光镜照片，右边的是高倍下的电镜照片。未织构化的钛合金［图 5.39（a)］表面存在着大面积的剥落，与常温下相

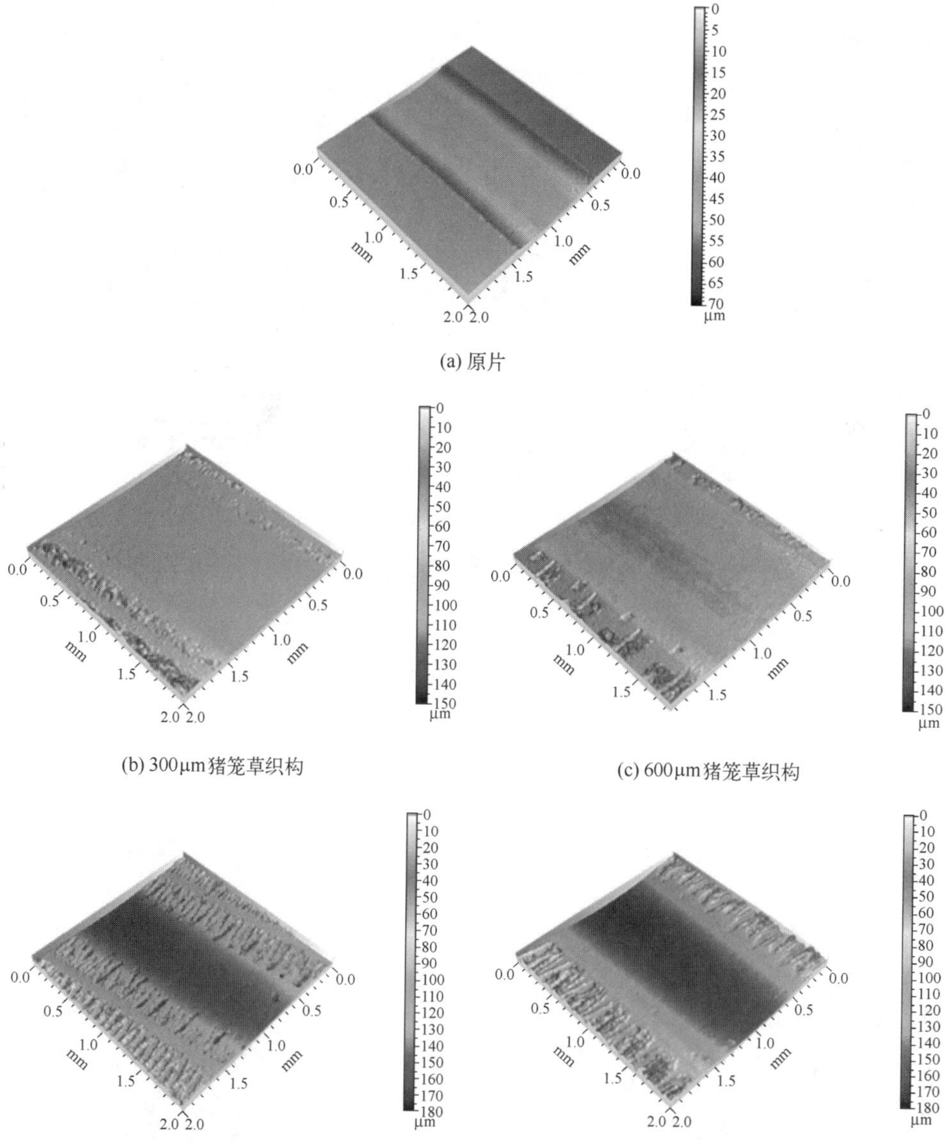

(a) 原片

(b) 300μm猪笼草织构

(c) 600μm猪笼草织构

(d) 300μm芭蕉叶织构

(e) 600μm芭蕉叶织构

图 5.38 不同织构协同钙基膨润土水基钻井液在50℃下对 TC4 钛合金的磨损轮廓

同的是，横向尺寸为 600μm 的猪笼草织构［图 5.39 (c)］和芭蕉叶织构［图 5.39 (e)］的磨痕宽度均大于横向尺寸为 300μm 的猪笼草织构［图 5.39 (b)］和芭蕉叶织构［图 5.39 (d)］。磨损最为严重的是横向尺寸为 600μm 的猪笼草织构［图 5.39 (c)］，存在大量的黏着磨损与磨粒磨损，但与常温下相比，在 50℃时磨损略有减轻。

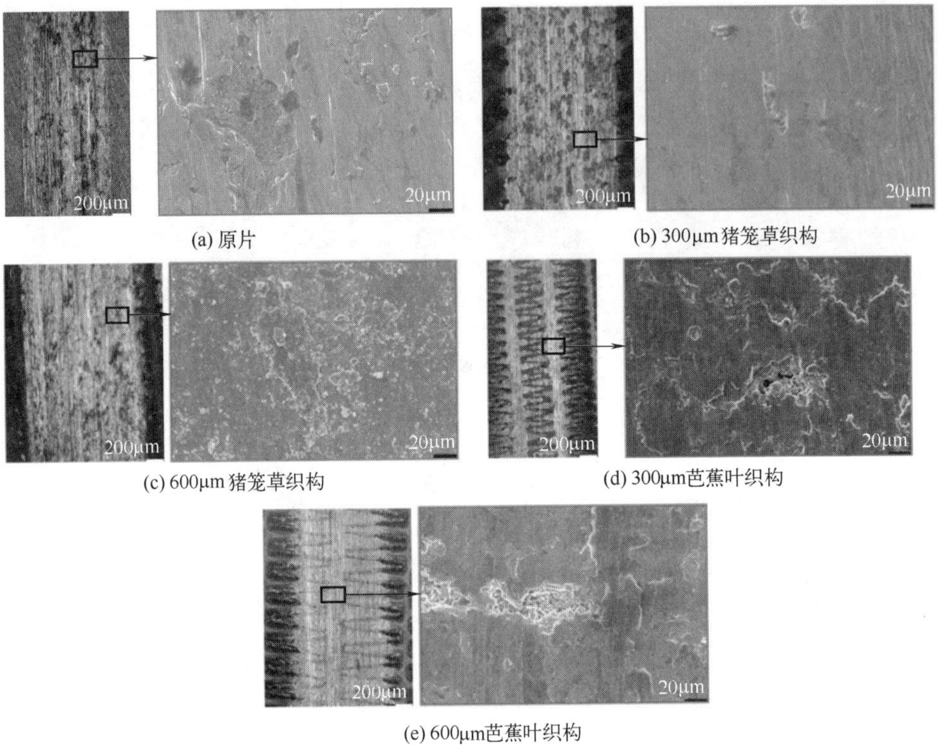

图 5.39 不同织构协同钙基膨润土水基钻井液在 50℃下对 TC4 钛合金的磨损形貌

5.4.2 织构/MoS_2-钻井液复合体系的性能

(1) 摩擦系数及磨损率分析

本小节采用摩擦效果较好的纳米颗粒（质量分数为 0.25%的 MoS_2 纳米颗粒）协同织构观察 TC4 钛合金试样在常温下和 50℃下的摩擦系数及磨损量的变化。由图 5.40 可以看出，随着纳米颗粒的加入，试样的摩擦系数有着极大的改善。

未织构化的 TC4 钛合金试样采用 MoS_2/钙基膨润土水基钻井液的平均摩擦系数为 0.4，比未采用纳米颗粒的水基钻井液的平均摩擦系数 1.27 降低了 69%。当 MoS_2 纳米颗粒与横向尺寸为 300μm 的猪笼草织构协同时，在常温状态下的平均摩擦系数为 0.38，与未采用织构的 TC4 钛合金试样的平均摩擦系数 0.4 相比降低了 5%。MoS_2 纳米颗粒与横向尺寸为 600μm 猪笼草织构协同时，在常温状态下的平均摩擦系数为 0.74，这比未织构化的钛合金试样的平均摩擦系数 0.4 升高了 85%。当 MoS_2 纳米颗粒与横向尺寸为 300μm 的芭蕉叶织构协同时，在常温状态下的平均摩擦系数为 0.34，在 50℃时的平均摩擦系数为 0.28。在两种

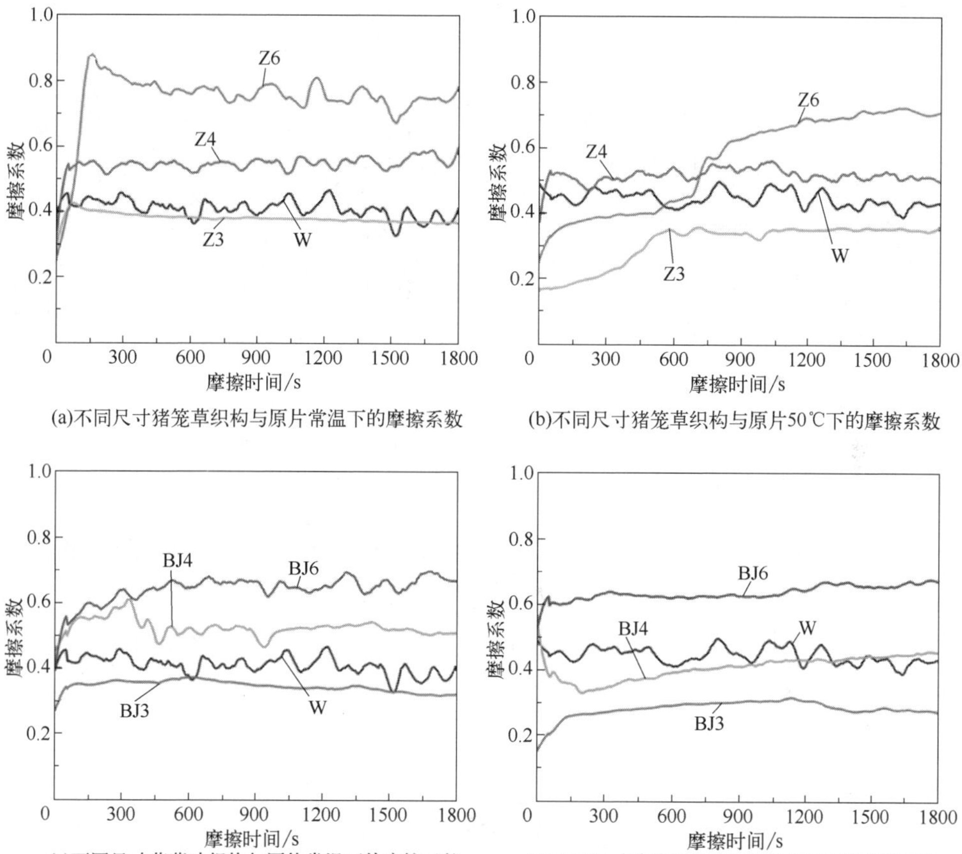

(a)不同尺寸猪笼草织构与原片常温下的摩擦系数

(b)不同尺寸猪笼草织构与原片50℃下的摩擦系数

(c)不同尺寸芭蕉叶织构与原片常温下的摩擦系数

(d)不同尺寸芭蕉叶织构与原片50℃下的摩擦系数

图 5.40　MoS_2/钙基膨润土水基钻井液协同不同织构对 TC4 钛合金的实时摩擦系数

温度下，芭蕉叶织构的减摩效果均优于猪笼草织构。

图 5.41 为猪笼草织构和芭蕉叶织构 MoS_2/钙基膨润土水基钻井液在常温下和 50℃下的磨损率。可以明显看出，当织构的横向尺寸为 300μm 时，两种温度下的磨损率均小于未织构化的 TC4 钛合金试样。横向尺寸为 300μm 的芭蕉叶织构的磨损率在常温下为 $15.52\times10^{-6}mm^3/(N\cdot m)$，在 50℃下的磨损率为 $14.11\times10^{-6}mm^3/(N\cdot m)$，相比未织构化的 TC4 钛合金试样在常温下的 $25.13\times10^{-6}mm^3/(N\cdot m)$ 和 50℃下的 $21.2\times10^{-6}mm^3/(N\cdot m)$ 分别降低了 38%和 33%，表明织构的引入能够有效改善试样的磨损情况，同时芭蕉叶织构的效果优于猪笼草织构。但是从图 5.41（a）中可以明显看出，当猪笼草织构的横向尺寸为 600μm 时，其在常温下的磨损率为 $31.62\times10^{-6}mm^3/(N\cdot m)$，在 50℃下的磨损率为 $29.78\times10^{-6}mm^3/(N\cdot m)$，均大于未织构化的 TC4 钛合金试样。这说明当织构的尺寸过大时，反而会损害摩擦学性能。

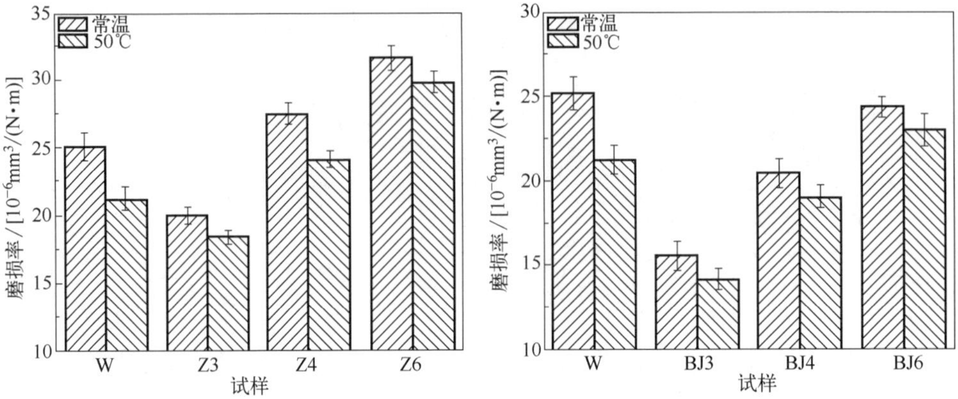

(a) 猪笼草织构与原片在常温和50℃时的磨损率　　(b) 芭蕉叶织构与原片在常温和50℃时的磨损率

图 5.41　MoS_2/钙基膨润土水基钻井液协同不同织构对 TC4 钛合金的磨损率

(2) 表面微观形貌分析

图 5.42 为 TC4 钛合金试样以 MoS_2/钙基膨润土水基钻井液为润滑液采用不同织构在常温下磨痕的三维轮廓。与猪笼草织构和芭蕉叶织构相比，未经过织构化的 TC4 钛合金试样的磨痕最窄，为 1.04mm，与前面未采用纳米颗粒的试样的磨痕宽度（1.11mm）相比略有下降。

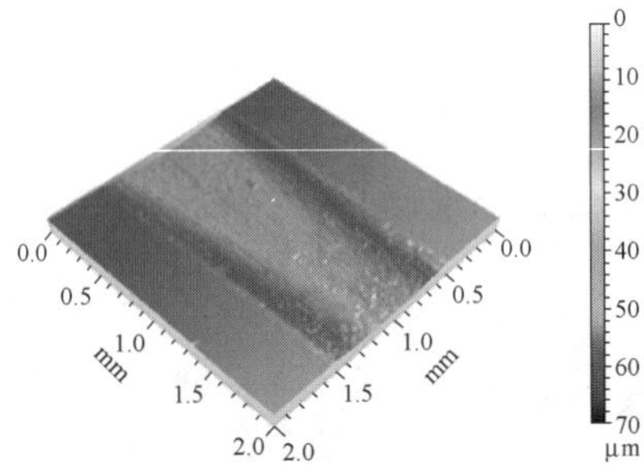

(a) 原片

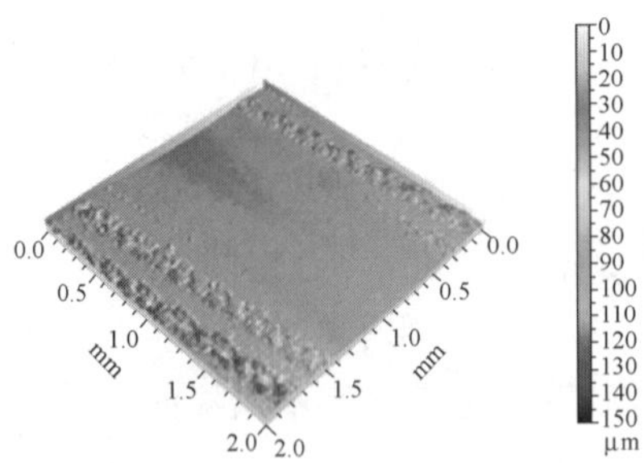

(b) 300μm猪笼草织构

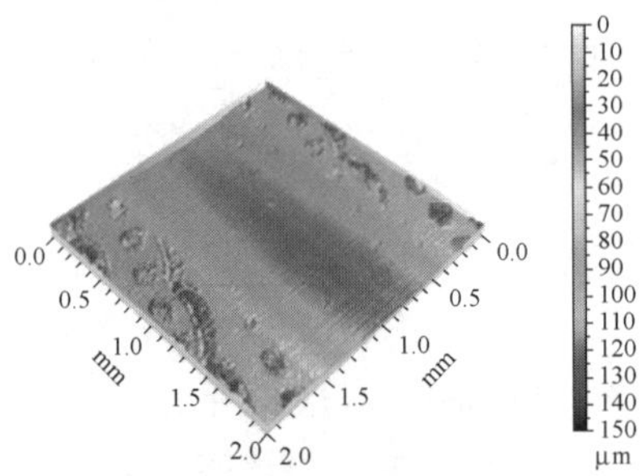

(c) 600μm猪笼草织构

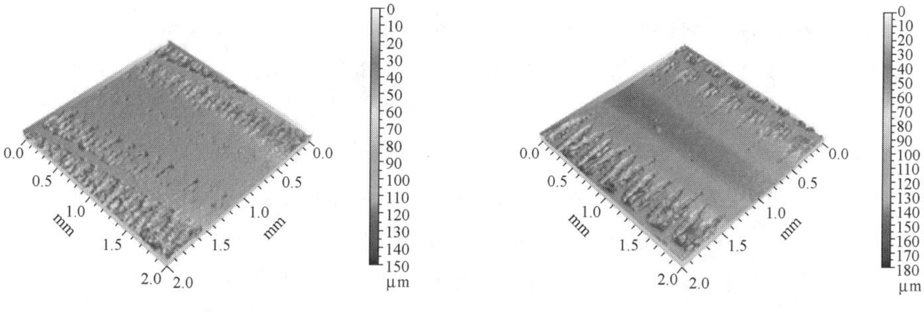

(d) 300μm 芭蕉叶织构　　(e) 600μm 芭蕉叶织构

图 5.42　MoS_2/钙基膨润土水基钻井液协同织构在常温下对 TC4 钛合金的磨损轮廓

在本小节中，磨痕最宽的同样是横向尺寸为 600μm 的织构，横向尺寸为 600μm 的猪笼草织构的磨痕宽度为 1.46mm，横向尺寸为 600μm 的芭蕉叶织构的磨痕宽度为 1.36mm。同样比 5.4.1 节中横向尺寸为 600μm 的猪笼草织构的 1.88mm 和横向尺寸为 600μm 的芭蕉叶织构的 1.58mm 有所降低。这表明纳米颗粒的引入能改善试样的摩擦磨损性能。

图 5.43 为猪笼草织构和芭蕉叶织构采用 MoS_2/钙基膨润土水基钻井液在常

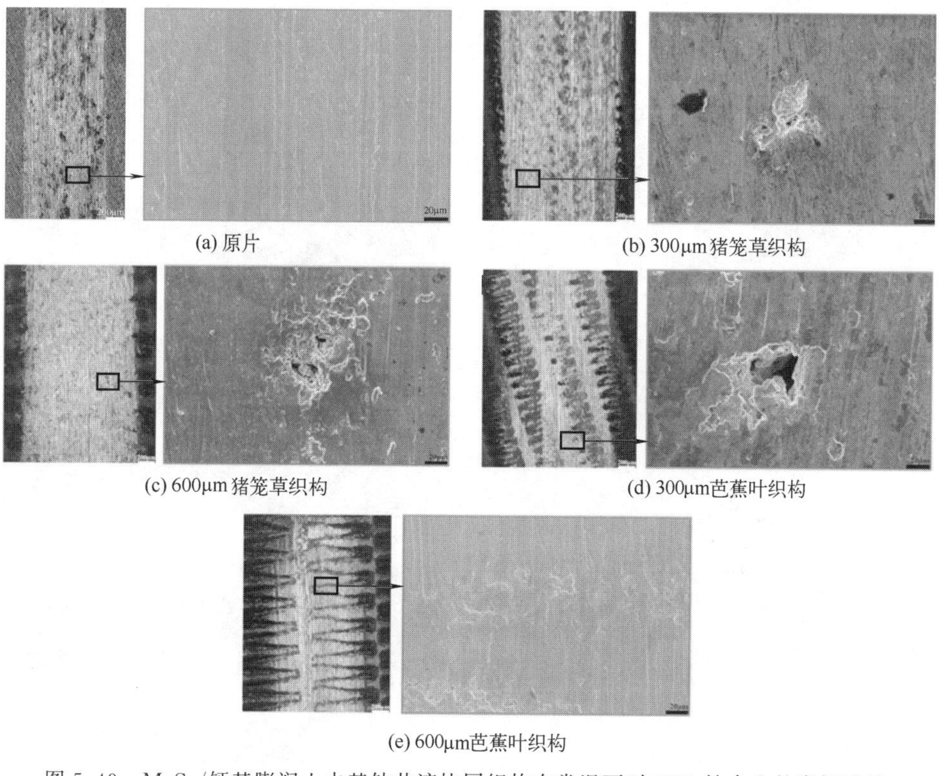

(a) 原片　　(b) 300μm 猪笼草织构

(c) 600μm 猪笼草织构　　(d) 300μm 芭蕉叶织构

(e) 600μm 芭蕉叶织构

图 5.43　MoS_2/钙基膨润土水基钻井液协同织构在常温下对 TC4 钛合金的磨损形貌

温下摩擦试验后的磨损照片。未织构化的钛合金［图 5.43（a)］表面存在少量的剥落，与未采用纳米颗粒的磨损形貌相比，剥落区域有所减少。但是使用 MoS_2/钙基膨润土水基钻井液的磨损表面存在着沿滑动方向的犁沟。横向尺寸为 300μm 的猪笼草织构［图 5.43（b)］与横向尺寸为 600μm 的猪笼草织构［图 5.43（c)］相比，磨损表面较为平整。两种尺寸在经过摩擦试验后其织构依旧存在，猪笼草织构的面积更大。横向尺寸为 300μm 的芭蕉叶织构，位于芭蕉叶顶点的织构形貌在摩擦过后依旧存在。横向尺寸为 600μm 的芭蕉叶织构，与未经过织构化的试样表面相同，其磨损表面存在大量的犁沟，芭蕉叶织构的纹理部分几乎被磨损殆尽。

图 5.44 为 TC4 钛合金试样以 MoS_2/钙基膨润土水基钻井液为润滑液采用不

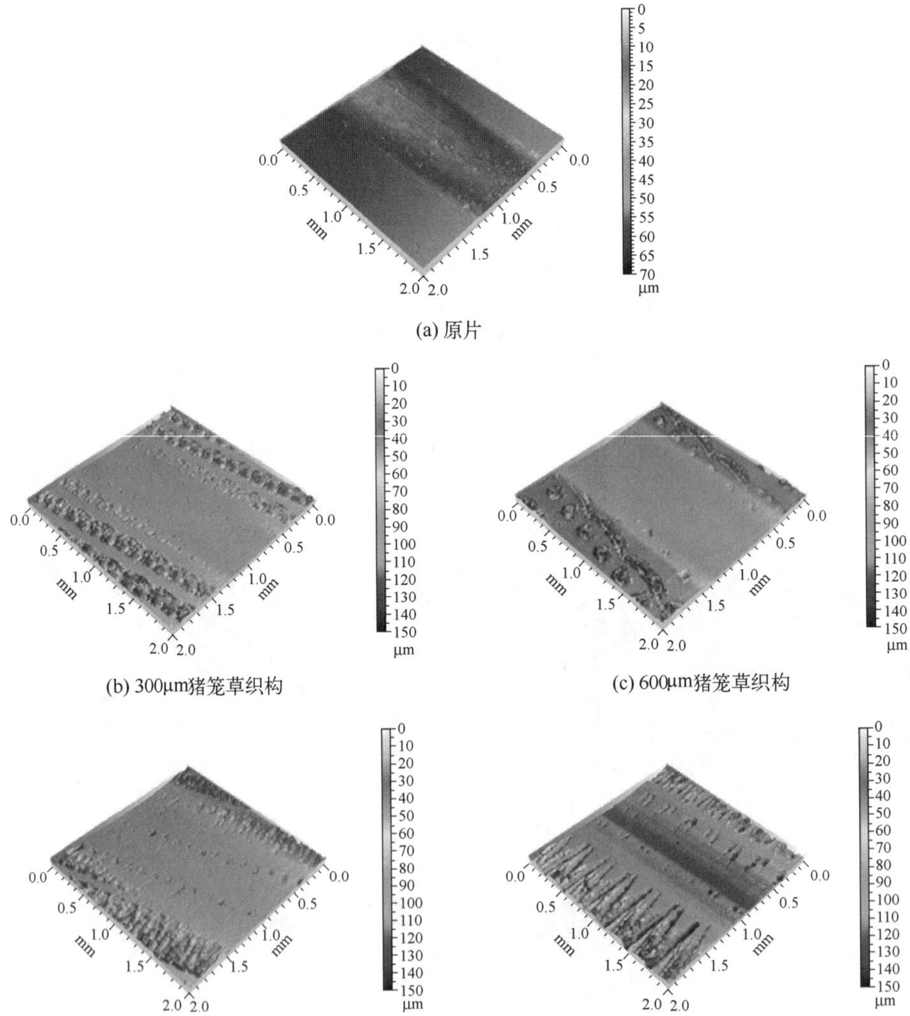

(a) 原片

(b) 300μm猪笼草织构

(c) 600μm猪笼草织构

(d) 300μm芭蕉叶织构

(e) 600μm芭蕉叶织构

图 5.44　MoS_2/钙基膨润土水基钻井液协同织构在 50℃下对 TC4 钛合金的磨损轮廓

同织构在 50℃下试验时磨痕的三维轮廓。未经过织构化的 TC4 钛合金试样的磨痕宽度为 1.12mm，与常温下的 1.04mm 相比略有增加，但是磨痕的深度有所下降，横向尺寸为 600μm 的猪笼草织构的磨痕宽度为 1.36mm，横向尺寸为 600μm 的芭蕉叶织构的磨痕宽度为 1.46mm。600μm 猪笼草织构和 300μm 芭蕉叶织构的磨痕宽度均大于未织构化的试样。300μm 和 600μm 芭蕉叶织构磨痕表面的织构在经过摩擦试验后均还存在。600μm 芭蕉叶织构还存在着较深的犁沟，磨损情况较为严重。这说明在 50℃时，织构采用过大的尺寸并不能有效改善试样的摩擦磨损性能。

图 5.45 为猪笼草织构和芭蕉叶织构采用 MoS_2/钙基膨润土水基钻井液在 50℃摩擦试验过后的磨损照片。未织构化的钛合金［图 5.45（a）］表面依然存在着剥落，与常温下磨损形貌不同的是，其犁沟有明显的减少。横向尺寸为 300μm 的猪笼草织构，在摩擦试验过后织构几乎被磨损殆尽，但是其磨损表面较为平整，只存在少量的剥落坑。横向尺寸为 600μm 的猪笼草织构，其剥落坑的数量要明显多于 300μm 猪笼草织构。横向尺寸为 300μm 和 600μm 的芭蕉叶织构［图 5.45（d）、(e)］，在经过摩擦试验后，芭蕉叶织构的面积比猪笼草织构的大，孔的深度也要大于猪笼草织构，这对于存储磨削和润滑液提供了帮助。说明在同种形状参数下，芭蕉叶织构优于猪笼草织构。

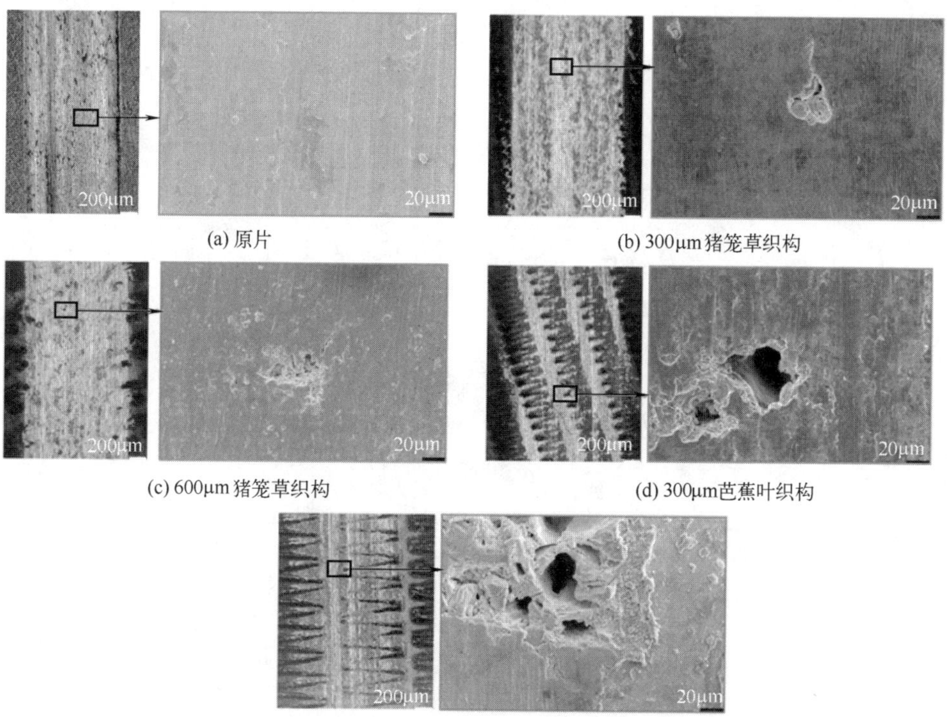

(a) 原片　(b) 300μm 猪笼草织构　(c) 600μm 猪笼草织构　(d) 300μm 芭蕉叶织构　(e) 600μm 芭蕉叶织构

图 5.45　MoS_2/钙基膨润土水基钻井液协同织构在 50℃下对 TC4 钛合金的磨损形貌

5.4.3 织构/BN@MoS_2-润滑液复合体系的性能

本小节采用摩擦效果较好的纳米颗粒（质量分数为1.5%的BN@MoS_2纳米颗粒）作为固体润滑剂加入水基钻井液中协同织构，观察TC4钛合金试样在常温下和50℃下摩擦系数及磨损量的变化。

（1）摩擦系数及磨损率分析

图5.46为摩擦试验过程中的实时摩擦系数曲线图。未织构化的TC4钛合金试样采用BN@MoS_2/钙基膨润土水基钻井液在常温下的平均摩擦系数为0.36，比采用单一MoS_2纳米颗粒的水基钻井液的平均摩擦系数0.4降低了10%，说明复合的纳米颗粒比单一纳米颗粒更具有减摩耐磨效果。BN@MoS_2纳米颗粒与横向尺寸为300μm的猪笼草织构协同时在常温下的平均摩擦系数为0.33，在50℃下的平均摩擦系数为0.26，比未织构化试样在常温下0.36的平均摩擦系数，和50℃下0.3的平均摩擦系数均有所降低。同时可以明显看出，横向尺寸

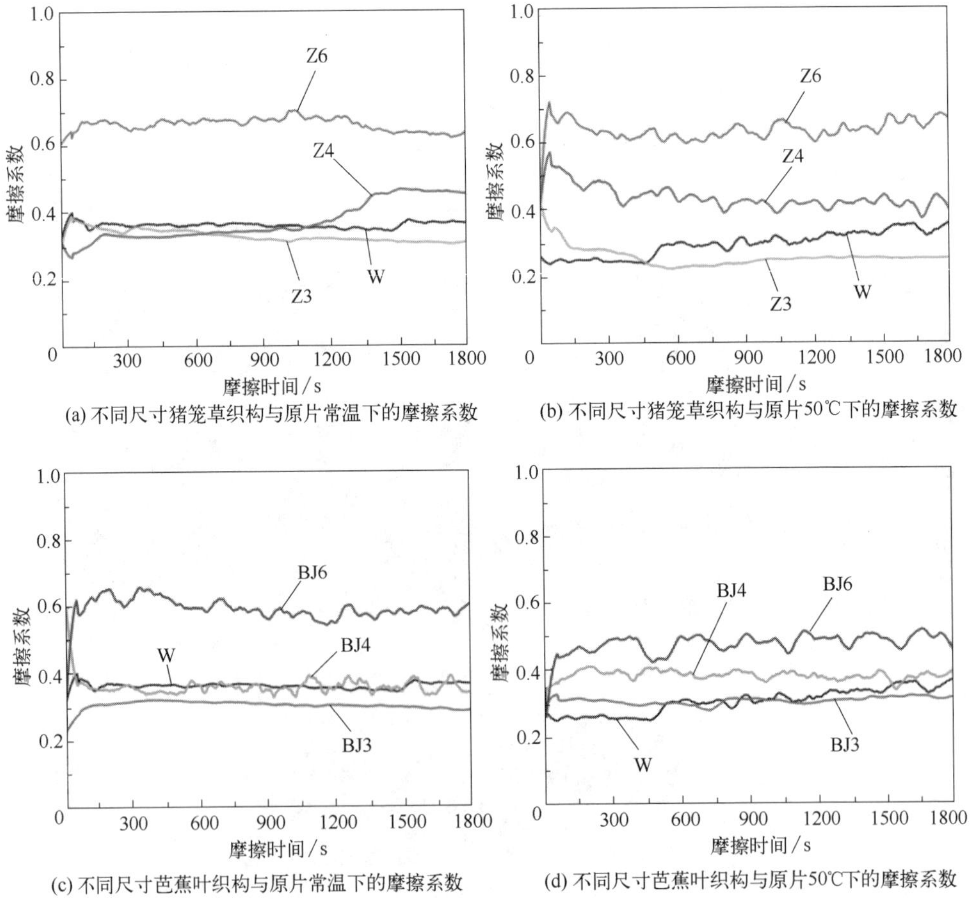

图5.46　BN@MoS_2/钙基膨润土水基钻井液协同不同织构对TC4钛合金的实时摩擦系数

为 300μm 的织构，其摩擦稳定性较好。BN@MoS_2 纳米颗粒与横向尺寸为 300μm 的芭蕉叶织构协同时，在常温下的平均摩擦系数为 0.3，在 50℃下的平均摩擦系数为 0.29。当使用的固体润滑剂为 BN@MoS_2 时，芭蕉叶织构并没有明显优于猪笼草织构。与前面分析结果相同，当织构的横向尺寸过大时，其摩擦系数远远高于未采用织构的试样的摩擦系数。

图 5.47 为猪笼草织构和芭蕉叶织构采用 BN@MoS_2/钙基膨润土水基钻井液在常温下和 50℃下的磨损率。当织构的横向尺寸为 300μm 时，无论是哪种织构，在两种温度下的磨损率均小于未织构化的 TC4 钛合金试样，横向尺寸为 300μm 的芭蕉叶织构的磨损率在常温下为 $12.14\times10^{-6}mm^3/(N\cdot m)$，在 50℃下的磨损率为 $11.58\times10^{-6}mm^3/(N\cdot m)$，相比未织构化的 TC4 钛合金试样在常温下的 $17.92\times10^{-6}mm^3/(N\cdot m)$ 和 50℃下的 $14.47\times10^{-6}mm^3/(N\cdot m)$ 分别降低了 32%和 20%。横向尺寸为 300μm 的猪笼草织构的磨损率在常温下为 $17\times10^{-6}mm^3/(N\cdot m)$，在 50℃下的磨损率为 $10.67\times10^{-6}mm^3/(N\cdot m)$。横向尺寸为 300μm 的猪笼草织构在常温下的耐磨效果不太理想，但是在 50℃下降低 27%。横向尺寸为 600μm 的猪笼草织构的磨损率在常温下为 $27.92\times10^{-6}mm^3/(N\cdot m)$，在 50℃下的磨损率为 $27.32\times10^{-6}mm^3/(N\cdot m)$。横向尺寸为 600μm 的芭蕉叶织构的磨损率在常温下为 $22.32\times10^{-6}mm^3/(N\cdot m)$，在 50℃下的磨损率为 $19.02\times10^{-6}mm^3/(N\cdot m)$。与前面相同，过大的织构尺寸并不能改善摩擦学性能。

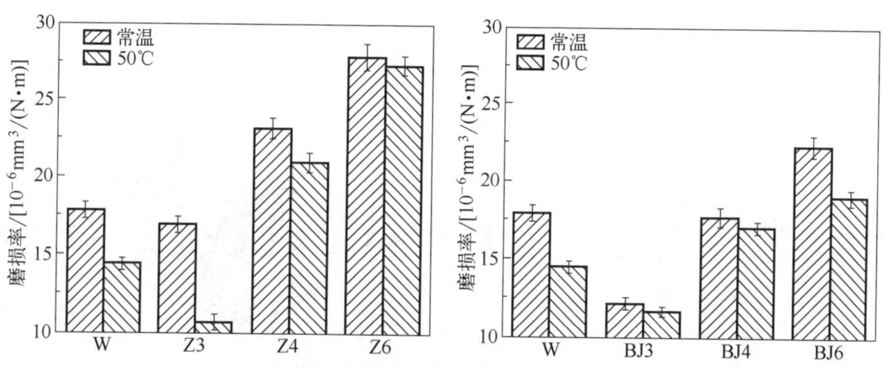

(a) 猪笼草织构与原片在常温和50℃时的磨损率　(b) 芭蕉叶织构与原片在常温和50℃时的磨损率

图 5.47　BN@MoS_2/钙基膨润土水基钻井液协同不同织构对 TC4 钛合金的磨损率

(2) *表面微观形貌分析*

图 5.48 为 TC4 钛合金试样以 BN@MoS_2/钙基膨润土水基钻井液为润滑液采用不同织构在常温下磨痕的三维轮廓图。与其他两种织构相比，未织构化的 TC4 钛合金试样的磨痕最窄，仅为 1mm，与前面采用单一 MoS_2 纳米颗粒的试样的磨痕宽度（1.04mm）相比，二者差别并不明显。

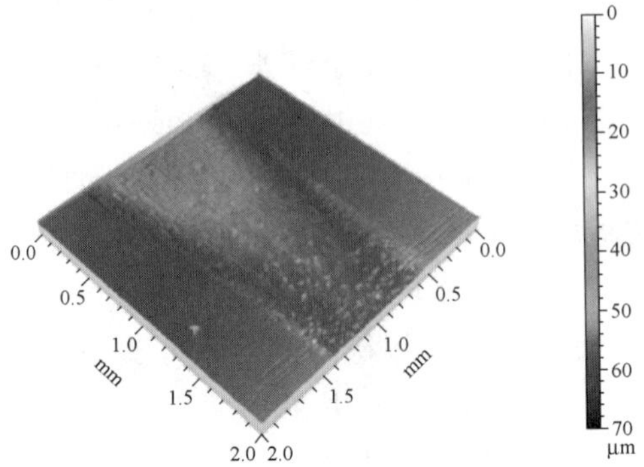

(a) 原片

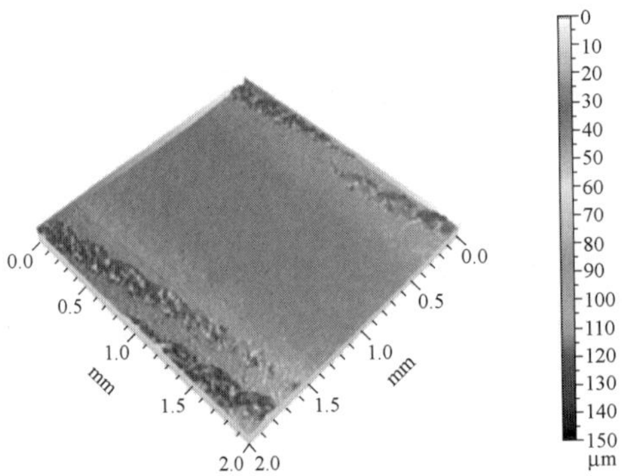

(b) 300μm猪笼草织构

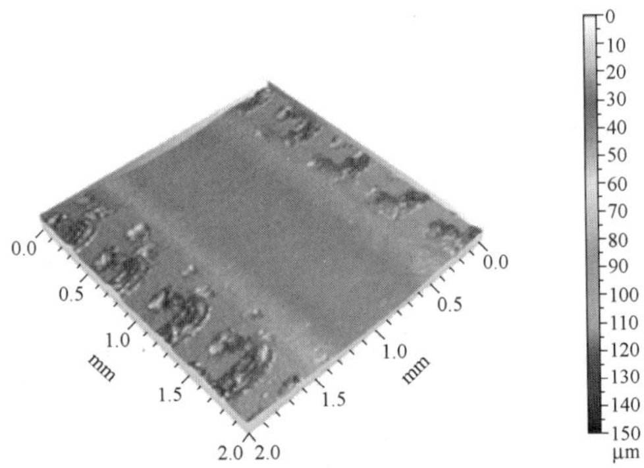

(c) 600μm猪笼草织构

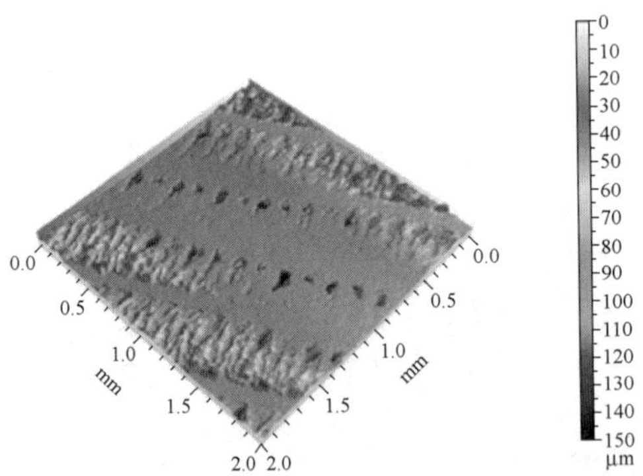

(d) 300μm芭蕉叶织构

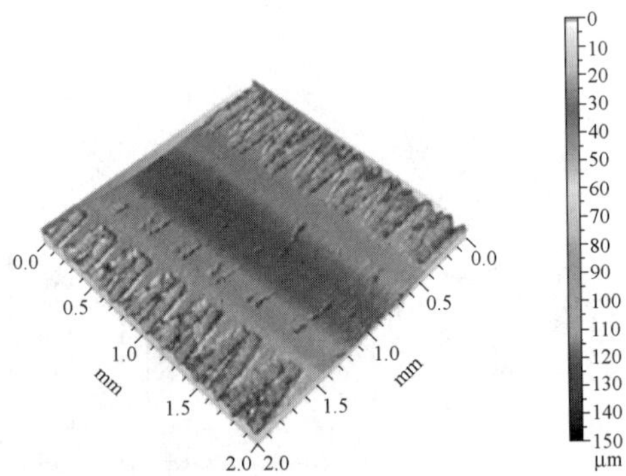

(e) 600μm芭蕉叶织构

图 5.48 BN@MoS_2/钙基膨润土水基钻井液协同不同织构在常温下对 TC4 钛合金的磨损轮廓

以 BN@MoS_2/钙基膨润土水基钻井液为润滑液时，磨痕最宽的是横向尺寸为 300μm 的猪笼草织构［图 5.48（b）］，其磨痕宽度为 1.54mm。横向尺寸为 600μm 的猪笼草织构的磨痕宽度为 1.02mm。芭蕉叶织构同样是横向尺寸为 300μm

的试样的磨痕宽度（1.24mm）大于横向尺寸为 600μm 试样的（1.2mm）。虽然横向尺寸为 300μm 的织构协同 BN@MoS_2 时其磨痕宽度较大，但是 600μm 试样［图 5.48（c）、(e)］的磨痕深度更深，所以与前面分析结果相同的是，更小的织构尺寸具有更佳的减摩效果。

图 5.49 为采用猪笼草织构和芭蕉叶织构协同 BN@MoS_2/钙基膨润土水基钻井液在常温状态下摩擦试验后的磨损形貌图。未织构化的钛合金［图 5.49（a)］表面存在少量犁沟，与采用单一 MoS_2 纳米颗粒的磨损形貌相比，犁沟有所减少，但存在剥落坑及大面积剥落。磨损机制主要为黏着磨损。

由右侧电镜图可以明显看出，当织构与 BN@MoS_2 纳米颗粒协同时，在摩擦试验后织构的存留面积大于单一纳米颗粒与织构协同的情况，磨痕深度依然较深。可清楚观察到横向尺寸为 600μm 的织构中存在大量的磨削痕迹。横向尺寸为 300μm 的猪笼草织构［图 5.49（b)］，其摩擦表面较为平整，仅存在些许犁沟。虽然摩擦试验后存留的织构面积过小，难以存储较大磨屑，但仍能发挥存储润滑剂的作用。横向尺寸为 300μm 的芭蕉叶织构［图 5.49（d)］，其摩擦试验后坑洞面积介于 300μm 猪笼草织构和 600μm 芭蕉叶织构之间，既起到了存储磨屑和润滑剂的作用，也不会因为表面的坑间距较大，难以转移出润滑剂而起不到润滑作用。

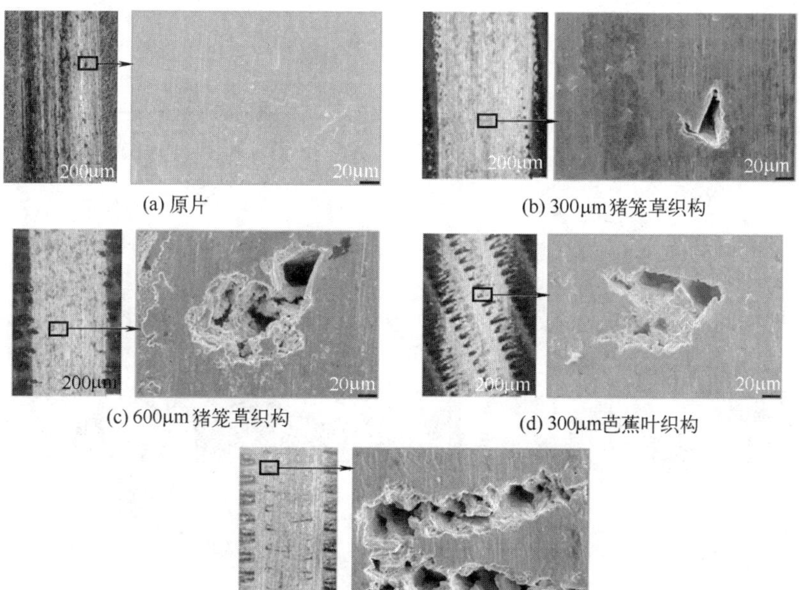

(a) 原片　(b) 300μm 猪笼草织构

(c) 600μm 猪笼草织构　(d) 300μm 芭蕉叶织构

(e) 600μm 芭蕉叶织构

图 5.49　BN@MoS_2/钙基膨润土水基钻井液协同不同织构在常温下对 TC4 钛合金的磨损形貌

图 5.50 为 TC4 钛合金试样以 BN@MoS_2/钙基膨润土水基钻井液为润滑液采用不同织构在 50℃时磨痕的三维轮廓。未经过织构化的 TC4 钛合金试样，其磨痕宽度为 1.04mm，与常温状态下的 1mm 并没有太大的差别。磨痕宽度最宽的是横向尺寸为 300μm 的芭蕉叶织构［图 5.50（d)］和横向尺寸为 300μm 的猪笼草织构，其磨痕宽度均为 1.32mm。与芭蕉叶织构不同的是，横向尺寸为

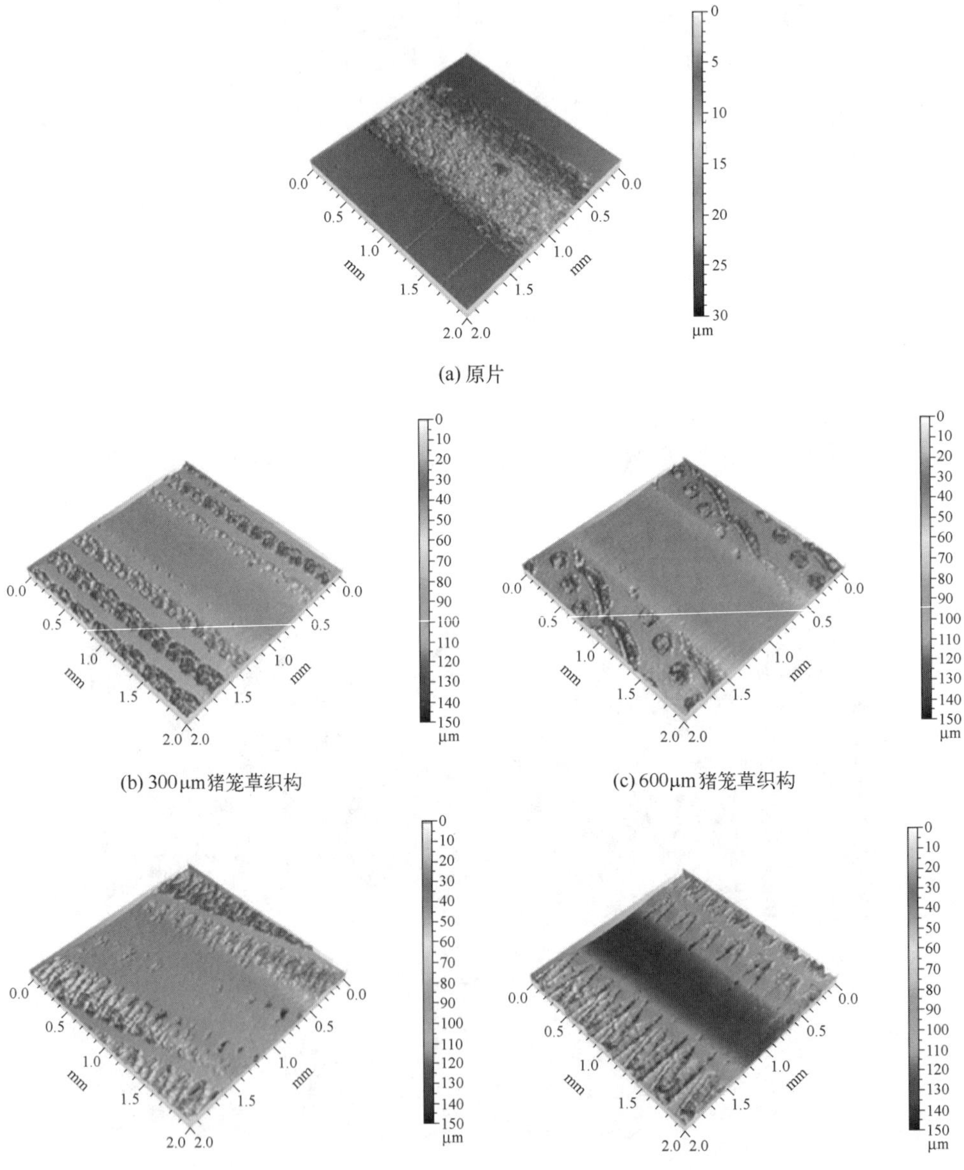

(a) 原片

(b) 300μm猪笼草织构　　(c) 600μm猪笼草织构

(d) 300μm芭蕉叶织构　　(e) 600μm芭蕉叶织构

图 5.50　BN@MoS_2/钙基膨润土水基钻井液协同不同织构在 50℃下对 TC4 钛合金的磨损轮廓

300μm 的猪笼草织构，磨痕两侧部分织构依然存在，但是这些织构已经被磨去了一部分。其中磨痕深度最深的是横向尺寸为 600μm 的芭蕉叶织构，虽然其的磨痕宽度最窄，但是深度比其他试样深得多。

图 5.51 为猪笼草织构和芭蕉叶织构采用 BN@MoS_2/钙基膨润土水基钻井液在 50℃下摩擦试验后的磨损形貌图。未织构化的钛合金［图 5.51（a）］表面较为平整，存在少量的剥落。横向尺寸为 600μm 的猪笼草织构的磨痕宽度最窄，但是相比较于横向尺寸为 300μm 的猪笼草织构，其存在的剥落面积较大，同时也存在许多犁沟。横向尺寸为 300μm 的芭蕉叶织构的磨损表面较为平整，而横向尺寸为 600μm 的芭蕉叶织构磨损表面存在许多深浅不一的犁沟。

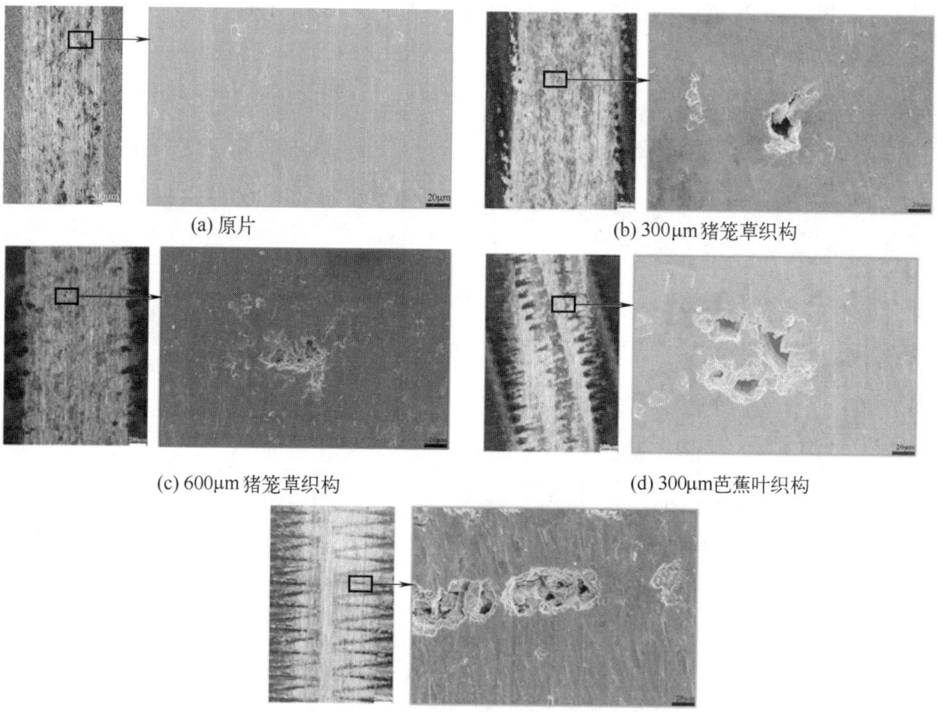

(a) 原片　(b) 300μm 猪笼草织构　(c) 600μm 猪笼草织构　(d) 300μm 芭蕉叶织构　(e) 600μm 芭蕉叶织构

图 5.51　BN@MoS_2/钙基膨润土水基钻井液协同不同织构在 50℃下对 TC4 钛合金的磨损形貌

5.4.4　织构/C_3N_4@MoS_2-润滑液复合体系的性能

由前文可知，当 C_3N_4@MoS_2 的质量分数为 2.5%时，减摩效果达到最佳。本小节采用 2.5%C_3N_4@MoS_2 纳米颗粒协同织构观察 TC4 钛合金试样在常温下和 50℃下的摩擦系数及磨损量的变化。

（1）摩擦系数及磨损率分析

由图 5.52 可以看出，随着纳米颗粒的加入，试样的摩擦系数有着极大的改善。

在常温下，当 C_3N_4@MoS_2 纳米颗粒与横向尺寸为 300μm、450μm、600μm 的猪笼草织构协同时，平均摩擦系数分别为 0.38、0.54、0.64，与未采用织构的 TC4 钛合金试样 0.43 的平均摩擦系数相比，横向尺寸为 300μm 的平均摩擦系数降低了 12%，而横向尺寸为 450μm、600μm 的平均摩擦系数均大于无织构化表面。当 C_3N_4@MoS_2 纳米颗粒与横向尺寸为 300μm、450μm、600μm 的芭蕉叶织构协同时的平均摩擦系数分别为 0.31、0.50、0.60，与未采用织构的 TC4 钛合金试样的平均摩擦系数 0.43 相比，横向尺寸为 300μm 的平均摩擦系数降低了 28%，而横向尺寸为 450μm、600μm 的平均摩擦系数均大于无织构化表面。在 50℃下，横向尺寸为 300μm 的猪笼草织构的平均摩擦系数最低，只有 0.36，而相同横向尺寸下的芭蕉叶织构的平均摩擦系数为 0.38，说明 50℃时降低摩擦系数效果猪笼草织构优于芭蕉叶织构。

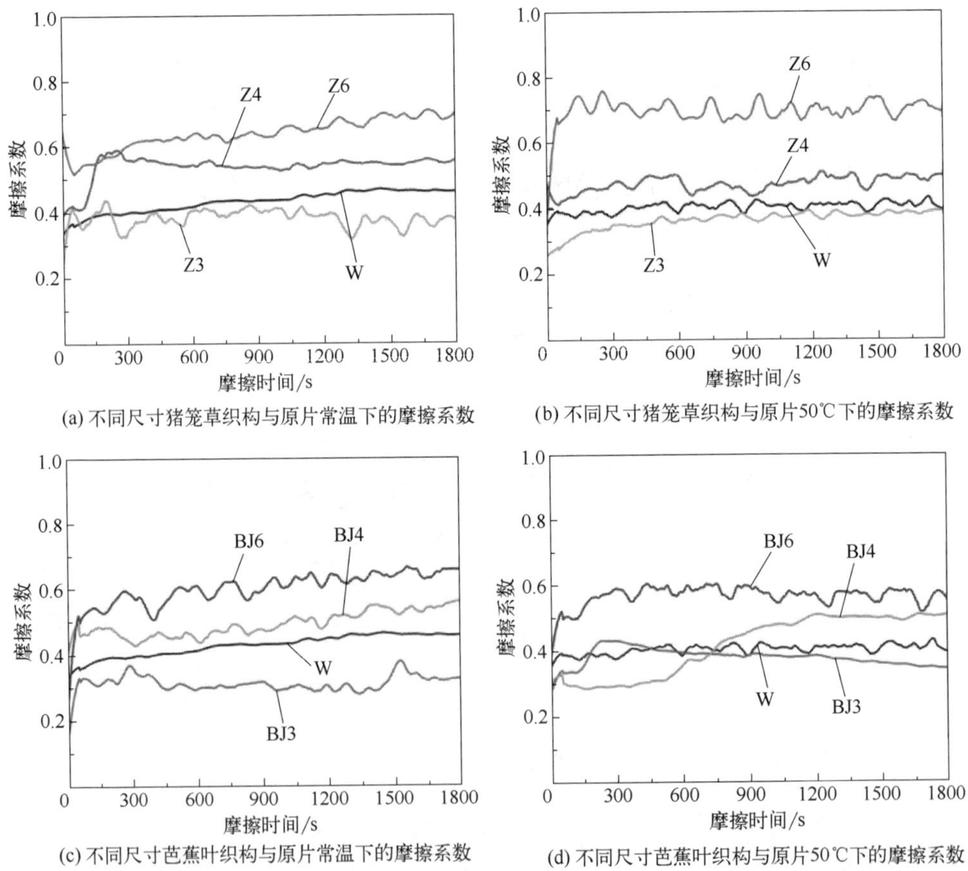

(a) 不同尺寸猪笼草织构与原片常温下的摩擦系数

(b) 不同尺寸猪笼草织构与原片50℃下的摩擦系数

(c) 不同尺寸芭蕉叶织构与原片常温下的摩擦系数

(d) 不同尺寸芭蕉叶织构与原片50℃下的摩擦系数

图 5.52 C_3N_4@MoS_2/钙基膨润土水基钻井液协同织构对 TC4 钛合金的实时摩擦系数

图 5.53 为猪笼草织构和芭蕉叶织构 C_3N_4@MoS_2/钙基膨润土水基钻井液在常温下和 50℃下的磨损率。可以明显看出，磨损率最小的横向尺寸是在 50℃下

的 300μm，猪笼草织构和芭蕉叶织构分别为 $20.31\times10^{-6}mm^3/(N\cdot m)$ 和 $14.94\times10^{-6}mm^3/(N\cdot m)$，相较于无织构试样的 $21.53\times10^{-6}mm^3/(N\cdot m)$ 分别降低了 5.7%和 31%，这说明芭蕉叶织构的最佳减摩效果优于猪笼草织构。在织构化试样中，随着织构横向尺寸的增大，猪笼草织构和芭蕉叶织构的磨损率均增大，并且在猪笼草织构中，当横向尺寸为 600μm 时，其磨损率甚至大于无织构试样，这表明织构横向尺寸过大时，不能改善钛合金的摩擦学性能。

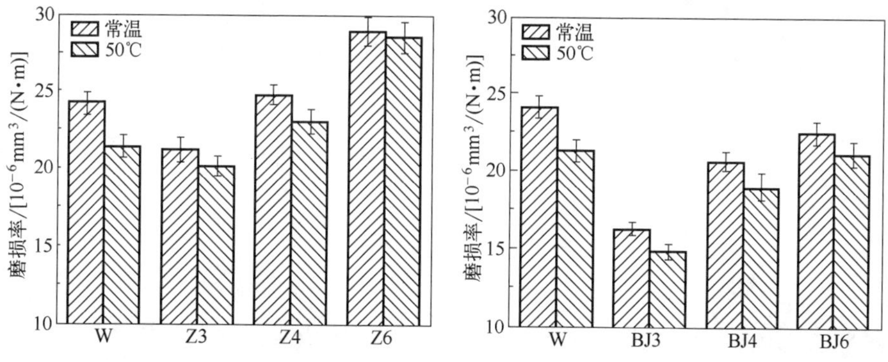

(a) 猪笼草织构与原片在常温和50℃时的磨损率　(b) 芭蕉叶织构与原片在常温和50℃时的磨损率

图 5.53　C_3N_4@MoS_2/钙基膨润土水基钻井液协同不同织构对 TC4 钛合金的磨损率

(2) 表面微观形貌分析

图 5.54 为 TC4 钛合金试样以 C_3N_4@MoS_2/钙基膨润土水基钻井液为润滑液采用不同织构在常温下磨痕的三维轮廓。与猪笼草织构和芭蕉叶织构相比，未经过织构化的 TC4 钛合金试样的磨痕最窄，只有 0.96mm，与只采用 MoS_2 纳米颗粒且无织构化的试样的磨痕宽度（1.04mm）相比，磨痕宽度有所减小，表明 C_3N_4@MoS_2 纳米颗粒更有助于减少磨损。

在本小节中，磨痕最宽的是横向尺寸为 300μm 的织构，横向尺寸为 300μm 的猪笼草织构的磨痕宽度最大，达到了 1.68mm，横向尺寸为 300μm 的芭蕉叶

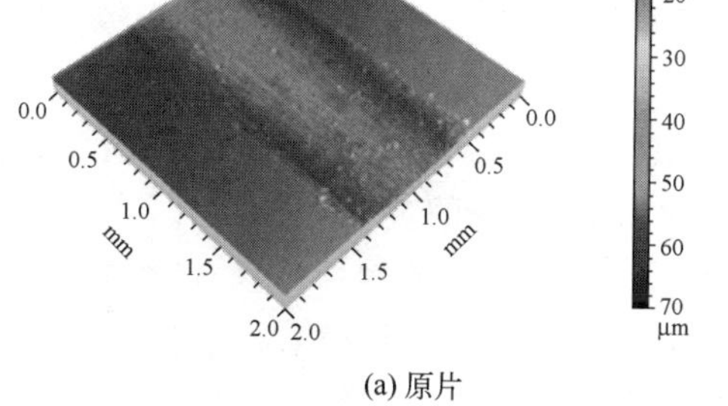

(a) 原片

图 5.54

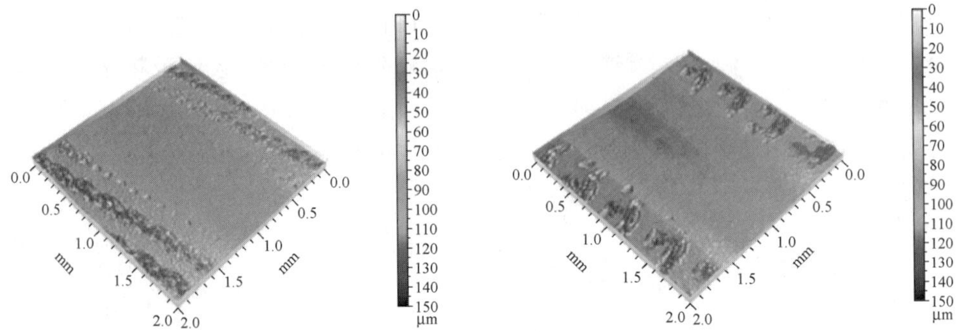

(b) 300µm猪笼草织构　　(c) 600µm猪笼草织构

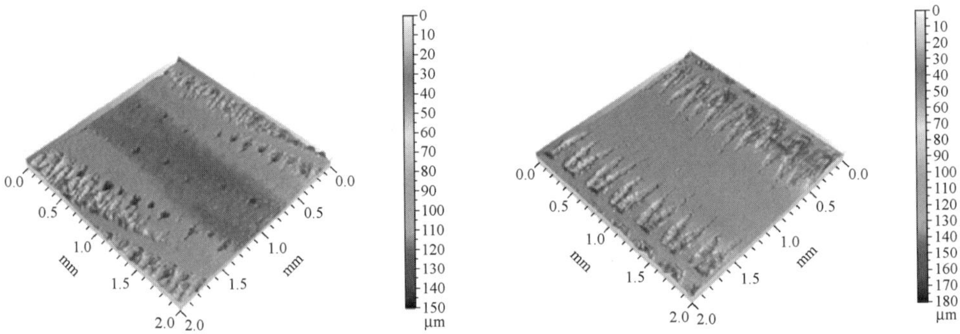

(d) 300µm芭蕉叶织构　　(e) 600µm芭蕉叶织构

图 5.54　C_3N_4@MoS_2/钙基膨润土水基钻井液协同不同织构在常温下对 TC4 钛合金的磨损轮廓

织构的磨痕宽度为 1.52mm。横向尺寸为 600μm 的织构的磨痕宽度均大于横向尺寸为 300μm 的织构，说明在添加了 C_3N_4@MoS_2 纳米颗粒后，织构的横向尺寸对磨痕宽度的减小有促进作用。

图 5.55 为猪笼草织构和芭蕉叶织构采用 C_3N_4@MoS_2/钙基膨润土水基钻井液在常温状态下摩擦试验过的磨损形貌图。未织构化的钛合金［图 5.55（a）］表面有几处非常明显且较深的犁沟，与未采用纳米颗粒的磨损形貌相比，表面的黏着现象有所减少。横向尺寸为 300μm 的猪笼草织构［图 5.55（b）］与横向尺寸为 600μm 的猪笼草织构［图 5.55（c）］相比，磨损表面较为平整，表面上的杂质也较少。横向尺寸为 300μm 的芭蕉叶织构［图 5.55（d）］与横向尺寸为 600μm 的芭蕉叶织构［图 5.55（e）］相比，还存在大量织构未被填埋，而 600μm 的芭蕉叶织构几乎被完全填埋并被磨损殆尽。芭蕉叶织构与猪笼草织构相比，其表面杂质以及犁沟现象均比猪笼草织构严重，说明在 C_3N_4@MoS_2/钙基膨润土水基钻井液条件下，猪笼草织构抗磨损效果比芭蕉叶织构好。

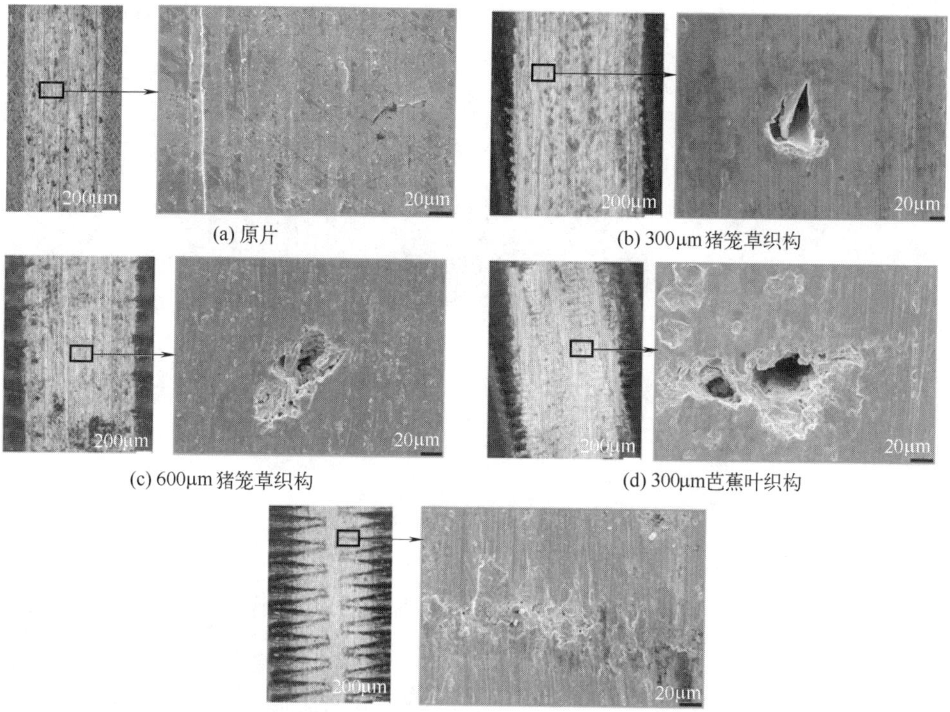

(a) 原片　(b) 300μm 猪笼草织构

(c) 600μm 猪笼草织构　(d) 300μm 芭蕉叶织构

(e) 600μm 芭蕉叶织构

图 5.55　C_3N_4@MoS_2/钙基膨润土水基钻井液协同不同织构在常温下对 TC4 钛合金的磨损形貌

图 5.56 为 TC4 钛合金试样以 C_3N_4@MoS_2/钙基膨润土水基钻井液为润滑液采用不同织构在 50℃下试验时磨痕的三维轮廓。未经过织构化的 TC4 钛合金试样的磨痕宽度为 1.16mm，与常温下的 0.96mm 相比更宽，原因是随着温度上升，钛合金基体逐渐变软，在摩擦过程中金属熔融物和产生的杂质更易被挤出摩擦区域，造成磨痕变宽。当横向尺寸为 300μm 时，磨痕宽度为 1.32mm 的猪笼草织构与磨痕宽度为 1.42mm 的芭蕉叶织构相比，芭蕉叶织构更宽；同样，当横向尺寸为 600μm 时，芭蕉叶织构也更宽，原因是横向尺寸越大，激光加工所产生的金属熔融物越多，导致了被挤压出摩擦区域的金属熔融物和杂质越多。

图 5.57 为猪笼草织构和芭蕉叶织构采用 C_3N_4@MoS_2/钙基膨润土水基钻井液在 50℃摩擦试验后的磨损形貌图。未织构化的钛合金［图 5.57 (a)］表面依然存在着明显且较深的犁沟，与常温下的磨损形貌不同的是，其表面较为光滑。300μm 和 600μm 的猪笼草织构和芭蕉叶织构相较于常温状态，表面上的织构均没有被完全填埋，也没有被磨损殆尽。横向尺寸为 300μm 的猪笼草织构［图 5.57 (b)］相较于芭蕉叶织构［图 5.57 (d)］，表面上并没有不规则

的黏着物且表面相对而言也较光滑，与前面得出结论一致，猪笼草织构抗磨损效果比芭蕉叶织构好。最终得出结论，在常温以及 50℃下，猪笼草织构抗磨损效果最佳。

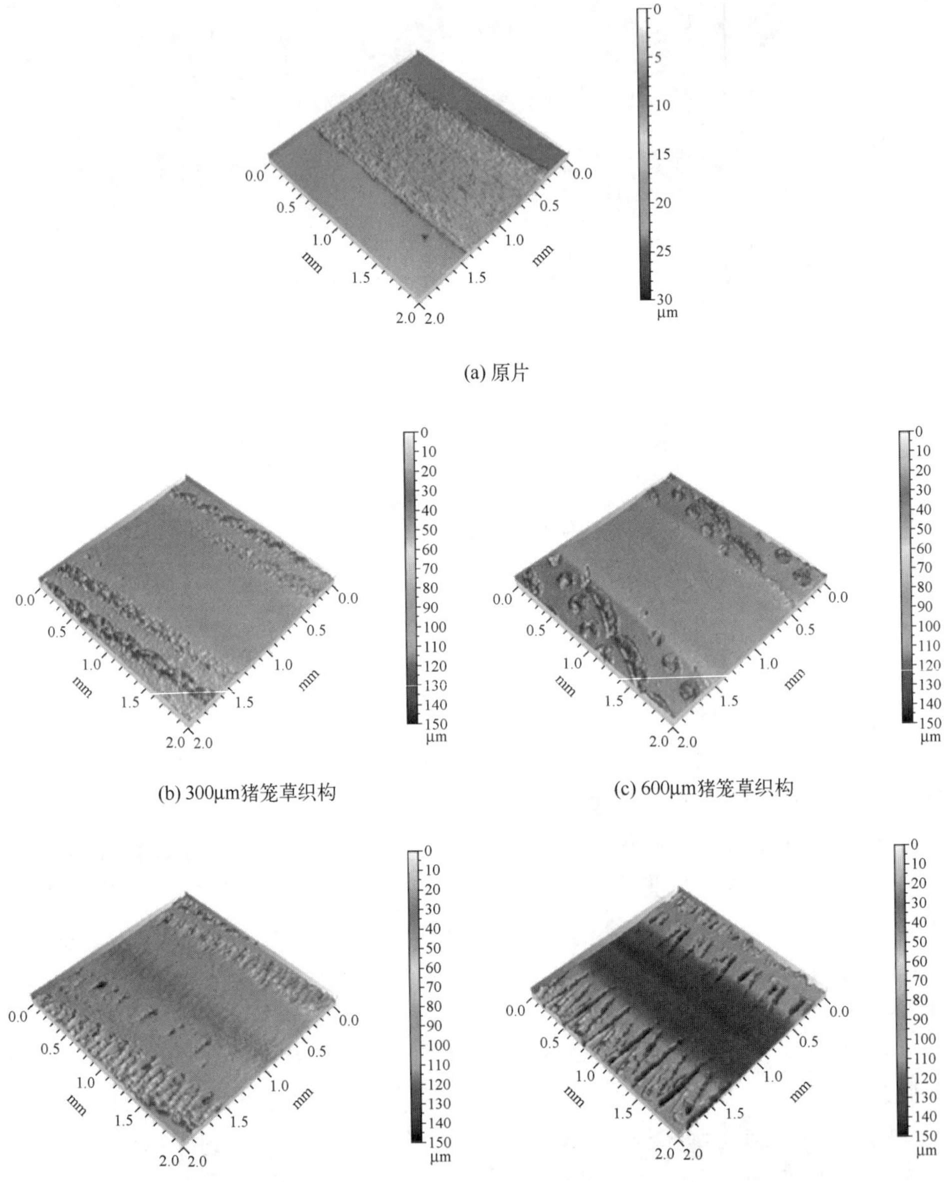

(a) 原片

(b) 300μm猪笼草织构

(c) 600μm猪笼草织构

(d) 300μm芭蕉叶织构

(e) 600μm芭蕉叶织构

图 5.56 C_3N_4@MoS_2/钙基膨润土水基钻井液协同不同织构在 50℃下对 TC4 钛合金的磨损轮廓

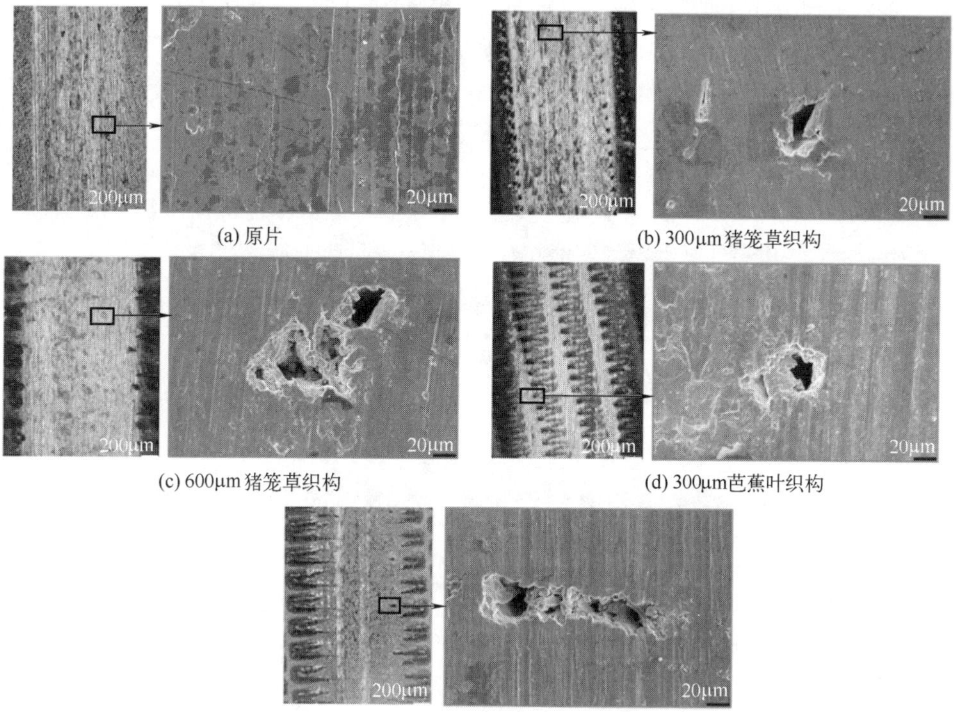

(a) 原片　(b) 300μm猪笼草织构　(c) 600μm猪笼草织构　(d) 300μm芭蕉叶织构　(e) 600μm芭蕉叶织构

图 5.57　C_3N_4@MoS_2/钙基膨润土水基钻井液协同不同织构在 50℃下对 TC4 钛合金的磨损形貌

本章小结

纳米颗粒润滑剂（＜100nm）凭借其微观填充能力和高比表面积，显著提升了润滑效果。虽然 TC4 钛合金改性研究方面取得了进展，但仿生织构在钻杆摩擦学中的应用仍需突破。本章通过煅烧法制备 C_3N_4 纳米颗粒，通过水热法合成 BN@MoS_2 和 C_3N_4@MoS_2 复合颗粒，并采用激光雕刻技术在 TC4 表面构建仿生微织构。通过 MWF-02 摩擦试验机测试获得以下主要结论：

① 纳米颗粒/膨润土协同体系的减摩效果优于单一改性体系。MoS_2（0.25%）减摩性能最优，复合颗粒中 BN@MoS_2（1%）表现最佳。未改性体系主要表现为磨粒磨损和黏着磨损。

② 织构协同试验发现，芭蕉叶织构（常温）和猪笼草织构（50℃）与纳米颗粒协同可显著改善摩擦学性能。但织构尺寸过大（600μm）会加剧磨损。最优组合为常温下 BN@MoS_2（1%）＋300μm 芭蕉叶织构，50℃下 BN@MoS_2（1%）＋300μm 猪笼草织构。

本章的研究结果证实了纳米颗粒与仿生织构协同的可行性，为TC4钛合金钻杆的表面改性和摩擦学性能优化提供了新思路，为实际工程应用提供了理论依据。

· 参考文献 ·

[1] Menezes P L, Kailas S V. Role of surface texture and roughness parameters on friction and transfer film-formation when UHMWPE sliding against steel [J]. Biosurface and Biotribology, 2016, 2 (1): 1-10.

[2] 刘强，谢俊峰，赵密锋，等. 超深井钻采工况下钛合金钻杆模拟工况摩擦磨损行为对比研究 [J]. 稀有金属材料与工程，2023，52 (01)：195-205.

[3] 运广涛，李其连，程旭东. NiCrAlYSi/h-BN 高温可磨耗封严涂层摩擦磨损性能研究 [J]. 表面技术，2016，45 (02)：103-108，174.

[4] 韦永毅，谢红梅，何林杪，等. 纳米BN作为水基润滑添加剂在镁合金表面的摩擦学行为研究 [J]. 材料保护，2023，56 (04)：68-73.

[5] 张立军，韩琳，张德潇，等. 载荷和纳米 MoS_2 添加剂含量对圆形锤头-棒料的摩擦磨损特性及其机理分析 [J]. 摩擦学学报，2019，39 (06)：777-785.

[6] 王睿，糜莉萍，张恒，等. g-C_3N_4 的制备及在PEG400中的摩擦学性能研究 [J]. 润滑与密封，2017，42 (06)：83-87.

[7] Lv X H, Shu Y, Zhao G X, et al. Research and application progress of Ti alloy oil country tubular goods [J]. Rare Metal Materials and Engineering, 2014, 43 (6): 1518-1524.

[8] 岳鹏，张玉娟，张平余，等. 润滑油纳米添加剂的研究进展 [J]. 表面技术，2020，49 (09)：19-34.

[9] 宋骁睿，李双建，侯媛媛，等. 激光织构对材料表面摩擦学性能影响的研究进展 [J]. 材料保护，2023，56 (10)：25-41，129.

[10] Ma C B, Gu W F, Tu Q A, et al. Experimental investigation on frictional property of mechanical sealswith varying dimple diameter along the radial face [J]. Advances in Mechanical Engineering, 2016, 8 (8): 1-9.

[11] Tang J G, Liu D X, Tang C B, et al. Tribology behavior of Zr-N alloying layer on Ti6A14V alloy surface at elevated temperature [J]. Rare Metal Materials and Engineering, 2013, 42 (2): 331-335.

[12] 秦长毅，蒋家华，蒋存民，等. 高性能钻杆研发及应用进展 [J]. 石油管材与仪器，2017，3 (01)：9-13.

[13] 龚丹梅，余世杰，袁鹏斌，等. V150高强度钻杆断裂失效分析 [J]. 金属热处理，2015，40 (10)：205-210.

[14] Hossein-Zadeh M, Mirzaee O, Saidi P. Structural and mechanical characterization of Al based composite reinforced with heat treated Al_2O_3 particles [J]. Materials & Design (1980—2015), 2014, 54: 245-250.

[15] 熊洪威，马银龙，张帅等. 玄武岩纤维增强铝基复合钻杆材料的制备研究 [J]. 钻探工程，2021，48 (03)：140-145.

[16] 刘晓敏，赵登超，罗林辉，等. 仿生物体表非光滑微织构形态刀具应用及发展 [J]. 机械设计与研究，2019，35 (3)：114-118.

[17] 强巍，王万成，何彬. 表面织构在齿轮泵关键摩擦副上的应用 [J]. 润滑与密封，2018，43 (02)：133-136.

[18] 戴庆文，李思远，王秀英，等. 不同密封副材料的表面织构设计及其润滑和密封特性 [J]. 中国表面工程，2019，32 (03)：21-29.

[19] Zhong Y H, Zheng L, Gao Y H, et al. Numerical simulation and experimental investigation of tribological performance on bionic hexagonal textured surface [J]. Tribology International, 2019, 129: 151-161.